JN082695

入門

Redmine

オープンソースの課題管理システム 第6版

Redmine is a flexible project management web application. Written using the Ruby on Rails framework, it is cross-platform and cross-database. Redmine is open source and released under the terms of the GNU General Public License v2 (GPL).

AU. Yukiko Ishihara
SUPV. Go Maeda

秀和システム

本書が対象とするRedmineのバージョン

本書の解説はRedmine 5.1を対象としています。

注意

1. 本書は著者が独自に調査した結果を出版したものです。
2. 本書の内容につきまして万全を期して制作しましたが、万一不備な点や誤り、記入漏れなどがございましたら、出版元まで書面にてご連絡ください。
3. 本書の内容に関して運用した結果の影響につきましては、上記2項にかかわらず責任を負いかねます。ご了承ください。
4. 本書の全部または一部について、出版元から文書による許諾を得ずに複製することは禁じられています。

商標などについて

・本書では、®, ©, TM などの表示を省略しています。ご了承ください。
・本書では、プログラム名、システム名、CPU 名などについて一般的な呼称を用いて表記することがあります。
・本書に記載されているプログラム名、システム名、CPU 名などは一般に各社の商標または登録商標です。

監修者まえがき

2016年発行の『入門Redmine 第5版』の改訂版である本書をようやく皆様にお届けできることを、第5版までの著者として大変嬉しく思います。本書がオープンソースのプロジェクト管理ソフトウェアRedmineに関心を持ってくださった方々とRedmineを利用中の方々にとって有用な一冊となり、さらにRedmineの普及に貢献できることを願っております。

Redmineが初めてリリースされた2年後の2008年、私の初めての著書であり、またRedmineを扱った日本初の出版物である『入門Redmine Linux/Windows対応』が発行されました。予想を超える多くの読者の方々のご支持をいただいたことで、2016年発行の『入門Redmine 第5版』まで2年ごとに順調に版を重ねることができました。同じペースが続けば本来はもっと早く第6版が出ているべきところでしたが、残念ながらその後は多忙を口実に改版が滞る結果となってしまいました。

このような状況の中、秀和システム様のお取り計らいにより、石原佑季子さんに著者を交代し私が監修者になるという新しい体制で第6版の出版に至ることができました。石原さんは私が社長を務めるファーエンドテクノロジー株式会社の社員であり、長年Redmineのサポートや情報発信に携わってきました。また実は第5版の執筆にもアシスタントとして関わっていました。

この改訂版ではRedmineの8年分の変化が取り込まれているのはもちろん、日々Redmineのサポート業務を通じてお客様と向き合っている石原さんならではの視点による改善が加えられています。Redmineの機能を理解し活用するための解説書として、Redmineを初めて使う方から長年活用している方まで多くの方にご活用いただける本になったと考えています。

末筆ながら、Redmineを生み出し今なおメンテナンスを続けているJean-Philippe Lang氏とRedmineを取り巻くコミュニティで活動されている方々にこの場を借りてお礼申し上げます。また、本書『入門Redmine 第6版』の出版にあたり次の方々（敬称略）には多大な協力を賜りました。深く感謝申し上げます。

前田　剛

●事例取材協力●

〈アルコニックス株式会社〉

情報システム部部長 西村正則 / 情報システム部課長 曽根邦明

〈株式会社イシダテック〉

代表取締役社長 石田尚 / 事業推進室 中田英輔 / 総務部 小山和希 / 技術部 渡邊舜太郎

●レビュー●

〈ファーエンドテクノロジー株式会社〉

黒谷明大

はじめに

本書を手に取っていただき、誠にありがとうございます。本書はタスク管理やプロジェクト管理ができるオープンソースソフトウェア「Redmine」をこれから使いはじめる方を対象とした解説書です。本書を読むことでRedmineでどのようなことができるのかが分かり、Redmineの機能をより活用できるようになります。

第6版はフルカラーで分かりやすくなりました。Redmineの最新バージョンに対応し、新しく追加された機能についても解説しています。Chapter 1ではRedmineで社員旅行の段取りをしてみた事例を紹介しながらRedmineでどのようなことができるのか概要を説明しています。Chapter 3では実際に企業でどのようにRedmineを利用されているのか3社の事例を収録しました。第6版で新しく追加したChapter 16では、様々な分野での活用が広がるなかで複数の組織でRedmineを活用するケースもあることから、一つのRedmineを複数の会社で一緒に利用することを想定したアクセス制御の設定方法や二要素認証などのセキュリティ対策の機能について解説しました。

私が初めてRedmineを使ったのは、現在も所属しているファーエンドテクノロジー株式会社に2014年10月に入社したときです。Redmineで仕事を管理するのはもちろん、Redmineをクラウドで利用できるサービス「My Redmine」を2009年から提供している会社です。私は顧客サポートを担当していて、Redmineの使い方などお客様からのお問い合わせに日々回答する仕事をしています。お客様がRedmineを使っていてつまずいたり困ったりしたときに考えられる原因や解決策を回答し、私の回答によりお客様の疑問が解決したときが嬉しいです。以前お客様と直接会って相談を受ける機会があり、自社の業務をRedmineで管理するにはどのように運用したらいいか相談いただきました。私はまだ経験が浅いときに「入門Redmine」を片手に一人で対応したため自信がありませんでしたが、後日私が提案した方法でうまくいきそうとわざわざ連絡いただいたことが嬉しくて今も覚えています。もしかしたら、仕事柄、社内でも私がいちばん「入門Redmine」を読み込んでいるかもしれません。

私自身、本を書くのは初めてのことで本当に書けるのか心配な気持ちもありましたが、日々の業務から掴んだ「お客様はここでつまずかれるのか」という発見を活かせるかもしれないと思いました。読者の方にRedmineを使う上で本書がお役に立てたら嬉しいです。

末筆ではございますが、本書の第1版から第5版までの著者である前田剛さんに、第6版を監修いただき最後まで改善に尽力いただきましたことを感謝申し上げます。

石原　佑季子

目 次

Chapter 4 Redmineの利用環境の準備

Chapter 5 Redmineの初期設定

Chapter 6 新たなプロジェクトを始める準備

Chapter 7 Redmineはじめの一歩 ～チケットの基本と作法～

Chapter 8 より高度なチケット管理

Chapter 12 情報共有機能の利用

Chapter 13 こんなときどうする？ 便利な機能を使いこなす

Chapter 14 バージョン管理システムとの連係

Chapter 15 外部システムとの連係・データ入出力

Chapter 16 アクセス制御とセキュリティ

Chapter 17 リファレンス

Chapter 18 逆引きリファレンス

Chapter 1

社員旅行の段取りでRedmineを体験してみよう

「Redmineはプロジェクト管理ソフトウェアである」と聞いても、似たようなツールを使ったことがある人でなければRedmineがどんなものか、どう役立つのか具体的なイメージがわきにくいのではないでしょうか。

そこで、この章では架空の社員旅行をRedmineで管理してみることとし、社員旅行プロジェクトへのRedmineの適用を紙上体験してみましょう。

登場人物紹介

前田　剛（社長）

ファーエンドテクノロジー株式会社の社長。Redmineは2007年、バージョン0.5.1の頃から使っている。2017年からはRedmineのコミッターとしてRedmine本体の開発に参加している。

坂本　想（事務担当）

6年前に入社した若手社員。Redmineは一般ユーザーとして業務で使っているが、管理者としての利用経験はない。

石原　佑季子（広報・顧客サポート担当）

入社10年目の社員。Redmineのクラウドサービスのお客様のサポートを日々行っているためRedmineの機能には詳しい。

社長「社員旅行に行こう！」

ここは島根県松江市のインターネットサービス企業、ファーエンドテクノロジー。Redmineなどオープンソースを活用したソリューションを提供しています。設立されて15年の企業です。

ファーエンドテクノロジーの社内風景

新しい社員が入ったのでみんなで香港へ社員旅行とかいいんじゃないですか？

坂本さんが事務処理をしていると、急に社長に声をかけられました。困ったことに社長はいつも思いつきでいろいろなことに手をつけて、常にやりかけの仕事をいくつも抱えています。放っておくと社員旅行の準備も自分でやりかねません。「いいかげん社長には仕事に集中してもらわないとまずいな」――坂本さんは社長から社員旅行の準備の仕事を取り上げることを一瞬で判断しました。

なるほど、社員旅行したことないし面白そうですね。では、私のほうで進めます。

6年前に入社した坂本さんはプロジェクトリーダーに手を挙げました。社長がほかの業務をほったらかしにして社員旅行の準備を始めることを阻止できました。

まずはタスクの洗い出し

海外への社員旅行は航空券や宿泊先の手配、計画など細かな仕事がたくさんあります。これらを適切なタイミングで確実に実施することで、社員旅行を楽しんで親睦を深めるというゴールが達成できます。

早速坂本さんは社員旅行をするために何をすべきか、表計算ソフトを作って一覧を作り始めました。

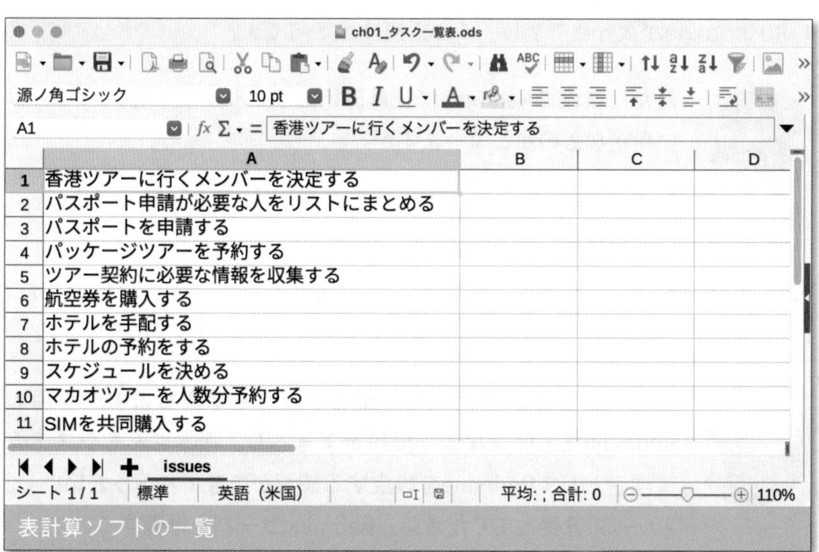

表計算ソフトの一覧

社長「Redmineを使いなさい」

社員旅行と社長は簡単に言うけれど、準備のためにかなり人を動かす必要があるのでいったん報告です。

社長、タスクの一覧表を作成しました。やることが結構多いので、みんなで分担して準備を進めたいと思います。

なるほど、分かりました。表計算ソフトでタスクの一覧を作っているようですが、坂本さん以外の人も準備に関わるのならみんなで見れるRedmineを使った方がよいのでは？

Redmineはプロジェクト管理のオープンソースソフトウェアで、ファーエンドテクノロジーでは業務の多くをRedmineで管理しています。社長は仕事が思い通りに進まないときは気分転換にRedmineのソースコード眺めるくらいにRedmineが大好きですし、この指摘は想定内です。

ただ、業務のRedmineに社員旅行のプロジェクトを入れるのはいかがなものかと思いますが。

坂本さんは業務用のRedmineに社員旅行のプロジェクトを入れることに抵抗があったので、あえて表計算ソフトを使おうとしていたのでした。Redmineは一般ユーザーとしてしか使ったことがないのも理由の1つです。

では、社員旅行専用のRedmineサーバを準備します。専用のRedmineだと好きなように設定できるし、坂本さんもシステム管理者としてRedmineを設定する練習ができてちょうどいいし。20 ～ 30分待ってください。Redmineサーバを準備するので。

そう話すと同時に社長はPCに向かってキーをたたき始めました。ライセンスコストのことを考えず、自由に使えるのがオープンソースソフトウェアのよいところです。

Redmineの設定

20分ほどで社長の作業が終わり社員旅行用のRedmineサーバができたので早速設定です。坂本さんはシステム管理者権限を付与されてRedmineの設定をするのは初めてです。石原さんが書いて社長が監修した本『入門Redmine』を読みながら設定を進めます。

まずは、アクセス制御をはじめとした基本的な初期設定です。システム管理者adminのアカウントでログインし、管理画面で設定を進めていきます。

> NOTE セットアップ直後のRedmineで最低限実施すべき設定は、Chapter 5「Redmineの初期設定」で解説しています。

最低限の初期設定が終わったら、次はタスク管理に密接に関係のある「トラッカー」「ステータス」「ワークフロー」などの設定です。これらの設定はタスクをどう管理したいのかということに密接に関係があります。今後の運用にも大きく影響する重要な設定です。

Redmineでタスクを管理するには「チケット」を使います。チケットにはタスクが今どんな状態なのかを表す「ステータス」という項目があります。そして、「トラッカー」によってチケットの種別を作って種類を分けたり、「ワークフロー」の設定によって細かなステータスを管理したりもできます。設定を工夫すればヘルプデスクや簡単な業務システムを構築できます。

▼ Redmineのタスク管理に関係するオブジェクトの役割

名称	役割
チケット	タスクの情報を記録・管理
ステータス	チケットに記載されたタスクの進行状況
トラッカー	チケットの種別
ワークフロー	あるトラッカーのチケットで選択できるステータスや、ステータスをどう変化させることができるのかを定義

ただ、社員旅行の準備においてはタスクが完了したかどうかだけを管理できればよく、あまり大げさなものは必要ありません。チケットの種類は1種類でよさそうですし、ステータスも未着手か実施中か完了したのか程度が分かれば

十分です。この辺の設定はややこしそうなので、坂本さんは社長に相談することにしました。

社長、Redmineの設定でアドバイスが欲しいのですが。社員旅行の準備のタスクはせいぜい30～40個です。なのでチケットの種類、というかトラッカーは1個でよくて、ステータスも未着手・実施中・完了くらいが管理できればよいです。なるべくシンプルに使えるよう設定したいです。

ステータスが未着手・実施中・完了の3つということは、タスクボードみたいな感じですね。

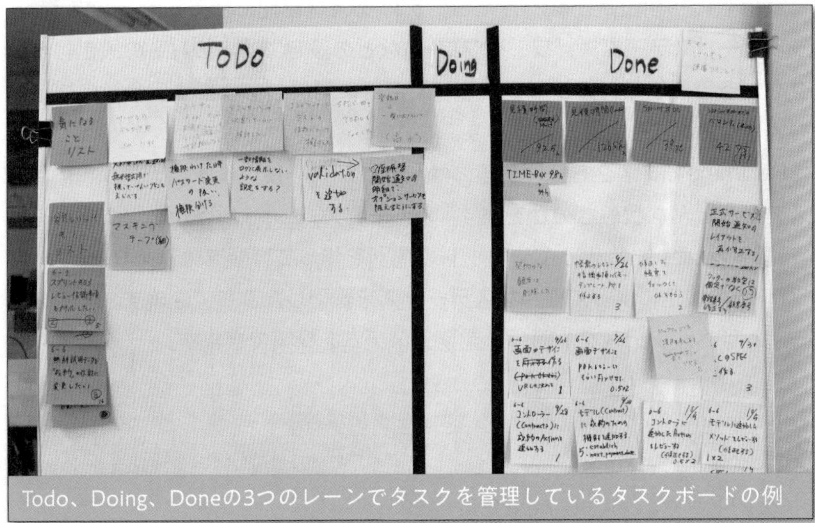

Todo、Doing、Doneの3つのレーンでタスクを管理しているタスクボードの例

だったら、社員旅行用のRedmineでもチケットにTodo、Doing、Doneの3つのステータスを持たせる設定をしてみましょう。

タスクボード風のステータス遷移

社長はそう言うと、坂本さんが返事をする間もなく設定を始めてしまいました。横で見ているとステータスの設定以外もいろいろやってそうな雰囲気ですが…。

とりあえずタスクボード風にトラッカー、ステータス、ワークフローを設定してみました。どう設定したのかは管理画面を見て確認しておいてください。ついでにユーザーとプロジェクトも作っておきました。

案の定、頼んでもいないことまでやっていますが、でもすぐに使い始めることができる状態にしてもらえたので助かりました。

チケットのステータス

新しいステータス　進捗率の更新

ステータス	進捗率	終了したチケット	説明	
ToDo	0			削除
Doing	50			削除
Done	100	✔		削除

設定済みのステータス

トラッカー

新しいトラッカー　サマリー

トラッカー	デフォルトのステータス	説明	
タスク	ToDo		コピー　削除

設定済みのトラッカー

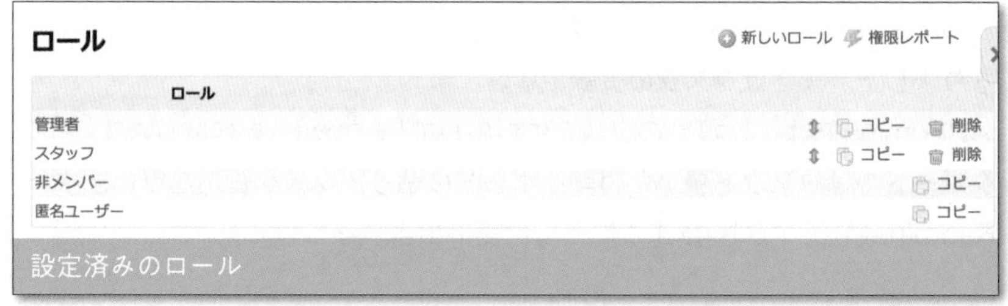

ロール

新しいロール　権限レポート

ロール	
管理者	コピー　削除
スタッフ	コピー　削除
非メンバー	コピー
匿名ユーザー	コピー

設定済みのロール

設定済みのワークフロー

NOTE

社長が実施した以下の設定作業の手順は、Chapter 6「新たなプロジェクトを始める準備」で解説しています。

- ユーザーの作成
- チケットのステータスの設定
- トラッカーの設定
- ロールの設定
- ワークフローの設定
- プロジェクトの作成
- プロジェクトへのメンバーの追加

チケットを登録してやるべきことをみんなで共有！

Redmineの設定が一通り終わり、いよいよ使い始めることができる状態になりました。まずはタスクの登録です。

Redmineでは、1つ1つのタスクに対応して「チケット」を作成します。タスクボードではタスクを書いた付箋をボードに貼ってタスク管理を行いますが、Redmineの「チケット」はまさにその付箋に相当するものです。

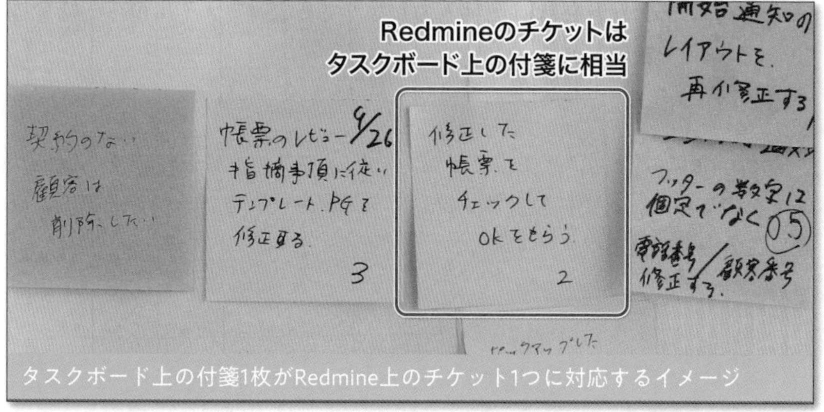

Redmineのチケットは
タスクボード上の付箋に相当

タスクボード上の付箋1枚がRedmine上のチケット1つに対応するイメージ

坂本さんは表計算ソフトにまとめておいたタスク一覧を見ながら、Redmineの画面で1つ1つチケットを登録し始めました。

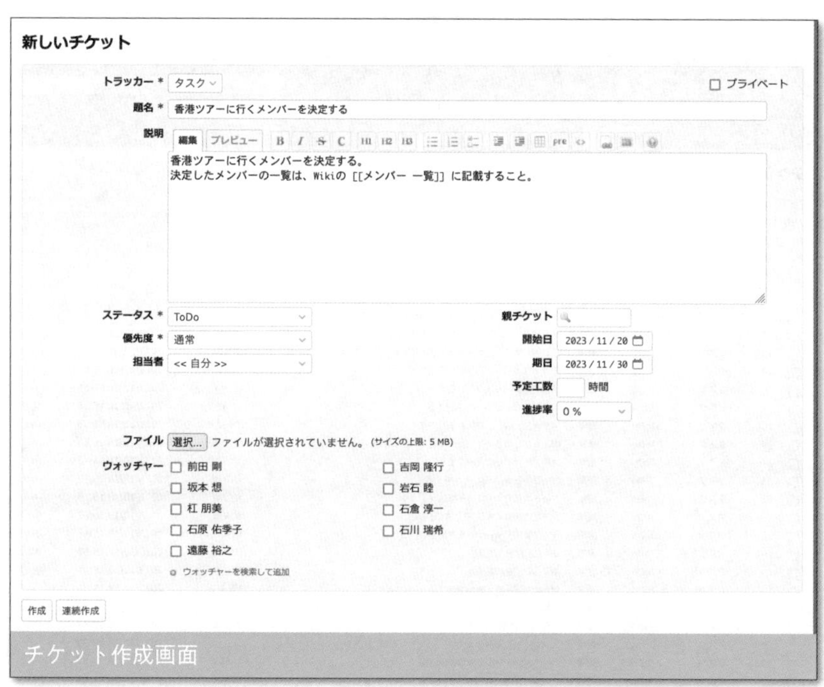

チケット作成画面

そこに、顧客サポートを担当していてRedmineに詳しい石原さんが通りかかりました。坂本さんのRedmineの使い方が気になるようです。

チケットを1個1個手入力しなくてもCSVファイルから一括登録できますよ。

RedmineにはCSVファイルをインポートしてチケットを作成する機能があったのでした。すでに表計算ソフトでタスクの一覧を作っているので、確かにこの機能を使うべきです。

> **NOTE** CSVインポート機能は15.4.2「CSVファイルからのインポート」で解説しています。

石原さんに教えてもらいながらCSVインポート機能を使って、たくさんのチケットを一気に作ることができました。さあ、これで社員旅行プロジェクトを管理する準備が整いました。各自が自分のやるべきことがわかりますし、自分の状況を記録してみんなと情報共有できます。

ホーム　マイページ　プロジェクト　ヘルプ　　ログイン中：sakamoto　個人設定　ログアウト

香港ツアー 2024　　検索：チケットを検索　香港ツアー 2024

＋　概要　活動　ロードマップ　チケット　カレンダー　ニュース　Wiki　フォーラム　設定

チケット　　新しいチケット

フィルタ

ステータス　未完了　　フィルタ追加

オプション

適用　クリア　カスタムクエリを保存

#	トラッカー	ステータス	優先度	題名	担当者	更新日
31	タスク	ToDo	通常	マカオツアーのアンケートを入力する	坂本 想	2023/10/18 15:47
30	タスク	ToDo	通常	マカオ　オプショナルツアー予約PDFを印刷する	坂本 想	2023/10/18 15:52
29	タスク	ToDo	通常	アライバルカード記入例を印刷する	坂本 想	2023/10/18 15:53
28	タスク	ToDo	通常	ヤムチャにいく人数を決定する	杠 朋美	2023/10/18 15:55
27	タスク	ToDo	通常	sky 100 のチケットを予約する	石川 瑞希	2023/10/18 15:55
26	タスク	ToDo	通常	スターフェリー（遊覧）を予約する	遠藤 裕之	2023/10/18 15:58
25	タスク	ToDo	通常	雨でも楽しめるスケジュールを考える<4/14>	石原 佑季子	2023/10/18 15:53
24	タスク	ToDo	通常	昼食場所をピックアップする	石川 瑞希	2023/10/18 15:47
23	タスク	ToDo	通常	オープントップバス を予約する	前田 剛	2023/10/18 15:53
22	タスク	ToDo	通常	夕飯を人数分予約する<4/14>	岩石 睦	2023/10/18 15:56
21	タスク	ToDo	通常	SIMを共同購入する(マカオ組)	坂本 想	2023/10/18 15:47
20	タスク	ToDo	通常	マカオ貸切チャーターを予約する	坂本 想	2023/10/18 15:58
19	タスク	ToDo	通常	SIMを共同購入する	吉岡 隆行	2023/10/18 15:53
18	タスク	ToDo	通常	ホテルPDFを印刷する	坂本 想	2023/10/18 15:47
17	タスク	ToDo	通常	マカオツアーを人数分予約する	遠藤 裕之	2023/10/18 15:53
16	タスク	ToDo	通常	深圳ホテルの予約をする	前田 剛	2023/10/19 11:33
15	タスク	ToDo	通常	香港ホテルの予約をする	坂本 想	2023/11/28 10:44
14	タスク	Doing	通常	スケジュールを決める		2023/11/28 09:53
13	タスク	ToDo	通常	> スケジュールを決める(4/16)	杠 朋美	2023/10/18 15:57
12	タスク	ToDo	通常	> スケジュールを決める(4/15)	坂本 想	2023/11/29 16:08
11	タスク	ToDo	通常	> スケジュールを決める(4/14)	坂本 想	2023/11/29 16:44
10	タスク	ToDo	通常	> スケジュールを決める(4/13)	石川 瑞希	2023/10/18 15:57
9	タスク	ToDo	通常	印刷物をメンバーに手渡す	坂本 想	2023/10/18 15:53

作成したチケットの一覧

NOTE 作業を進めるときのチケットの更新の仕方は、Chapter 7「Redmineはじめの一歩～チケットの基本と作法～」で解説しています。

チケットが多すぎてわけがわからない件

Redmineを使った社員旅行の準備が始まりました。すでに何件かのチケットはステータスが「Done」になっています。プロジェクト運営は順調かと思いきや、坂本さんは不満そうです。

正直なところ、どうなんでしょう？　Redmine って。全体を把握しにくいんですよね。

どういうことですか？

たくさんのチケットがずらっと並んで、どれから手をつけていいか分かりにくいんです。早い時期に終えておくべきタスクと旅行当日に着手すればよいタスクとが混ざって並んでたりとか…。

それって、バージョンとロードマップを使ってないからだと思いますよ。

Redmineには、プロジェクトの段階（フェーズ）ごとにチケットを分類する「バージョン」と呼ばれる機能があり、それぞれのチケットはプロジェクトのどの段階で完了させるべきものか明確にできます。

さらに、「ロードマップ」画面にバージョン別のチケット一覧が表示されるようになり、どれが今取り組むべきチケットなのか分かりやすくなります。大量のチケットの中から特定の段階（フェーズ）で終わらせるべき短い一覧が表示されるので、今やるべきことに集中できます。

社員旅行プロジェクトをフェーズ分けすると、だいたいこんな感じですかね。

いつの間にか会話を聞きつけた社長がやってきてRedmineの設定を始めました。社員旅行プロジェクトを構成するタスクを「計画」「調査」「手配」「準備」の4段階に分けて管理するという考え方のようです。

社員旅行プロジェクトをフェーズ分けしてRedmineのバージョンを作成

バージョンを作ったら、プロジェクトの全部のチケットを各バージョンに振り分けます。

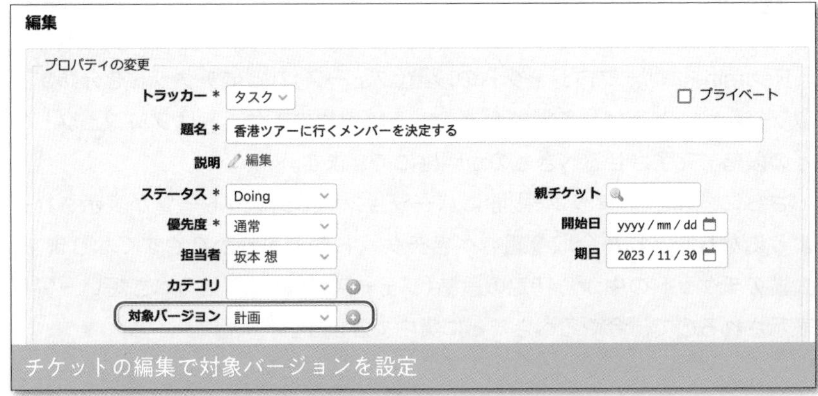

チケットの編集で対象バージョンを設定

バージョンを設定すべきチケットがたくさんあるときは、チケット一覧で複数のチケットを選んで右クリックメニューを使うと早いですよ。

	#	トラッカー	ステータス	優先度	題名	担当者	更新日	
□	29	タスク	ToDo	通常	アライバルカード記入例を印刷する	坂本 想	2023/10/18 15:53	...
✓	28	タスク	ToDo	通常	ヤムチャにいく人数を決定する	杠 朋美	2023/10/18 15:55	...
□	27	タスク	ToDo	通常	sky 100 のチケットを予約する	瑞希	2023/10/18 15:55	...
□	26	タスク	ToDo	通常	スターフェリー（遊覧）を予約する	裕之	2023/10/18 15:58	...
□	25	タスク	ToDo	通常	雨でも楽しめるスケジュールを考える<4/14>	佑季子	2023/10/18 15:53	...
□	24	タスク	ToDo	通常	昼食場所をピックアップする		15:47	...
□	23	タスク	ToDo	通常	オープントップバス を予約する		15:53	...
□	22	タスク	ToDo	通常	夕飯を人数分予約する<4/14>		15:56	...
□	21	タスク	ToDo	通常	SIMを共同購入する(マカオ組)		15:47	...
□	20	タスク	ToDo	通常	マカオ貸切チャーターを予約する		15:58	...
□	19	タスク	ToDo	通常	SIMを共同購入する		15:53	...
□	18	タスク	ToDo	通常	ホテルPDFを印刷する	本 想	2023/10/18 15:47	...
□	17	タスク	ToDo	通常	マカオツアーを人数分予約する	裕之	2023/10/18 15:53	...
□	16	タスク	ToDo	通常	深圳ホテルの予約をする	田 剛	2023/10/19 11:33	...
□	15	タスク	ToDo	通常	香港ホテルの予約をする	本 想	2023/11/30 11:07	...
✓	14	タスク	Doing	通常	スケジュールを決める		2023/11/28 09:53	...
✓	13	タスク	ToDo	通常	› スケジュールを決める(4/16)	杠 朋美	2023/10/18 15:57	...
✓	12	タスク	ToDo	通常	› スケジュールを決める(4/15)	坂本 想	2023/11/29 16:08	...
✓	11	タスク	Doing	通常	› スケジュールを決める(4/14)	坂本 想	2023/12/08 16:17	...
✓	10	タスク	ToDo	通常	› スケジュールを決める(4/13)	石川 瑞希	2023/10/18 15:57	...
□	9	タスク	ToDo	通常	印刷物をメンバーに手渡す	坂本 想	2023/10/18 15:53	...

チケットの一覧で複数のチケットを選択してまとめて対象バージョンを設定

チケットを各バージョンに振り分けてからロードマップ画面を開くと、こんな風にバージョンごとにチケットが分類されて表示されます。今は計画段階なので、一番上の「計画」のところに出てる8個のチケットのタスクを進めることを優先しましょう。

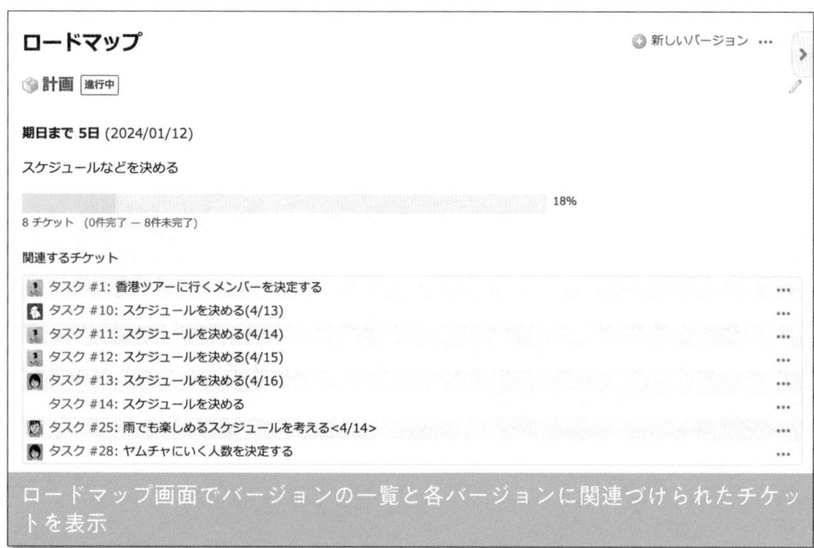

ロードマップ画面でバージョンの一覧と各バージョンに関連づけられたチケットを表示

なるほど、理解できました。Redmineではバージョンが一般的なプロジェクト管理の用語のマイルストーンに相当するわけですね。マイルストーンでチケットが分類されてすごく分かりやすくなりました。

NOTE バージョンとロードマップの詳細は11.4節「ロードマップ画面によるマイルストーンごとのタスクと進捗の把握」で解説しています。

チケットがどんどん片づいていい感じ

Redmineの管理者として設定をしたことがなかった坂本さんも不自由なくRedmineを扱えるようになってきました。みんなの協力もあって、どんどんタスクが片づいていきます。「ロードマップ」画面の進捗のグラフも順調に伸びていい感じです。

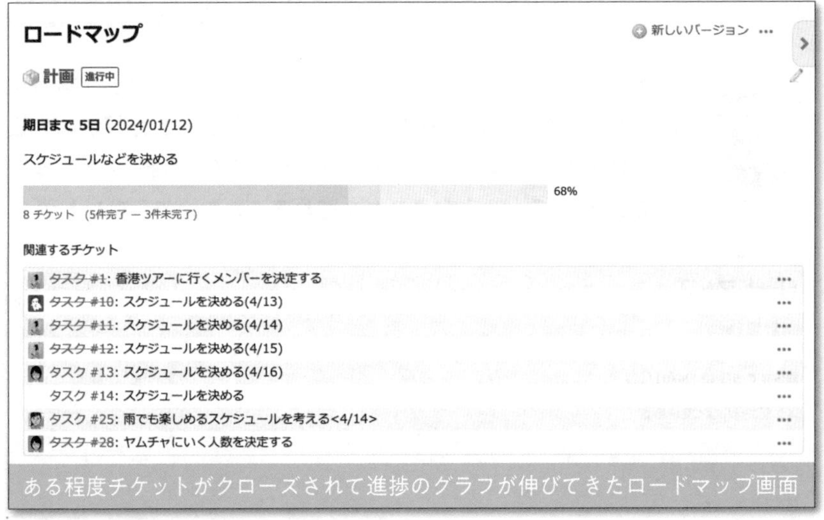

ある程度チケットがクローズされて進捗のグラフが伸びてきたロードマップ画面

特定のタスクに関するコミュニケーションをチケットのコメントで行うこともできます。きちんと記録が残って間違いを防げますし、意思決定の過程を後で振り返ることもできます。

編集
プロパティの変更
トラッカー * タスク
プライベート
題名 * 香港ホテルの予約をする
説明 編集
ステータス * Doing
親チケット 7
優先度 * 通常
開始日 yyyy / mm / dd
担当者 << 自分 >>
期日 2024 / 01 / 31
カテゴリ
対象バージョン 手配
コメント
編集 プレビュー
マカオフェリーターミナル付近を候補で考えています。周辺のホテルの空室状況を調べます。
プライベートコメント

コメント欄に現在の状況を記入して更新

記録したコメントは時系列で表示されます。宿泊するホテルを決めた経緯も、社長から連絡をもらったホテル代の予算も一目瞭然です。

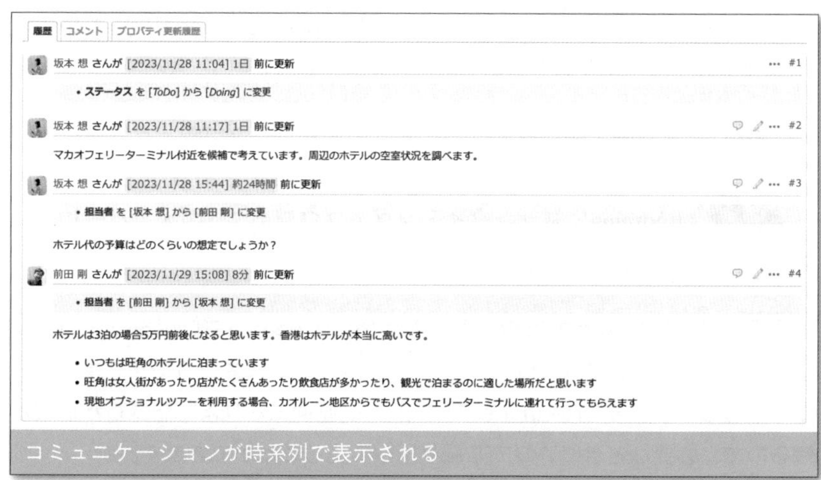

履歴 コメント プロパティ更新履歴
坂本 想 さんが [2023/11/28 11:04] 1日 前に更新 #1
• ステータス を [ToDo] から [Doing] に変更
坂本 想 さんが [2023/11/28 11:17] 1日 前に更新 #2
マカオフェリーターミナル付近を候補で考えています。周辺のホテルの空室状況を調べます。
坂本 想 さんが [2023/11/28 15:44] 約24時間 前に更新 #3
• 担当者 を [坂本 想] から [前田 剛] に変更
ホテル代の予算はどのくらいの想定でしょうか？
前田 剛 さんが [2023/11/29 15:08] 8分 前に更新 #4
• 担当者 を [前田 剛] から [坂本 想] に変更
ホテルは3泊の場合5万円前後になると思います。香港はホテルが本当に高いです。
• いつもは旺角のホテルに泊まっています
• 旺角は女人街があったり店がたくさんあったり飲食店が多かったり、観光で泊まるのに適した場所だと思います
• 現地オプショナルツアーを利用する場合、カオルーン地区からでもバスでフェリーターミナルに連れて行ってもらえます

コミュニケーションが時系列で表示される

チケットに書かれたタスクが終わったら、忘れずにチケットのステータスを終了を示すものに変更します。社員旅行用Redmineでは「Done」が該当します。

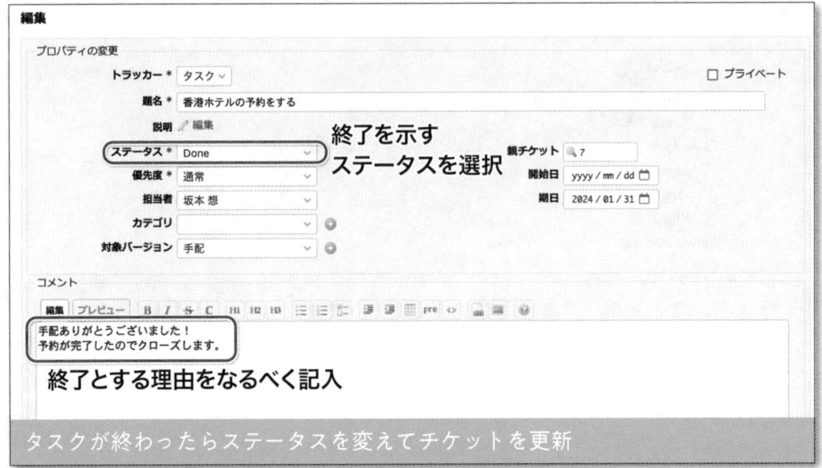

タスクが終わったらステータスを変えてチケットを更新

社員旅行の準備もRedmineの使いこなしも順調です。

みんなへのお知らせをニュースに掲載

旅行当日が近づいてくると参加者に一斉に連絡したいことがいくつか出てきます。メールで送ってもいいのですが、せっかくRedmineを使っているのでRedmineでなんとかならないものでしょうか。

ニュース機能を使うのはどうですか？　プロジェクト内に情報を載せることができて、しかもあらかじめ設定しておけばRedmineに載せたタイミングでプロジェクトのメンバーにメールが送られます。

今回、社員旅行の参加者のほとんどがRedmine上のプロジェクトのメンバーになっているので、確かにニュース機能を使えばよさそうです。単にメールを送るのとは違ってRedmineの「ニュース」画面にこれまで記録した情報が残るので、必要なときにいつでも振り返って見ることができます。

プロジェクトのメンバーになっていない参加者は個別にフォローするとして、ニュース機能を使って一斉連絡することにしました。

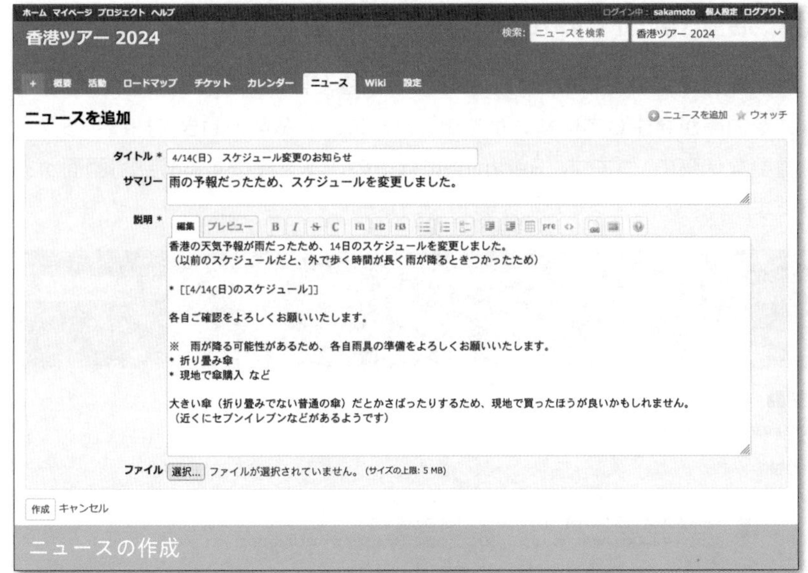

ニュースの作成

ニュースがRedmineに掲示され、さらにメンバーにメールが送られました。たくさんの宛先を入力してメールを送る作業は不要となり、簡単に一斉連絡ができました。

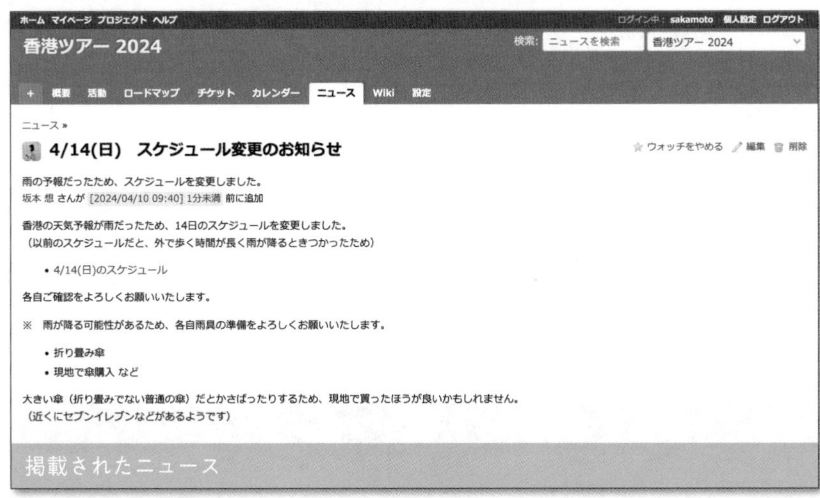

掲載されたニュース

NOTE ニュース機能の詳細は12.1節「ニュース」で解説しています。

「活動」画面でみんなの動きを把握

社員旅行の準備を取り仕切っている坂本さんにとっては、準備が順調か、なにか問題が発生していないかを知るために、みんなの動きを把握することは重要な仕事の1つです。Redmineにはその仕事を支援する「活動」画面があります。

「活動」画面でみんなの動きを把握

この画面では、チケットの作成・更新やニュースの掲載など、Redmine上で誰がどの情報を更新したのか時系列で表示されます。

社員旅行プロジェクトの「活動」画面を見ると今日も情報が更新されていて、みんな着実に準備を進めていることがうかがえます。チケットに書き込まれたテキストも一部表示されますが、画面を見る限りは問題が発生することもなく順調そうです。

NOTE 「活動」画面の詳細は11.1節「活動画面によるプロジェクトの動きの把握」で解説しています。

プロジェクトの動きを見るだけでなく、「さっき更新されたあのチケットをもう一度見たい」というときにも活動画面は便利です。最近更新されたチケットは活動画面の上のほうに表示されます。

いよいよ当日！

いよいよ社員旅行当日がやってきました。天気は晴れ、プロジェクトメンバー全員とRedmineのおかげで準備も万端です。

15時半に空港の1F国際線チェックインカウンター付近に集合です。

社員旅行の情報はすべてRedmineに蓄積されています。現地でちょっと確認したい情報がある場合もRedmineにアクセスすれば参照できます。Redmineはスマートフォンにももちろん対応しているので、屋外からのアクセスも問題なく行えます。

スマートフォンからRedmineにアクセス

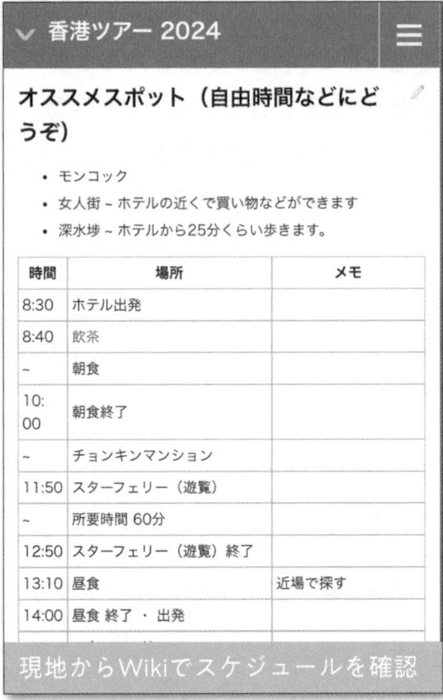

現地からWikiでスケジュールを確認

そして17時50分。準備は万全の状態で計画通り香港へ向けて出発しました。3泊4日、新しく加わった社員をはじめ参加者全員が楽しい時間を過ごし、プロジェクトの目標は達成できたようです。

Chapter 2

Redmineの概要

Redmineはフランスの Jean-Phillipe Lang氏が開発したオープンソースの課題管理システムで、最初のバージョンは2006年6月25日にリリースされました。それ以降着実にリリースを重ね、現在は日本はもちろん世界中で広く使われています。

この章では、Redmineとは何か、なぜRedmineを使うべきなのかをお伝えします。

2.1 Redmineとは

Redmineはプロジェクト運営を支援するオープンソースのWebアプリケーションです。課題管理システム、プロジェクト管理システム、もしくはチケット管理システムなどと呼ばれています。

主な機能としてはプロジェクト全体として何をすべきか・誰がいつまでにやるのか管理するタスク管理、Wikiやフォーラムによる情報共有、GitやSubversionなどのリポジトリとの連係したソフトウェア開発支援などがあります。

▼ **表2.1** Redmineの主な機能（タスク管理・プロジェクト管理）

チケット	実施すべきタスクの一覧と個々のタスクの状況の管理
ガントチャート	各タスクの状況からプロジェクトの進捗を示す図を自動描画
カレンダー	タスクをカレンダー上に表示してスケジュールを把握
ロードマップ	タスクをマイルストーンごとに分類して表示。直近で取り組むべきタスクを把握
活動	プロジェクトのメンバーがRedmine上で行った情報更新を時系列表示
作業時間	タスクに要した時間を記録して自動で集計

▼ **表2.2** Redmineの主な機能（情報共有）

Wiki	情報を共有・共同編集
フォーラム	メンバー同士で議論を行うための掲示板機能
ニュース	メンバー全員へのお知らせを掲載
文書	メンバーと共有するファイルを添付
ファイル	開発したソフトウェアに関連したダウンロードページを提供

▼ **表2.3** Redmineの主な機能（ソフトウェア開発支援）

リポジトリ	GitやSubversionなど多数のバージョン管理システムに対応したリポジトリブラウザ

これらの機能の中でも中核となるのがタスク管理です。ある程度の期間・人手を投入して何か大きな仕事を進めるときには、それをたくさんの小さな作業(タスク)に分解すると管理と実際の作業がやりやすくなります。

例えば、学校の夏休みの宿題の場合、手当たり次第に気の向くまま取り組むのではなく教科ごとに毎日どのくらい進めるか計画を立てることで、日々やるべきことが明確になり進捗も把握しやすくなります。

別の例として、ある会社が製品をアピールするために展示会に出展することを想定してみましょう。「出展のための準備をせよ」と言われたとき、多くの人にとっては漠然としていて具体的な作業がイメージできません。しかし、出展申し込み、展示物の準備、パンフレットの手配といった具合に小さなタスクに分解すれば、1つ1つの作業が具体的になり、また仕事の全体像も見えてきます。

このような、プロジェクトを構成する多数の小さなタスクを管理するのに威力を発揮するのがRedmineです。チームとして取り組むべきタスクがどれだけあって、誰がいつまでに何をすべきか、現在の状況はどうなっているのかを関係者がWebブラウザで共有でき、プロジェクトを円滑に進めるのに役立ちます。また、タスクの実施状況の記録が残るので、後日経緯を確認したり、似たようなタスクを実施するときに過去の記録を参考にできます。

図2.1 Redmineの画面

そのほか、Wikiやフォーラムなどの情報共有機能を使うことで、資料や打ち合わせ記録などプロジェクトで発生するさまざまな情報を共有することもできます。Redmineは単なるタスク管理にとどまらず、プロジェクト運営・業務を支援する情報基盤となり得ます。

図2.2 Wikiによる情報共有

2.2 Redmine導入をお勧めする10のメリット

タスクを管理するために必ずしもRedmineのようなツールが必要なわけではありません。表計算ソフトで一覧を作ったり、壁に付箋を貼り付ける方法もあります。これらのやり方は特別なツールが不要なので簡単に始めることができます。

一方Redmineは、使い始めるまでのRedmineを稼働させるサーバなどの環境が必要で、また導入当初は関係者に使い方を周知しなければならないなど、使い始めるまでの手間はゼロではありません。では、それを乗り越えてRedmineを使うメリットは何なのでしょうか。

筆者がRedmineをお勧めする10個のメリットを挙げてみます。

2.2.1 やるべきことが明確になる

▶メリット① プロジェクト全体で実施すべきタスクが明確になる

タスクをすべてRedmineに登録しておくことで、Redmineを見ればプロジェクトの残作業がわかるようになります。チーム全体でやるべきことが明確になり、プロジェクトを着実に進めるのに役立ちます。

▶メリット② それぞれのメンバーが何をすべきか明確になる

フィルタを使って自分が担当者となっているタスクのみを表示させることができます(図2.3)。さらに、タスクの期日や優先度などで絞り込むこともできるので、自分が実施すべきタスクはどれかすぐにわかります。

▶メリット③ 大量のタスクを管理しやすい

タスクをさまざまな条件で絞り込んで表示するフィルタ機能、マイルストーンごとに分類して表示する**ロードマップ**画面、タスク同士の関連づけ・親子関係など、大量のタスクを効率的に扱うための機能が用意されています。

図2.3 フィルタで条件を指定してタスクの一覧を絞り込んで表示している様子

2.2.2 プロジェクトの情報共有・管理が楽になる

▶メリット④ 作業の記録が残る

タスクを誰がいつどのように実施したのか記録が残ります。過去に実施した似たような作業を参照したり、システム開発でバグがどのように修正されたのかレビュー担当者が確認したりするといった使い方ができます。

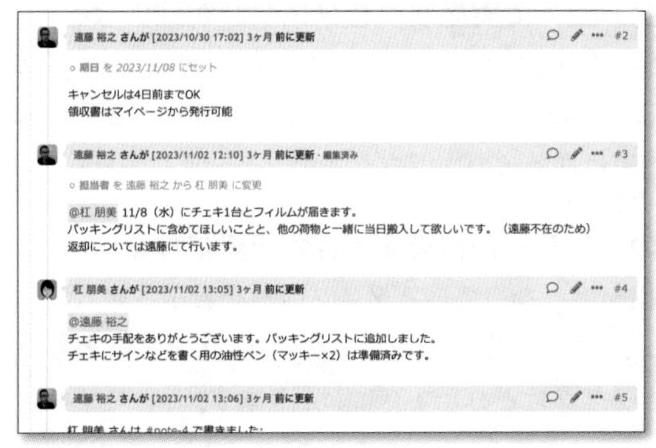

図2.4 仕事を進める過程の記録を残して後で参照できる

▶メリット⑤ 情報が一元管理できる

表計算でタスクの管理を行うと情報はファイルに保存されます。ファイルは作成やコピーが容易なため、ファイルがあちこちに散らばったりコピーされて内容が一部更新されたファイルが作られるなどして、どこにあるのか・

どれが原本かはっきりしなくなることがあります。Redmineではデータベースで情報を集中管理しますので、そのような問題は起きません。

また、タスクの実施に伴って受領・作成したファイルを添付することもでき、プロジェクトに関係する情報をRedmineに集約できます。

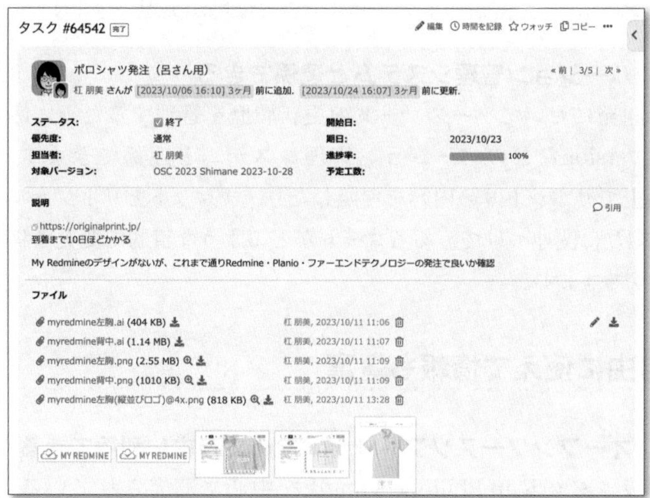

図2.5 タスク実施中に作成したファイルを添付。関係するファイルにすぐにアクセスできる

▶メリット⑥　進捗管理のための情報が得られる

ロードマップ画面でタスクをマイルストーンごとに分類して進捗率を表示したり、ガントチャートで計画と進捗状況を俯瞰することができます。

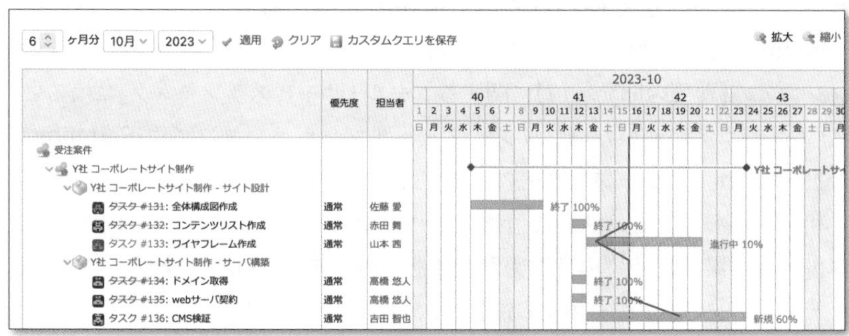

図2.6 計画と進捗状況を俯瞰できるガントチャート

▶メリット⑦　複数拠点に分散していても共有が容易

インターネットに接続されたサーバ上で稼働させれば、関係者が地理的に分散していても同じ情報にアクセスできます。情報共有のために大量のメールのやりとりする必要はありません。スマートフォンやタブレット端末からも利用でき、いつでもどこでも情報にアクセスできる環境が実現できます。

▶メリット⑧　バージョン管理システムと連係できる

ソフトウェア開発においてソースコードの更新履歴を管理するために使われるGitやSubversionなどのバージョン管理システムと連係できます。Redmineの画面上でリポジトリの内容を参照したり、チケットとリポジトリへのコミットを相互に関連づけて、あるコードがどのような目的で変更されたのか追跡したりできます。

2.2.3 自由に使えて情報も豊富

▶メリット⑨　オープンソースソフトウェアなので自由に利用できる

RedmineはフランスのJean-Philippe Lang氏を中心に開発されている、GPLv2ライセンスのオープンソースソフトウェアです。無料で入手できるので気軽に導入できます。また、利用者が増えてもライセンスコストが膨れ上がる心配はありません。

Redmineのソースコードを参照しながらプラグインを開発するなどしてカスタマイズを行ったり、Redmineそのものの改良に参加することもできます。

▶メリット⑩　広く使われていて情報の入手が容易

Redmineは広く普及しています。TECH Streetが2021年に実施した「ITエンジニアの【理想の開発環境】に関するツール・サービスランキング」によると、「ITエンジニアが使いたいプロジェクト管理ツールランキング」でRedmineが3位に選ばれて、オープンソースソフトウェアで唯一ランクインしました。

利用者が多いことは活発な情報発信にもつながっています。日本国内では本書以外に累計13点[1]の関連書籍が出版され、またWebサイトやブログ記事などインターネットでも多くの情報が公開されています。

【1】国立国会図書館蔵書のうちタイトルに「Redmine」を含む図書の数。2024年1月8日調査。

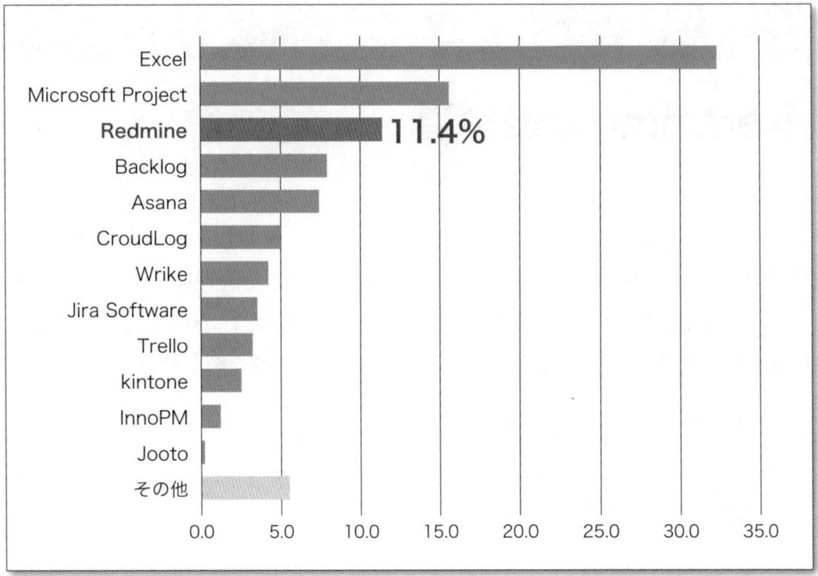

△ **図2.7** ITエンジニアが使いたいプロジェクト管理ツールランキング（出典：TECH Street「ITエンジニアの【理想の開発環境】に関するツール・サービスランキング」を元に作成）

2.3 Redmineの使い道

Redmineをはじめとした課題管理システムは、もともとはソフトウェア開発プロジェクトで修正すべきバグや実装すべき機能を管理するのに広く使われてきました。しかし、実際にはソフトウェア開発だけでなく、さまざまな用途に活用できる汎用的なソフトウェアです。用途の一例を紹介します。

▶バグの報告と対応状況の管理

ソフトウェア開発プロジェクトにおいて、発見されたバグの登録と対応状況の追跡に利用できます。

▶計画と進捗の管理

プロジェクトの作業計画を細分化したタスクをRedmineに登録し、担当者や開始日・期日を設定しておけば、誰がいつどのタスクを実施すべきか明確になります。実施状況や進捗率を入力して進捗を可視化することもできます。

▶顧客からの問い合わせの管理

顧客からの問い合わせをRedmineに登録し、対応が完了しているかどうか、どのように対応したのか管理できます。【2】

▶サーバの運用記録の管理

タスクではなく設置したサーバの情報をRedmineに登録してそのサーバに関する雑多な情報を追記していったり、サーバに対する作業計画や実際の作業の状況を登録しておくことで後日過去の作業記録を参照できます。【3】

Redmineはタスクだけではなく、たくさんの細かな物事を管理することができる､柔軟性の高い汎用的なツールです。ここで挙げた以外の業務でもきっと役立てることができるはずです。

次のChapter 3では実際の利用事例を紹介します。

【2】前田剛「Redmine によるメール対応管理の運用事例」https://www.slideshare.net/g_maeda/redmine-mailmanage

【3】Tomohisa Kusukawa「運用業務での Redmine」https://www.slideshare.net/tkusukawa/redmine-23622195

Chapter 3

Redmineの様々な活用事例

Redmineはもともとはソフトウェア開発を支援するためのツールとして開発されたと考えられます。実際に表に出てくる事例もITに関連した業種のものが多いようです。しかし、実はRedmineは汎用性が高いツールであり、設定や運用を工夫することでIT関連に限らず多くの業務で利用できます。

ここではソフトウェア開発以外の業務でRedmineを活用している3つの事例を取り上げ、多様な用途に応用できることを示します。

3.1

Excelから脱却しRedmineのチケットを全員で振り返る

アルコニックス株式会社

アルコニックス株式会社は、アルミ、銅などの非鉄金属素材の流通から部品・製品の製造までをワンストップで手がける企業グループです。補完型M&Aによる事業拡大にも注力し、グループ内のシナジー創出を目指しています。

2019年に開発ベンダーとのプロジェクト管理を機に導入されたRedmineの運用について、情報システム部の西村部長、Redmineのシステム管理者として運用を担当されている情報システム部 曽根課長にお話を伺いました。

3.1.1 社内外の問い合わせ管理や他社システム

▶ベンダーとのやり取り、他部署でも広く利用

アルコニックス株式会社では、主に次の3つの用途でRedmineを利用しています。

1. ベンダーとのシステム開発プロジェクト管理
2. 情報システム部内の進捗管理
3. 社内外からの問い合わせ管理

Redmineを導入して5年目になり、2024年2月現在のプロジェクト数は24個(有効のみ)、ユーザー数はベンダーを含めて50名です。

3.1.2 ベンダーとのシステム開発プロジェクト管理に活用

▶メールにExcelファイルを添付するやりとりには問題があった

Redmine導入前、ベンダーとのやりとりにメールを利用していたそうですが、次のような課題があったそうです。

- メールには毎回儀礼的な挨拶(「いつもお世話になっております」など)を書く必要があった。
- 一つのメールに複数の話題を記載していたため、長文に用件が埋もれてしまうことがあった。
- プロジェクトに途中から参加することになった関係者が、過去のやりとりを把握するのが難しくなっていた。
- メールには作業の進捗を記載したExcelファイルを添付して送っていたが、Excelファイルを更新するたびに送っていたため、どれが最新版なのか把握するのが難しくなっていた。

こうしたコミュニケーション上の課題を解決するために、対面での打ち合わせが必要となり、開発ベンダーへ出向いていましたが、移動にかかる金銭的、時間的コストもばかにならなかったそうです。

▶チケットでスムーズなコミュニケーションができるようになり工数が削減できた

では、上記のような問題がRedmineの導入でどう変わったのでしょうか。

- Redmineではタスクごとにチケットを作成し、チケットには用件だけを記載する。そのため「いまやるべきこと」を見つけやすくなった。
- Redmineでは、チケットの更新履歴が時系列で表示される。そのため、過去のやりとりを追いやすく、プロジェクトの途中から参加する人でも、経緯の把握が容易になった。
- Redmineにファイルを添付すると、いつ、誰が添付したのかという履歴が残る。そのため、どのファイルが最新版なのかが明確になり、ベンダーとの間で「チケットに添付したファイルが最新版」という共通認識を持てるようになった。

このように、

- メールによって複雑化していたコミュニケーションを単純化
- 経緯の確認や、最新情報の把握にかかっていた時間を削減
- メッセージやファイルをタスクと紐づけて一元管理

できるようになったことで、開発ベンダーとのコミュニケーションが円滑化。開発ベンダーへの訪問回数を減らすことができ、移動にかけていた金銭的、時間的コストを削減できたそうです。いまではRedmineの画面を共有しながらWebで打ち合わせできるほど、改善されたそうです。

3.1.3 情報システム部内の進捗管理にも活用

▶週一回の進捗を確認する定例会で問題点や解決策が話し合えていなかった

Redmine導入前は、情報システム部のメンバーがそれぞれ抱えている仕事の進捗をExcelで管理していたそうですが、次のような問題を抱えていたそうです。

- Excelファイルをファイルサーバに置き、メンバー各自が進捗を入力することにしていたが、次第にメンバーは更新しなくなってしまい、管理者が一人で更新している状況だった
- 進捗状況を把握するために、週に一回定例会を開催していたが、Excelファイルに期日を書いても確認が漏れていたり、結局「どうやって解決するのか？」「問題点は何か？」など踏み込んだところまで話し合うことができなかったりと、不徹底なところがあった

定例会は情報システム部のメンバー全員が参加しますが、結果としてExcelに書かれている内容を眺めるだけで、1～2人のキーマンと話した内容をまとめるだけのメモになっていたといいます。

▶カスタムクエリを定例会のアジェンダとして活用し、各自が更新するようになった

では、上記のような問題がRedmineの導入でどう変わったのでしょうか。

- Redmine導入後は、メンバーが主体的にたくさんのチケット(タスク)を作成するようになった。
- 週一回の定例会でメンバー全員がチケットを見ながら一週間の進捗を振り返ることで、メンバー自ら進捗状況を書くようになった。
- 定例会の開催頻度を毎週から隔週に減らすことができた。
- 目先の課題だけでなく、期日が先の課題の進捗も見られるようになった。

これまで「遅れを隠そうとしていた組織」が、Redmineの導入によって

- タスクを増やすことに前向きになった
- 遅れの早期把握と、原因究明、対策立案に努めるようになった
- 自律的な組織に生まれ変わった

ように見えます。

定例会で、どのように振り返りを行われているかを伺ったところ、Redmineの機能「カスタムクエリ」を定例会のアジェンダとして活用されているとのことでした。

Redmineには、チケット一覧画面の表示を特定の条件で絞り込む「フィルタ」という機能があります。このフィルタの設定をカスタマイズして保存する機能が「カスタムクエリ」です。絞り込み表示の条件を「カスタムクエリ」として保存しておけば、1クリックで条件に合致したチケットだけを簡単に表示できます(9.2節「フィルタによる絞り込み条件をクエリとして保存する」参照)。

▶定例会を活性化した「6つのカスタムクエリ」

どのようなカスタムクエリを作成し、どう活用されているのか、詳細を伺いました。

アルコニックス株式会社の情報システム部定例会のアジェンダとして活用されているカスタムクエリは次の6つです。

▼ **表3.1** 定例会のアジェンダとして活用されている6つのカスタムクエリ

カスタムクエリ名	確認すること
①期日超過	期日が過ぎたチケット。 なぜ期日を超過してしまったか、設定した期日は早すぎなかったか、期日までに終わるにはどうすればよかったかを確認する。
②優先度「高」以上	優先して進めるべきチケット。
③期日が10日以内	期日間際で進捗に注意すべきチケット。
④一週間以内更新	この一週間で更新されたチケット。 どのような進捗があったかを確認する。
⑤一週間以内作成	この一週間で作成されたチケット。 新しいタスクに対して適切にチケットが作成されているかを確認する。
⑥一週間以内にクローズ	この一週間でクローズしたチケット。 クローズした理由を述べる運用にし、クローズの妥当性を担当者以外の視点でも評価する。

筆者が所属するファーエンドテクノロジー株式会社でもカスタムクエリをミーティングのアジェンダとして活用していますが、伺った活用方法からは次のような学びがあり、自社でも試してみたいと思いました。

- 「カスタムクエリ名」の先頭に番号を振っておくと、定例会での議事進行を円滑化できそう（「次は～番の確認です」などと議事進行できそう）
- 「⑥一週間以内にクローズ」の「確認すること」で、クローズの判断を担当者任せにせず、プロジェクトメンバーで確認し合うことで、チームの活性化につなげている

3.1.4 社内外からの問い合わせ管理

情報システム部には社内他部門や一部のグループ会社から様々な問い合わせが寄せられるそうです。

情報システム部への問い合わせ例
PCの電源が入らない
メールが見られなくなった
基幹システムの操作方法を教えてほしい

情報システム部は、社内外の問い合わせ対応業務を円滑にするためにもRedmineを活用することにしました。

当初、質問はチケットの「説明」欄に、回答はチケットの「コメント」欄に書いていました。しかし、その方法では、画面をスクロールしないと回答が書かれた「コメント」欄を見ることができませんでした。そこで「回答」という長いテキスト形式のカスタムフィールドを作成して回答を書くことにしました。さらに「ワイド表示」をONにすることで質問が書かれた「説明」欄と同じ幅で表示するようにカスタマイズしました。チケットを表示したときに質問と回答がスクロールせずに一目で見えるため、すぐに回答を確認できます。

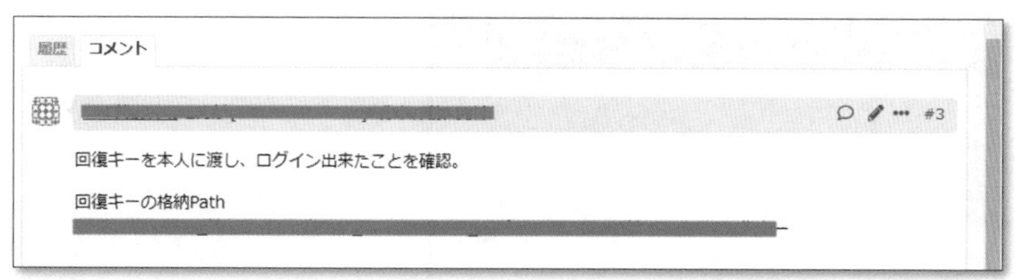

図3.1 改善前の画面(スクロールしないと回答を見られない)

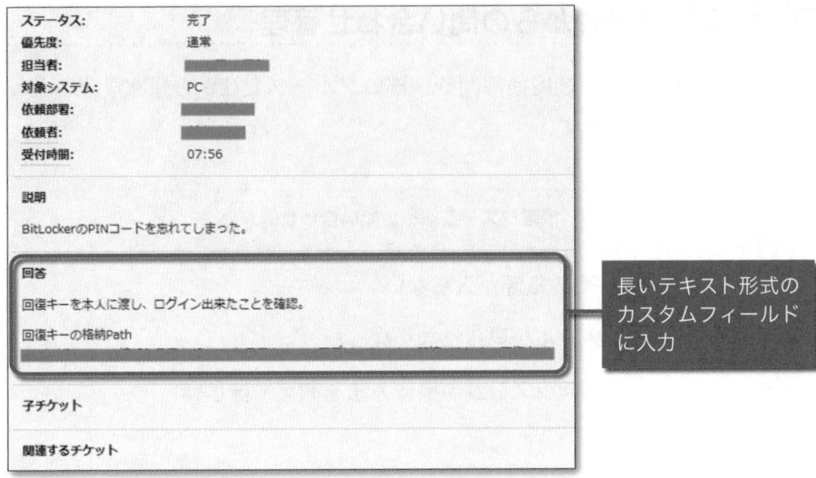

図3.2 改善後の画面（スクロールせずに回答を見られる）

▶フォーラムによるFAQナレッジベースの構築

社内外から同じ内容の問い合わせを受けたときの手間を減らすために、よくある問い合わせとその回答（FAQ）をRedmineの「フォーラム」に一つずつ記載し、ナレッジベース化することにしました。情報システム部の経験が浅いメンバーでも、フォーラムで問い合わせ内容を検索することで過去の回答を参考にして簡単に回答できるというメリットがあります。

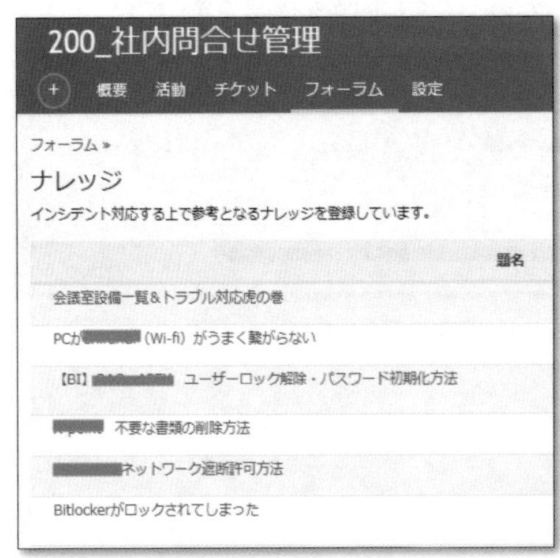

図3.3 Redmineの「フォーラム」画面でナレッジベース化されたFAQ

また、チケットに「使用したナレッジ」というカスタムフィールドを作成し、そこへフォーラム内の関連するナレッジへのURLを入力することで、簡単にチケットからフォーラムへ飛べるようにしています。フォーラムによくある質問をまとめることで同じ内容の問い合わせがあっても、早く回答できるようになりました。

△ **図3.4** チケット上の「使用したナレッジ」リンク

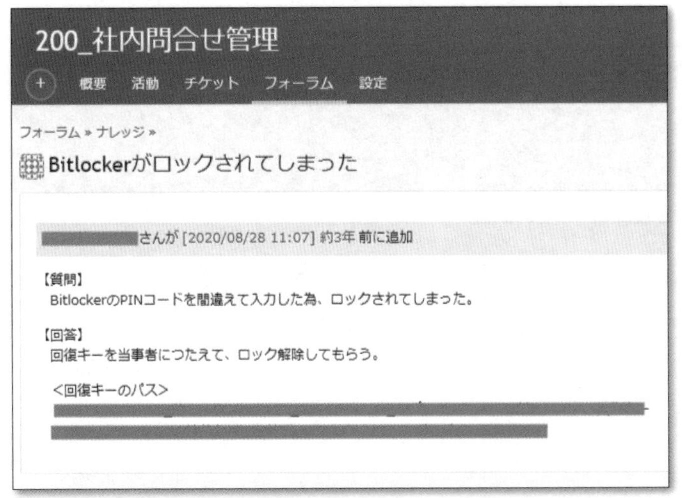

△ **図3.5** リンク先のフォーラム記事

▶通知メールからの情報漏洩を防ぐひと工夫

社内外から情報システム部への問い合わせ内容によっては、調査のためにシステムのログイン情報(ID・パスワードなど)を受け渡すことがあります。チケットにそのままパスワードを書いてしまうと、チケット更新時の通知メールにパスワードが表示されて漏れてしまう恐れがありました。そこで、「初期パスワード」というファイル形式のカスタムフィールドを作成して、パスワードを書いたテキストファイルをチケットに添付することにしました。通知メールでファイルが添付されていることは分かりますが、ファイルの中身を見るにはRedmineにログインする必要があるため、パスワードが漏れてしまう心配がありません。

図3.6 チケット上の「初期パスワード」

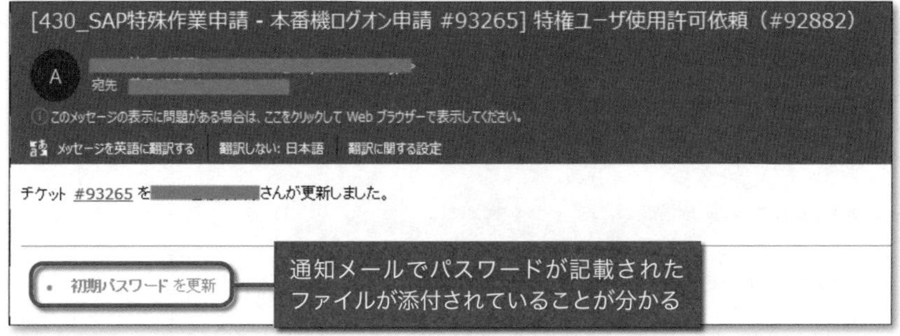

図3.7 ファイルが添付されていることは分かるが、中身を見るにはRedmineへのログインが必要

3.2

Redmineによる情報共有が製造業におけるナレッジ属人化問題解消の足掛かりに

株式会社イシダテック

株式会社イシダテックは、1948年の創業以来、食品プラントから産業省力化機械まで、食品・医薬品等の製造現場向けにオーダーメイド機械の設計・製造を手掛けてきました。

同社の強みは「多種多様な技術的問題の解決」ができること。しかし、そのために必要な技術や開発知識、スキルの多くは高齢のベテラン開発者の知見に頼っており、属人化が課題に。このようなナレッジの形式知化と共有のため、同社では積極的にDXを推進しています。

そんな同社がRedmineを選ぶまでの道のりや、導入後の業務の変化、独自の活用術について、代表取締役の石田尚様、事業推進室の中田英輔様、総務部の小山和希様、技術部の渡邊舜太郎様にお話を伺いました。

3.2.1 独自の運用ルールを整備してRedmineを全社でフル活用

1948年に静岡県焼津市の町工場としてスタートした株式会社イシダテック。主に次の2つの用途でRedmineを利用しています。

①プロジェクトのステータス管理

②外部との情報共有

3.2.2 ①プロジェクトのステータス管理

▶試行錯誤から学び、たどり着いたRedmine

Redmineの導入以前は各プロジェクトの最新のステータスが把握できておらず、幹部会議で進捗状況を報告するだけでも非常に時間がかかり、本来行うべき議論まで辿りつかないこともままあったそうです。

このため2018年より、同社では情報のデータ化と共有の推進をスタート。次の3つのフェーズを経て、Redmineを使った工程管理、ソフトウェア課題管理、タスク進捗管理にたどり着いたそう。

▼ **図3.8** Redmineの導入前のフェーズ

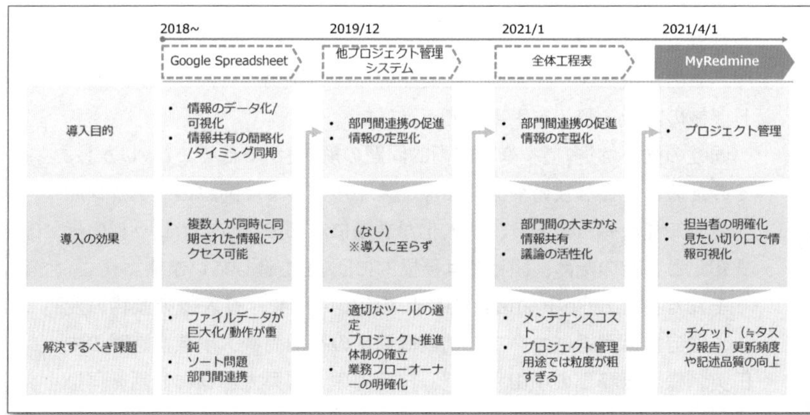

出典：『Redmineでゼロから始めたプロジェクト管理』株式会社イシダテック
「案件管理デジタル化の変遷」（11ページ）より

Redmineを本格導入する以前、スイスの企業とのジョイントベンチャー事業で使用する機会があり、プロジェクト管理の自由度の高さを実感。より業務がスムーズになるという期待も込めて、2021年にRedmineを導入したのです。

▶導入成功の要因はチームでの導入推進と社員への手厚いサポート

Redmine導入時には、これまでの経験を踏まえて相当な工夫をされたと伺いました。それが、以下の5点です。

- 導入推進のための体制づくり
- 各業務フローの責任者の明確化

- 社内へのオリエンテーション
- 社内向けのユーザーサポート
- 運用サポート機能の自社開発

Redmineは自由度が高い分、何の整備もなく導入すると統制が利かなくなる恐れも。また使用する社員にとって難しく面倒なシステムと思われたら心理的障壁ができ、結果として使われなくなってしまうことも。このような課題を5つの工夫で乗り越えたことが、導入成功の要因となりました。

表3.2 前回導入時からの改善点

振り返りの視点	別システム導入断念時	Redmine導入時
プロジェクト推進の 体制・姿勢	・社内ユーザーに協力を呼びかけるが、何をどのように協力すればいいかわからず、結果言い出しっぺの孤軍奮闘状態 ・「いいモノなのになあ…」	・4人チームで推進 ・全社会議や幹部会議、全社チャットでこまめに意義や進捗を共有 ・記録、記録、記録アンド記録
業務フローのオーナーシップ	・「システムに合わせて業務変えるでしょう」という業務フローオーナーの不在病 ・何をどう変えるのが正解か大多数が迷い、何も決まらない	・対象となる現行業務フローと変更後の対応を、実務担当者と綿密に検討のうえ決定し、幹部会で展開 ・議論の過程で業務認識を再定義
システム使用方法の自社流展開	・「何万社も導入しているらしいし、サポート資料もしっかりしている。ググれば OK！」という 自社業務・ルール無視のパワープレー	・少数チームに分け社内説明会実施 ・「それでも全然わからない」人には、「できた」「あ 私これ新しいものアレルギーなだけだ」となるまで丁寧にフォロー
ユーザーサポート	・「なんでも聞いてくれよな」と社長は言うが、そもそも社長に何でも聞けるわけがない	・導入チームで手分けして設置 ・導入後しばらくは、チャットの世界に住んでるのでは と思うほどのスピードでレスポンス
運用サポートツールの自社開発	・アドオンの選定も面倒なので、情報入力は基本手打ち ・やることだけが増えて、メリットを感じる前に挫折者多数	・一度どこかで入力された情報は、基本的に Google Apps Scriptで連携するツールを作成 ・これまであった転記などが激減

出典：『Redmineでゼロから始めたプロジェクト管理』株式会社イシダテック「振り返り_システム導入の失敗と成功」(38ページ)より

▶会社に合わせたカスタマイズで、統制の取れたシステムに

運用にあたってはRedmineをカスタマイズし、ルールも定めました。特に以下3点に留意したそうです。

- プロジェクト・チケット体系の整備
- 他ツールとの使い分け方針
- 使用モジュール方針

どういう時に、どのように、どの機能を使うのか。導入前に決めておいたことにより、統制の取れたシステムとして社員に受け入れられたそうです。

またRedmineの機能にはすでに導入済みのツールの機能と役割が重複し、二重管理となってしまうことも。そこで時間管理機能を使用しない、GAS(Google Apps Script)を活用するなど、二重管理が発生しないための工夫にも取り組みました。

▶業務全体を状況把握でき、社内リソースも効率的に活用

Redmineを導入したことで、課題はどのように解決したのでしょうか。

- 最新のステータスやタスク状況を容易に確認できるようになった
- 各社員の仕事の状況が把握しやすくなり、社内リソースを効率的に活用できるようになった

幹部会議での情報共有の時間も、Redmine導入後は大幅に短縮できるようになったそうです。

3.2.3 ②外部との情報共有

▶連携の手軽さが飛躍的に向上

製造業という性質上、イシダテックではお客様や仕入れ先など社外とのやりとりが非常に多いそう。Redmine導入前には実際にお客様から「多拠点で推進しているプロジェクトの全体状況が把握できない」という声を受けたこともあったといいます。外部とも情報共有ができ、ユーザーの追加も容易なRedmineを導入したことで、共同プロジェクトでは連携の手軽さが飛躍的に向上したそうです。

▶機密情報漏洩防止のためにプロジェクト構造を整備

社外メンバーとの共同プロジェクトでは機密情報を取り扱うことも多く、情報漏洩をどのように防ぐかが大事になってきます。

イシダテックでは、プロジェクト構造を以下のように整備。

▼ **図3.9** イシダテックで整備されたプロジェクト構造

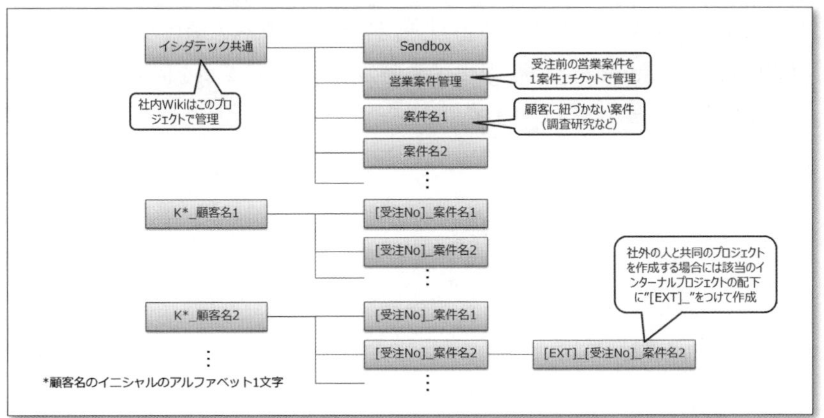

出典：『Redmineでゼロから始めたプロジェクト管理』株式会社イシダテック
「A)-① プロジェクト・チケット体系の整備」(22ページ)より

社外メンバーが参加するプロジェクトは [EXT]_ をつけ、どれが共同プロジェクトなのか一目で判別できるようにしました。

このようにルールを整備し、社内でのサポート体制を徹底することで、イシダテックではRedmineをフル活用できるようになったのです。

3.2.4 これからも社内のナレッジを蓄積し未来につなげる

そもそもイシダテックがプロジェクト管理のデジタル化を検討しはじめたのは、知識や知見といったナレッジの大半が属人化しているという課題があったからです。企業としてさらに成長を続け、お客様の期待に応え続けていくためには、プロジェクト進行の過程に潜在する暗黙知を可視化して次の世代に継承していく必要があると考えています。

そこで現在はプロジェクト管理ツールとして社内に定着してきたRedmine

を、今後はナレッジの蓄積先として活用していきたいとのこと。例えばRedmineの運用に関して一度受けた質問はwikiに解決方法を記録していくなど、操作マニュアルとして活用することも検討しています。

さらにタスクごとのステータスや期日の変更など、基礎的な操作は各従業員が行えるようになりましたが、理想としてはタスクごとに経緯や反省点もRedmineに記録してもらいたいと思っているそう。同様の案件・タスクに取り組む場合、各業務で得たノウハウや反省点は次回への糧になるからです。将来的にはRedmineを中心として、業務のPDCAサイクルを回す仕組みを構築していきたいとも語っています。

3.3

メールでの顧客サポートをRedmineに切り替えて業務効率化

ファーエンドテクノロジー株式会社

ファーエンドテクノロジー株式会社は企業向けにRedmineのクラウドサービス「My Redmine」[1]を提供しています。また、Redmineの非公式日本語情報サイト「Redmine.JP」[2]の運営やRedmine本体の開発への参加などRedmineの普及・発展のための活動も行っています。筆者が所属する会社でもあります。

「My Redmine」はクラウドでRedmineを提供するサービスです。サーバの維持管理が不要なこと、異なる企業間での情報共有が行えることなどが評価され、2023年12月時点で1500社以上が利用しています。

ただ、顧客が増えるにつれて日々の問い合わせの件数も増え、サポート業務の負荷の高まりや対応漏れの発生など多くの問題が発生するようになりました。これらを解決するために、2014年春からRedmineをヘルプデスクシステムとして使い始めました。

3.3.1 メールでの対応の問題点

Redmine導入前はメールでお問い合わせの対応を行っていました。顧客から届いたメールがメーリングリストで関係者に配信され、担当者はCcにメーリングリストのアドレスを入れて顧客に返信するという、メールによる顧客サポートの方法としてはよくあるやり方です。

【1】https://hosting.redmine.jp/

【2】https://redmine.jp/

しかし、顧客が増えてお問い合わせの件数が増えるにつれてさまざまな問題が発生するようになりました。その中で特に大きなものが2つありました。

まず1つ目はステータス管理ができないことです。メーラーの画面ではどれが対応が完了したお問い合わせなのか管理しにくいため、対応の遅れや漏れが発生していました。フォルダ分けを工夫するなどの方法も考えられますが、メーラー上での工夫の成果はあくまでも個人の範囲にとどまりチーム全体には波及しません。同じ工夫を関係者全員が同じように行うのは無理がありますし無駄です。

2つ目は、1つのお問い合わせでのメールのやりとりの回数が増えるとだんだんと話の経緯を追いかけるのが難しくなることです。引用部分がだんだん長くなってそれまでのやりとりの内容が読みづらくなり、やりとりの内容を記憶している直接の担当者以外の者が代理で対応するのが困難になります。

3.3.2 Redmineが応用できるのではないかというアイデア

Redmineを普段から業務で使っているファーエンドテクノロジーでは、先に挙げた問題を解決するためにRedmineを使うということは自然な発想でした。また、問い合わせの管理にRedmineはうまく適用できるはずという確信もありました。Redmineの得意分野の1つにソフトウェア開発におけるバグの管理がありますが、顧客サポート業務で行うべきことは以下の表のとおりバグ管理とよく似ているためです。

▼ **表3.3** バグ管理と問い合わせ管理の業務の類似性

バグ管理	問い合わせ管理
・発見したバグを「一覧管理」 ・「担当者をアサイン」して修正等の対応を実施 ・「進捗の追跡・未完了案件の把握」が必要 ・どのように修正したのか「履歴の記録」が必要	・発生したお問い合わせを「一覧管理」 ・「担当者をアサイン」して回答等の対応を実施 ・「進捗の追跡・未完了案件の把握」が必要 ・どのように対応したのか「履歴の記録」が必要

そこで、以下の図3.10のように、顧客が問い合わせのためにRedmineのチケットを作成し、サポート担当者が回答をそのチケットにコメントとして追記する方式でサポートを行えるようにすることとしました。

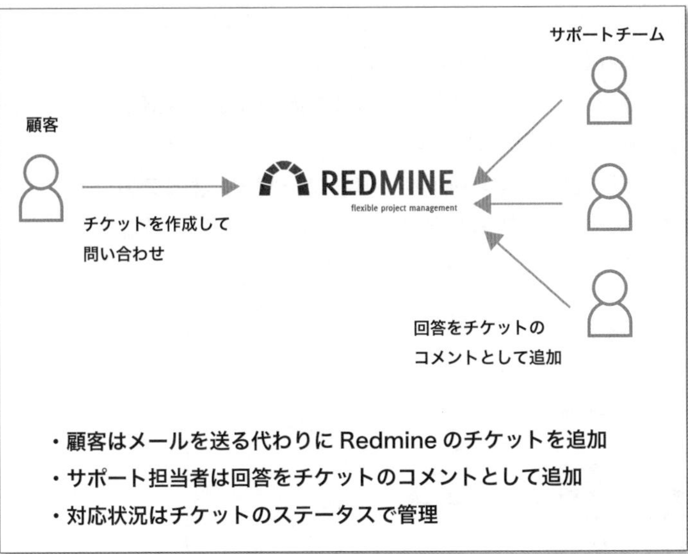

図3.10 Redmineを活用した顧客サポートの概念図

3.3.3 Redmineの柔軟な設定機能でヘルプデスク用に構成

Redmineで顧客サポートを行うための要件を検討した結果、次の4つが挙がりました。

1. 顧客が自分でアカウント登録をした後はすぐに問い合わせができること
2. ある顧客から別の顧客のチケットが見えてはならない
3. ある顧客から別の顧客の名前が見えてはならない
4. 不要な項目を非表示にしてわかりやすい入力画面を実現する

一般的なRedmineの運用ではあまり求められないものもありますが、Redmineはさまざまな運用に対応できる柔軟な設定機能を持っています。これら4つの要件もWebの管理画面での設定で実現できました。

▶ ①顧客が自分でアカウント登録をした後はすぐに問い合わせができるように

顧客が最初の問い合わせを行うために、顧客側でアカウント申請などの面倒な作業が必要だったり、スタッフ側で登録作業などの手順が必要だったりすると、お互いに手間がかかる上に顧客は必要なときにすぐに問い合わせをすることができません。初めての問い合わせも面倒な手続き無しですぐに行える状態になっている必要があります。

Redmineの**管理→設定→認証**画面を開き、**ユーザーによるアカウント登録**で**メールでアカウントを有効化**を選択して、Webでの登録と確認メール内のURLクリック操作だけでアカウントを即時作成できるようにしました。

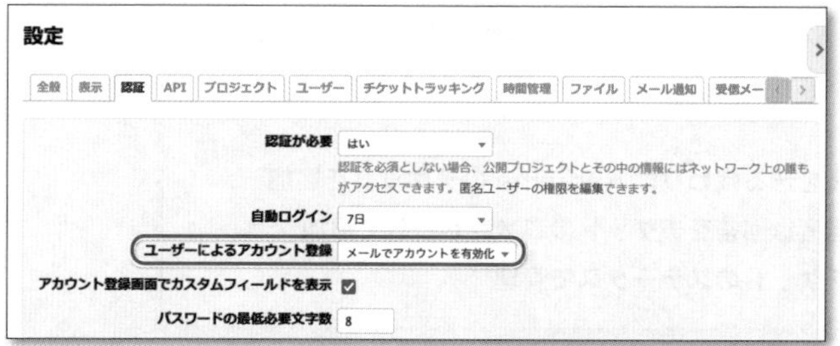

図3.11 「ユーザーによるアカウント登録」は「メールでアカウントを有効化」を設定

NOTE
Redmineのユーザーアカウントの登録は、システム管理者による「管理」→「ユーザー」画面での登録のほか、ユーザー自身でアカウント登録ができるようにも設定できます。

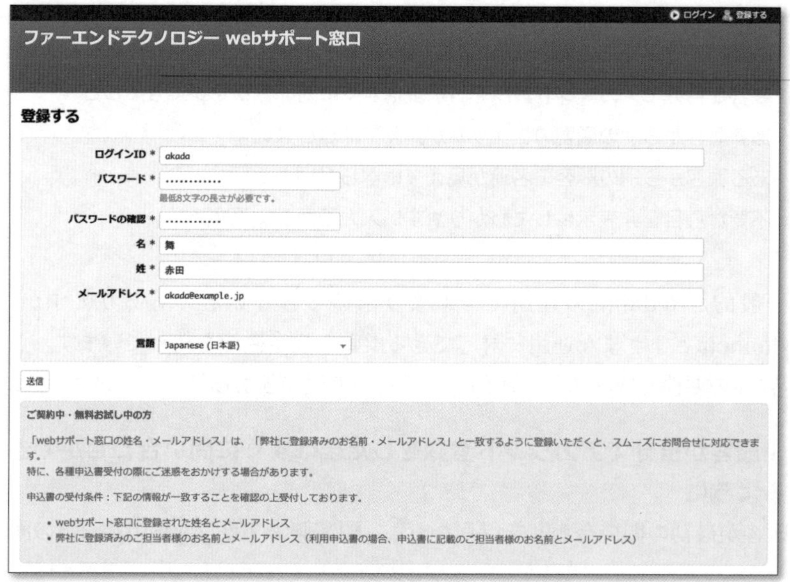

図3.12 ユーザー自身によるWebからのアカウント登録

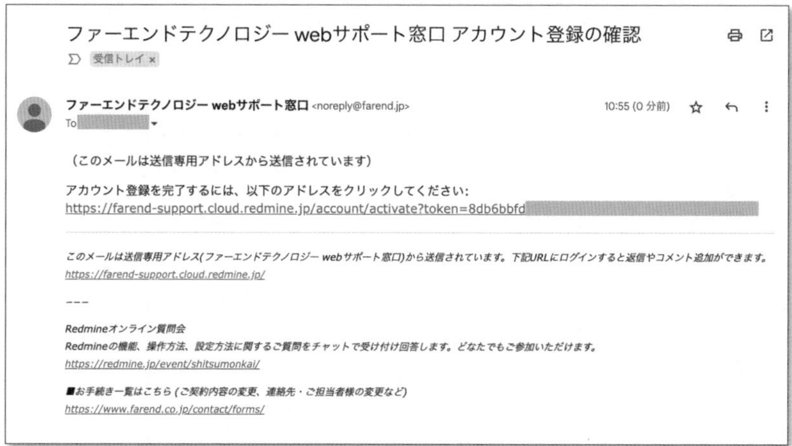

ファーエンドテクノロジー webサポート窓口 アカウント登録の確認
受信トレイ ×

ファーエンドテクノロジー webサポート窓口 <noreply@farend.jp> 10:55 (0 分前)
To

（このメールは送信専用アドレスから送信されています）

アカウント登録を完了するには、以下のアドレスをクリックしてください:
https://farend-support.cloud.redmine.jp/account/activate?token=8db6bbfd

このメールは送信専用アドレス(ファーエンドテクノロジー webサポート窓口)から送信されています。下記URLにログインすると返信やコメント追加ができます。
https://farend-support.cloud.redmine.jp/

Redmineオンライン質問会
Redmineの機能、操作方法、設定方法に関するご質問をチャットで受け付け回答します。どなたでもご参加いただけます。
https://redmine.jp/event/shitsumonkai/

■お手続き一覧はこちら（ご契約内容の変更、連絡先・ご担当者様の変更など）
https://www.farend.co.jp/contact/forms/

図3.13 アカウント登録時に送信されるメールアドレス確認用のメール

　また、サポート用のプロジェクトは**公開**の設定とし、ユーザーがプロジェクトに所属しなくてもログインするだけで利用できるようにしました（プロジェクトにアクセスするときには**非メンバー**ロールの権限が適用される）。

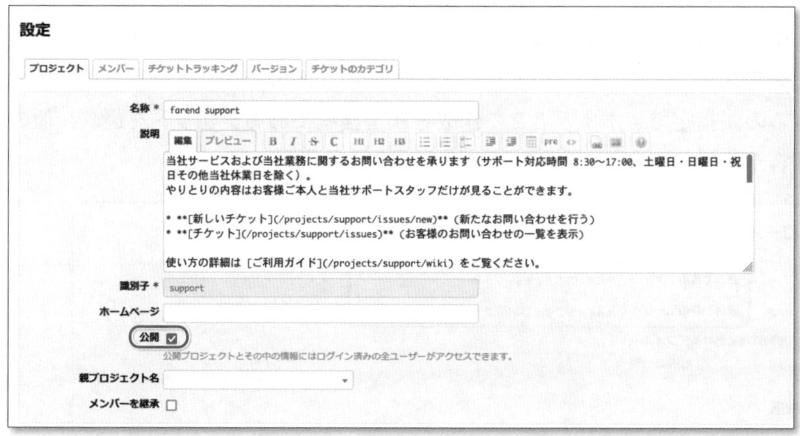

図3.14 プロジェクトの「公開」をONに設定

▶②ある顧客から別の顧客のチケットが見えてはならない

　お問い合わせの内容にはスクリーンショットや契約情報など、第三者に見られたくない情報が含まれることもあります。一般的なRedmineの運用だとほかのプロジェクトメンバーのチケットが見えることが情報共有や全体の把握に役立ちますが、多数の顧客の対応を行う用途では顧客同士でチケットが見えては困ります。

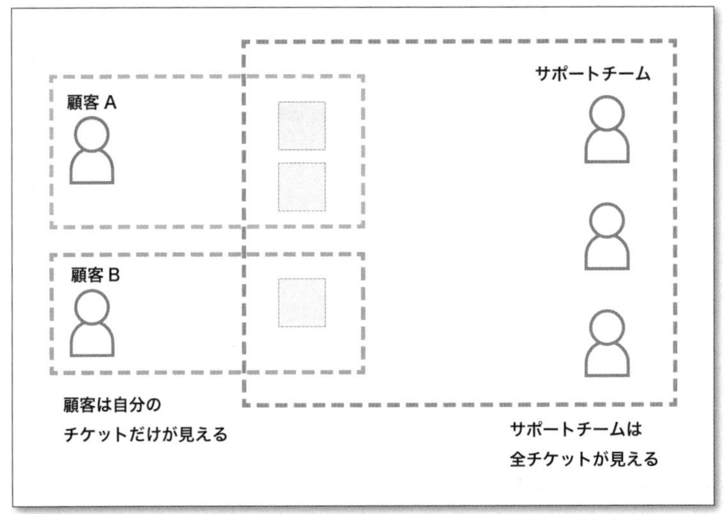

図3.15 チケットが見える範囲は顧客ごとに分離

Redmineの場合、ロールに対する権限の設定で**表示できるチケット**の設定を調整することでそのユーザーがどこまでの範囲のチケットを見ることができるのか指定できます。ここで**作成者か担当者であるチケット**を選び、他の顧客が作成したチケットは表示できないようにしました。

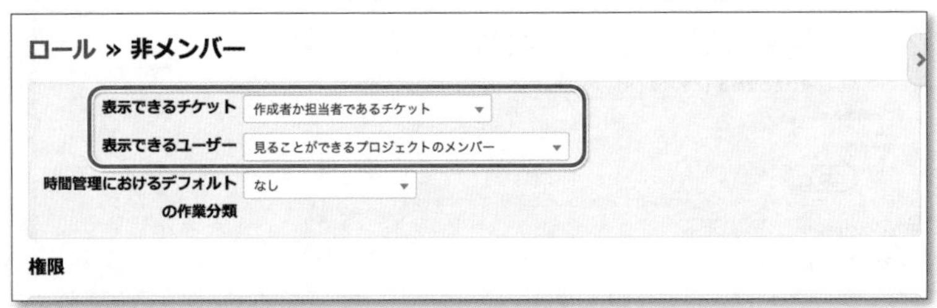

図3.16 ロールの「表示できるチケット」「表示できるユーザー」の設定

▶ ③ある顧客から別の顧客の名前が見えてはならない

前述②とも関連しますが、ほかの顧客の名前が見えるのも困ります。どこの会社の誰がサポートを利用しているのかが第三者から見えるのは顧客情報の保護の観点から問題があります。

これも②と同様にロールに対する権限の設定で実現できました。**表示できるユーザー**の設定を**見ることができるプロジェクトのメンバー**とすることで、顧客がアクセスできるプロジェクトに所属するメンバーしか見えなくなります。①で説明したとおり顧客はサポート用プロジェクトのメンバーになっていないので、結果としてサポート担当者しか顧客からは見えなくなります。

▶④画面からは不要な項目を非表示にしてわかりやすく

デフォルトのRedmineの画面には多数の入力項目があり、Redmineに慣れていない顧客にとっては分かりにくく感じることがあります。顧客になるべく負担をかけずに使ってもらうためには、一般的なお問い合わせ用画面と比較しても違和感のない程度にシンプルにする必要があります。

これを実現するために、トラッカーの設定で「予定工数」や「進捗率」などサポートでは使わないフィールドを無効にしました。

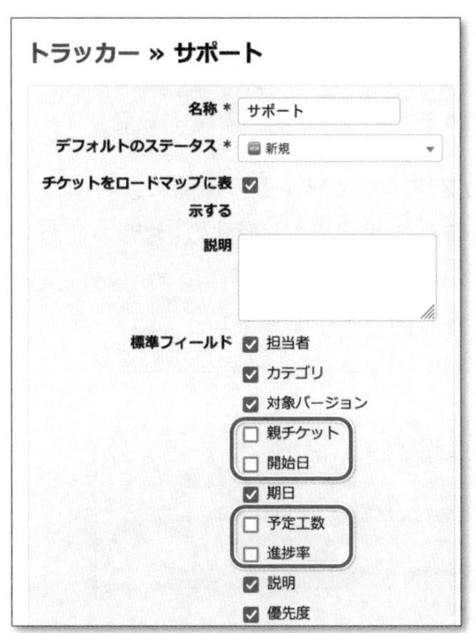

△ **図3.17** トラッカーの設定で使わないフィールドをOFF

また、「優先度」や「担当者」など顧客がチケットを作成するときに設定する必要がないフィールドはワークフローの設定で読み取り専用の設定とすることで、チケット作成画面には表示されないようにしました。

図3.18 ワークフローの「フィールドに対する権限」で「読み取り専用」に設定

さらに、独自の項目を追加できるカスタムフィールドの機能で、自由に入力できるテキスト形式「会社名」と選択肢から選ぶリスト形式の「お問い合わせ対象サービス」の項目を追加しました。

その結果、図3.19のようなシンプルな画面を実現できました。

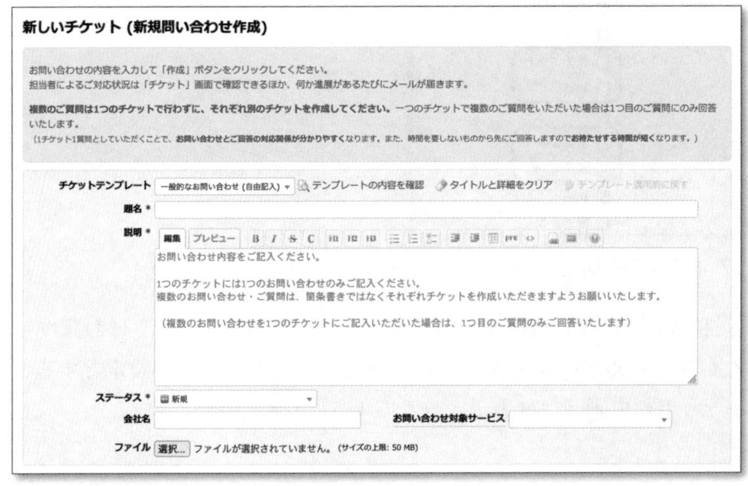

図3.19 項目を減らしたチケット作成画面

NOTE フィールドを無効にする方法は8.7節「チケットのフィールドのうち不要なものを非表示にする」で、読み取り専用にする方法は8.6節「フィールドに対する権限で必須入力・読み取り専用の設定をする」で解説しています。

3.3.4 チケット作成からクローズまでの流れ

顧客が新しいチケットを作成したときにサポート担当者が新しいお問い合わせが来たことに気づけるように、プロジェクトの**設定** →**チケットトラッキング→デフォルトの担当者**を「フロントスタッフ」に設定しました。「フロントスタッフ」はサポートを担当している複数のユーザーをまとめたグループです。**デフォルトの担当者** を設定することで、チケットが作成されると自動的に「フロントスタッフ」がチケットの担当者にセットされ、サポート担当者全員にメール通知が送信されます。

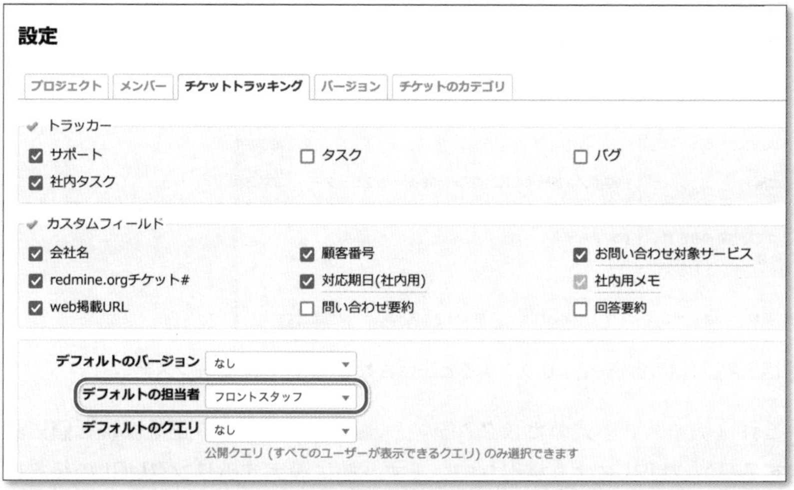

▲ **図3.20** プロジェクトの「デフォルトの担当者」の設定

サポート担当者はメール通知によってお問い合わせに気づき、Redmineのチケット画面を表示して自分を担当者にセットします。顧客の会社名や氏名、メールアドレスなどの情報から顧客管理システムで契約を探します。契約を特定したら顧客管理システム上の顧客番号をチケットのカスタムフィールド「顧客番号」に入力します。顧客番号をクリックすると社内の顧客管理システムが開くようにリンクを設定しました。

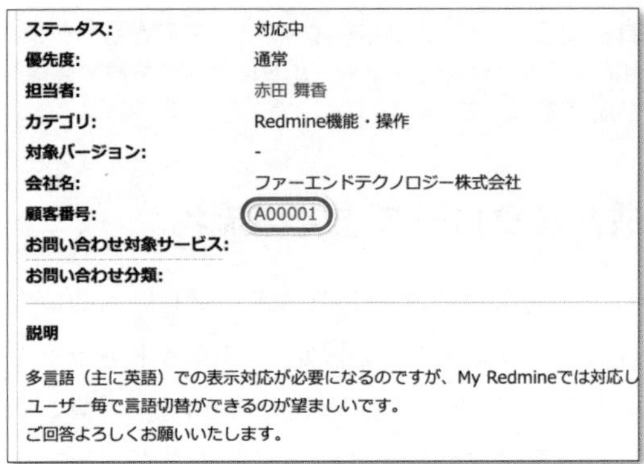

図3.21 カスタムフィールド「顧客番号」の入力例

顧客情報: A00001 ファーエンドテクノロジー株式会

顧客情報

顧客番号	A00001 お問い合わせ一覧 申込書を含むお問い合わせ一覧	担当者名
会社名	ファーエンドテクノロジー株式会社 +17	部署名
メールアドレス		電話番号
住所	690-0003 島根県松江市朝日町498番地 松江センタービル	支払方法
請求関連書類の郵送有無	郵送する	

契約 単発オプション 未消込請求 顧客特記事項 6 変更履歴 1

図3.22 「顧客番号」をクリックすると表示される社内の顧客管理システム

これはテキスト形式のカスタムフィールドで設定できる**正規表現**と**値に設定するリンクURL**により実現しています。**値に設定するリンクURL**の後ろにある**%m1%**は正規表現の一つ目の括弧内にマッチした文字列に置き換えられ、顧客番号を含んだ顧客管理システムのURLがリンクとして値に設定されます。また、この項目は非メンバーには表示しない設定をしているので、顧客からは見えません。

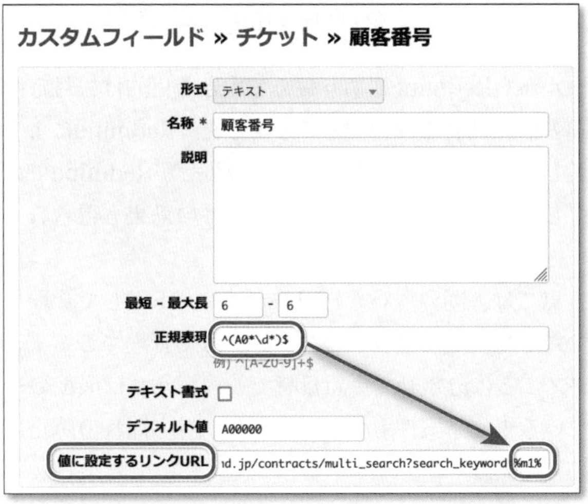

図3.23 カスタムフィールドの「正規表現」と「値に設定するリンクURL」の設定例

チケットのステータスを「新規」から「対応中」に変更して回答を送信します。サポート担当者がチケットのコメントに回答を入力して送信すると、チケットの作成者である顧客にもメール通知が送信されて回答を確認することができます。

回答後、顧客から追加の質問が2営業日なければチケットのステータスを「対応中」から「終了」に変更してチケットを完了にします。終了対象のチケットを毎日チェックすることで、対応漏れがないかのチェックも兼ねています。解決したら顧客自身でステータスを「終了」に変更してもらえることもあります。

> **NOTE**
>
> Redmineをヘルプデスクシステムとして使うための詳細な設定手順は下記資料で解説しています。
>
> 「Redmineを使ったヘルプデスクシステムでサポート業務を効率化」
> https://www.farend.co.jp/profile/slides/maeda/20210827-make-helpdesk-with-redmine/

3.3.5 省力化とレスポンスタイムの向上を実現

サポートの方法をメールからRedmineに切り替える大きな目的は、対応漏れを防ぐことと担当者間の情報共有を改善することでした。RedmineによるWebサポート窓口を開設してから数ヶ月で大半の問い合わせがRedmineで行われるようになり、期待していた効果はもちろん、想定外の効果も得られました。

対応漏れの防止という点では、問い合わせ1件1件がチケットとして管理できるようになったことで対応状況をチケットのステータスで管理できるようになりました。ステータスごとに分類して更新日時で並べ替えれば最後のやりとりから時間がたっている未完了案件もすぐに分かり、対応漏れの防止に大きく役立っています。

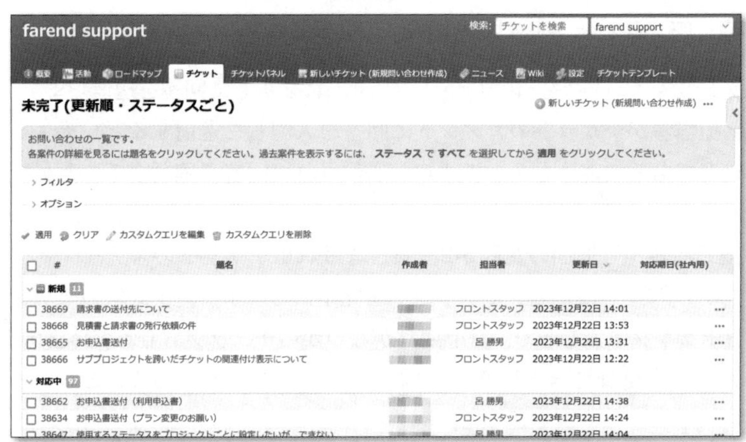

図3.24 ステータスごと・更新日順でチケットを表示させている様子

情報共有も大きく改善できました。ある問い合わせに関するやりとりが1つのチケットの履歴欄にメッセージングアプリのように時系列で並ぶようになり、これまでの経緯が理解しやすくなりました。担当者間の引き継ぎがスムーズに行えるようになったほか、自分が担当している案件でも内容を思い出すのが容易になりました。また、これまでのサポート内容がRedmine上で一元管理されているため、検索機能で過去の回答を探して参考にしたり、同じ顧客の別のお問い合わせを提示しながらの対応もできるようになりました。関連するチケットに追加すれば相互にリンクできるので簡単に過去の問い合わせを参照できます。

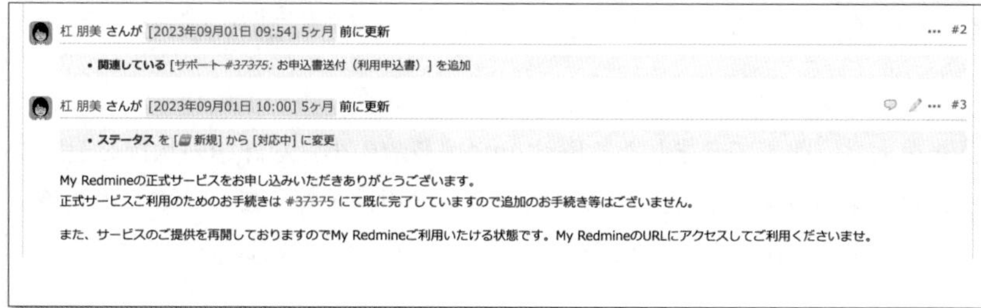

図3.25 対応中に同じ顧客の別のお問い合わせを提示

想定していなかった効果として大きかったのが、顧客とのやりとりの文面が簡潔になり、サポート担当者・顧客双方ともレスポンスが早くなったことです。メールの文面は、一般的な慣習に従うと本題に入る前に定型の挨拶があるなど冗長です。一方Redmineのチケットはメッセージングアプリのように用件を簡潔に書くのが普通です。長々しい形式に従うという手間と心理的負担が大幅に軽減され、回答にかかる時間を短縮することができました。顧客のレスポンスも早くなり、短い時間でより多くのコミュニケーションを重ねることができるようになりました。

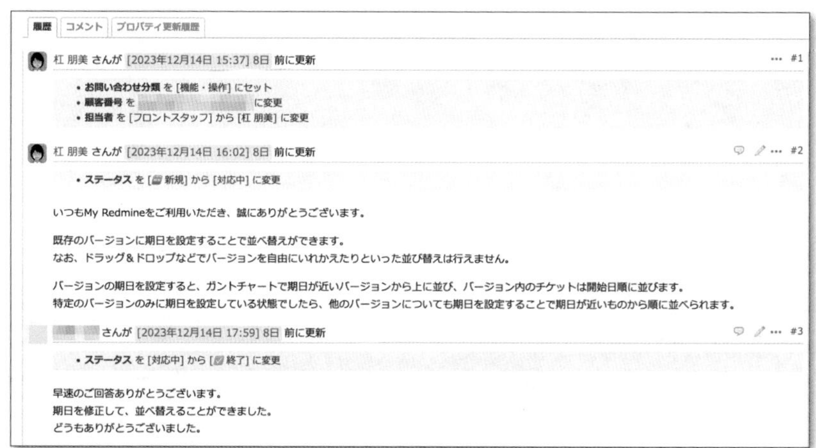

図3.26 メールというよりはチャットに近い短いやりとり

Redmineの利用によって対応漏れの防止、情報共有の改善、そしてレスポンスタイムの短縮が実現でき、顧客とサポート担当者の双方にとってメリットをもたらすことができました。

3.3.6 Redmineはもっといろんな業務に適用できる

ファーエンドテクノロジーではRedmineを顧客サポートに利用することで業務を大きく改善できました。Redmineは多数の小さな課題の状況を追跡する必要があるさまざまな業務に適用できる汎用性を持っています。より多くの用途でRedmineが当たり前のように使われるようになればと思います。

Chapter 4

Redmineの利用環境の準備

Redmineはサーバ上で動作するWebアプリケーションであり、利用するためにはまずはRedmineがインストールされたサーバを準備します。この章ではサーバの準備方法として、自分自身でサーバを構築する方法とクラウドサービスを利用する方法を紹介します。

4.1 システム構成と動作環境

RedmineはWebアプリケーションとして開発されています。したがって、アプリケーション本体はWebサーバ上で実行し、利用者はWebブラウザを使ってサーバ上のRedmineを利用します。

Redmineを利用するためのシステム構成図を図4.1に示します。

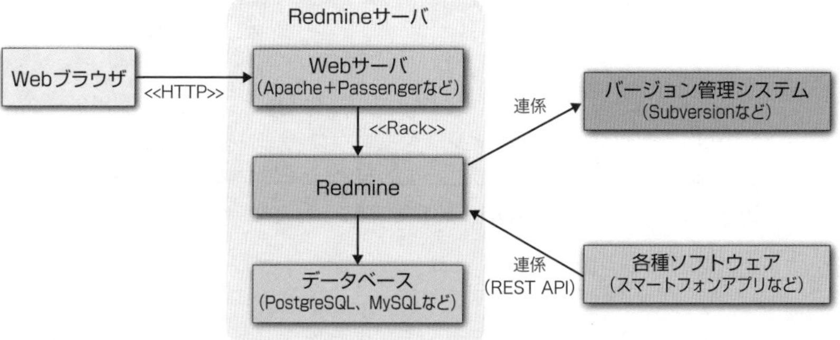

図4.1 Redmine利用時のシステム構成

> **NOTE** バージョン管理システムとの連係機能はRedmineに組み込まれています。また、RedmineにはREST APIが用意されており、他のソフトウェアからRedmineに蓄積されたデータを利用できます。

▶Webブラウザ

RedmineはWebアプリケーションなので、利用者はWebブラウザを使ってサーバ上のRedmineを利用します。レスポンシブレイアウトに対応しているのでスマートフォンやタブレット端末のブラウザでも利用できます。

▶Rack対応Webサーバ

Webアプリケーションを実行するにはWebサーバが必要です。Redmineの場合、Rackに対応したWebサーバ上で実行できます。

RackはWebサーバとRubyで開発されたアプリケーションのインターフェイスを提供するライブラリです。Rackに対応したWebアプリケーションはRack対応のWebサーバ環境で実行できます。

RedmineはRack対応のWebアプリケーションフレームワークであるRuby on Railsで開発されているので、さまざまなRack対応Webサーバ上で実行できます。Rack対応Webサーバの例を次に示します。

- Apache＋Passenger
- Nginx＋Passenger
- Unicorn
- Puma

NOTE Passenger[1]はApacheまたはNginxでRack対応アプリケーションを実行するためのソフトウェアです。

Redmine

Redmineはプログラミング言語RubyとWebアプリケーションフレームワークRuby on Railsで開発されています。LinuxやFreeBSDなどRubyを実行できる環境の多くでRedmineを実行できます。

データベース

Redmineはデータベースにデータを蓄積します。Redmine 5.1では次のデータベースに対応しています。

- MySQL
- MariaDB
- PostgreSQL
- SQLite 3

NOTE SQLiteは検証やプラグイン開発環境向けです。パフォーマンスの観点から実運用環境には適しません。

【1】Phusion Passenger: https://www.phusionpassenger.com/

▶外部ツールとの連係例①　バージョン管理システム

RedmineはGit、Subversionなどのバージョン管理システムと連係する設定を行うことで、Redmine上に登録されているチケットとバージョン管理システム上のリビジョンを相互に関連づけることができます。これによりソースコードの変更の根拠となった機能要求やバグを参照するなどの操作ができるようになります。

> **NOTE** バージョン管理システムと連係するメリットや手順の詳細は、Chapter 14「バージョン管理システムとの連係」で解説しています。

▶外部ツールとの連係例②　REST APIの利用

REST APIは、他のソフトウェアからRedmine上のデータにアクセスするためのインターフェイスです。XMLまたはJSON形式のデータを送ってチケットをはじめとしたRedmine上のデータを更新したり、Redmine上のデータをXMLまたはJSON形式で取得したりできます。

REST APIを利用すると、Redmineと連係して動作するアプリケーションを開発することができます。

> **NOTE** REST APIの詳細とREST APIを利用したソフトウェアの例は15.1節「REST API」で解説しています。

4.2
利用環境の準備方法①
自分のサーバにインストール

Redmineはオープンソースソフトウェアなので、ソースコードを公式サイトからダウンロードして自由に環境を構築できます。

LinuxやmacOSなどのUNIX系OSやWindowsなど、Rubyを実行できる多くのOSにインストールできますが、UNIX系OSのほうが情報や事例が多いため構築・運用しやすいでしょう。

Redmineを利用するためのサーバを自分で構築する方法を2つ紹介します。

4.2.1 Redmineを公式サイトからダウンロードしてインストール

公式サイト[2]からダウンロードしたソースコードを使ってインストールするのはほかの方法と比べると手間がかかりますが、①常に最新版を追いかけることができる、②自分で都合のよいように環境を構築できる—などのメリットがあります。

詳細なインストール手順はRedmine本体やOSのバージョンアップによって頻繁に変わるため本書では扱いません。次のWebサイトなどで最新情報をご確認ください。

▶ Redmine公式サイト

https://www.redmine.org/projects/redmine/wiki/Guide

公式サイト内のインストール手順です。随時更新されています。

▶ Redmine.JP Blog

https://blog.redmine.jp/

最新のRedmineをUbuntuにインストールするための手順が公開されています(図4.2)。

[2] https://www.redmine.org/projects/redmine/wiki/Download

図4.2 最新のRedmineをCentOSにインストールするための手順

4.2.2 Bitnami package for Redmineを利用した仮想環境の構築

Bitnamiはさまざまなオープンソースソフトウェアの利用環境をクラウドサービス上または仮想環境上で簡単に起動できるパッケージを提供しています。Redmine用には「Bitnami package for Redmine」が配布されています(図4.3)。

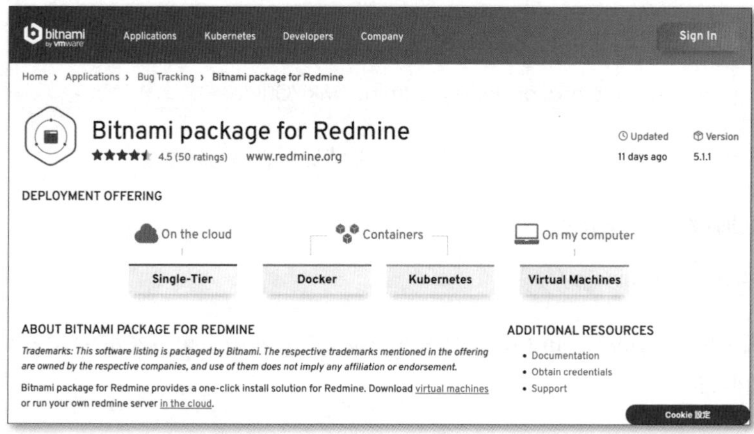

図4.3 Bitnami package for Redmineのサイト

仮想環境向けとしては「Bitnami package for Redmine Virtual Machines」として、VMWare PlayerまたはVirtualBoxで実行できる仮想マシンイメージが配布されています。PCにいずれかの仮想環境をインストールしてから仮想マシンイメージをダウンロードして起動すれば、すぐにRedmineを使い始めることができます。

そのほかDockerで利用できるコンテナも配布されています。

Column

もう一つのRedmine「RedMica」

RedMicaとはRedmine互換のオープンソースソフトウェアです。Redmineの新バージョンのリリースが不定期かつリリース間隔が1年前後と長めなのに対して、RedMicaは毎年5月と11月の年2回、Redmineの最新の開発成果をもとに定期リリースが行われます。Redmineより短いリリース間隔で新バージョンがリリースされることにより、本家のRedmineの将来のバージョンでリリースされる予定の新機能が先行して利用できることが最大のメリットです。

もともとはRedmineのクラウドサービス「My Redmine」(4.4節参照)を提供しているファーエンドテクノロジーが自社のサービス提供用に2019年11月にリリースしたものですが、オープンソースソフトウェアとして公開されていてRedmineと同様に自由に利用できます。

RedMicaは本質的にはRedmineの先行リリース版でありRedmineと高い互換性を保っているため、Redmineとほぼ同様に扱えます。

▶ **RedMica公式サイト**

https://www.redmica.jp/

REDMICA

4.3 利用環境の準備方法② AWS、Google Cloud Platform、Microsoft Azureの利用

4.2.2「Bitnami package for Redmineを利用した仮想環境の構築」で紹介したBitnami package for Redmineは、仮想マシンイメージのほかにクラウドサービス向けのパッケージ「Bitnami package for Redmine Single-Tier」も提供されています。

「Bitnami package for Redmine Single-Tier」は、Google Cloud Platform、Amazon Web Services、そしてMicrosoft Azure上で提供されているパッケージです。これらのクラウドサービスのアカウントを持っていればわずかな時間でRedmineが稼働する環境を起動できます。

例えばAmazon Web Servicesにおいては、AWS Marketplace上の「Bitnami package for Redmine」を使います。EC2のインスタンスタイプを選択し、ネットワークやセキュリティグループを設定してデプロイすればRedmineがインストールされた状態のサーバ（EC2インスタンス）を起動できます。必要な料金はEC2インスタンスの料金のみで、Bitnami Package for Redmine自体のソフトウェア料金は無料です。

各クラウドサービス上でBitnamiのパッケージを利用するための詳細はBitnamiのWebサイトで確認してください。

4.4 利用環境の準備方法③ クラウドサービスの利用

Redmineはオープンソースソフトウェアなのでライセンスコストを気にせず利用できます。ただ、Redmineを稼働させるサーバを構築したり運用を継続するには技術・知識が必要なことに加え、継続的なサーバ保守を行う必要があります。

Redmineは広く普及していてある程度の市場規模があるため、Redmine自体をクラウドサービスとして提供している企業がいくつかあります。クラウドサービスの利用には料金がかかるものの、以下のメリットがあります。

- サーバ構築やメンテナンス、Redmineのバージョンアップなどを自分で行う必要がなく、本来の業務に集中できる
- インターネット経由で社外からも同じデータにアクセスでき、協力会社など複数の組織が関係するプロジェクトでも情報共有を円滑に行える
- 人件費を考えると自前で構築・運用するよりも安いことが多い

Redmineを利用できるクラウドサービスとして、本書ではMy RedmineとPlanioの2つを紹介します。

NOTE

各サービスの料金・仕様はいずれも2024年1月時点のものです。最新の情報は各社のWebサイトなどでご確認ください。

My Redmine—大きめのプロジェクトでも利用しやすい料金体系

My Redmineは2009年に開始された国内で最も歴史が長いサービスです。1000ユーザーまで月額税別10,000円からという手軽な料金で利用できます。

提供元のファーエンドテクノロジー株式会社は日本最大級のRedmine情報サイト「Redmine.JP」[3]の運営を行ったり、Redmine自体の開発にも参加したりするなど、Redmine普及のための活動も積極的に行っています。これらの活動を通じてRedmineの最新情報を常に把握しているスタッフが、サービス運営と顧客サポートを行っています。

図4.4 「My Redmine」のWebサイト（https://hosting.redmine.jp/）

表4.1 My Redmineの各プラン

	スタンダード	ミディアム	エンタープライズ
月額料金(税別)	10,000円	14,000円	28,000円
ストレージ容量	200GB	400GB	800GB
ユーザー数	1000	1000	2000
プロジェクト数	無制限	無制限	無制限
SAML認証	—	—	○

【3】https://redmine.jp/

▶Planio—画面デザイン改良と多数の機能追加

PlanioはRedmineを美しく高機能に改良したクラウドサービスです。最も分かりやすい特長はきれいな画面デザインですが、それ以外にもカンバン、チャット、GitとSubversionリポジトリなど多数の追加機能が利用できます。ドイツのPlanio GmbHによるサービスですが日本語でのサポートも提供されていて、国内でも安心して利用できます。

有料サービスの料金は月額2,500円から。無料プラン(Bronzeプラン：1プロジェクト・2ユーザー・1GBまで)も用意されています。

△ **図4.5** 「Planio」のWebサイト(https://plan.io/ja/)

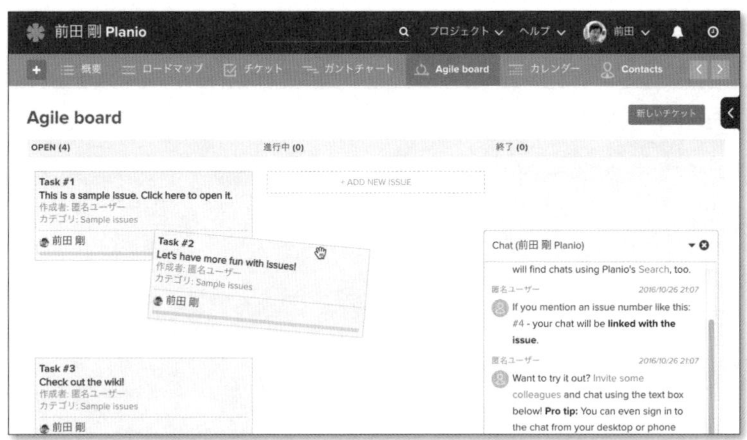

△ **図4.6** Agile board(カンバン)

Column

クラウドサービスを使って無料のRedmine環境を確保する

個人用あるいは家庭用として手軽にRedmineを使い始めたいときや、Redmineの学習・検証用に一時的にRedmineの環境が欲しいときは、4.4節で紹介した各クラウドサービスが提供する無料プランや無料お試しを活用できます。

▶ 学習・検証に最適。翌月末まで使えるMy Redmineの無料お試し

My Redmineの無料お試しは翌月末まで機能制限無しで利用できます。月初に申し込めばほぼ2ヶ月間利用できるので、Redmineの学習・検証に余裕をもって取り組めます。また、お試しの期限が切れた後に改めて無料お試しを申し込むこともできます。

My Redmineの提供元のファーエンドテクノロジーは学習・検証目的での無料お試し利用も歓迎していますので、本書を読み進める際に実際にRedmineを使ってみたい場合はMy Redmineの無料お試しの利用を検討してみてはいかがでしょうか。

My Redmineの無料お試しを公式Webサイトから申し込むと、およそ10分程度で環境が構築されシステム管理者のパスワードがメールで通知されます。

▶ ずっと無料のPlanioのBronzeプラン

Planioは小規模な利用向けに無期限で利用できるBronzeプランを提供しています。Bronzeプランでは1プロジェクト・2ユーザー・1GBの環境を無料で無期限に利用できます。個人のタスク管理、学生の学習・研究の管理、夫婦の情報共有などに活用できそうです。

Bronzeプランを利用するには、PlanioのWebサイトからBronzeプランを申し込むか、またはいずれかのプランの無料お試しを申し込んで、その後オンラインでBronzeプランにプラン変更をしてください。なおBronzeプランに変更する際は、あらかじめプロジェクト数、ユーザー数、ストレージ使用容量をBronzeプランの制限の範囲内に減らしておく必要があります。

PlanioのBronzeプランは無期限で利用できますが、長期間利用がないと事前にメールで通知の上で環境が削除されます。この点には注意しましょう。

Chapter 5

Redmineの初期設定

Redmineのインストールが終わってから、実際に利用を始めるまでに必要な初期設定の手順とおすすめの設定を説明します。

5.1 管理機能へのアクセス

Redmineのアプリケーション全体の設定は、「システム管理者」という特権を持っているユーザーのみが行えます。インストール直後のRedmineにアクセスできるユーザーは、システム管理者であるadminのみです。Redmineを使い始めるためにはまずadminでログインして各種設定を行います。

▼ **表5.1** インストール直後に利用可能なユーザー

ログインID	パスワード
admin	admin

NOTE admin以外のユーザーにもシステム管理者権限を付与できます。ユーザーの登録または編集画面で「システム管理者」チェックボックスをONにしてください。

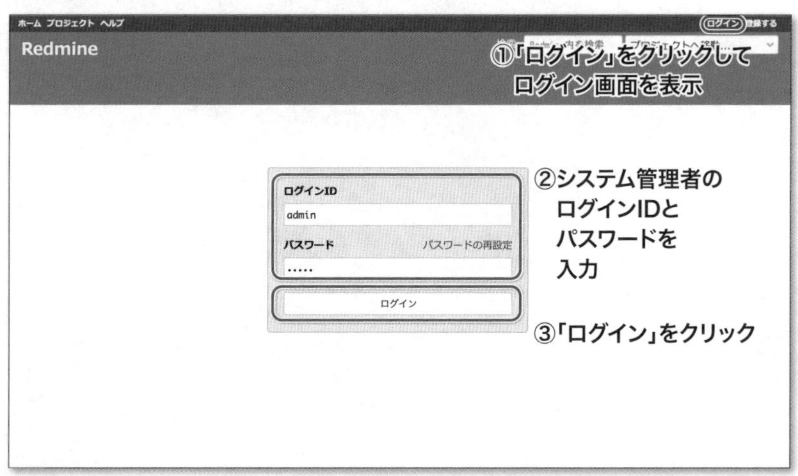

▲ **図5.1** インストール直後の唯一のユーザー「admin」でログイン

初めてadminでログインすると安全のためにパスワードの変更を求められます。第三者に不正にログインされることがないよう、デフォルト以外の安全性の高いもの(複雑なもの)に変更してください。

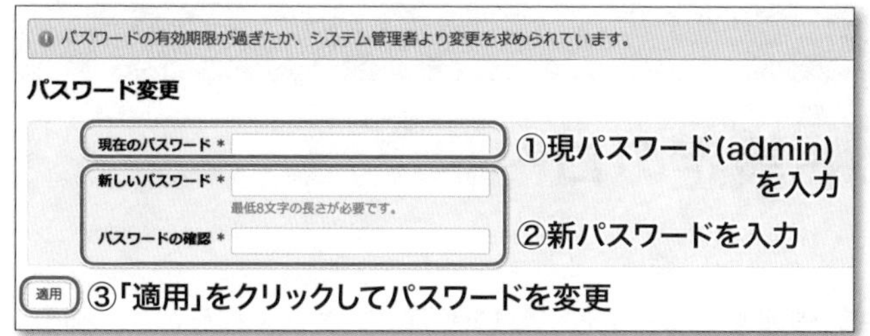

図5.2 「admin」ユーザーでの初回ログイン時はパスワード変更が強制される

adminなどシステム管理者権限を持つユーザーがログインすると、画面最上部のトップメニュー内に**管理**という項目が表示されます。これをクリックするとRedmineの設定が行える**管理**画面が表示されます。

図5.3 トップメニュー内の項目「管理」をクリックして管理機能にアクセス

Redmineの設定やユーザー作成などほとんどの管理操作はこの画面から行えます。

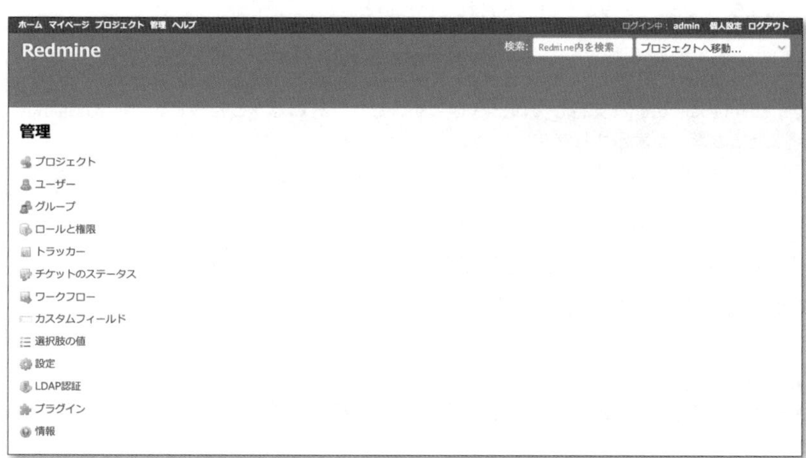

図5.4 システム管理者のみがアクセス可能な「管理」画面

5 Redmineの初期設定

5.2 デフォルト設定のロード

トップメニューの**管理**をクリックして**管理**画面にアクセスしたとき、図5.5のようにデフォルト設定のロードを求める警告が表示されることがあります。これは、デフォルトのトラッカーや優先度などのRedmineを使い始めるために必要な初期データが未投入であることを示しています。

このようなときは、**言語**セレクトボックスから**Japanese (日本語)**を選択し、**デフォルト設定をロード**ボタンをクリックしてください。日本語用のデフォルト設定の読み込みが行われ警告が消えます。

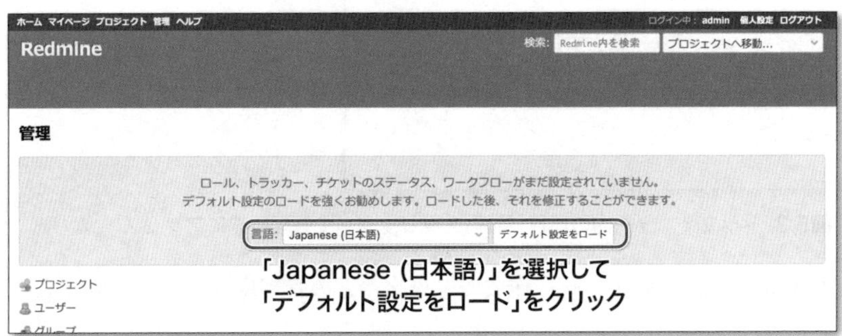

図5.5 デフォルト設定がロードされていないときの「管理」画面の表示

> **NOTE** デフォルト設定は、本来はインストール過程でbin/rake db:migrate RAILS_ENV=productionを実行してロードします。これを行わなかった場合に「管理」画面に上記の警告が表示されます。

デフォルト設定には次のものが含まれます。いずれも管理画面で自分で設定することもできますが大変手間がかかるので、デフォルト設定をロードしてからカスタマイズすることをお勧めします。

- ロール
- チケットのステータス
- トラッカー
- ワークフロー
- 選択肢の値(文書カテゴリ、チケットの優先度、作業分類)

5.3 アクセス制御の設定

Redmineはもともとはオープンなコミュニティでの利用を想定していたのかアクセス制御に関するデフォルト設定はかなり緩めで、そのままでは誰もが多くの情報を閲覧できる状態です。設定を見直すことで、情報へのアクセスを明示的に指定したユーザーのみに限定し、業務での利用やインターネット上での公開にも耐えうる状態にできます。

まずは画面左上のトップメニュー内の**管理**をクリックして**管理**画面にアクセスしてください。

図5.6 トップメニュー内の「管理」をクリック

管理画面が表示されたら**設定**をクリックしてください。

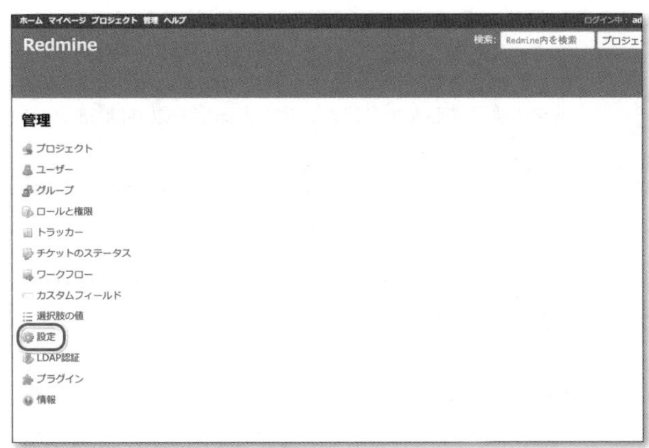

図5.7 「管理」画面の「設定」をクリック

5.3.1 ユーザーの認証に関する設定

ログインしていないユーザーには情報を一切見せないようにするなどのユーザー認証に関する設定を**管理**→**設定**→**認証**で行います。

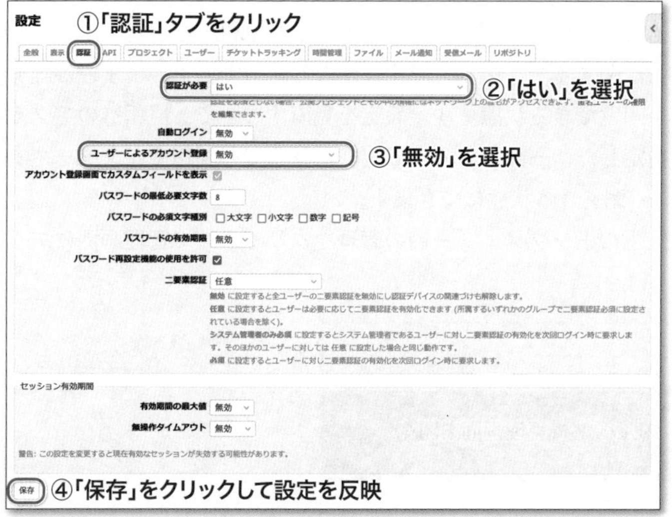

図5.8 認証に関する設定画面

表5.2 認証に関するお勧め設定

設定項目	推奨設定	設定と説明
認証が必要	「はい」	「いいえ」の状態だと、Redmineにログインしていなくても「ホーム」画面や「公開」と設定されているプロジェクトの情報が表示されます。誰もが情報を自由に参照できるようにしたい特別な理由がある場合以外は「はい」にしてください。
ユーザーによるアカウント登録	「無効」	アカウントの登録をユーザー自身の操作で行う機能。「無効」にするとシステム管理者のみがアカウントの登録を行えます。限られたメンバーのみで利用する場合やアカウントの管理を厳格に行いたい場合は自動登録機能は不要なので「無効」にしてください。

NOTE

「認証」タブには「パスワードの最低必要文字数やパスワードの必須文字種別」の設定もあり、短いパスワードを禁止したり複雑なパスワードを設定するよう強制したりできます。詳細は16.11節で解説しています。

ユーザーが自分自身のアカウントを削除できないように**管理→設定→ユーザー**で設定します。

▼ **表5.3** ユーザーに関するお勧め設定

設定項目	推奨設定	設定と説明
ユーザーによるアカウント削除を許可	OFF	**個人設定**画面でユーザーが自分自身のアカウントを削除できる機能。ユーザーの誤操作による削除を防ぐためにOFFにすることをお勧めします。

5.3.2 新たに作成したプロジェクトを「公開」にしない設定

新しく作成したプロジェクトはデフォルトでは**公開**状態になりますが、これだとRedmineにログインした人は誰でもプロジェクト上の情報を参照できてしまいます。プロジェクトのメンバーとして登録されているユーザー以外はアクセスできない状態でプロジェクトが作成されるよう、**管理→設定→プロジェクト**で設定します。

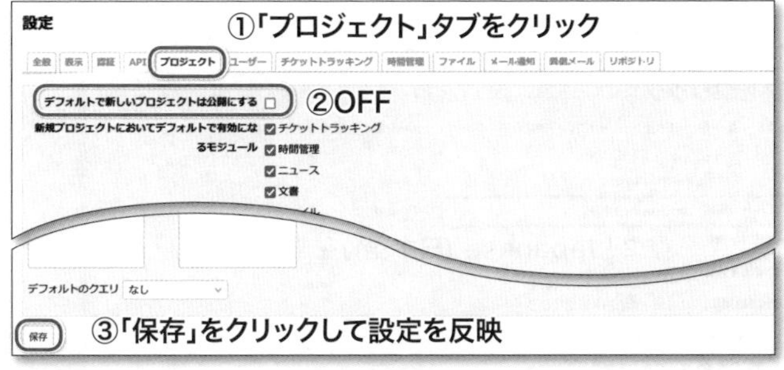

▲ **図5.9** プロジェクトに関する設定画面

▼ **表5.4** プロジェクトに関するお勧め設定

設定項目	推奨設定	設定と説明
デフォルトで新しいプロジェクトは公開にする	OFF	デフォルトではこの設定項目はONに設定されており、プロジェクトのメンバーとして登録されていないユーザーも情報を閲覧できます。さらに、「認証が必要」(「管理」→「設定」→「認証」)が「いいえ」の場合、Redmineにログインしなくても情報の閲覧ができる状態となります。意図せずに情報が広く公開されてしまうことを防ぐために、この設定をOFFにすることをお勧めします。

5.4 日本語での利用に最適化する設定

Redmineはおよそ50の言語に対応していて、デフォルト設定のままでも画面は日本語で表示されます。しかし、そのままだと氏名が欧米風に名・姓の順で表示されたり、一部画面で文字化けが発生するなどの問題があります。これらは設定変更で解消できます。

5.4.1 メール通知の文面の言語と氏名の表示形式の設定

情報が更新されたときに送信される通知メールの文面の言語を日本語に設定します。またデフォルト設定ではユーザーの氏名が欧米式に名・姓の順で表示されるので、姓・名の順で表示されるよう変更します。これらの設定は**管理→設定→表示**で行えます。

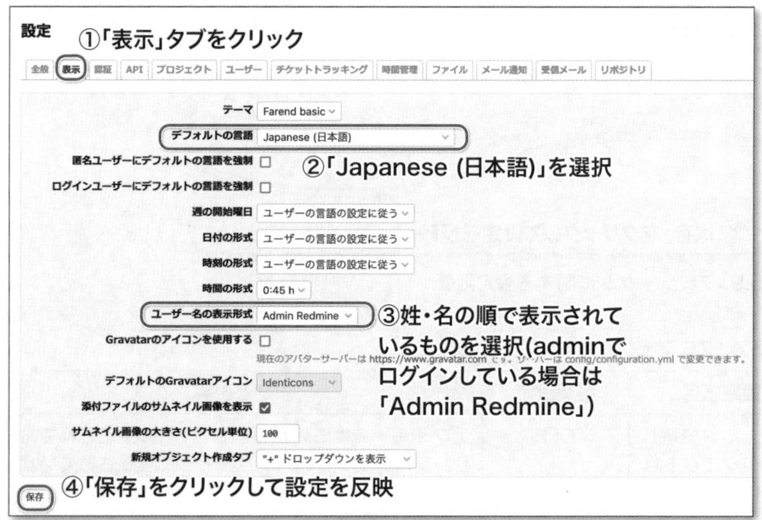

▲ 図5.10 「デフォルトの言語」と「ユーザー名の表示形式」の設定

▼ 表5.5 メール通知の文面の言語と氏名の表示形式の設定

設定項目	推奨設定	設定と説明
デフォルトの言語	「Japanese (日本語)」	メール通知の文面が日本語になります。また、新たに作成したユーザーの画面表示の言語が日本語に設定されます。なお、この項目の設定値と無関係に、各ユーザーの画面表示の言語は「個人設定」でユーザーごとに自由に変更できます。
ユーザー名の表示形式	「Admin Redmine」	氏名を「姓 名」の順で表示させます。デフォルトでは逆(欧米式)になっています。

NOTE

「ユーザー名の表示形式」の選択肢に表示される値はログイン中のユーザーの「姓」と「名」に設定されている値が使われます。adminユーザーの場合、それぞれ「Admin」と「Redmine」が設定されています。

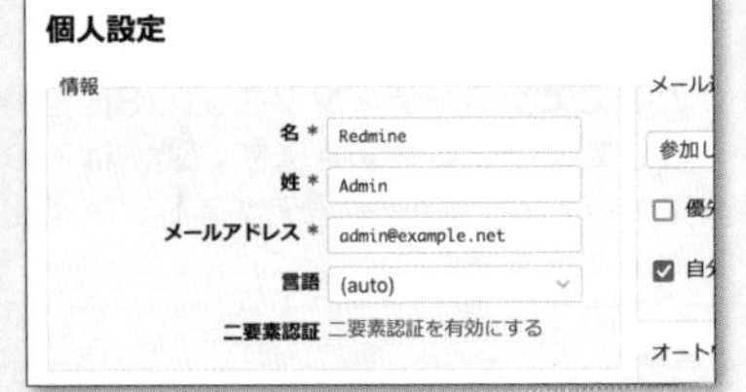

5.4.2 一部画面での文字化け防止のための設定

添付ファイルやソースコードの内容をRedmineで表示するとき、デフォルト設定ではUTF-8以外のエンコーディング(例えばWindowsでよく使われるCP932やUNIX系OSでかつてよく使われていたEUC-JP)のファイルは、日本語部分が文字化けしてしまいます。

添付ファイルやソースコードで使用する可能性があるエンコーディングを**管理→設定→ファイル**の**添付ファイルとリポジトリのエンコーディング**で設定しておけば、画面表示の際にそれらのエンコーディングからの変換が行われ、文字化けすることなく表示されます。

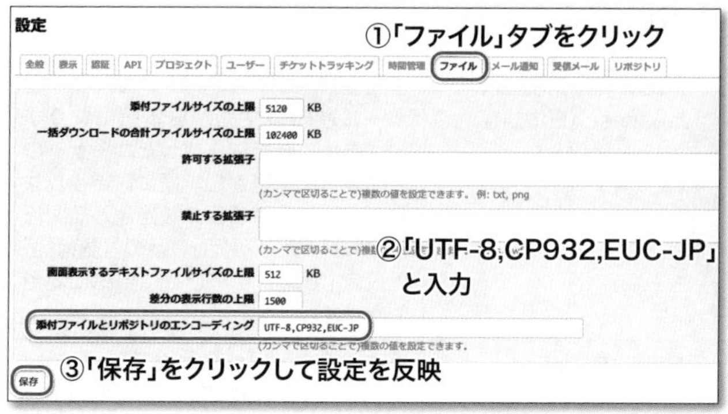

▲ **図5.11** 「ファイル」タブでのエンコーディングの設定

▼ **表5.6** 添付ファイルとソースコードを表示するときの文字化け防止の設定

設定項目	推奨設定	設定と説明
添付ファイルとリポジトリのエンコーディング	UTF-8,CP932,EUC-JP	チケットやWikiの添付ファイルの内容表示、リポジトリ画面でのソースコード表示の際にエンコーディングをUTF-8に自動変換して文字化けを防ぎます。通常はこの設定でほとんどの日本語テキストファイルに対応できます。

NOTE

「添付ファイルとリポジトリのエンコーディング」には上記以外にも、例えば中国語で使われるGB18030やBig5などさまざまなものが設定できます。設定可能なエンコーディングの一覧を確認するには、Redmineサーバのコマンドラインで`ruby -e 'puts Encoding.name_list'`を実行してください。

5.5 メール通知の設定

Redmineにはプロジェクトの情報が更新されたことをメールで知らせてくれる「メール通知」機能があります。メール内のURLと送信元アドレスを適切なものにするための設定を行います。

> NOTE
> メール送信に使用するサーバや認証情報などの技術的な設定はインストール時にサーバ上のファイルconfig/confguration.ymlを編集することで行います(17.7節参照)。「管理」画面では文面や送信元アドレスに関する設定のみが行えます。

5.5.1 リンクURLを正しく生成するための設定

Redmineから通知されるメールの本文にはRedmine上の情報へのリンクが含まれます。正しいリンクURLを生成するために必要な情報を、**管理→設定→全般**で設定してください。

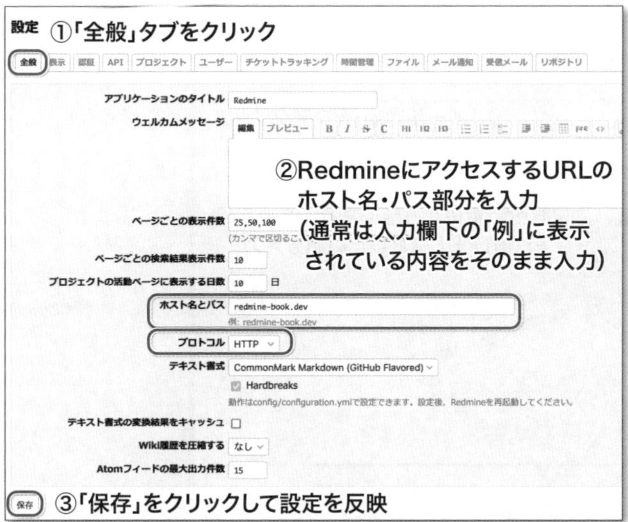

図5.12 「全般」タブでのメール通知で使われるURLの設定

▼ **表5.7** リンクURLを正しく生成するための設定

設定項目	設定と説明
ホスト名とパス	メールの本文に含まれる、チケットなどへのリンクURLの生成に使われます。RedmineにアクセスできるURLが生成されるよう、Redmineにアクセスする際に使用するホスト名(必要であればディレクトリ名も含める)を入力してください。ほとんどの場合、テキストフィールドの下に例として表示されている値を入力すれば正しく設定できます。
プロトコル	「ホスト名とパス」同様、メール内のリンクURLを生成するのに使われます。「HTTP」または「HTTPS」のいずれか、Redmineにアクセスする際に使用するプロトコルを選択してください。

WARNING

「プロトコル」で「HTTPS」を選択しただけでRedmineにSSLでアクセスできるようになるわけではありません。この設定はリンクURLを生成するためだけに使われます。SSLを利用するためにはSSLサーバ証明書の調達やWebサーバの設定が必要です。

NOTE

例えばRedmineにアクセスするためのURLが`https://www.example.jp/redmine`であれば、「ホスト名」は`www.example.jp/redmine`、「プロトコル」は「HTTPS」とします。

5.5.2 メールのFromアドレスとフッタの設定

Redmineから送信されるメールのFromのアドレスと本文のフッタの設定を**管理**→**設定**→**メール通知**で行います。

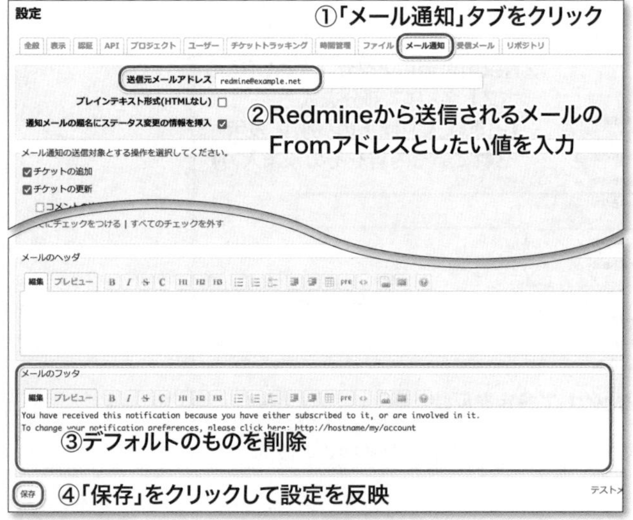

▲ **図5.13** メール通知に関する設定画面

▼ **表5.8** メールのFromアドレスとフッタの設定

設定項目	推奨設定	設定と説明
送信元メールアドレス	実在するメールアドレス	Redmineから送信されるメールのFromとなるアドレスです。受信側メールサーバでの送信ドメイン認証によりメールが拒否されることがないよう実在するドメインのメールアドレスを入力してください。なお、送信ドメイン認証にパスするようメール送信に使用するメールサーバやDNSの調整が必要な場合があります。
メールのフッタ	デフォルトのものを削除	メールのフッタに常に挿入される文言です。デフォルトの英語の文面は邪魔に感じることも多いかと思いますので、削除するのがおすすめです。別の文言で差し替えてもかまいません。

5.6 利便性向上のための設定

デフォルトではOFFになっている利便性・操作性向上に有効な設定を**管理→設定→表示**でONにします。

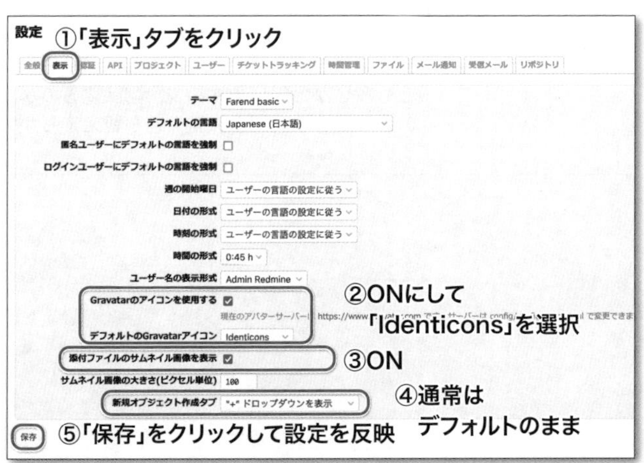

図5.14 表示に関する設定画面

表5.9 利便性向上のための設定

設定項目	推奨設定	設定と説明
Gravatarのアイコンを使用する	ON	チケット画面や活動画面などのユーザー名の近くにそのユーザーのアイコンを表示します。アイコンはGravatar[1]というサービスに登録されているもので、そのユーザーのメールアドレスをキーに検索されます。Gravatarについては、本表の次のWARNINGも参照してください。

【1】https://ja.gravatar.com/

デフォルトのGravatarアイコン	「Identicons」	ユーザーのアイコンがGravatarに登録されていないときに表示するアイコンを選択します。「Identicons」はユーザーごとに色や形が微妙に異なる幾何学模様のアイコンです。あまり癖がないので業務用のRedmineでも使いやすいと思います。
添付ファイルのサムネイル画像を表示	ON	チケットやWikiに画像ファイルを添付したときにサムネイル画像を表示します。添付ファイルの識別がしやすくなり便利です。
新規オブジェクト作成タブ	「"+" ドロップダウンを表示」	プロジェクトメニューにオブジェクト追加用の汎用の「+」ボタンを表示します。この設定がデフォルトです。 Redmine 3.3.0では「+」ボタンが追加され、Redmine 3.2まで存在した「新しいチケット」タブはデフォルトでは表示されなくなりました。以前のバージョンのRedmineに慣れていて引き続き「新しいチケット」タブを利用したい場合はこの設定を「"新しいチケット" タブを表示」に変更してください。

WARNING

「Gravatarのアイコンを使用する」をONにしてユーザーのアイコンを表示するためには、そのユーザーが自分のアイコンとメールアドレスをGravatarに登録していることが必要です。Gravatarにアイコンを登録するには`https://ja.gravatar.com/`にアクセスしてください。

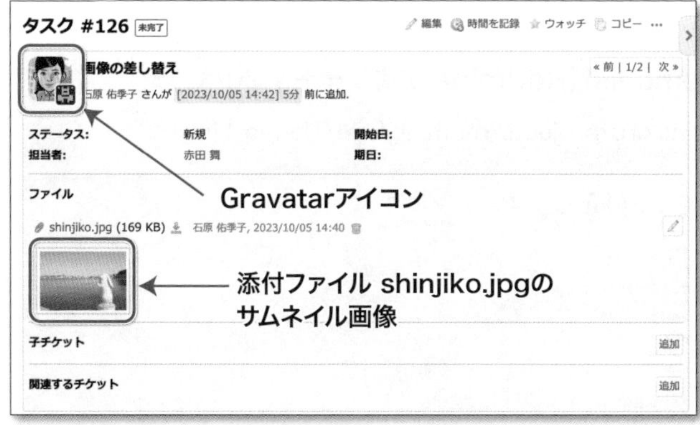

▲ **図5.15** 設定「Gravatarのアイコンを使用する」と「添付ファイルのサムネイル画像を表示」の効果

5.7 テーマの切り替えによる見やすさの改善

Redmineの画面のフォントや配色は、テーマを切り替えることで変更できるようになっています。デフォルトで組み込まれている**デフォルト**、**Alternate**、**Classic**の3つのほか、多数のテーマがインターネット上で配布されています。

デフォルトのままでも利用できますが、文字のコントラストが弱めで、さらに文字が小さく見にくく感じるかもしれません。より見やすい画面でRedmineを使うために、インターネットで入手したテーマに切り替えて利用することをお勧めします。

> **NOTE**
> 本書に掲載しているRedmineのスクリーンショットは5.7.1で紹介しているfarend basicというテーマを適用した状態で撮影されています。farend basicは日本語のテキストを表示するときの見やすさを重視したテーマで、デフォルトテーマの雰囲気を極力維持しつつ、フォントと色の調整などを行っています。

5.7.1 テーマの入手

テーマを探すにはRedmineオフィシャルサイトの次のページが利用できます。インターネットで公開されているテーマへのリンク集となっています。

▶Redmine theme list(Redmine公式サイトWikiページ)

https://www.redmine.org/projects/redmine/wiki/Theme_List

お勧めのテーマを4つ紹介します。

- farend bleuclairテーマ
- farend basicテーマ
- farend fancyテーマ
- gitmakeテーマ

▶farend bleuclair(ブルークレア)

https://blog.redmine.jp/articles/farend-bleuclair-theme/

日本語フォントを優先して表示したり、全体的に余白を広げたりするなど、閲覧しやすく操作しやすい見栄えの良いデザインとなっています。

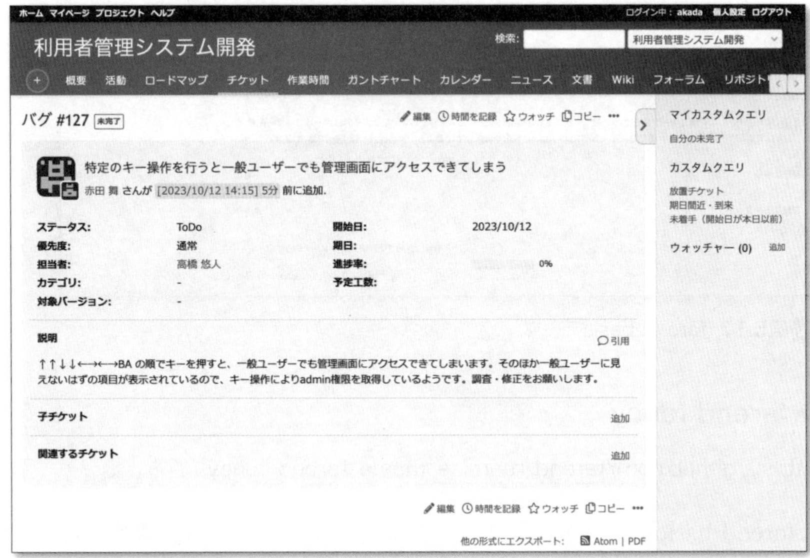

△ **図5.16** farend bleuclairテーマ

▶farend basic

https://blog.redmine.jp/articles/farend-basic-theme/

日本語のテキストを表示するときの見やすさを重視したテーマで、デフォルトテーマの雰囲気を極力維持しつつ、フォントと色の調整を行っています。また、チケット一覧画面で優先度に応じた色分け表示、チケット作成日・更新日を「○日前」という表現ではなく日時で表示、そのほか操作性を改善するための細かな調整などを行っています。

本書に掲載しているスクリーンショットはこのテーマが適用された状態のものです。

図5.17 farend basicテーマ

farend fancy

https://github.com/farend/redmine_theme_farend_fancy

farend basicをベースにアイコン表示の追加や色などの微調整を行ったテーマです。

図5.18 farend fancyテーマ

図5.19 farend fancyテーマによりアイコンが追加されたメニュー

▶gitmake

https://github.com/makotokw/redmine-theme-gitmike

GitHub風のデザインのテーマです。メニューやサイドバーは明るいグレー、チケットの背景など一部に彩度を抑えた淡い色が使われています。見やすく明るい雰囲気のテーマです。

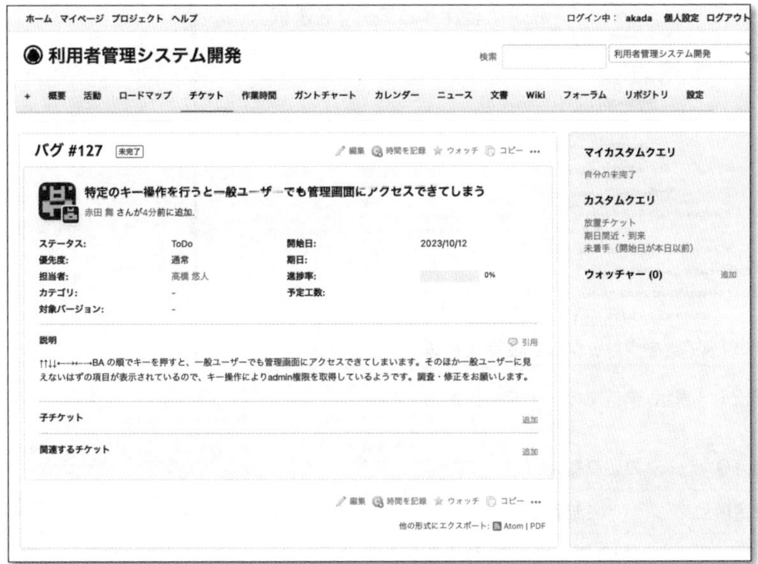

図5.20 gitmakeテーマ

5.7.2 テーマのインストール

Redmineにテーマを追加するには、一般的にはテーマのディレクトリ全体をRedmineのインストールディレクトリ配下の特定のディレクトリ(Redmine 5.1の場合は`public/themes`)にコピーします。詳しくはテーマに付属のドキュメントを参照してください。

テーマのインストール後、すぐにテーマは**管理→設定→表示**で選択できるようになります。サーバやRedmineの再起動は不要です。

5.7.3 テーマの切り替え

テーマの切り替えは**管理→設定→表示**で行えます。

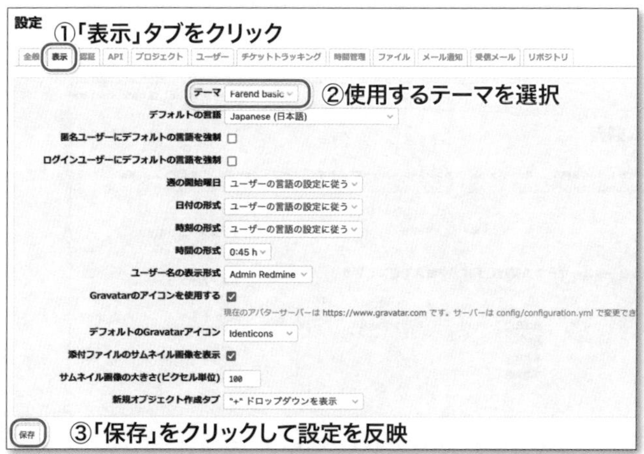

▲ **図5.21** 「表示」タブでのテーマの設定

▼ **表5.10** テーマの切り替え

設定項目	推奨設定	設定と説明
テーマ	(好みのものに変更)	選択肢には現在インストールされているテーマの一覧が表示されます。使用するものを選択してください。

5.8 そのほかの検討をお勧めする設定

これまで紹介したもののほか、Redmineを使うチームの運用にあわせて変更する必要があるかもしれない設定を紹介します。

5.8.1 添付ファイルサイズの上限

Redmineにファイルをアップロードするとき、ファイルサイズの上限はデフォルトでは5120KB (5MB)です。これより大きなファイルを添付することがある場合は値を引き上げてください。

▶設定箇所

管理→設定→ファイル内の添付ファイルサイズの上限

5.8.2 テキスト修飾のための書式

Redmineに文章を入力するとき、文字を太くしたりリスト形式にしたりなどの装飾が行えます。装飾のための書式として、デフォルトのCommonMark MarkdownかTextileのいずれかを選択できます。

WARNING Markdown系の書式の選択肢としてCommonMark MarkdownのほかにMarkdownも表示されますが、特別な理由がなければMarkdownは選択しないでください。MarkdownはRedmineの旧バージョンとの互換性のための選択肢であり将来のバージョンではCommonMark Markdownに一本化される予定です。

WARNING CommonMark MarkdownとTextileの併用はできません。本格運用開始前にどちらを使うのか決定してください。運用が始まって情報が蓄積されてから設定を変更すると、変更前の書式で記述されたものの表示が崩れてしまいます。

▶設定箇所

管理→設定→全般内のテキスト書式

▼ **表5.11** CommonMark MarkdownとTextileのそれぞれの利点

CommonMark Markdownの利点	● 記述が簡潔でわかりやすい ● プレインテキストとして見ても違和感がない ● Redmine以外のアプリケーションでも広く使われている ● HTMLが記述できる
Textileの利点	● セルの結合やセルごとの文字揃え設定など、Markdownよりも複雑な表組みができる ● 古いバージョンのRedmineに慣れている人には使いやすい場合がある

▼ CommonMark Markdownの記述例

````
# CommonMark MarkdownとTextileの比較

## 文字書式

**太字**
*斜体*
~~取り消し線~~
`コード`

## リスト

* 項目1
  * 下位階層の項目
* 項目2

## コードハイライト

``` ruby
3.times do
  puts 'Hello'
end
```
````

▼ Textileの記述例

```
h1. CommonMark MarkdownとTextileの比較

h2. 文字書式

*太字*
_斜体_
-取り消し線-
@コード@

h2. リスト

* 項目1
** 下位階層の項目
* 項目2

h2. コードハイライト

<pre><code class="ruby">
3.times do
  puts 'Hello'
end
</code></pre>
```

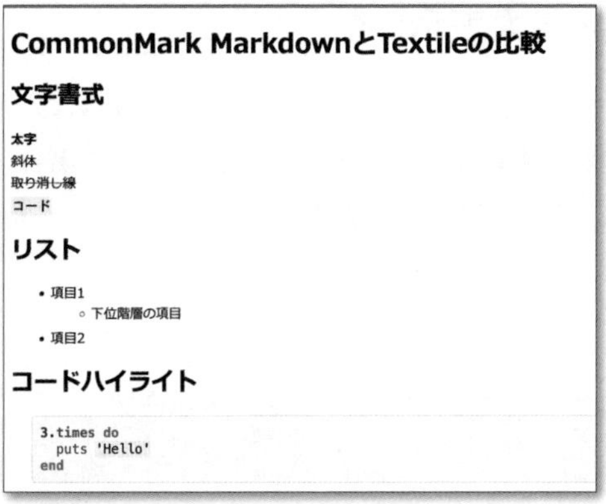

CommonMark MarkdownとTextileの比較

文字書式

太字
斜体
取り消し線
コード

リスト

- 項目1
  - 下位階層の項目
- 項目2

コードハイライト

```
3.times do
  puts 'Hello'
end
```

図5.22 CommonMark MarkdownとTextileで記述したものの表示例

NOTE 本書の解説やスクリーンショットは「テキスト書式」が「CommonMark Markdown」に設定されていることを前提としています。

5.8.3 エクスポートするチケット数の上限

チケットをCSVファイルにエクスポートするとき、エクスポートできるチケット数の上限のデフォルト値は500です。エクスポート対象のチケット数がこれを超えている場合、超えた分はCSVファイルに出力されません。多数のチケットをエクスポートすることがある場合は値を引き上げてください。

▶設定箇所

管理→設定→チケットトラッキング内の**エクスポートするチケット数の上限**

WARNING 「エクスポートするチケット数の上限」を引き上げても、大量のチケットのエクスポートを試みるとタイムアウトが発生してエクスポートに失敗することがあります（特に多数のカスタムフィールドが含まれる場合）。エクスポートに失敗する場合は小分けにしてエクスポートすることを検討してください。

5.8.4 ガントチャート最大表示件数

ガントチャートに表示されるチケットや対象バージョンなどの項目数の上限のデフォルト値は500です。表示対象の項目数がこれを超えている場合、超えた分はガントチャートの表示で切り捨てられます。ガントチャートに多数の項目を表示することがある場合は値を引き上げてください。

▶設定箇所

管理→**設定**→**チケットトラッキング**内の**ガントチャート最大表示件数**

Chapter 6
新たなプロジェクトを始める準備

Redmineのインストールや初期設定が済めばRedmineをプロジェクト管理で使い始めるまでもう少しです。ここでは、プロジェクトでRedmineを利用し始めるための準備作業を解説します。

6.1 Redmineの基本概念

Redmine上でプロジェクトのセットアップを始める前に、Redmineを使うために理解しておくべきRedmineの基本概念を示します。

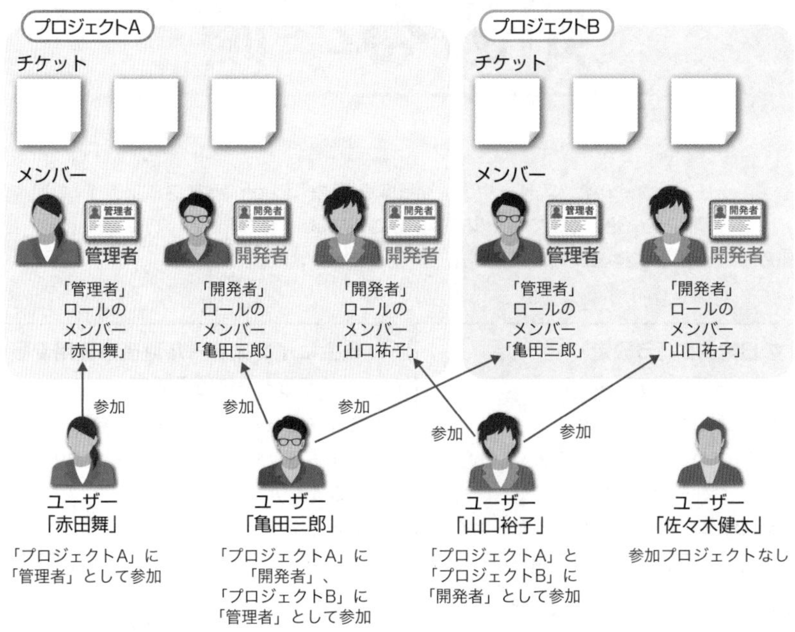

図6.1 プロジェクト、ユーザー、メンバー、ロールの関係

▶プロジェクト

Redmineで情報を分類する最も大きな単位が「プロジェクト」です。

一般的な用語の「プロジェクト」はシステム開発や建物の建築のような、独自の製品やサービスを創造するために実施される業務を指します。Redmineのプロジェクトもそのような業務におおむね対応します。タスク（1つ1つの小さな作業）をはじめ業務を進めていく中で発生する情報を納めるのがRedmineのプロジェクトです。

ただ、Redmineのプロジェクトは一般的な用語の「プロジェクト」が意味するもの以外の用途にも使われます。例えば、「プロジェクト」ではなく「定常業務」(終わることなくずっと続く業務)に分類される、システム運用やヘルプデスクなどにも活用できます。

1つのRedmine上には複数のプロジェクトを作成できます。そして、Redmineで管理するタスクなどの情報は必ずどれかのプロジェクトの中にあります。プロジェクトは情報の入れ物とも言えます。

▶ チケット

チケットとは個々のタスク、具体的には実施予定の作業や修正すべきバグなどを記録し、さらに現在の状況や進捗を管理するためのものです。タスクを管理するために付箋にやるべき作業を書いて並べることがありますが、ちょうどその付箋に相当するのがチケットです。

Redmineでプロジェクトを管理するということは、チケットを管理することであると言えます。

▶ ユーザー

ユーザーは個々の利用者をRedmine上で識別し、アクセス制御を行うためのものです。Redmine上でユーザーを作成することで、利用者はRedmineにアクセスし情報の閲覧や更新が行えるようになります。

▶ メンバー

Redmineに作成されたユーザーのうち、あるプロジェクトの利用を認可されたユーザーをそのプロジェクトの「メンバー」と言います。ユーザーは複数のプロジェクトのメンバーになることができます。

▶ ロール

ロールとは、メンバーがプロジェクトにおいてどのような権限をもつのかを定義したものです。デフォルトでは「管理者」「開発者」「報告者」の3つのロールが定義されています。プロジェクトのメンバーはそのプロジェクトにおいて1つ以上のロールが割り当てられます。

この章では、ユーザーの作成、プロジェクトの作成、プロジェクトへのメンバーの追加など、ある業務でRedmineを使い始めるために必要な準備を説明します。

6.2 ユーザーの作成

プロジェクトの関係者がRedmineにアクセスして情報の閲覧や更新ができるようにするために、Redmine上でユーザーの作成を行います。

ユーザーの作成は**管理→ユーザー**画面で行えます。この画面にアクセスできるのはシステム管理者権限を持つユーザーのみです。インストール直後のRedmineではadminユーザーのみがシステム管理者です。

まず、adminなどシステム管理権限を持つユーザーでログインしている状態で画面左上のトップメニュー内の**管理**をクリックして**管理**画面にアクセスしてください。

図6.2 トップメニュー内の「管理」をクリックして管理機能にアクセス

管理画面が表示されたら**ユーザー**をクリックしてください。

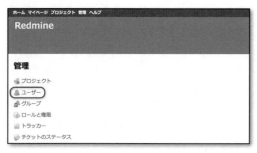

図6.3 「管理」画面の「ユーザー」をクリック

ユーザーの追加・編集・削除が行える**ユーザー**画面が表示されます。画面右上の**新しいユーザー**をクリックしてください。

図6.4「新しいユーザー」をクリック

新しいユーザー画面が表示されます。ユーザーの情報を入力し**作成**ボタンをクリックするとユーザーが作成されます。

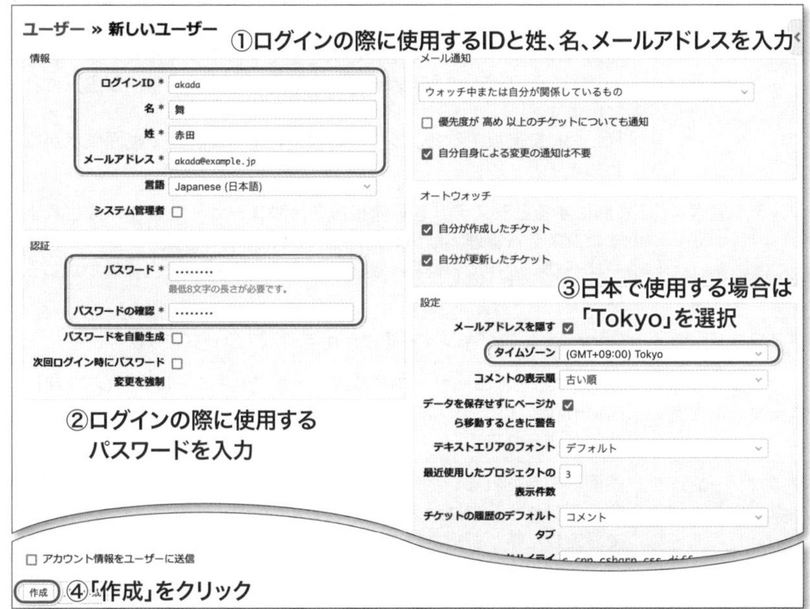

図6.5「新しいユーザー」画面

> **NOTE** CSVファイルをインポートすると複数のユーザーを一括で登録できます。詳細は15.4.3「ユーザーのCSVファイルからのインポート」で解説しています。

主要な項目の説明を表6.1に示します。

▼ **表6.1**「新しいユーザー」画面の主な入力項目

項目	説明
ログインID	Redmineにログインする際に使用します。半角アルファベット、数字、@、-、.が使用できます。
名	氏名のうち名の部分です。Redmineはヨーロッパ生まれのソフトウェアなので入力順序が日本語とは逆の 名－姓 の順になっています。誤入力に注意してください。なお、ほかの画面で氏名が表示されるときにはきちんと 姓－名 の順になります(「管理」→「設定」→「表示」の「ユーザー名の表示形式」で設定)。
姓	氏名のうち姓の部分です。
メールアドレス	ここで入力したメールアドレスに、Redmineから情報の更新を通知するメールが送られます。 メールアドレスは1つのRedmine上で一意でなければなりません。複数のユーザーが同じメールアドレスを共有することはできません。
言語	RedmineのGUIを表示するための言語です。デフォルトでは「管理」→「設定」→「表示」の「デフォルトの言語」で設定した言語が選択されています。 「(auto)」を選択するとブラウザの設定に応じた言語で画面表示が行われます。
システム管理者	ONにするとシステム管理者権限を持つユーザーとして作成されます。システム管理者は「管理」画面でRedmineの設定、プロジェクトやユーザーの作成・編集・削除、そのほかRedmine全体にかかわる設定が行えます。
パスワード	Redmineにログインする際に使用するパスワードです。
アカウント情報をユーザーに送信	ONにすると、ユーザーの作成完了と同時に「メールアドレス」宛にRedmineのログインに必要なURL、ログインID、パスワード等の情報が送られます。
タイムゾーン	画面に表示される時刻はここで設定したタイムゾーンで表示されます。デフォルトではシステム管理者が「管理」→「設定」→「ユーザー」で設定した値が選択されています。

WARNING ユーザーの「言語」は特別な理由がない限り「Japanese (日本語)」を選択してください。他の言語を選択すると、チケットなどをPDF形式にエクスポートした際に日本語の部分で文字化けが発生します。[1]

NOTE システム管理者は、ユーザーが利用できるパスワードの最低必要文字数と必須文字種別を「管理」→「設定」→「認証」で設定しておけます。

【1】Redmine.JP『言語設定を「日本語」以外にするとPDF出力が文字化けする (Redmine 1.2 以降)』
https://redmine.jp/faq/general/pdf-mojibake-caused-by-language-settings/

6.3 チケットのステータスの設定

NOTE ステータスはデフォルトで作成済みのものがあります。それらをそのまま使う場合はこの節で説明する設定は省略できます。

Redmineで実施すべきタスクを管理するには、タスクごとに「チケット」を作成します。チケットには現在の状況を示すフィールド「ステータス」があり、そのタスクの状況、例えば未着手なのか作業中なのか完了しているのかといったことを管理できます。

ステータスはRedmineを利用するチームの業務にあわせて設計できます。

6.3.1 デフォルトのステータス

デフォルトでは表6.2に挙げる6個のステータスが登録されています。

▼ **表6.2** デフォルトの状態で利用できるステータス

ステータス名	説明
新規	新たに作成されたチケット。作業は未着手。
進行中	作業を実施中。
解決	担当者の作業が終了。テスト／レビュー待ち。
フィードバック	テストやレビューを行った結果、修正などが必要となり、担当者に差し戻したもの。
終了	作業終了。
却下	作業を行わずに終了。採用されなかった新機能の提案、修正する必要のないバグ(重複した報告、報告者の誤認による報告など)。

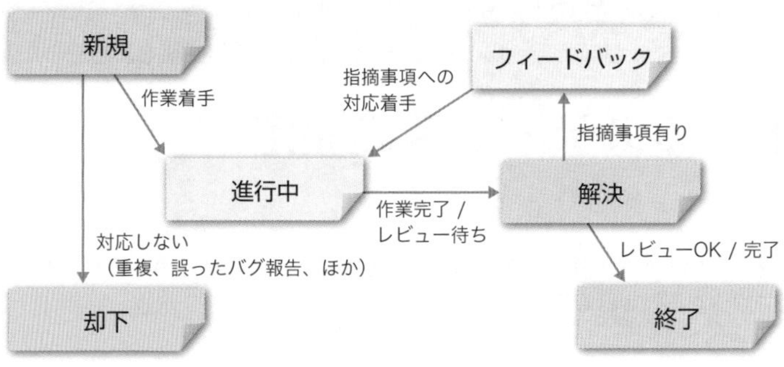

図6.6 デフォルトのステータスを使用する場合のステータス遷移

6.3.2 用途にあわせたステータスの設計例

ステータスは自由に追加・削除できるので、業務に合わせてステータスを増やしたり、反対に簡略化した必要最小限のステータスで利用することもできます。ステータスの設計はタスクの状態をどう管理したいのかを考えて決定します。

例えばWebサイトの運用においてコンテンツの制作や変更の依頼をRedmineのチケットで管理する場合を考えてみましょう。依頼に基づいて制作を行い、制作が終わったら依頼元にレビューをしてもらい、そしてレビューが終わったら本番公開するという運用をしているとします。この場合は図6.7のように5個のステータスを使った管理が考えられます。

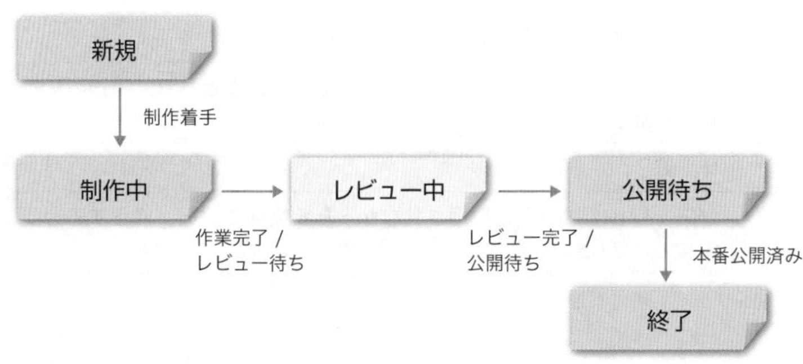

図6.7 Webサイト運用のステータス遷移の例

個人や小規模なチームでRedmineを利用する場合などでは、あまり細かいステータスを管理せずに必要最小限のステータスでわかりやすく運用したいことも多いかと思います。図6.8のように単に「ToDo」(未着手)、「Doing」(作業中)、「Done」(完了)の3個だけにすることもできます。

図6.8 単純化したステータス遷移の例

6.3.3 ステータスのカスタマイズ

どんなステータスを使うのか設計が定まったら、**管理→チケットのステータス**画面で設定を行います。

ここでは、図6.8「単純化したステータス遷移の例」で示した、3個のステータス「ToDo」「Doing」「Done」を使った運用のための設定を行うこととします。既存のステータスのうち、「新規」「進行中」「終了」は名称を「ToDo」「Doing」「Done」に変更して再利用し、残りの「解決」「フィードバック」「却下」は削除しましょう。

表6.3 本節で行うステータスのカスタマイズ内容

既存ステータス	変更内容
新規	「ToDo」に名称を変更
進行中	「Doing」に名称を変更
解決	削除
フィードバック	削除
終了	「Done」に名称を変更
却下	削除

チケットのステータス　新しいステータス

ステータス	終了したチケット	説明	
ToDo			削除
Doing			削除
Done	✔		削除

図6.9 ステータスのカスタマイズ結果

まず、adminなどシステム管理者権限を持つユーザーでログインしている状態で画面左上のトップメニュー内の**管理**をクリックして**管理**画面にアクセスし、次に**管理**画面内の**チケットのステータス**をクリックしてください。

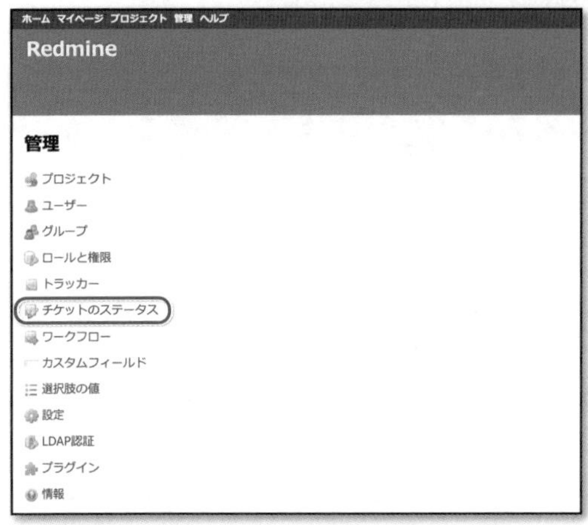

図6.10 「管理」画面の「チケットのステータス」をクリック

ステータスの追加・編集・削除が行える**チケットのステータス**画面が表示されます。

ステータスの削除

各ステータスの行の右端にあるゴミ箱アイコンをクリックしてください。削除対象のステータスが3個あるので3回繰り返します。

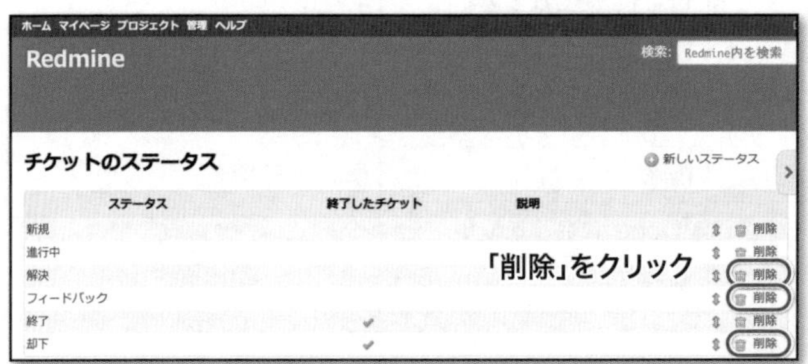

図6.11 デフォルトのトラッカーを削除

> **WARNING**
> 使用中のステータス(次のいずれかの条件に合致するステータス)は削除できません。
> ・そのステータスを使用しているチケットが存在する
> ・そのステータスをデフォルトステータスとしているトラッカーが存在する

▶ステータスの編集

ステータスの名称を変更するには、**チケットのステータス**画面で編集対象のステータスの名称部分をクリックしてください。ステータスの編集画面が表示されます。

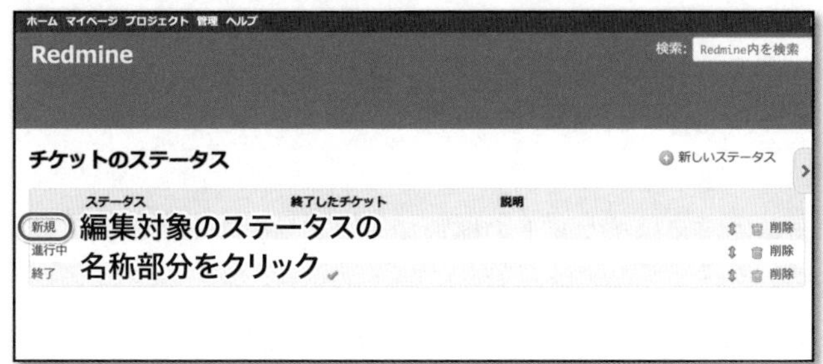

図6.12 ステータスの名称をクリックして編集画面に移動

新しい名称を入力し**保存**をクリックすると名称が変更されます。

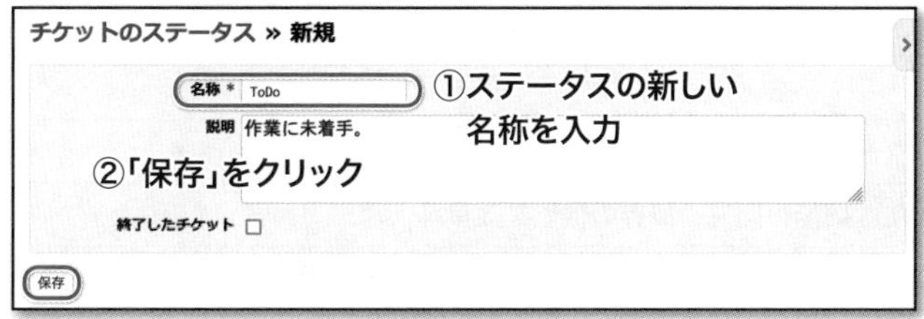

図6.13 ステータスの編集画面

表6.4 ステータスの編集画面の入力項目

名称	説明
名称	ステータスの名称です。
説明	タスクの状況がどのようなときにこのステータスに変更するのかを入力します。チケット作成画面、編集画面で表示されます。
終了したチケット	ONにすると、このステータスは作業が終了した状態を表すものとして扱われ、チケットの一覧を表示する画面で「完了」に分類されたり、「ロードマップ」画面で「完了」として集計されたりします。

WARNING

ステータスは作成しただけでは利用できません。実際に利用するためには6.6節で解説するワークフローの設定が必要です。

6.4 トラッカー(チケットの種別)の設定

NOTE トラッカーはデフォルトで作成済みのものがあります。それらをそのまま使う場合はこの節で説明する設定は省略できます。

トラッカーは、簡単に言えばチケットの種別です。デフォルトでは表6.5に挙げる3個が定義済みです。

システム開発プロジェクトではデフォルトのままでも運用できますが、それ以外の業務でRedmineを使う場合は違和感があります。使いやすいよう定義し直すことをおすすめします。

▼ 表6.5 デフォルトで定義されているトラッカーと用途

トラッカー名	用途
バグ	バグ修正等
機能	新たな機能の開発、既存の機能を改良等
サポート	成果物に直接結びつかない(ソースコードの変更が発生しない)作業。例えばプロジェクト運営のための資料作成、各種手続きなど

▲ 図6.14 トラッカーの定義例。Redmine公式サイトでは「Defect」(不具合)・「Feature」(機能要望)・「Patch」(パッチ投稿)の3つのトラッカーが使われている

6.4.1 トラッカーの役割

トラッカーは一見するとチケットの大分類に見えますが、本質的な役割はチケットの種別・性質を定義することです。具体的な役割は次の3つです。

▶役割①　使用する標準フィールドとカスタムフィールドの定義

フィールドとはチケットの作成・編集時に表示される入力欄のことです。トラッカーごとに、どのフィールドを使用するのか定義できます。設定は、トラッカーの編集画面(**管理**→**トラッカー**を開き対象のトラッカーをクリック)で行います。

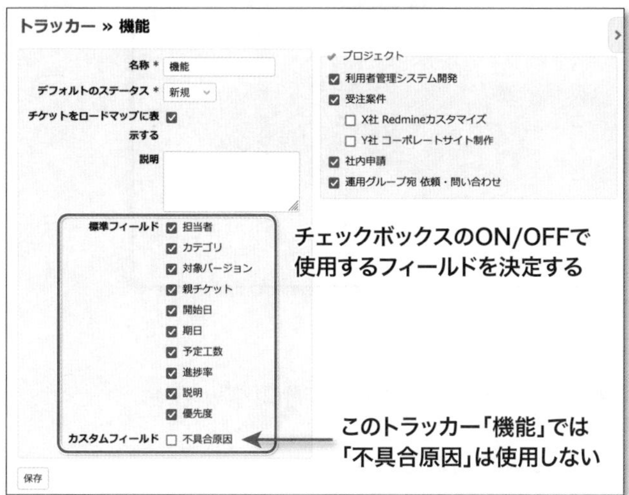

図6.15 使用するフィールドの定義例

> **NOTE**
> カスタムフィールドの使用・不使用はプロジェクトの設定(プロジェクトメニューの「設定」→「チケットトラッキング」)でも制御できます。トラッカーをなるべく増やさず管理しやすい状態を保つために、トラッカーでは全プロジェクトで利用する可能性があるカスタムフィールドをすべて使用する設定とし、各プロジェクトで使用・不使用の設定をするようにしましょう[2]。

▶役割②　ワークフローの定義

チケットのステータスを誰がどのように変更できるのか決定します。ワークフローはトラッカーとロールの組み合わせごとに定義できます。設定は**管理**→**ワークフロー**で行います。

例えば図6.16は、ロール「開発者」のメンバーがトラッカー「バグ」のチケットで可能なステータス遷移を表示したものです。**現在のステータス**の**終了**と**却下**からは**遷移できるステータス**のチェックボックスがすべてOFFです。これは、ステータスが**終了**または**却下**の場合、ステータスの変更ができないこ

【2】木元一広「CODA: JSS2 の運用・ユーザ支援を支えるチケット管理システム –Redmine の事例と利用のヒント –」: 4.2.3「フィールド設定の AND ルール」, 2015 https://jaxa.repo.nii.ac.jp/records/1905

とを示しています。

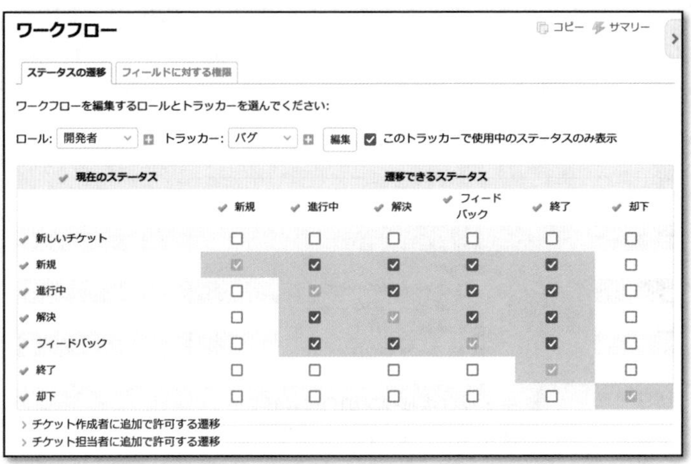

図6.16 ワークフローの設定例

NOTE ワークフローの詳細は6.6節「ワークフローの設定」で解説しています。

▶役割③　フィールドに対する権限の定義

チケット上の各フィールドに対する制約(「読み取り専用」または「必須」)をトラッカーとロールの組み合わせごとに定義します。設定は**管理**→**ワークフロー**画面の**フィールドに対する権限**タブで行います。

NOTE フィールドに対する権限の詳細は8.6節「「フィールドに対する権限」で必須入力・読み取り専用の設定をする」で解説しています。

6.4.2 トラッカーの作成

WARNING トラッカーをあまりに気軽に作ると数が増えすぎて管理が難しくなります。6.4.1「トラッカーの役割」を参照し、本当に新しいトラッカーを作る必要があるか、チケットのカテゴリなど別の手段で対応できないか十分検討してください。

トラッカーの作成は**管理**→**トラッカー**画面で行います。

まず、adminなどシステム管理者権限を持つユーザーでログインしている状態で画面左上のトップメニュー内の**管理**をクリックして**管理**画面にアクセスし、**管理**画面内の**トラッカー**をクリックしてください。

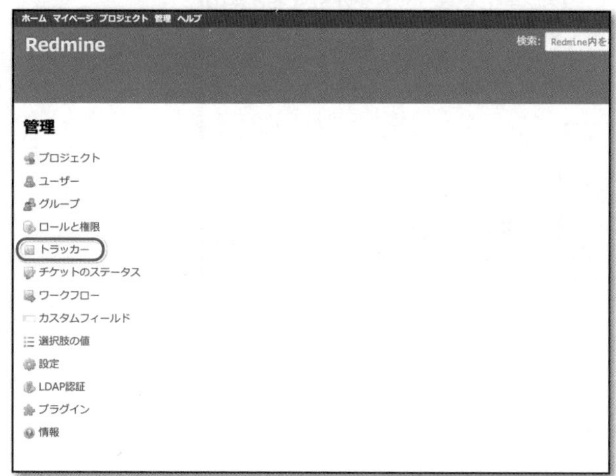

図6.17 「管理」画面の「トラッカー」をクリック

トラッカーの追加・編集・削除が行える**トラッカー**画面が表示されます。画面右上の**新しいトラッカー**をクリックしてください。

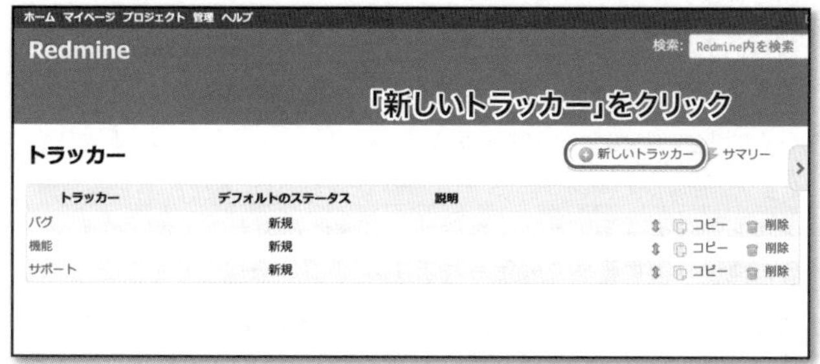

図6.18 「新しいトラッカー」をクリック

新しいトラッカー画面が表示されます。情報を入力し**作成**ボタンをクリックするとトラッカーが作成されます。

主な入力項目の説明を表6.6に示します。

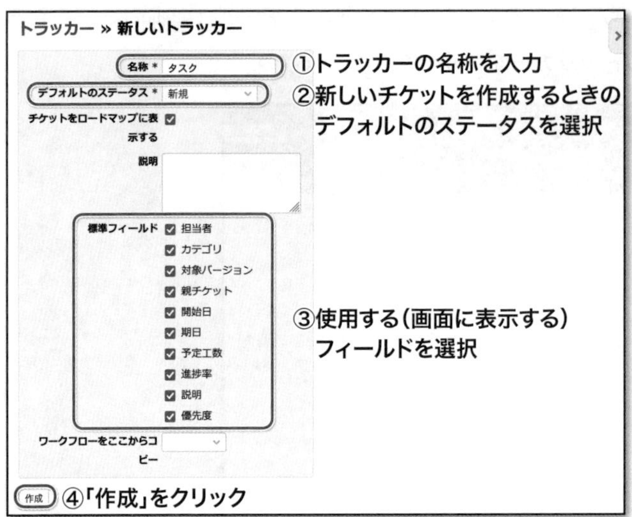

図6.19 「新しいトラッカー」画面

表6.6 「新しいトラッカー」画面の主な入力項目

名称	説明
名称	トラッカーの名称です。トラッカーを使用するさまざまな画面で表示されます。
デフォルトのステータス	新しいチケットを作成するときにデフォルトで選択されるステータスです。
チケットをロードマップに表示する	ONの場合、このトラッカーのチケットが「ロードマップ」画面で各バージョンの「関連するチケット」欄に表示されます。
説明	どのトラッカーでチケットを作成するべきか入力します。チケット作成画面、編集画面で表示されます。
標準フィールド	標準フィールドのうちこのトラッカーで使用するものを指定します。チェックボックスをOFFにするとチケットの入力や表示をする画面にその項目が表示されなくなります。不要なものは非表示にすることで画面をわかりやすくできます。
ワークフローをここからコピー	トラッカーを作成後はステータスをどのように変更できるかを定義する「ワークフロー」の設定が必要ですが、この欄ではワークフローを別のトラッカーからコピーすることを指定できます。 ワークフローをコピーすることで、ワークフローの設定を省略したり、既存のワークフローをもとに変更することでワークフロー設定の作業量を抑えることができます。

WARNING

トラッカーは作成しただけでは使用できません(ステータスをデフォルトステータス以外に変更できません)。6.6節で解説するワークフローの設定を必ず行ってください。

6.5 ロールの設定

> **NOTE** ロールはデフォルトで作成済みのものがあります。それらをそのまま使う場合はこの節で説明する設定は省略できます。

ロールとはメンバーがプロジェクトにおいてどのような権限を持つのかを定義したものです。Redmineには70個以上の権限がありますが、それらはロールに対して付与します。そしてロールをプロジェクトに参加するユーザーに割り当てることで、そのプロジェクトでのユーザーの権限が決まります。つまり、権限はユーザーに直接付与するのではなく、ロールを経由して付与されます。

> **NOTE** ロールとユーザーの関係を6.1節の図6.1で示しています。また、プロジェクトのメンバーへのロールの割り当ては6.8節「プロジェクトへのメンバーの追加」で解説しています。

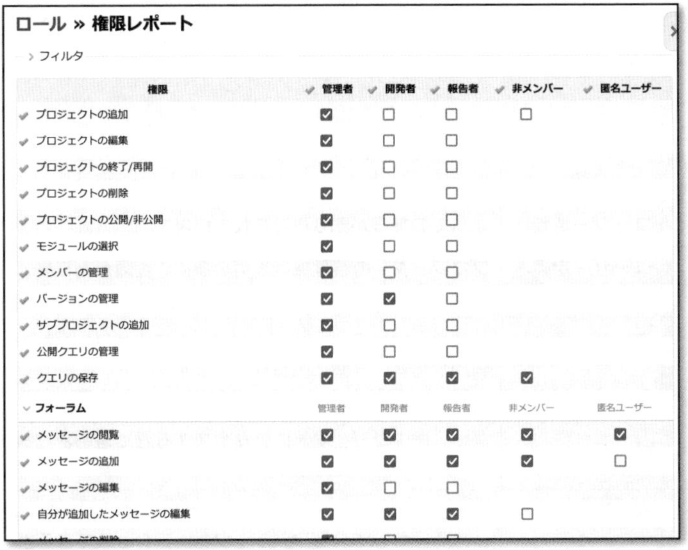

ロール » 権限レポート

› フィルタ

権限	管理者	開発者	報告者	非メンバー	匿名ユーザー
プロジェクトの追加	☑	☐	☐	☐	
プロジェクトの編集	☑	☐	☐		
プロジェクトの終了/再開	☑	☐	☐		
プロジェクトの削除	☑	☐	☐		
プロジェクトの公開/非公開	☑	☐	☐		
モジュールの選択	☑	☐	☐		
メンバーの管理	☑	☐	☐		
バージョンの管理	☑	☑	☐		
サブプロジェクトの追加	☑	☐	☐		
公開クエリの管理	☑	☐	☐		
クエリの保存	☑	☑	☑	☑	
フォーラム	管理者	開発者	報告者	非メンバー	匿名ユーザー
メッセージの閲覧	☑	☑	☑	☑	☑
メッセージの追加	☑	☑	☑	☑	☐
メッセージの編集	☑	☐	☐		
自分が追加したメッセージの編集	☑	☑	☑	☐	

図6.20 ロールの役割① 権限の割り当て(「管理」→「ロールと権限」→「権限レポート」)

　また、メンバーがチケットのステータスをどのように変更できるのかを定義するワークフローの設定でもロールが参照されます。

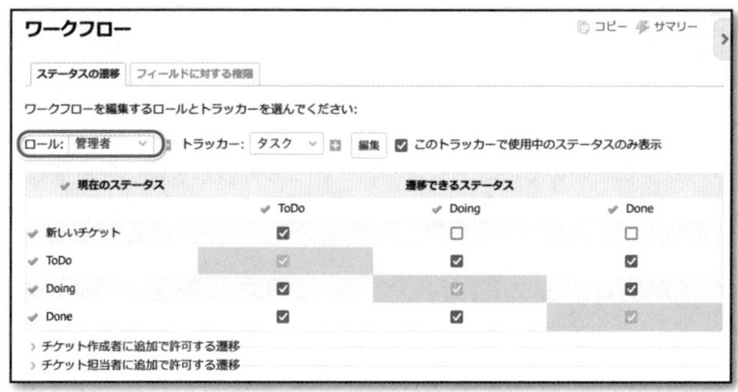

図6.21 ロールの役割②　ワークフローで参照される

6.5.1 デフォルトのロール

　デフォルトでは5個のロールが登録されています。「開発者」や「報告者」などの名称から、システム開発プロジェクトを想定していると考えられます。

　「管理者」はすべての権限が割り当てられたロールです。「開発者」「報告者」は権限が一部制限されています。デフォルトのロールのうち「非メンバー」と「匿名ユーザー」は一定の条件に合致するユーザーに自動的に適用される特殊なロールです。

表6.7 初期状態で定義されているロール

名称	種別	説明
管理者	ユーザー定義	すべての権限が割り当てられています。
開発者	ユーザー定義	プロジェクトの管理機能以外の多くの権限が割り当てられています。
報告者	ユーザー定義	テスター向けのロール。チケットの作成・コメントの追加や情報の閲覧に限られています。
非メンバー	組み込みロール	ログイン中のユーザーが、自分がメンバーとなっていない公開プロジェクトにアクセスする際に適用されるロール。
匿名ユーザー	組み込みロール	「管理」→「設定」→「認証」で「認証が必要」を「いいえ」にして認証なしで公開プロジェクトにアクセスできるようにしているとき、ログインしていないユーザーが公開プロジェクトにアクセスする際に適用されるロール。

NOTE 組み込みロールの削除や名称の変更はできません。

6.5.2 ロールのカスタマイズ

初期状態で作成されているロールの「開発者」「報告者」という名称は、システム開発以外のプロジェクトで使うと違和感があります。そこで、ここではそれらのロールのうち「開発者」の名称を「スタッフ」に変更し、「報告者」は削除することとします。

▼ **表6.8** この節で行うロールのカスタマイズ内容

既存ロール	変更内容
管理者	そのまま使用
開発者	「スタッフ」に名称を変更
報告者	削除

まず、adminなどシステム管理者権限を持つユーザーでログインしている状態で画面左上のトップメニュー内の**管理**をクリックして**管理**画面にアクセスし、**管理**画面内の**ロールと権限**をクリックしてください。

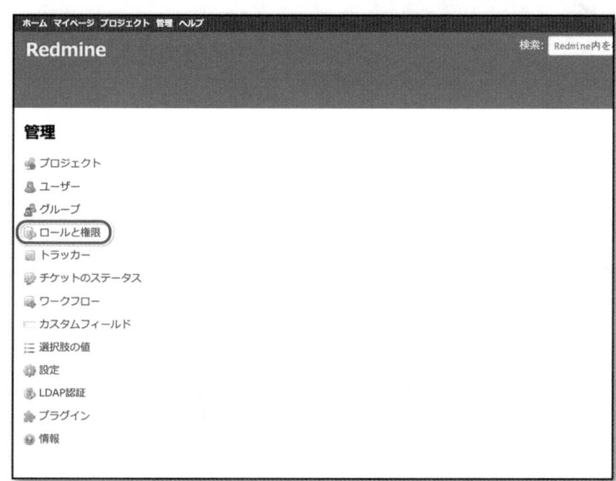

▲ **図6.22** 「管理」画面の「ロールと権限」をクリック

ステータスの追加・編集・削除が行える**ロール**画面が表示されます。

▶ロールの削除

削除する「報告者」ロールの行の右端にあるゴミ箱アイコン をクリックするとロールが削除されます。

△ 図6.23 報告者ロールを削除

▶ロールの編集

ロールの名称を変更するには、**ロール**画面で編集対象のロールの名称部分をクリックしてください。ロールの編集画面が表示されます。

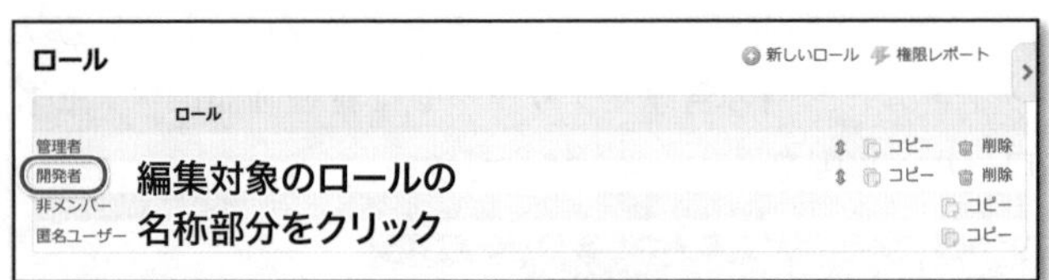

△ 図6.24 ロールの名称をクリックして編集画面に移動

ロールの編集画面で新しい名称を入力し**保存**をクリックすると名称が変更されます。

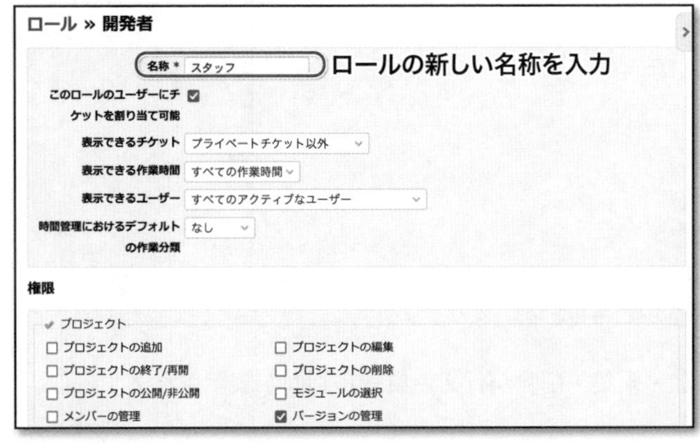

△ 図6.25 ロールの編集画面でロールの新しい名称を入力する

6.6 ワークフローの設定

NOTE ワークフローはデフォルトで作成済みのロール、トラッカー、ステータスに対して定義済みです。デフォルトのロール、トラッカー、ステータスをそのまま使う場合はこの節で説明する設定は省略できます。

ワークフローはプロジェクトのメンバーがチケットのステータスをどのように変更できるのかを定義するものです。例えば、ステータスが「進行中」のチケットは作業の承認者だけが「終了」にできるよう制限するといったことができます。

ワークフローはロールとトラッカーの組み合わせごとに定義します。つまりRedmine上にはロール数×トラッカー数のワークフローが存在することになります。

WARNING ロールとトラッカーの数が多いと定義すべきワークフローの数も膨大になり管理が難しくなります。ロールとトラッカーを安易に作りすぎないようにしてください。

6.6.1 ワークフローの例

▶例①　すべてのステータス遷移が許可されたワークフロー

図6.26の画面はデフォルトのワークフローのうちロール「管理者」・トラッカー「バグ」に対するワークフローです。縦軸の**現在のステータス**と横軸の**遷移できるステータス**の交点のチェックボックスがONであればそのステータス遷移は許可されています。

現在のステータスが**新しいチケット**である遷移は、新たなチケットを作成するときにどのステータスを選択可能であるかを示しています。画面例ではすべてのチェックボックスがOFFなので、トラッカー「バグ」のデフォルトステータスである「新規」のみが選択可能です。

それ以外の欄は、ステータス「新規」から「新規」のような無意味な遷移以外はすべてONになっています。つまり、ロール「管理者」のメンバーは、新規チケット作成時はステータス「新規」のみが選択でき、それ以外はあらゆるステータス遷移が許可されています。

ワークフロー

コピー　サマリー

ステータスの遷移　フィールドに対する権限

ワークフローを編集するロールとトラッカーを選んでください:

ロール: 管理者　トラッカー: バグ　編集　このトラッカーで使用中のステータスのみ表示

現在のステータス	遷移できるステータス					
	新規	進行中	解決	フィードバック	終了	却下
新しいチケット						
新規						
進行中						
解決						
フィードバック						
終了						
却下						

› チケット作成者に追加で許可する遷移

› チケット担当者に追加で許可する遷移

△ **図6.26** ロール「管理者」・トラッカー「バグ」のデフォルトのワークフロー

▶例②　一部のステータス遷移が制限されたワークフロー

図6.27の画面はデフォルトのワークフローのうちロール「開発者」・トラッカー「バグ」に対するワークフローです。前述の「管理者」のものと比べるとONであるチェックボックスの数が減っていることがわかります。

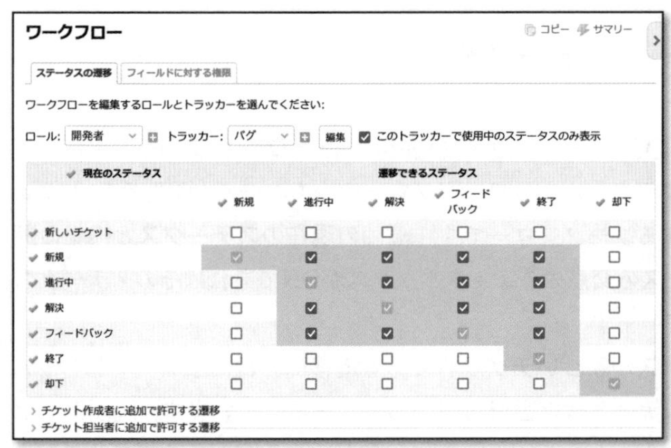

△ **図6.27** ロール「開発者」・トラッカー「バグ」のデフォルトのワークフロー

このワークフローは、ロール「開発者」のメンバーに対して次の制約を課しています。

- ステータスを「新規」に戻すことができない（「遷移できるステータス」のうち「新規」欄がすべてOFF）
- ステータスを「却下」にすることができない（「遷移できるステータス」のうち「却下」欄がすべてOFF）
- ステータスが「終了」「却下」であればステータスの変更が一切できない（「現在のステータス」が「終了」と「却下」に対する「遷移できるステータス」のチェックボックスがすべてOFF）

▶例③　さらにステータス遷移が制限されたワークフロー

図6.28はロール「報告者」・トラッカー「バグ」に対するワークフローです。「管理者」や「開発者」の画面と比較すると一目でわかるほどに許可された遷移が少なくなっています。

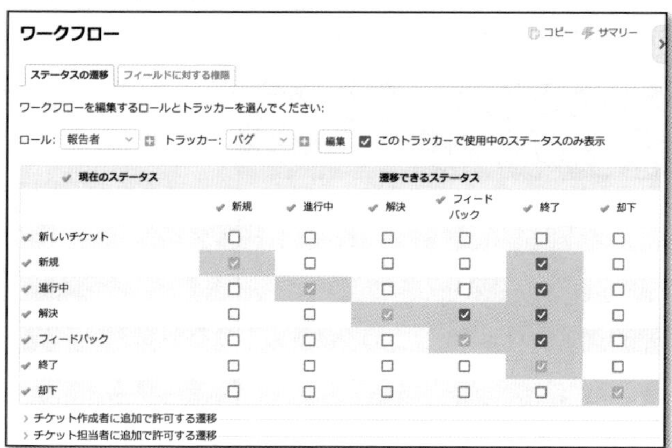

図6.28 ロール「報告者」・トラッカー「バグ」に対するワークフロー

ロール「報告者」のメンバーに許されたステータスの変更は次のパターンのみです。

- ステータスが「新規」「進行中」「解決」「フィードバック」のチケットを「終了」にする
- ステータスが「解決」のチケットを「フィードバック」にする

6.6.2 ワークフローのカスタマイズ

これまで6.3節でステータスのカスタマイズ、6.4節でトラッカーのカスタマイズ、そして6.5節でロールのカスタマイズを行いました。6.5節までで準備したトラッカーとロールに対してワークフローの設定を行い、各ロールがどのようにステータスを変更できるのかを定義します。

ここでは、6.4節で作成したトラッカー「タスク」と6.5節で用意したロール「管理者」「スタッフ」に対して、次のようなワークフローを定義します。誰もが自由にステータスを変更できる単純なものです。

- チケットを新たに作成するときはステータス「ToDo」のみ選択可能
- ステータス「ToDo」「Doing」「Done」は相互に自由に遷移できる

まず、adminなどシステム管理者権限を持つユーザーでログインしている状態で画面左上のトップメニュー内の**管理**をクリックして**管理**画面にアクセスし、**管理**画面内の**ワークフロー**をクリックしてください。

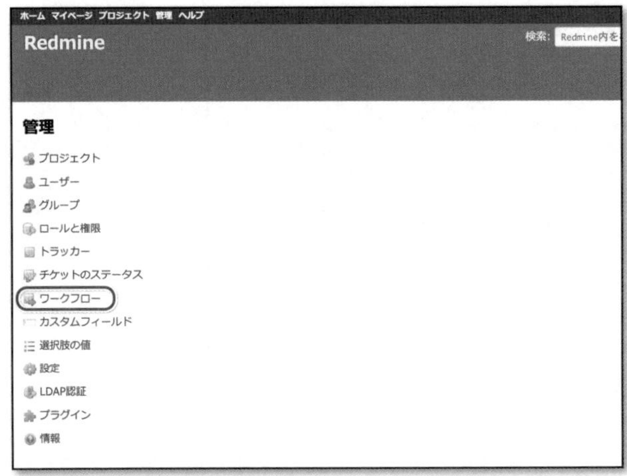

図6.29 「管理」画面の「ワークフロー」をクリック

ワークフローの編集が行える**ワークフロー**画面が表示されます。

まずは、ワークフローを定義するロールとトラッカーの組み合わせを選択して**編集**をクリックします。2つのロール「管理者」と「スタッフ」に対して同じ定義を行うので、**ロール**の右側の「+」をクリックして複数選択ができる状態とし、Ctrlキー(Windows)/⌘キー(Mac)を押しながら**管理者**と**スタッフ**をクリックして選択してください。また、トラッカーは**タスク**を選択してください。そして、**このトラッカーで使用中のステータスのみ表示**のチェックボックスをOFFにしてから**編集**をクリックしてください。

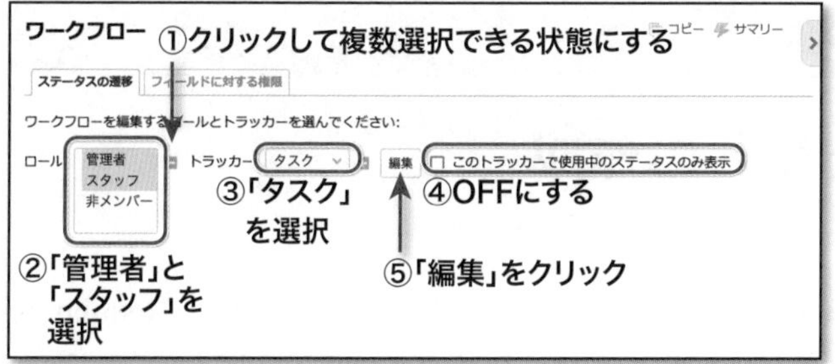

▲ **図6.30** ワークフローの編集画面①　ロールとトラッカーの組み合わせを選択

どのようにステータスを遷移させることができるのか、組み合わせをチェックボックスで表現した表が表示されます(図6.31)。

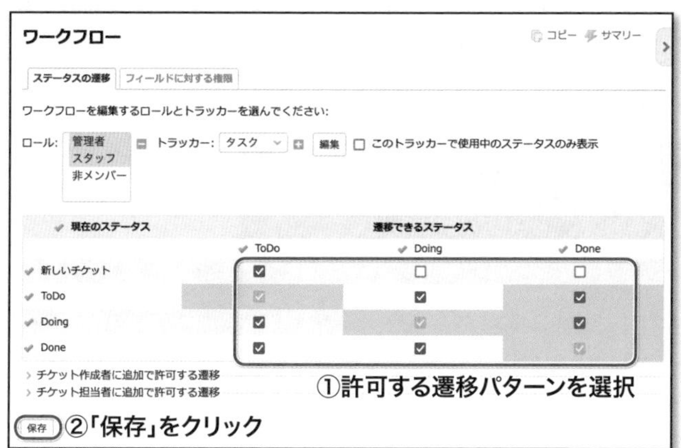

▲ **図6.31** ワークフローの編集画面②　許可するパターンの遷移に対応するチェックボックスをONにする

縦軸が現在のステータスで横軸が遷移先のステータスを意味しています。遷移を許可する組み合わせのチェックボックスをONにして**保存**ボタンをクリックしてください。ワークフローの定義が保存されます。

▼ **表6.9** チケットの作成・更新時に選択可能なステータス

状況	選択可能なステータス
新しいチケットを作成するとき	①トラッカーの「デフォルトのステータス」(6.4.2「トラッカーの作成」参照)で選択されているステータス ②ワークフローで「新しいチケット」からの遷移先と指定されているステータス
既存チケットのステータスを変更するとき	ワークフローで現在のステータスからの遷移先として指定されているステータス

6.7 プロジェクトの作成

6.1節「Redmineの基本概念」で説明した通り、プロジェクトはRedmineで情報を分類するための最も大きな単位で、タスクの情報などは必ずいずれかのプロジェクトに作成されます。したがって、Redmineで何かを管理するためには情報の入れ物となるプロジェクトを作成します。

プロジェクトの作成は**管理→プロジェクト**画面で行います。

まず、adminなどシステム管理者権限を持つユーザーでログインしている状態で画面左上のトップメニュー内の**管理**をクリックして**管理**画面にアクセスし、**管理**画面内の**プロジェクト**をクリックしてください。

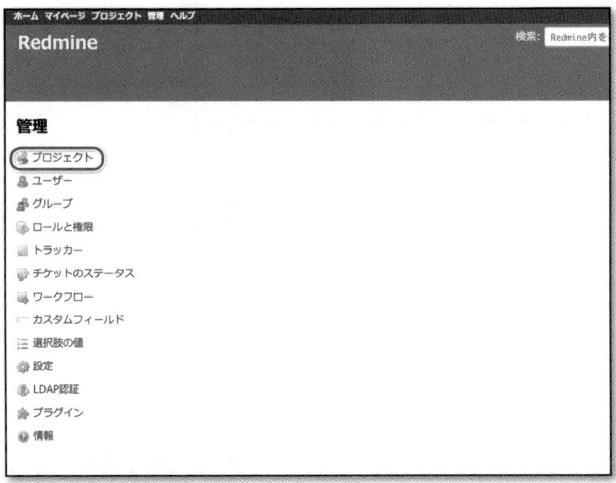

図6.32 「管理」画面の「プロジェクト」をクリック

プロジェクトの追加・編集・削除が行える**プロジェクト**画面が表示されます。画面右上の**新しいプロジェクト**をクリックしてください。

図6.33 「新しいプロジェクト」をクリック

新しいプロジェクト画面が表示されます。新たに作成するプロジェクトの情報を入力し、**作成**ボタンをクリックするとプロジェクトが作成されます。

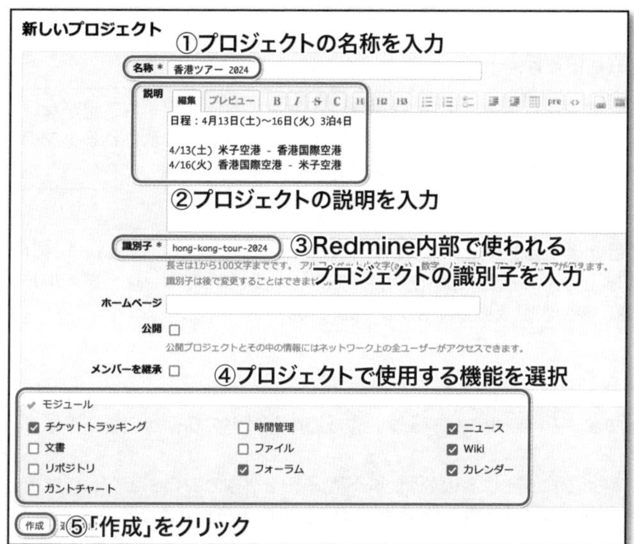

図6.34 「新しいプロジェクト」画面

主な入力項目の説明を表6.10に示します。

▼ 表6.10「新しいプロジェクト」画面の入力項目

項目	説明
名称	プロジェクトの名前です。プロジェクトの一覧やさまざまな画面で表示されます。短くわかりやすい名前をつけましょう。
説明	プロジェクトについての簡単な説明です。「概要」画面に表示されます。利用者が頻繁に目にするので、プロジェクトの目標など、全員が常に共有すべき情報を記載しておいても良いでしょう。
識別子	Redmine内部でプロジェクトを識別するために使われる名前で、URLの構成要素の1つとしても使われます。 プロジェクト識別子はほかのプロジェクトと重複してはなりません。また、プロジェクト作成後は変更できないので注意してください。
公開	チェックボックスがONの場合、プロジェクトのメンバーになっていなくてもRedmineにアクセスできればプロジェクト内の情報を参照できます。OFFにすると、プロジェクトのメンバーのみが情報を参照できる状態になります。
モジュール	プロジェクトで使用する機能を選択します。当面利用する予定がない機能はOFFにしておけば、プロジェクトメニューに表示されるタブの数が減ってわかりやすくなります。

NOTE

識別子以外の項目は後で変更できます(プロジェクトメニュー内の「設定」→「プロジェクト」)。プロジェクト作成時には「説明」・「モジュール」などの項目はデフォルトのままにしておき、後で設定変更してもかまいません。

NOTE

「管理」→「設定」→「プロジェクト」を開き「デフォルトで新しいプロジェクトは公開にする」をOFFにしておくと、新規プロジェクト作成時の「公開」の初期状態をOFFにできます。
また、各ロールから「プロジェクトの公開/非公開」権限を外すとプロジェクト作成後にプロジェクトの設定画面で「公開」の状態が変更されるのを防止できます。

6.8 プロジェクトへのメンバーの追加

Redmineにユーザーを作成しただけでは、そのユーザーがRedmineにログインしてもほとんど何もできません。プロジェクト上の情報の参照やチケットの作成などRedmineの機能を活用するためには、ユーザーをプロジェクトのメンバーに追加します。

まず、システム管理者であるユーザーでログインしている状態で画面左上のトップメニュー内の**管理**をクリックして**管理**画面を表示させ、その中の**プロジェクト**をクリックしてください。

図6.35 「管理」画面の「プロジェクト」をクリック

Redmineに作成されているプロジェクトの一覧が表示されるので、メンバー追加を行いたいプロジェクト名をクリックしてください。

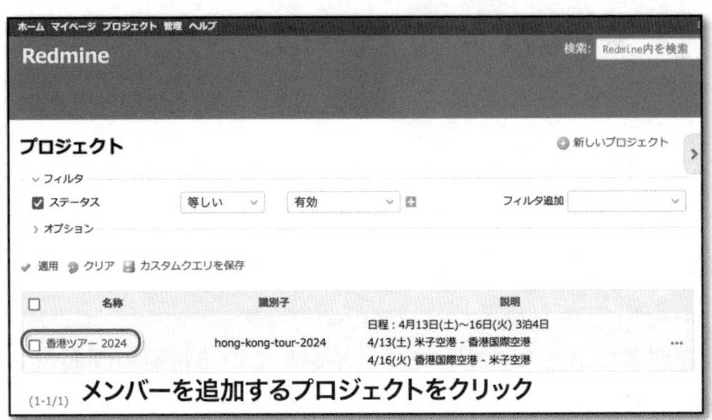

▲ **図6.36** メンバー追加を行うプロジェクトをクリック

プロジェクトメニューの**設定**をクリックして**メンバー**タブを開き**新しいメンバー**をクリックしてください。

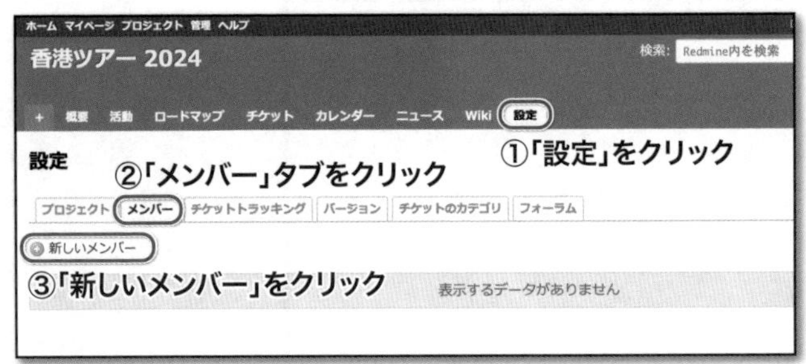

▲ **図6.37** メンバー追加のための画面にアクセス

> **NOTE** プロジェクトを開いた状態でプロジェクトメニューの「設定」をクリックすることでもプロジェクトの設定画面を表示させることができます。

メンバー追加のためのダイアログボックスが表示されたら、メンバーとして追加したいユーザーと、それらのユーザーのプロジェクトにおけるロールを選択し、**追加**をクリックしてください。例えば図6.38では、9人のユーザーをロール「スタッフ」のメンバーとしてプロジェクトに追加しようとしています。なお、プロジェクトのメンバーは複数のロールでプロジェクトに参加できます。このとき、プロジェクトにおける権限とワークフローは関係するロールに割り当てられたものがすべて有効な状態(和集合)となります[3]。

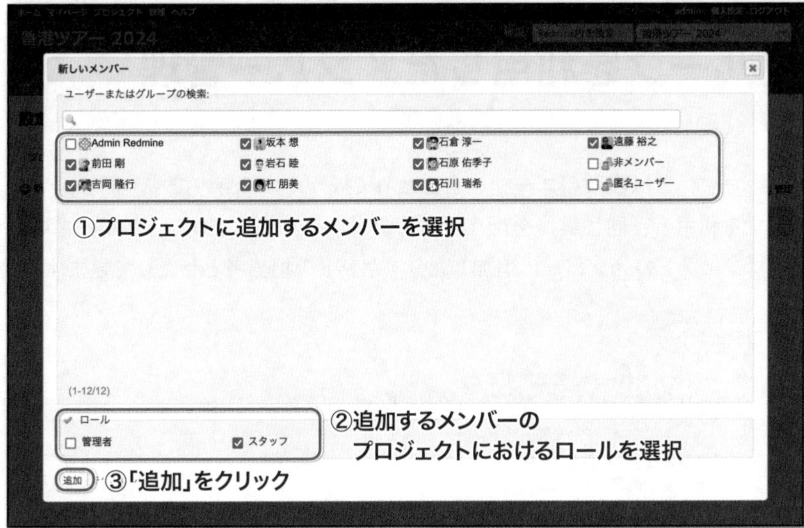

図6.38 ユーザーとロールを選択してメンバーを追加

例えば図6.39では3人のユーザーが「管理者」と「スタッフ」の2つのロールでメンバーになっています。これらのユーザーは「管理者」と「スタッフ」の両方の権限を持ちます。また、ワークフローは両方のロールで定義されているものを足し合わせたものが適用されます。

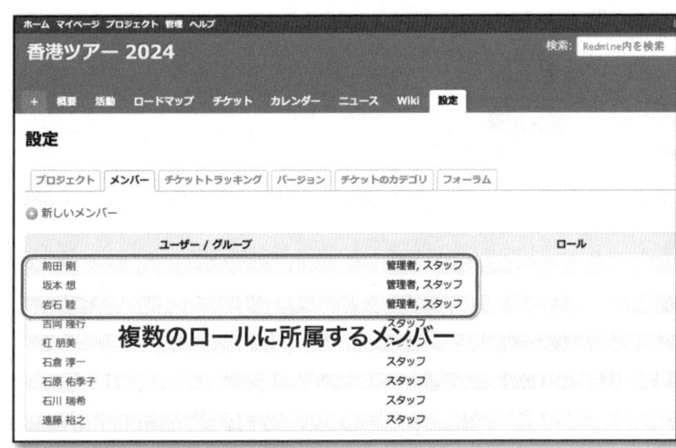

図6.39 複数のロールに所属しているメンバー

【3】木元一広「CODA: JSS2 の運用・ユーザ支援を支えるチケット管理システム –Redmine の事例と利用のヒント –」: 4.2.1「ロール設定の OR ルール」, 2015 https://jaxa.repo.nii.ac.jp/records/1905

6.9 グループを利用したメンバー管理

「グループ」とは複数のユーザーをまとめて扱うためのものです。同じ部署に所属する利用者、同じ業務を行う利用者をグループにまとめて、グループ単位でプロジェクトのメンバーに追加したりチケットの担当者としたりできます。

▲ **図6.40** グループを使うと複数のユーザーを一括してプロジェクトのメンバーに追加できる

プロジェクトのメンバー管理をグループ単位で行う利点は、部署異動や入社・退職などユーザーの異動に対応しやすくメンバー管理の負荷を軽減できることです。例えば、Redmine上でグループXがプロジェクトA、B、Cのメンバーとして追加されていたとします。そこへスタッフNさんが新しくチームに加わったとき、Redmine上ではNさんをグループXのメンバーとするだけで、Nさんに対してプロジェクトA、B、Cへのアクセス権限を付与できます。

NOTE プロジェクトにメンバーを追加するときは、ユーザーを直接追加するのではなくなるべくグループ単位で追加するようにしましょう。メンバーのメンテナンスが楽になることが多いです。

また、**管理→設定→チケットトラッキング**の**グループへのチケット割り当てを許可**チェックボックスをONにしておけば、チケットの担当者をグループに設定できます。担当するチームは決まっているが担当者が決まっていないタスクや、複数の担当者が共同で進めるタスクなどに便利です。

NOTE グループへのチケット割り当ての詳細は、8.9節「複数のメンバーを担当者にする―グループへのチケット割り当て」で解説しています。

6.10 プロジェクトの終了とアーカイブ

一般的にプロジェクトには終わりがあります。製品やサービスが完成して業務が完了すると、Redmineに作成したプロジェクトもアクセスされることが少なくなります。使わなくなったプロジェクトは、「終了」の状態にすることで読み取り専用にしたり、「アーカイブ」を行うことでデータを保持したままプロジェクトがユーザーから見えないようにしたりできます。

▼ **表6.11** 終了とアーカイブの違い

	終了	アーカイブ
プロジェクト内の情報の参照	○	×
プロジェクト内の情報の更新	×	×

6.10.1 プロジェクトの「終了」

プロジェクトを「終了」状態にすると、そのプロジェクトは読み取り専用になり、チケットの作成や更新、Wikiページの編集など、情報の更新を行う操作が一切できなくなります。

Redmineでの管理対象のプロジェクトは終了したもののチケットやWikiページなどの情報は引き続き参照したいとき、プロジェクトを「終了」状態にしておけば誤ってチケットが作成されたりするのを防げます。

▶ プロジェクトを終了状態にする

プロジェクトを「終了」状態にするには、プロジェクトの**概要**画面右上の「…」をクリックして**終了**をクリックしてください。

△ **図6.41** 「概要」画面右上の「終了」

▶終了状態のプロジェクトを再開させる

「終了」状態になると図6.42のようにプロジェクトが読み取り専用になります。元に戻して再度更新できるようにするには、概要画面右上の「…」→**再開**をクリックしてください。

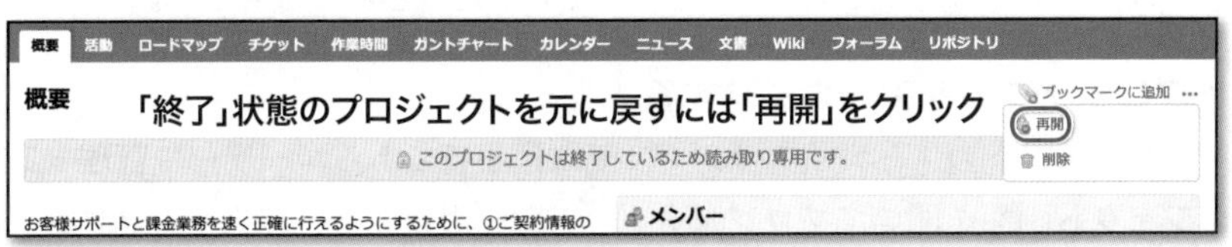

図6.42 「終了」状態となり読み取り専用になったプロジェクト

▶終了状態のプロジェクトを「プロジェクト」画面に表示させる

「終了」状態になったプロジェクトは、**プロジェクト**画面や画面右上のプロジェクトセレクタに表示されません。プロジェクトを選択するには、図6.43のように**プロジェクト**画面でのフィルタでステータスを**有効**から**終了**に変更して**適用**をクリックしてください。

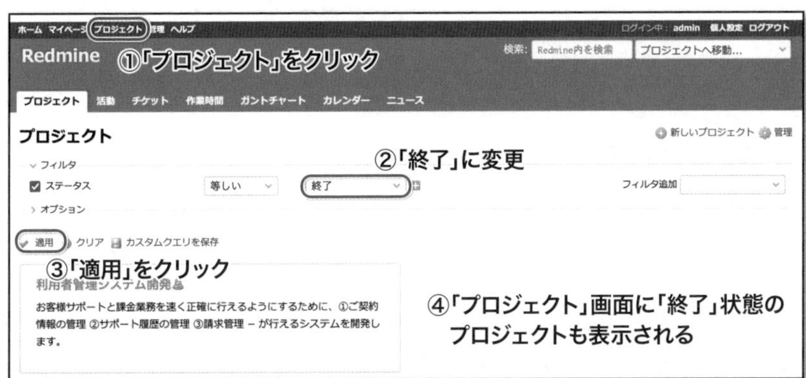

図6.43 終了したプロジェクトを表示

> **WARNING**
> プロジェクトの終了・再開を行うには「プロジェクトの終了/再開」権限が必要です。この権限は通常は「管理者」ロールにのみ割り当てられています。「管理者」以外のロールで操作できるようにするにはシステム管理者に権限の割り当てを依頼してください。権限の割り当ての確認や変更は「管理」→「ロールと権限」→「権限レポート」で行えます。

6.10.2 プロジェクトの「アーカイブ」

プロジェクトを「アーカイブ」すると、**管理→プロジェクト**画面のプロジェクトの一覧だけに表示され、一般のユーザーからは存在すら見えない状態になります。

プロジェクトを削除せずデータを残しておきたいときに利用します。

▶プロジェクトをアーカイブする

プロジェクトのアーカイブは、システム管理者であるユーザーで**管理→プロジェクト**画面を開いてプロジェクトの一覧を表示させ、該当するプロジェクトの「…」→**アーカイブ**をクリックしてください。

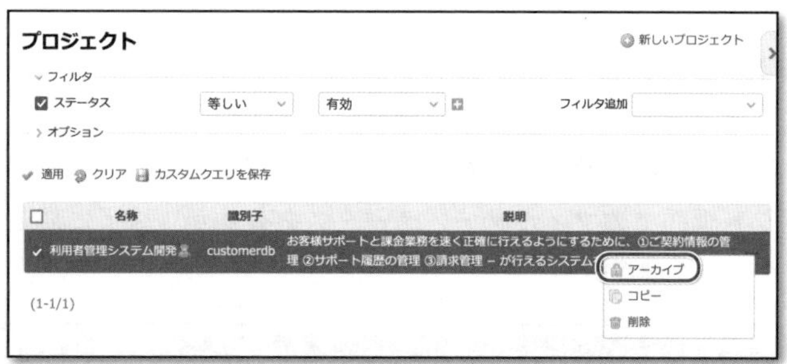

図6.44 プロジェクト一覧の「アーカイブ」

▶プロジェクトをアーカイブを解除する

アーカイブしたプロジェクトを元に戻すには**アーカイブ解除**を行います。なお、プロジェクト一覧にはデフォルトでは有効なプロジェクト(終了・アーカイブ・削除処理待ちではないプロジェクト)のみが表示されているので、画面上部の**フィルタ**で**すべて**または**アーカイブ**を選択してアーカイブされたプロジェクトを表示させてから操作してください。

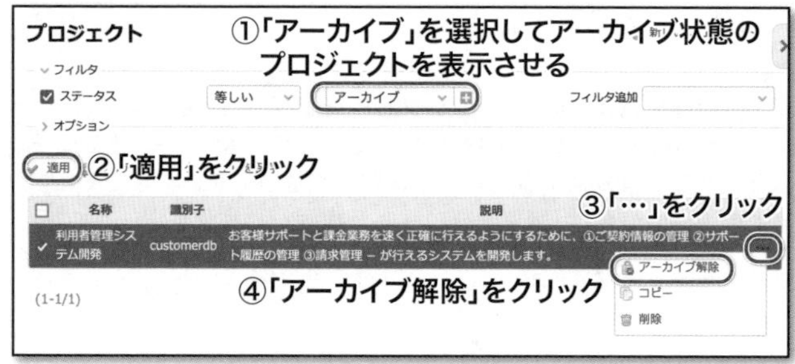

図6.45 プロジェクトのアーカイブ解除

Chapter 7

Redmineはじめの一歩 ～チケットの基本と作法～

Chapter 6まででRedmineの概要や導入・設定方法など、Redmineを使い始めるまでの事前準備を説明しました。ここではいよいよRedmineをタスク管理に活用するための使い方を紹介します。

7.1 はじめに知っておきたい基本 — プロジェクトとチケット

これからRedmineを使い始めるのに先立ち、まず知っておいて欲しいのは「プロジェクト」と「チケット」です。Redmineで仕事を管理するために最初に押さえておくべき概念です。

> NOTE ここで説明するプロジェクトとチケットに加えて、6.1節「Redmineの基本概念」では「ユーザー」「メンバー」「ロール」も含んだ基本概念を説明しています。

▶プロジェクト

Redmineにおけるプロジェクトとは、Chapter 6でも説明したとおり、情報を分類する最も大きな単位です。Redmine上で管理する情報は必ずいずれかのプロジェクトに含まれるので、情報の入れ物と考えることもできます。

なお、プロジェクトは事前にシステム管理者が作成しておく必要があります。実際に運用を始める前の準備方法はChapter 5 〜 6を参照してください。

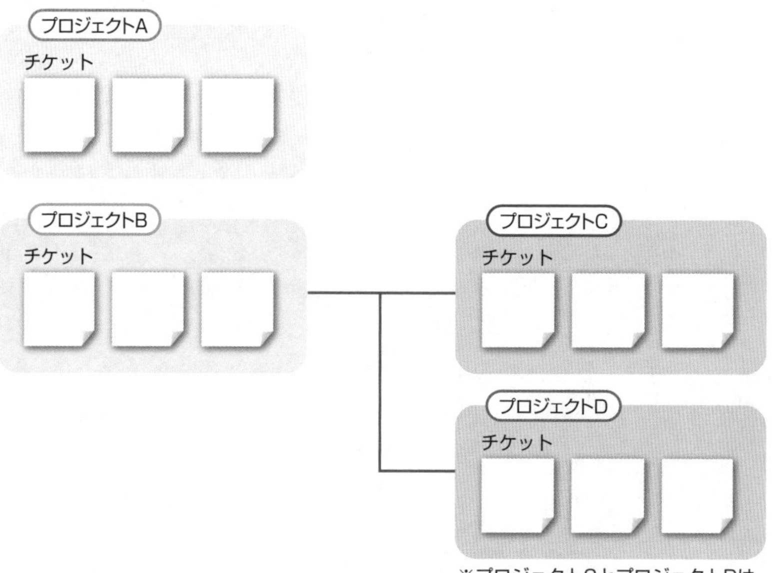

△ 図7.1 Redmineのプロジェクトは情報の入れ物でもある

▶チケット

実施すべき作業、修正すべきバグなどの情報を記録・管理するためのものがチケットです。題名・説明・担当者・開始日・期日などの情報を記載します。

Redmineを使わない場合、これらを管理するのに一覧表を作ったり付箋に記入したりしますが、作業を記録した一覧表の1行分の明細もしくは1枚の付箋がまさにRedmineのチケット1つに相当します。

Redmineにチケットを作成することで、自分だけのメモで管理するのと異なり、自分が何をすべきか、チームとして実施すべき作業がどれだけあるのか、進捗状況はどうなっているのか、関係者全員が共有できます。また、チケットには作業の途中の経過を記載することもできるので、そのまま作業の記録にもなります。

Redmineを使ったプロジェクト運営では、実施すべき1つ1つの作業ごとにチケットを作成し、それらをチーム内でキャッチボールのように受け渡ししながら更新していくということが基本的な考え方です。

チケットの役割と機能は作業を記録し一覧表示することだけではありません。Redmineが提供するロードマップやガントチャートなど多くの機能はチケットに記録された情報を利用しています。チケット管理機能はRedmineの中核をなす機能であり、チケット管理機能を使いこなすことがRedmineを使いこなすために重要です。

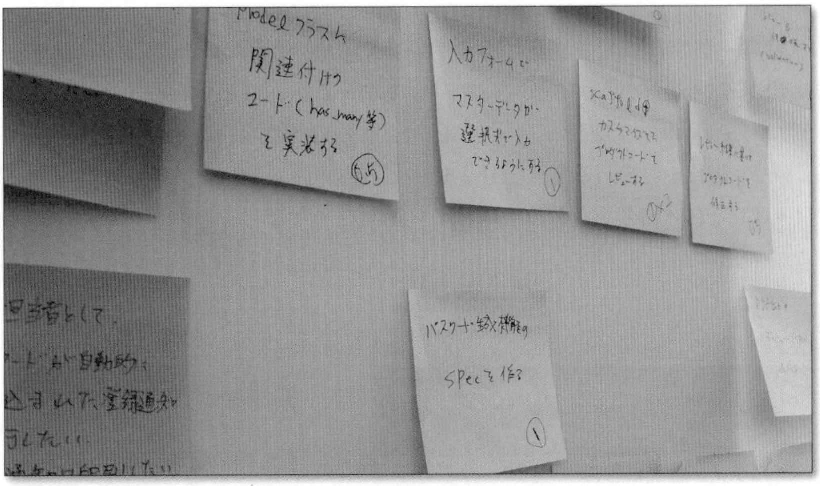

△ **図7.2** Redmineのチケットはタスクを書きとめた付箋のイメージ

7.2 ログイン

Redmine上の情報を参照・更新するには、Redmineにログインします。RedmineのURLにWebブラウザでアクセスすると表示される**ログイン**画面で、システム管理者から割り当てられたログインIDとパスワードを入力してください。

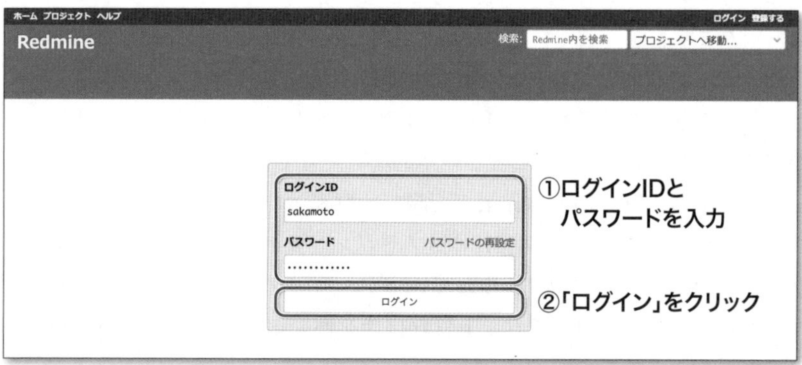

図7.3 ログイン画面

管理→設定→認証→認証が必要が**いいえ**の場合、Redmineにアクセスすると**ログイン**画面が表示されずにいきなり**ホーム**画面が表示されます。この状態でもRedmineの設定によっては情報を参照できる場合もありますが、すべての情報が見えているとは限りませんし、情報の更新は行えません。画面右上の**ログイン**をクリックしてログイン画面を表示させ、ログインを行ってください。

図7.4 画面右上の「ログイン」リンク

7.3 プロジェクトの選択

Redmineは複数のプロジェクトを扱えます。1つのRedmine上に複数のプロジェクトを作成して切り替えながら使えます。これにより、一人の担当者が同時期に並行して複数の案件に関わったり、組織内の複数のチームの業務を1つのRedmine上でまとめて管理することができます。

Redmineにログインしたら、まずは利用するプロジェクトを選択します。

プロジェクトの選択は次のいずれかの方法で行えます。これら2つの方法は表示されるプロジェクトの範囲に違いがあります。方法①のプロジェクトセレクタを使う方法が手数がかからず簡単ですが、自分がアクセスできるプロジェクトがすべて表示されません。プロジェクトセレクタには、自分がブックマークしたプロジェクト、自分が最近アクセスした3個のプロジェクト、自分がメンバーとなっているプロジェクトが表示されます。方法②の**プロジェクト**画面を使う方法は、自分がアクセスできるプロジェクトがすべて表示されるほか、フィルタを使ってプロジェクトを絞り込むことができます。

▶方法①　画面右上のプロジェクトセレクタから選択

画面右上のプロジェクトセレクタ(**プロジェクトへ移動...**と表示されているドロップダウンリストボックス)で目的のプロジェクトを選択します。

選択肢には自分がブックマークしたプロジェクト、自分が最近アクセスした3個のプロジェクト、自分がメンバーとなっているプロジェクトが表示されます。

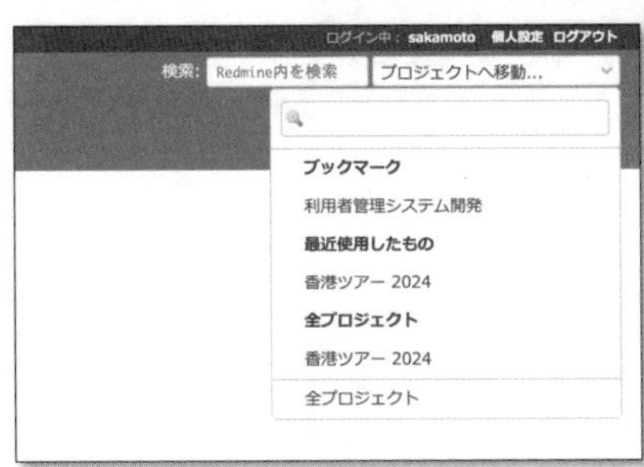

図7.5 プロジェクトセレクタからプロジェクトを選択

Column

プロジェクトをブックマークに追加して簡単にアクセスする

プロジェクトをブックマークに追加すると、画面右上のプロジェクトセレクタの一番上に表示されるのでアクセスしやすくなります。参加しているプロジェクトが多数あるとプロジェクトセレクタの一覧が多くなって目的のプロジェクトを探しにくくなりますが、ブックマークしておければ素早く見つけることができます。

プロジェクトをブックマークに追加するには、プロジェクトの「概要」画面右上にある「ブックマークに追加」をクリックします。

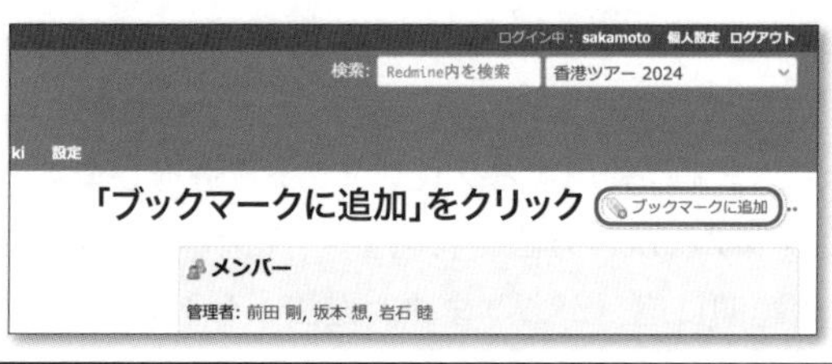

▶方法②　「プロジェクト」画面の一覧から選択

画面上部のトップメニュー内の**プロジェクト**をクリックして**プロジェクト**画面に移動し、表示されている一覧の中から目的のプロジェクトをクリックします。

一覧には自分がメンバーとなっているプロジェクト（画面ではプロジェクト名の右に人型アイコンが表示される）に加えて、メンバーではないがアクセス権限があるプロジェクト（人型アイコンなし）も表示されます。自分がブックマークしたプロジェクトにはブックマークアイコンが表示されます。

▲ **図7.6**「プロジェクト」画面でプロジェクトを選択

NOTE

「プロジェクト」画面の一覧はデフォルトでは「ボード」形式で表示されますが、「リスト」形式に変更できます。一時的に変更するときは「オプション」をクリックして「表示形式」から「リスト」を選択して「適用」をクリックします。デフォルトの表示形式を変更するときは「管理→設定→プロジェクト→プロジェクトの一覧で表示する項目→表示形式」から設定できます。

WARNING

プロジェクトを作成していないか、アクセスできるプロジェクトがない場合はプロジェクトの一覧が表示されずプロジェクトの選択も行えません。Chapter 6を参考にプロジェクトの作成とメンバーの追加を行ってください。

プロジェクトを選択すると、選択したプロジェクトの**概要**画面が表示されます。

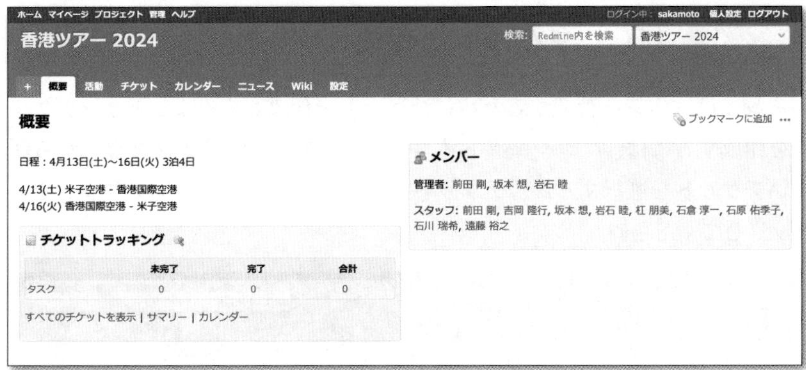

図7.7 選択したプロジェクトが表示された状態

7.4 実施すべき作業のチケットを作成

Redmineでは実施すべき作業を「チケット」に記録します。チケットを作成すればRedmine上にずっと情報が残りますので、作業が漏れたり細かい内容を忘れてしまったりするのを防ぐことができます。Redmineでうまくプロジェクト管理をするためには、やるべき作業を洗い出してきちんとチケットを作成することが肝心です。

7.4.1 新しいチケットの作成

それでは、作業を管理するためにチケットを作成してみましょう。チケットを作成するには、プロジェクトメニュー左端の「＋」ドロップダウンから**新しいチケット**を選択するか、**チケット**画面の右上にある**新しいチケット**をクリックしてください。

図7.8 新しいチケットを作成

図7.9のような**新しいチケット**画面が表示されます。ここで作業の詳細、それを実施すべき担当者、開始日と期日などを入力していきます。

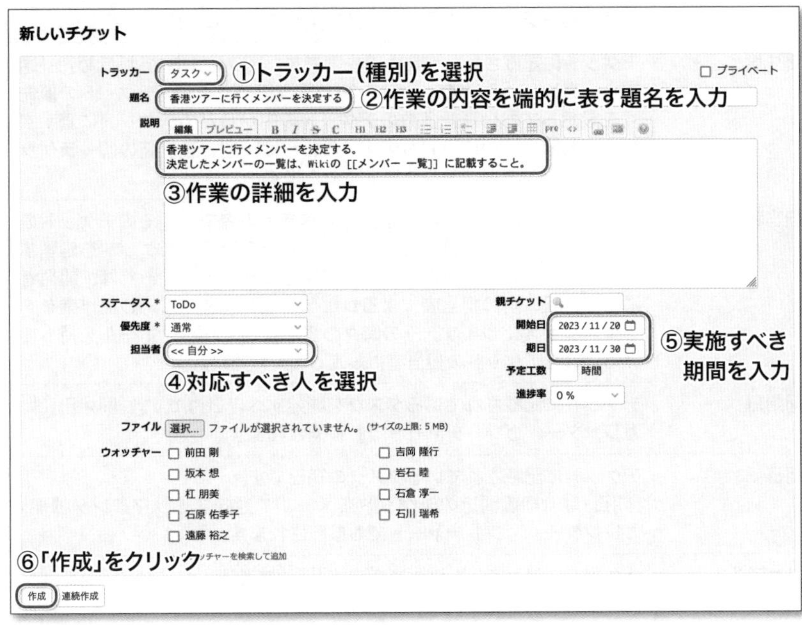

図7.9 「新しいチケット」画面

チケットの主な入力項目は表7.1の通りです。これらの項目を入力し**作成**ボタンをクリックするとチケットが作成されます。

表7.1 「新しいチケット」画面の入力項目

項目	説明
トラッカー	チケットの種別です。デフォルトでは、システム開発を想定した「バグ」、「機能」、「サポート」の3つが選択できます。「バグ」は不具合等修正すべき問題点、「機能」は開発する機能、「サポート」は成果物に直接結びつかない(ソースコードの変更が発生しない)支援業務を意味します。これらは「管理」→「トラッカー」で業務に合わせて変更できます。
題名	題名はチケットの一覧画面などで表示されます。題名だけでおおよその内容がわかるような、チケットの内容を端的に表す分かりやすいものにしてください。
説明	題名だけでは書ききれない詳細な説明を記載します。

ステータス	チケットの進捗状況を表します。選択できるステータスは**管理→ワークフロー→ステータスの遷移**の設定でトラッカーと操作中のユーザーのロールの組み合わせによって異なります(6.4節～6.6節参照)。これらは**管理→チケットのステータス**で業務に合わせて変更できます。
優先度	チケットに記載された作業の優先度です。デフォルトでは「低め」、「通常」、「高め」、「急いで」、「今すぐ」から選択できます。チケットの優先度を設定しておけば、多数のチケットの中からどのチケットに着手すべきか判断するのに役立ちます。これらは**管理→選択肢の値→チケットの優先度**で業務に合わせて変更できます。
担当者	チケットに記載された内容を実施すべき担当者です。そのチケットの責任者という意味ではなく、あくまでもその時点でチケットを処理すべき人を設定します。例えばバグの報告のチケットであれば、開発者による修正、別の担当者によるレビューなど、進捗に応じて作業をする担当者が変化します。その時々の当事者(いわゆる「ボールを持っている」人)をチケットの担当者に設定してください。
開始日	チケットに記載されているタスクを開始すべき日付です。「開始日」は、カレンダー、ガントチャートでも参照されます。
期日	チケットに記載されているタスクの期日です。 「期日」は、期限間近のチケットをメールで通知するリマインダ機能、カレンダー、ガントチャートでも参照されます。
ファイル	チケットにファイルを添付できます。関連する資料やスクリーンショットを添付できます。

NOTE
トラッカーやステータス、優先度は業務に合わせて名称を変更したり新しく追加したりできます。詳しくは6.3節～6.4節および17.5.10をご覧ください。

NOTE
チケットを作成すると、「担当者」に設定したメンバーにメールで通知されます。その担当者はRedmineの画面を見張っていなくても自分が担当すべき作業が発生したことを知ることができます。

7.4.2 チケット作成のグッドプラクティス

Redmineを使っていると、未完了のチケットが大量にたまるという状況に陥ることがあります。こうなると、すぐに着手すべきチケットが埋もれてしまったり、どのチケットから着手すればよいのかが分かりにくくなったりします。Redmineはどんどん使いにくくなり、最終的には誰にも使われなくなってしまいます。たくさんのチケットはもはやゴミの山でしかありません。

このような事態を避けるためには、チケットを作成するときに「終了しやすさ」を意識し、チケットがゴミと化してしまう可能性の芽を摘んでおくことが極めて重要です。

▶分かりやすい題名を書く

題名だけでチケットの内容が伝わるよう心がけましょう。シンプルで分かりやすい題名をつけることが、チケットの説明欄を分かりやすく書くことにもつながります。

#	トラッカー	ステータス	優先度	題名
6	バグ	解決	通常	不具合です
5	バグ	解決	通常	不具合報告
3	バグ	新規	通常	報告
2	バグ	進行中	通常	至急修正願います

△ 図7.10 悪い例：分かりにくい題名

▶「説明」欄は簡潔に

本題がきちんと伝わるよう、チケットの説明欄は簡潔に書きましょう。「お世話になっております」「お疲れさまです」などの挨拶は書くべきではありません。

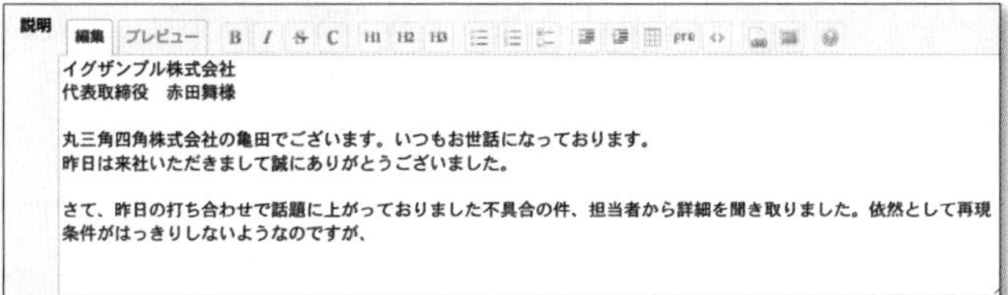

△ 図7.11 悪い例：手紙のような宛名や挨拶は不要。用件のみを簡潔に書くべき

▶1つのチケットには1つの課題のみ書く

1つのチケットに複数の課題を盛り込まないようにしましょう。記載されたすべての課題が完了しないとチケットのステータスを「終了」にできないので、チケットがたまる原因になりがちです。また、それぞれの課題に関するコミュニケーションがチケット上で行われると、いろんな話題が入り交じってしまい話の筋を理解するのが難しくなります。

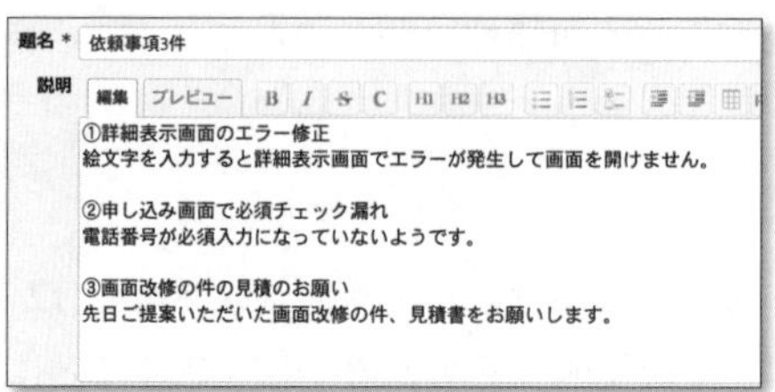

△ 図7.12 悪い例：1つのチケットに複数の課題が書かれている。題名も良くない

▶数時間から数日程度で終わる粒度でチケットを作成する

1つのチケットに記述するタスクが、完了させるのに長期間かかるものにならないようにしましょう。あまり大きなチケットを作成するとなかなかチケットを終了させることができません。

小さなチケットをスピード感をもってどんどん終了させることができると仕事が進んでいる実感が得られやすく、モチベーションの向上にも役立ちます。

▶書かれた課題がどうすれば・どうなれば終了なのか明確にする

ゴールを明確に書くようにしましょう。完了条件が不明確なチケットはなかなか終了させることができず、チケットが滞留する原因になりがちです。

7.4.3 テキストの修飾

チケットを書くときには、文字を太くしたりリンクを設定したり箇条書きをリスト形式にしたりなどの修飾ができます。

テキストの修飾はCommonMark MarkdownまたはTextileと呼ばれる記法により行えます。RedmineのデフォルトはCommonMark Markdownですが、**管理→設定→全般→テキスト書式**でTextileに切り替えることもできます。

テキスト修飾の記述例を図7.13～図7.15に示します。

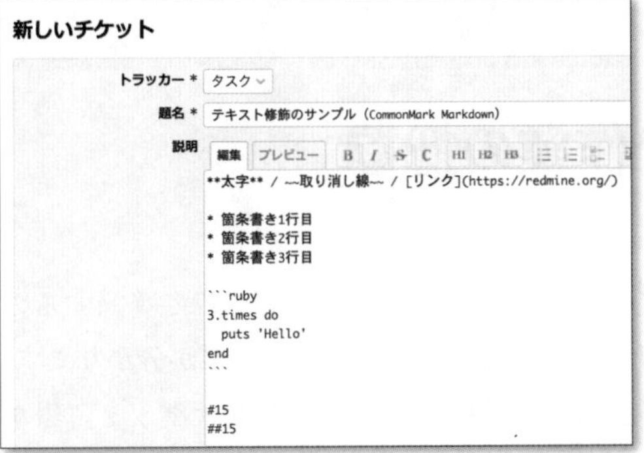

図7.13 CommonMark Markdownによる修飾の例

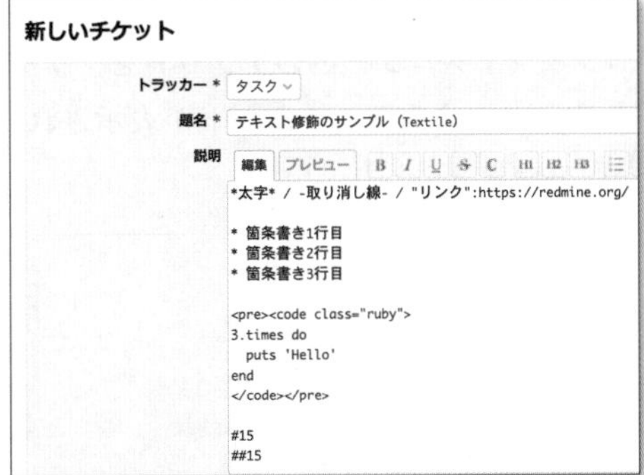

図7.14 Textileによる修飾の例

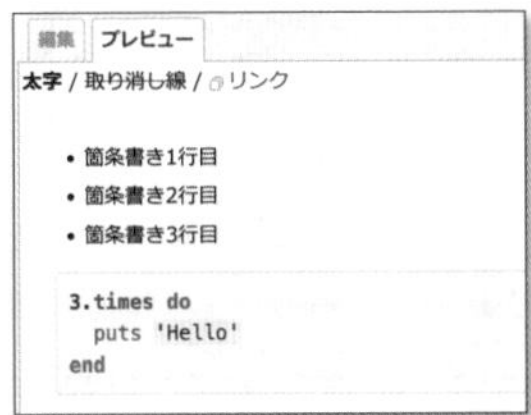

図7.15 表示例(CommonMark Markdown/Textile共通)

NOTE CommonMark MarkdownとTextileの書き方の詳細は17.6節「チケットとWikiのマークアップ」で解説しています。

NOTE テキストを太字にするには、Ctrl＋Bキー(Windows)／⌘キー＋Bキー(macOS)を使う方法もあります。ショートカットキーの詳細は13.1節「ショートカットキーを使って快適に操作する」で解説しています。

7.5 自分がやるべき作業の把握

Redmineにおいては実施すべき作業はすべてチケットとして登録するので、チケットの一覧を見ればチームが実施すべきすべての作業が分かります。そして、チケットには「担当者」という項目があり、そこにはチケットに書かれたことに対応すべきメンバーが設定されています。ということは、チケットのうち担当者が自分に設定されているチケットだけを一覧表示すれば、自分が対応すべき作業が分かります。

チケットの一覧を見るには、プロジェクトメニュー内の**チケット**をクリックしてください。プロジェクト内のすべての未完了のチケットが表示され、チームが取り組むべきチケットの一覧が確認できます。

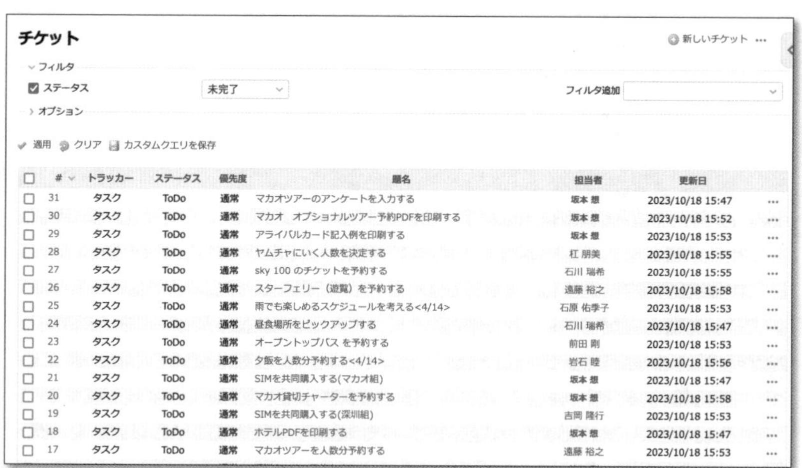

#	トラッカー	ステータス	優先度	題名	担当者	更新日
31	タスク	ToDo	通常	マカオツアーのアンケートを入力する	坂本 想	2023/10/18 15:47
30	タスク	ToDo	通常	マカオ　オプショナルツアー予約PDFを印刷する	坂本 想	2023/10/18 15:52
29	タスク	ToDo	通常	アライバルカード記入例を印刷する	坂本 想	2023/10/18 15:53
28	タスク	ToDo	通常	ヤムチャにいく人数を決定する	杠 朋美	2023/10/18 15:55
27	タスク	ToDo	通常	sky 100 のチケットを予約する	石川 瑞希	2023/10/18 15:55
26	タスク	ToDo	通常	スターフェリー（遊覧）を予約する	遠藤 裕之	2023/10/18 15:58
25	タスク	ToDo	通常	雨でも楽しめるスケジュールを考える<4/14>	石原 佑季子	2023/10/18 15:53
24	タスク	ToDo	通常	昼食場所をピックアップする	石川 瑞希	2023/10/18 15:47
23	タスク	ToDo	通常	オープントップバス を予約する	前田 剛	2023/10/18 15:53
22	タスク	ToDo	通常	夕飯を人数分予約する<4/14>	岩石 睦	2023/10/18 15:56
21	タスク	ToDo	通常	SIMを共同購入する(マカオ組)	坂本 想	2023/10/18 15:47
20	タスク	ToDo	通常	マカオ貸切チャーターを予約する	坂本 想	2023/10/18 15:58
19	タスク	ToDo	通常	SIMを共同購入する(深圳組)	吉岡 隆行	2023/10/18 15:53
18	タスク	ToDo	通常	ホテルPDFを印刷する	坂本 想	2023/10/18 15:47
17	タスク	ToDo	通常	マカオツアーを人数分予約する	遠藤 裕之	2023/10/18 15:53

図7.16 チケットの一覧

ここで**フィルタ**を使うと、条件を指定して表示対象のチケットを絞り込むことができます。**担当者**が**自分**である**未完了**のチケットが表示されるようフィルタを設定すれば、自分がやるべき作業を知ることができます。

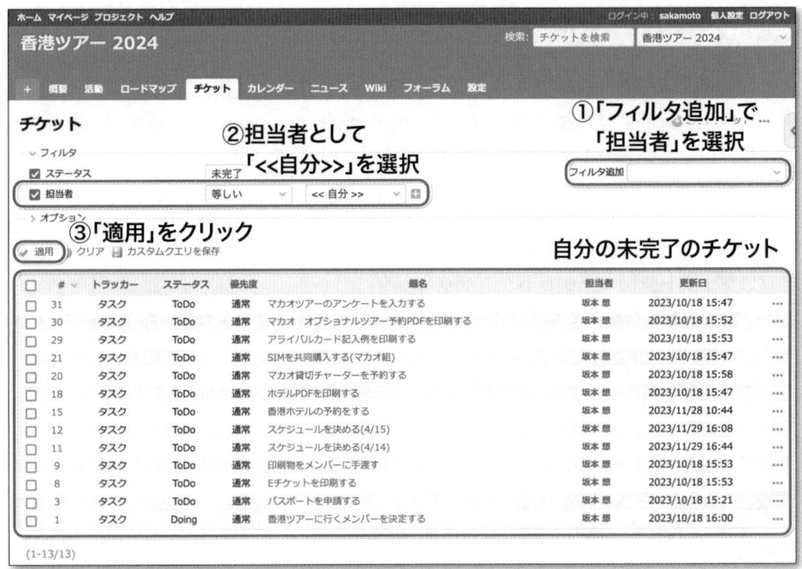

図7.17 自分の未完了チケットのみを表示

フィルタは担当者以外にもさまざまな種類が用意されています。例えば図7.18は**期日**を使用して、自分の未完了のチケットのうち「期日」が1月31日までのものを表示しています。たくさんのチケットの中から今進めるべきチケットはどれか知ることができます。

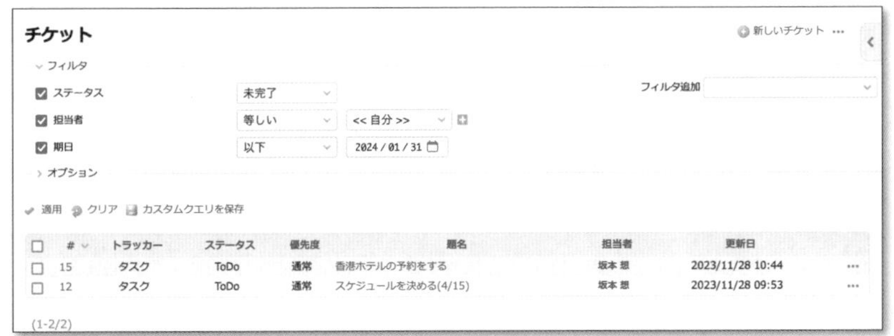

図7.18 自分の未完了チケットのうち、期日が1月31日までのものを表示

> **NOTE** より詳しいフィルタの使い方は9.1節「フィルタによるチケット一覧の絞り込み」で解説しています。

Column

全プロジェクトのチケットを表示する

「チケット」画面には現在のプロジェクトのチケットのみが表示されますが、次の手順で全プロジェクトのチケットを表示することもできます。

①トップメニューの「プロジェクト」をクリック。
　「プロジェクト」画面が表示されます。
②**プロジェクト**画面で**チケット**タブをクリック。
　アクセスすることができるすべてのプロジェクトのチケットがまとめて表示されます。

複数のプロジェクトを並行して進めているときに、自分が担当しているチケットをプロジェクトを横断してまとめて参照したいときなどに便利です。

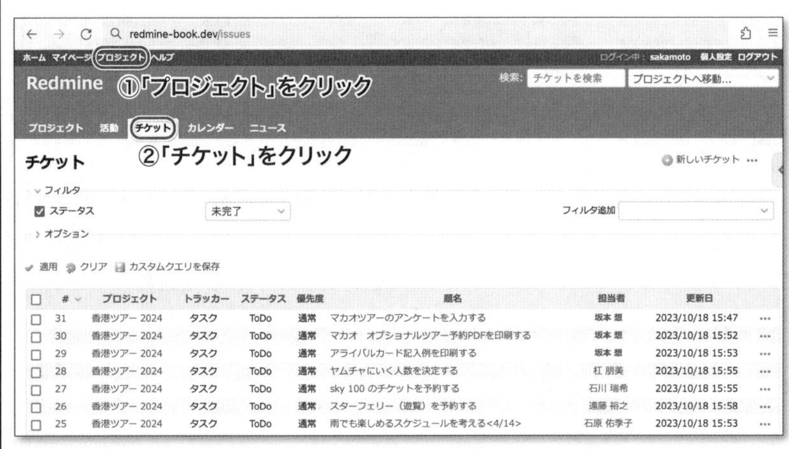

7.6 チケットを更新して作業状況を記録・共有する

作業の進行に応じてチケットを更新していくことで、作業をどのように実施したのか記録したり、ほかのメンバーと作業状況を共有することができます。また、メンバー同士のコミュニケーションにも利用できます。

7.6.1 作業着手

7.5節では、チケットの一覧を見ることで自分が実施すべき作業が確認できることを説明しました。いよいよチケットに記載された作業に着手します。作業するチケットを決めたら、詳細を表示して内容を確認しましょう。

チケットの一覧が表示されている状態でチケットの題名部分をクリックすると、そのチケットの詳細が表示されます。

図7.19 詳細を表示したいチケットの題名部分をクリック

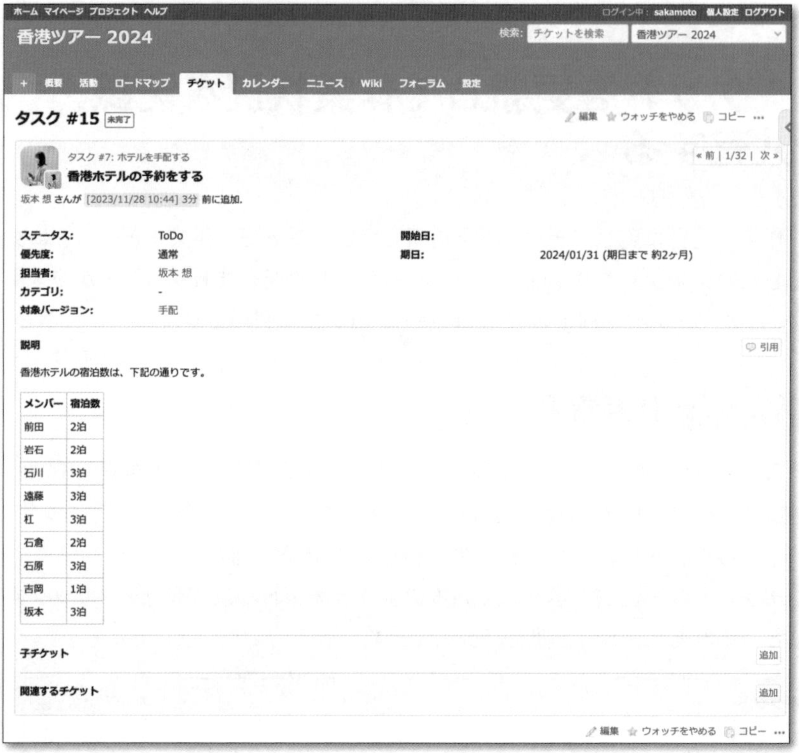

ホーム マイページ プロジェクト ヘルプ
ログイン中：sakamoto 個人設定 ログアウト
香港ツアー 2024
検索: チケットを検索
香港ツアー 2024
+ 概要 活動 ロードマップ チケット カレンダー ニュース Wiki フォーラム 設定
タスク #15 未完了
編集 ウォッチをやめる コピー …
タスク #7: ホテルを手配する
香港ホテルの予約をする
« 前 | 1/32 | 次 »
坂本 想 さんが [2023/11/28 10:44] 3分 前に追加.
ステータス: ToDo
開始日:
優先度: 通常
期日: 2024/01/31 (期日まで 約2ヶ月)
担当者: 坂本 想
カテゴリ: -
対象バージョン: 手配
説明
引用
香港ホテルの宿泊数は、下記の通りです。
メンバー 宿泊数
前田 2泊
岩石 2泊
石川 3泊
遠藤 3泊
杠 3泊
石倉 2泊
石原 3泊
吉岡 1泊
坂本 3泊
子チケット
追加
関連するチケット
追加
編集 ウォッチをやめる コピー …

図7.20 チケットの詳細

チケットに記載された作業に着手したときには、そのことがチケットを作成した人やチームのメンバーにも分かるように**ステータス**を作業中であることを示すものに変更します。図7.20の「香港ツアー 2024」プロジェクトでは6.3節「チケットのステータスの設定」で「Doing」を作業中であることを表すステータスとして設定しているので、「ToDo」から「Doing」に変更しましょう。

ToDo
Doing
Done
作業着手
作業完了

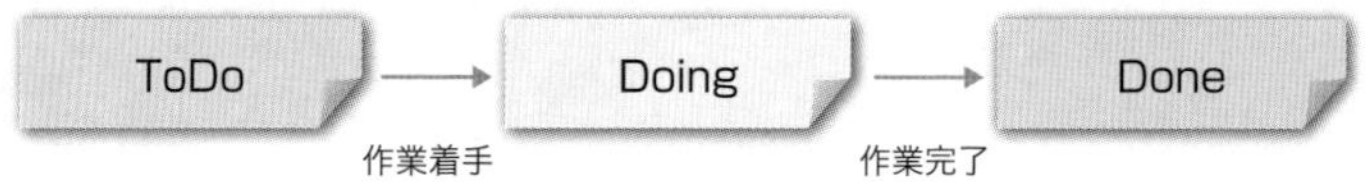

図7.21 香港ツアー 2024プロジェクトで採用しているステータス遷移

> **NOTE** チケットのステータスは使いやすいようカスタマイズできます。詳しくは6.3節～6.6節をご覧ください。

ステータスを変更するには、チケットを表示した状態で、画面右上の**編集**をクリックしてください。

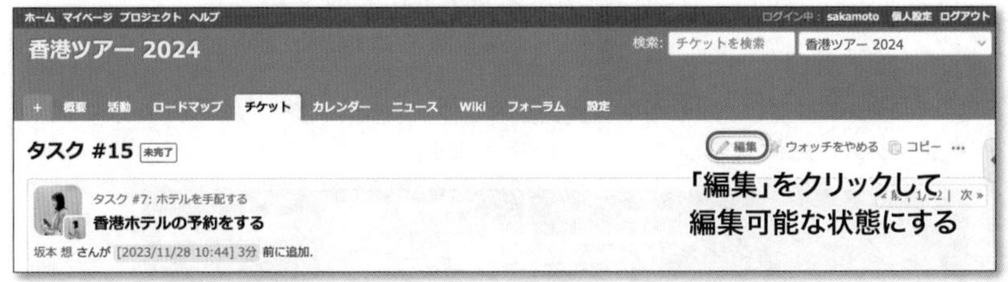

図7.22 チケットの内容を更新するには「編集」をクリック

チケットを編集できる状態の画面が表示されるので、**ステータス**を**Doing**に変更し、画面最下部の**送信**をクリックしてください(図7.23)。チケットのステータスが変更されます。

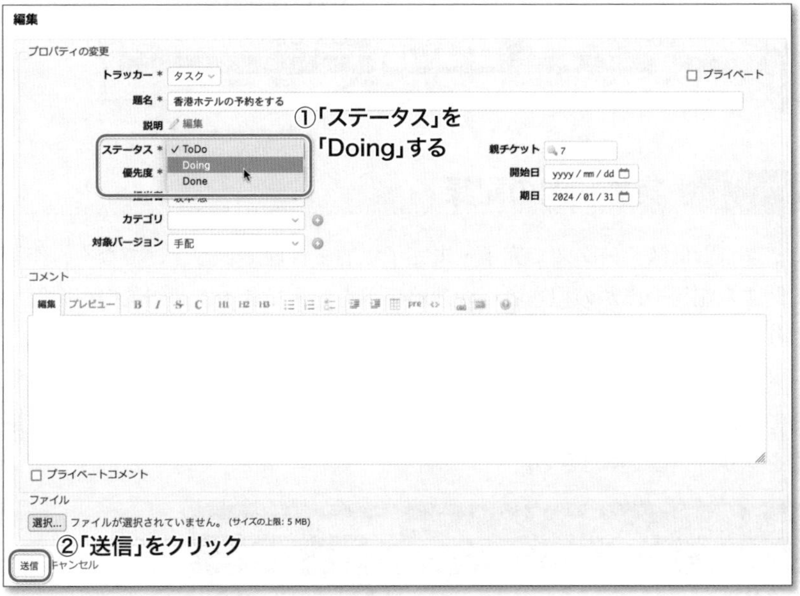

図7.23 ステータスの変更

以上でチケットのステータスがDoingに変更され、作業に着手したことが客観的に分かるようになりました。

全体の進捗を管理する立場の人からはRedmineを見るだけで今どの作業が進められているのか分かります。また、作業を実施する担当者も、チケットの一覧でフィルタを適用すれば自分が今進めているチケットが分かるので、どれが仕掛かり中の作業か容易に識別できます。作業を抱えすぎて何をすべきか分からない、という状況に陥るのを防ぐのにも役立ちます。

> **NOTE**
>
> ステータスの変更は、チケット一覧画面右端の「…(操作)」をクリックまたはマウス右クリックで表示されるメニューからも行えます。

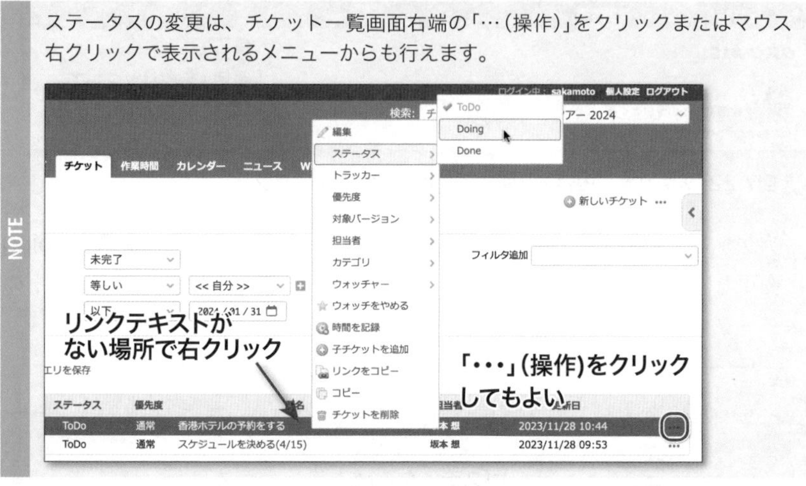

7.6.2 実施状況の記録

　チケットはステータスで完了・未完了状態を管理できるだけでなく、作業に関する記録やほかの担当者への連絡事項も記入できます。作業内容を後で振り返ったり、作業内容をほかの担当者に申し送るのに役立ちます。

　メモや連絡事項は、チケットの**コメント**に記録します。コメントを追加するには、ステータスを変更するときと同様にチケット表示中の画面右上の**編集**をクリックしてください。

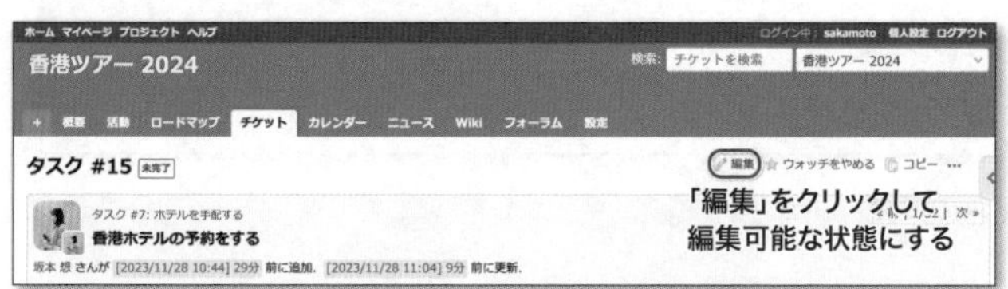

▲ **図7.24**　コメントを追加するには「編集」をクリック

> **NOTE** コメントの追加などチケットの更新を行うとチケットの作成者と担当者にメールが送られます。Redmineの画面を開かなくても作業に進捗があったことを知ることができます。

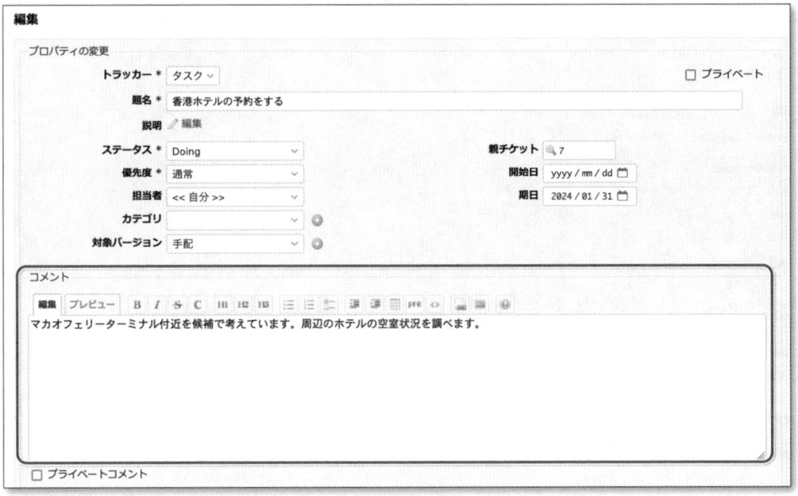

図7.25「コメント」欄に作業のメモや連絡事項を入力

追加したコメントはチケットの**履歴**欄に表示されます。コメントは何回でも追加でき、追加するとそれぞれが時系列で**履歴**欄に表示されます。

履歴欄には図7.26に見られるように**履歴**、**コメント**、**プロパティ更新履歴**の3つのタブが表示されています。それぞれのタブの表示内容は表7.2の通りです。

デフォルトで開かれるタブは**コメント**タブですが、**個人設定**内の設定項目**チケットの履歴のデフォルトタブ**で好みに合わせて変更できます。

表7.2「履歴」欄のタブの表示内容

タブ	表示内容
履歴	コメントの追加、ステータスや担当者などのフィールドの値の変更などチケットのすべての履歴が表示されます。
コメント	履歴のうちコメントの追加のみが表示されます。メンバー同士のやり取りを把握するのに便利です。
プロパティ更新履歴	履歴のうちステータスや担当者などフィールドの値の変更のみが表示されます。

図7.26 「履歴」欄にコメントが表示されている状態

7.6.3 コメントによるコミュニケーション

チケット上でその作業についてのコミュニケーションも行えます。口頭やメールでやりとりする代わりにチケットを使うことで、その作業をどう進めたのか、どんな議論があったのか、チケット上に記録を残すことができます。

図7.27は、宿泊先のホテルについて調査を進めている坂本さんが、作業の依頼元の前田さんへ予算を確認しようとしている様子です。

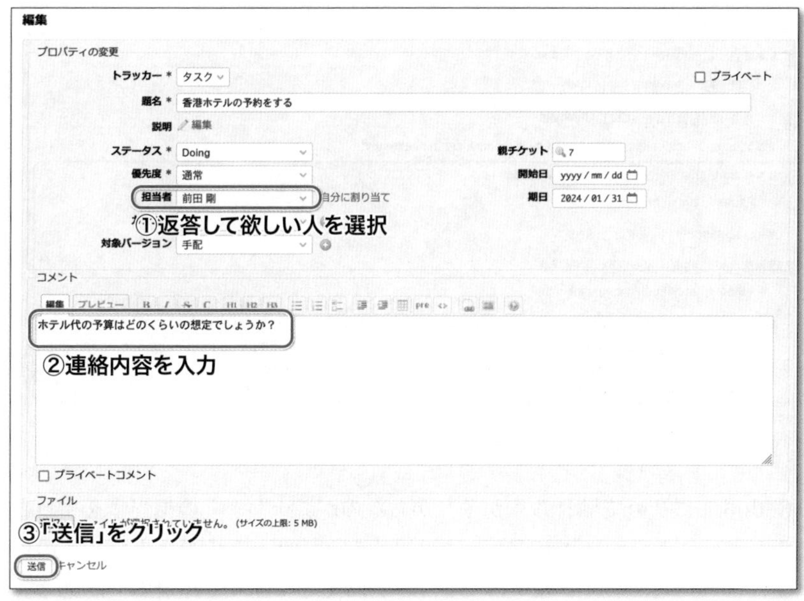

図7.27 コメントによるコミュニケーション

NOTE チケットで依頼や連絡を行うときは、「担当者」を返答して欲しい人に変更しましょう。

ここで注目して欲しい点は、**担当者**を前田さんに変更していることです。「担当者」という言葉は一般的には作業に最初から最後まで責任を持つ人という意味でとらえられることが多いのですが、Redmineの場合はそうではありません。Redmineにおける「担当者」は、その時点でチケットの内容について対応・反応して欲しい人を設定します。図7.27では前田さんに参加者数を回答して欲しいので**担当者**を前田さんに変更しています。こうすることで、新たに設定した担当者にはメールでコメントの内容が通知され、またRedmineのチケット一覧画面では自分の未完了のチケットとして表示されるので、対応漏れを防ぎやすくなります(図7.28)。

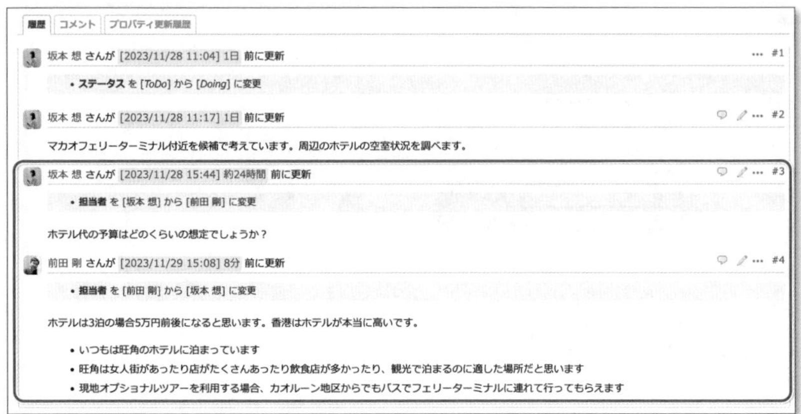
履歴
コメント
プロパティ更新履歴
坂本 想 さんが [2023/11/28 11:04] 1日 前に更新
#1
• ステータス を [ToDo] から [Doing] に変更
坂本 想 さんが [2023/11/28 11:17] 1日 前に更新
#2
マカオフェリーターミナル付近を候補で考えています。周辺のホテルの空室状況を調べます。
坂本 想 さんが [2023/11/28 15:44] 約24時間 前に更新
#3
• 担当者 を [坂本 想] から [前田 剛] に変更
ホテル代の予算はどのくらいの想定でしょうか？
前田 剛 さんが [2023/11/29 15:08] 8分 前に更新
#4
• 担当者 を [前田 剛] から [坂本 想] に変更
ホテルは3泊の場合5万円前後になると思います。香港はホテルが本当に高いです。
• いつもは旺角のホテルに泊まっています
• 旺角は女人街があったり店がたくさんあったり飲食店が多かったり、観光で泊まるのに適した場所だと思います
• 現地オプショナルツアーを利用する場合、カオルーン地区からでもバスでフェリーターミナルに連れて行ってもらえます

図7.28 チケットの履歴欄の表示

Redmineに初めて触れる人がやりがちなのが、チケットの担当者をずっと変更しないことです。繰り返しになりますが、チケットの担当者は、その仕事を任された人という意味ではなく、その時点でチケットに対応・反応すべき人です。担当者を随時変更してキャッチボールのようにメンバー間でチケットをやりとりするのがRedmineを使った仕事の進め方です。

7.6.4 ファイルの添付

チケットにはファイルを添付することもできます。作業を進めていく過程で発生したファイルをチケットに添付しておけば、その仕事に関連したファイルが1つのチケットに集約されることになり整理が容易です。

ファイルの添付はチケットの編集画面で行います。

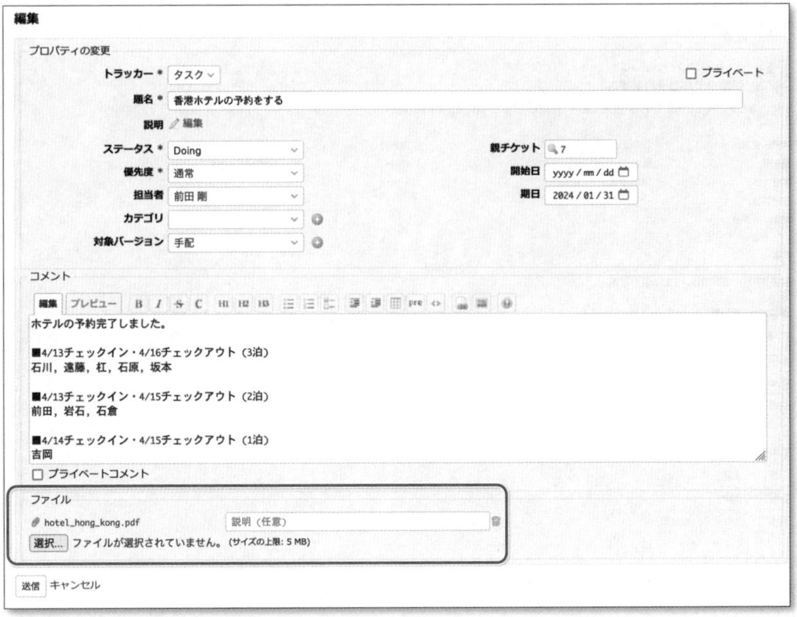

図7.29 ファイルの添付

> **NOTE**
> ファイルの添付は「ファイル添付ボタン」をクリックしてファイル選択ダイアログを使用する方法のほか、「編集」画面にファイルをドラッグ＆ドロップする方法もあります。

添付されたファイルの一覧は**チケット**画面の**説明**の下に表示されます。

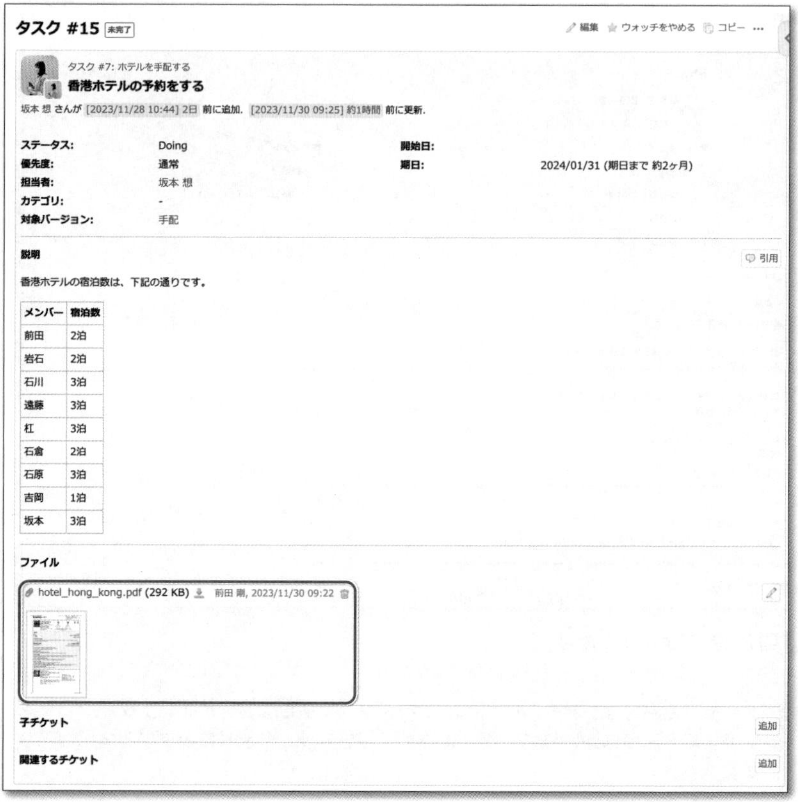

タスク #15 未完了

編集　ウォッチをやめる　コピー　…

タスク #7: ホテルを手配する

香港ホテルの予約をする

坂本 想 さんが [2023/11/28 10:44] 2日 前に追加. [2023/11/30 09:25] 約1時間 前に更新.

ステータス:	Doing	**開始日:**	
優先度:	通常	**期日:**	2024/01/31 (期日まで 約2ヶ月)
担当者:	坂本 想		
カテゴリ:	-		
対象バージョン:	手配		

説明

引用

香港ホテルの宿泊数は、下記の通りです。

メンバー	宿泊数
前田	2泊
岩石	2泊
石川	3泊
遠藤	3泊
杠	3泊
石倉	2泊
石原	3泊
吉岡	1泊
坂本	3泊

ファイル

hotel_hong_kong.pdf (292 KB)　前田 剛, 2023/11/30 09:22

子チケット

追加

関連するチケット

追加

図7.30 チケットに添付されたファイルの一覧

7.6.5 画像の添付

チケットには画像を添付することができます。作業に関係する写真やイラスト、スクリーンショットなどの画像をチケットに添付すれば、テキストだけでは伝わりにくい内容も分かりやすく表現でき、後で振り返ってみたときも内容を把握するのが簡単です。

図7.31 チケットに添付された画像

チケットに画像を添付するには次の方法があります。

①**ファイル添付ボタン**をクリックしてファイル選択ダイアログを使用する
②**編集**画面に画像をドラッグ&ドロップする
③クリップボードから画像を貼り付けする

さらに、②は**説明**や**コメント**にドロップすると、インライン表示用のマークアップが挿入されます。③は、Ctrl＋Vキー(Windows)／⌘キー＋Vキー(macOS)でペースト操作を行いクリップボードから画像を添付すると同時にインライン表示用のマークアップが挿入されます。

図7.32 インライン表示用のマークアップが挿入された様子

> **NOTE**　インライン表示用のマークアップはツールバーの画像アイコンをクリックすることでも挿入できます。

7.6.6 作業完了とチケットの終了

　ホテルの予約が完了し、チケット「香港ホテルの予約をする」の作業は終わったと言えそうです。作業が終わったらステータスを変更してチケットを終了させます。チケットを終了させるには、ステータスを終了を示すものに変更します。

　Chapter 7で例示している香港ツアープロジェクトのRedmineでは、図7.33のようにステータスを定義しています。終了を示すステータスは「Done」なので、チケットを終了させるにはステータスを「Done」に変更します。

チケットのステータス　　新しいステータス

ステータス	終了したチケット	説明	
ToDo			削除
Doing			削除
Done	✔		削除

図7.33 香港ツアー 2024プロジェクトのRedmineで定義しているステータス

チケットの編集画面を表示し、ステータスを変更します。このとき、単にステータスを変えるだけでなく、チケットを終了させる理由を**コメント**に書くようにしましょう。自分以外のチームメンバー、特に作業を依頼した人に作業結果がどうだったのか状況がよくわかります。

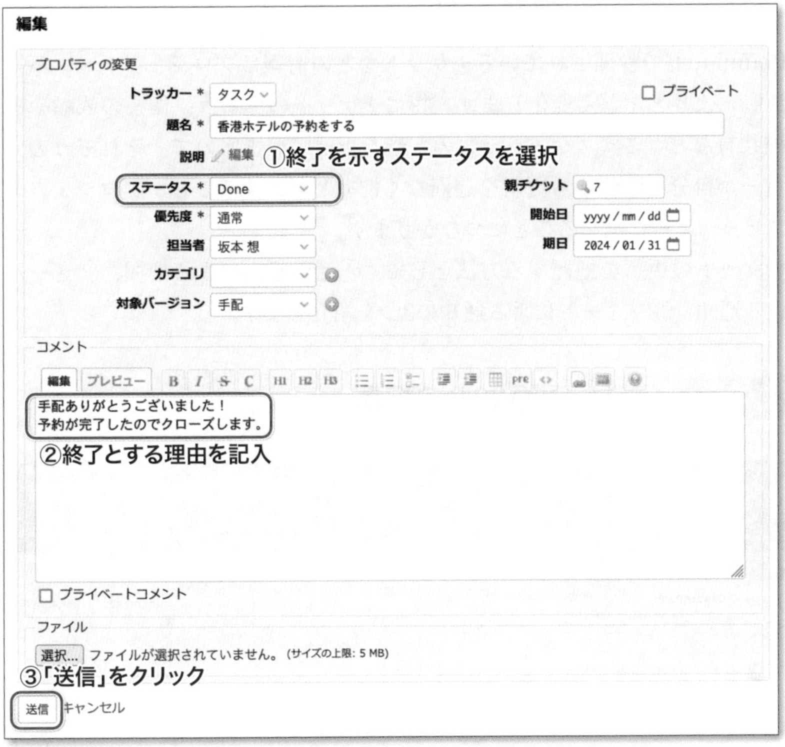

△ **図7.34** チケットを終了させる際の作法

終了させたチケットは未完了のチケットの一覧には出てこなくなります。

Redmineで管理されているプロジェクトでは、チケットに書かれた作業を処理してチケットをどんどん終了させていきます。チームメンバーが協力し合ってすべてのチケットを終了すればプロジェクトが完了します。

7.7 チケットの更新の把握

Redmine上で管理されているチケットなどの情報はプロジェクトメンバーの活動によりどんどん変化します。特にチケットの更新は、作業の依頼や進捗の共有などコミュニケーションの一端を担っていますので、それぞれのメンバーが自分に関係する更新を遅滞なく把握し対応することがプロジェクトをスピーディーに進めることにつながります。

チケットの更新を把握する方法として、①**活動**画面による把握、②メールによる通知、③フィードによる通知の3つを紹介します。

7.7.1 「活動」画面による把握

図7.35「活動」画面

活動画面は、チケットの作成・更新など、Redmine上の情報の更新が時系列で表示される画面です。プロジェクトでどんな動きがあったのか一目でわかります。

「さっき自分が更新したチケットを見たい」「ほかのメンバーが今日更新したチケットを見たい」といったときは、**活動**画面を見るのが簡単です。

> **NOTE** 「活動」画面はプロジェクト全体の状況を把握するのにも活用できます。より詳細な解説は11.1節「活動画面によるプロジェクトの動きの把握」を参照してください。

7.7.2 メールによる通知

チケットの担当者が自分に設定されたり自分が作成したチケットを誰かが更新したりするとメールで通知されます。メールにはチケットの情報、そのチケットへのリンク、更新内容の概要が記されています。これにより、Redmineの画面を頻繁に確認しなくても、自分に関係するチケットが追加されたり更新されたりしたことがわかります。

次の事象が発生するとメール通知が送られます。

- 自分が追加したチケットが更新された
- 自分が担当しているチケットが更新された
- チケットの更新によって、自分が担当者に設定された
- 自分がウォッチしている（ウォッチャーとして追加されている）チケットが更新された
- チケットに自分宛てのメンションが含むコメントが追加された

> **NOTE** あるチケットに対してウォッチを行うと、自分が関係していないチケットでも更新があったときにメール通知を受け取れます。通知について詳細はChapter 10で解説しています。

また、コメント欄でメンションと呼ばれる方法で特定のユーザーに言及すると、そのユーザーに通知を送ることができます。

> **NOTE** どの事象をメール通知の対象とするのかは「個人設定」画面で変更できます。詳細は17.3節「個人設定」と10.2節「ユーザーごとのメール通知の設定」で解説しています。

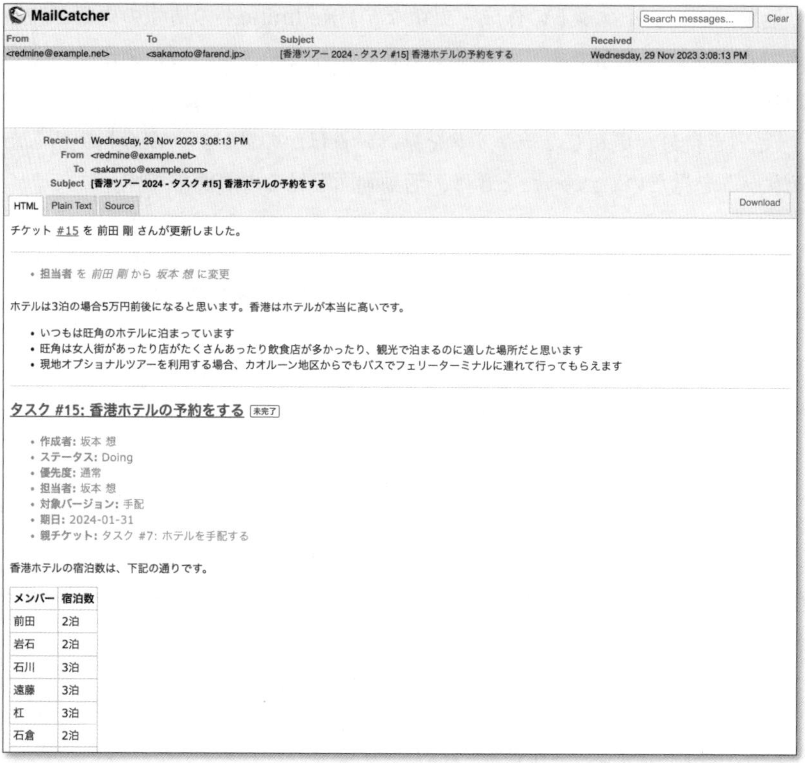

MailCatcher
Search messages...
Clear
From
To
Subject
Received
<redmine@example.net>
<sakamoto@farend.jp>
[香港ツアー 2024 - タスク #15] 香港ホテルの予約をする
Wednesday, 29 Nov 2023 3:08:13 PM
Received Wednesday, 29 Nov 2023 3:08:13 PM
From <redmine@example.net>
To <sakamoto@example.com>
Subject [香港ツアー 2024 - タスク #15] 香港ホテルの予約をする
HTML
Plain Text
Source
Download
チケット #15 を 前田 剛 さんが更新しました。
担当者 を 前田 剛 から 坂本 想 に変更
ホテルは3泊の場合5万円前後になると思います。香港はホテルが本当に高いです。
いつもは旺角のホテルに泊まっています
旺角は女人街があったり店がたくさんあったり飲食店が多かったり、観光で泊まるのに適した場所だと思います
現地オプショナルツアーを利用する場合、カオルーン地区からでもバスでフェリーターミナルに連れて行ってもらえます
タスク #15: 香港ホテルの予約をする
未完了
作成者: 坂本 想
ステータス: Doing
優先度: 通常
担当者: 坂本 想
対象バージョン: 手配
期日: 2024-01-31
親チケット: タスク #7: ホテルを手配する
香港ホテルの宿泊数は、下記の通りです。
メンバー 宿泊数
前田 2泊
岩石 2泊
石川 3泊
遠藤 3泊
杠 3泊
石倉 2泊

▲ **図7.36** Redmineによるメール通知の例

7.7.3 フィードによる通知

チケットの追加や更新は、Atomフィードとしても出力されています。フィードリーダー機能を備えたソフトウェアなどを使ってチケットの更新を監視することができます。

100%
12月1日(金) 10:48
香港ツアー 2024: 活動
タスク #11 (Done): スケジュールを決める
(4/14)

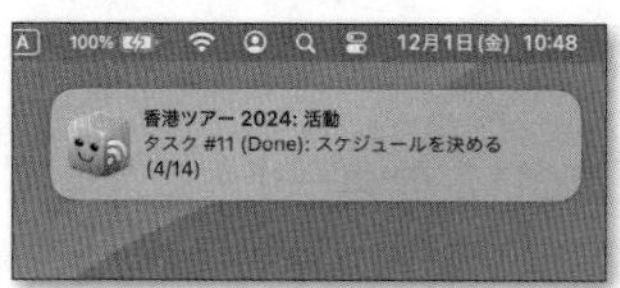

▲ **図7.37** フィードの更新を通知するmacOS用アプリケーション「RSS Bot」を使ってチケットの更新をデスクトップに通知した様子

NOTE フィードの利用の詳細は15.3節「Atomフィード」で解説しています。

7.8 「バージョン」でプロジェクトの段階(フェーズ)ごとにチケットを分類する

チケットをどんどん登録して一覧に表示されるチケットが多くなると、今進めるべき作業と後日着手する予定の作業が一緒に表示され、どれが今進めるべき作業なのか分かりにくくなってしまいます。この問題は、Redmineの「バージョン」と呼ばれる機能を使えば解決できます。

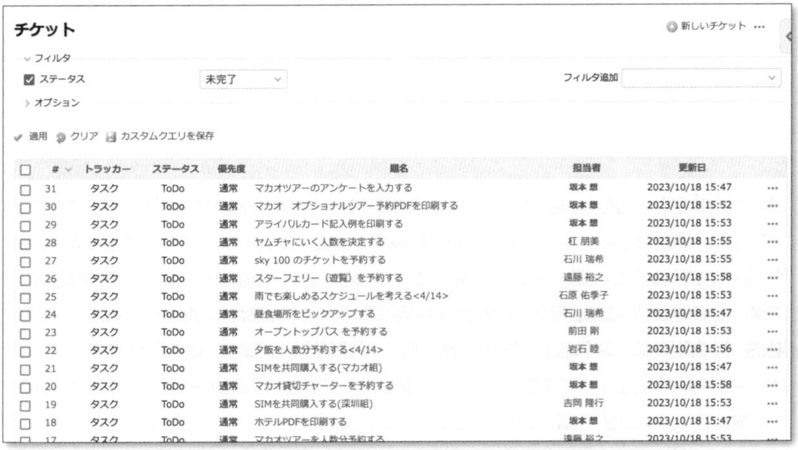

チケット

新しいチケット …

フィルタ

ステータス 未完了

フィルタ追加

オプション

適用 クリア カスタムクエリを保存

#	トラッカー	ステータス	優先度	題名	担当者	更新日
31	タスク	ToDo	通常	マカオツアーのアンケートを入力する	坂本 想	2023/10/18 15:47
30	タスク	ToDo	通常	マカオ　オプショナルツアー予約PDFを印刷する	坂本 想	2023/10/18 15:52
29	タスク	ToDo	通常	アライバルカード記入例を印刷する	坂本 想	2023/10/18 15:53
28	タスク	ToDo	通常	ヤムチャにいく人数を決定する	杠 朋美	2023/10/18 15:55
27	タスク	ToDo	通常	sky 100 のチケットを予約する	石川 瑞希	2023/10/18 15:55
26	タスク	ToDo	通常	スターフェリー（遊覧）を予約する	遠藤 裕之	2023/10/18 15:58
25	タスク	ToDo	通常	雨でも楽しめるスケジュールを考える<4/14>	石原 佑季子	2023/10/18 15:53
24	タスク	ToDo	通常	昼食場所をピックアップする	石川 瑞希	2023/10/18 15:47
23	タスク	ToDo	通常	オープントップバス を予約する	前田 剛	2023/10/18 15:53
22	タスク	ToDo	通常	夕飯を人数分予約する<4/14>	岩石 睦	2023/10/18 15:56
21	タスク	ToDo	通常	SIMを共同購入する(マカオ組)	坂本 想	2023/10/18 15:47
20	タスク	ToDo	通常	マカオ貸切チャーターを予約する	坂本 想	2023/10/18 15:58
19	タスク	ToDo	通常	SIMを共同購入する(深圳組)	吉岡 隆行	2023/10/18 15:53
18	タスク	ToDo	通常	ホテルPDFを印刷する	坂本 想	2023/10/18 15:47
17	タスク	ToDo	通常	マカオツアーを人数分予約する	遠藤 裕之	2023/10/18 15:53

△ **図7.38** チケットがたくさんあるとどれが今進めるべき作業か分かりにくい

Redmineの「バージョン」とは、プロジェクトの実施期間をいくつかの段階(フェーズ)に分割し、チケットを各段階ごとに分類して管理する機能です。一般的なプロジェクト管理の用語ではマイルストーンと呼ばれます。各段階ごとに作業の進捗を管理することで、それぞれの段階での作業のモレを防ぐことができます。

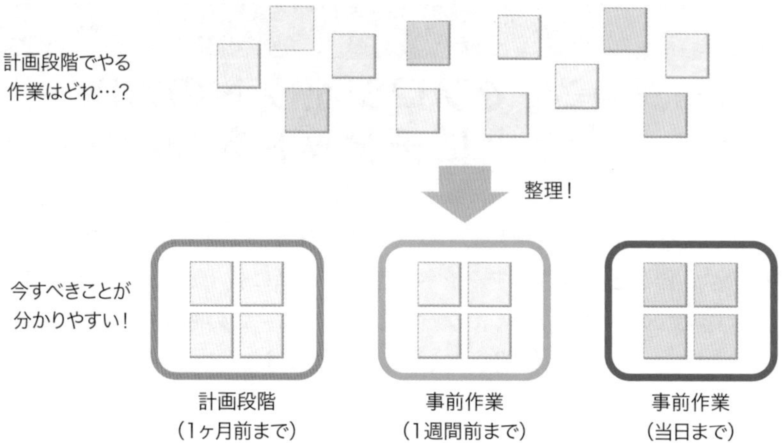

図7.39 チケットを段階ごとに分類すると今やるべきことが分かりやすくなる

次の箇条書きは香港ツアープロジェクトを4段階に分割してみた例です。

- 計画
- 調査
- 手配
- 準備

それぞれの段階に対応したバージョンを作成し、すべてのチケットをいずれかのバージョンに振り分けてから**ロードマップ**画面を開くと、図7.40のようにチケットがバージョンごと、すなわちプロジェクトの各段階ごとに分類された状態で表示されます。大量のチケットが一覧で表示される**チケット**画面と比べると、現段階でやるべき作業が容易に識別できます。

チームへのRedmineの導入を成功させるためにはバージョンとロードマップはぜひ使って欲しい機能です。

図7.40 ロードマップ画面でバージョンごとに分類されて表示されたチケット

> **NOTE**
> バージョンとロードマップの詳細は11.4節「ロードマップ画面によるマイルストーンごとのタスクと進捗の把握」で解説しています。

7.9 覚えておきたいチケット操作の便利機能

7.9.1 番号が分かっているチケットを素早く表示する

画面右上の検索ボックスに15または#15のようにチケット番号を入力してEnterキーを押すと、その番号のチケットが表示されます。番号が分かっているチケットを瞬時に表示できます。

▲ **図7.41** 検索ボックスに番号を入力してチケットを表示

NOTE チケットを表示するのではなく単に数字の並びを検索したい場合は"15"のようにダブルクォーテーションで囲んで入力してください。

7.9.2 コンテキストメニューによるチケットの操作

チケット画面や**ロードマップ**画面などで表示されるチケットの一覧では、右端の「…」(**操作**)またはリンク以外の場所を右クリックするとコンテキストメニュー(右クリックメニュー)が表示され、マウス操作だけでチケットの情報の更新が行えます。チケットの画面を開くことなくステータス、担当者、対象バージョンなどが変更できるので、操作が素早く完結します。

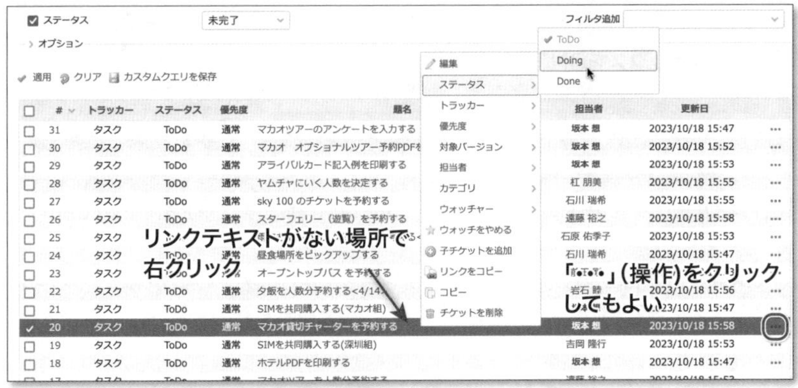

▲ **図7.42** チケット一覧で表示されるコンテキストメニュー

7.9.3 複数のチケットをまとめて操作

コンテキストメニューを使うと複数のチケットをまとめて操作することもできます。

チケット画面の一覧の左端にはチェックボックスがあります。これは一括での操作の対象となるチケットを選択するためのものです。操作対象のチケットのチェックボックスをONにしてから右端の「…」(**操作**)または右クリックでコンテキストメニューを表示させ、希望の操作を行ってください。選択した全チケットに対して操作が適用されます。

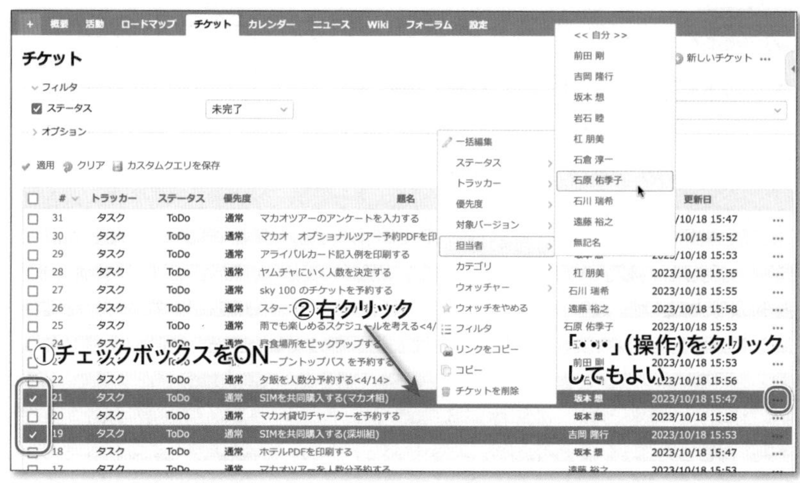

図7.43 「チケット」画面のチェックボックスを使い複数のチケットをまとめて操作

> **NOTE** Ctrlキー(Windows)／⌘キー(macOS)を押しながらチケットの行のリンク以外の部分をクリックすることでも操作対象のチケットを複数選択できます。

7.9.4 複数のチケットの一括編集

チケット一覧画面で複数のチケットを選択した状態でコンテキストメニューの**一括編集**を選択すると、次の図のような画面が表示されチケットの一括編集ができる状態になります。複数の項目を同時に更新したり、コンテキストメニューには表示されない**開始日**、**期日**、**コメント**などの更新も行えます。

チケットの一括編集

- タスク #19: SIMを共同購入する(深圳組)
- タスク #21: SIMを共同購入する(マカオ組)

プロパティの変更

プロジェクト	(変更無し)	プライベート	(変更無し)
トラッカー	(変更無し)	親チケット	□クリア
ステータス	(変更無し)	開始日	yyyy / mm / dd □クリア
優先度	(変更無し)	期日	yyyy / mm / dd □クリア
担当者	石原 佑季子		
カテゴリ	(変更無し)		
対象バージョン	(変更無し)		

コメント

編集 プレビュー

図7.44 「チケットの一括編集」画面

Chapter 8

より高度なチケット管理

チケット管理はRedmineの中心的な機能であり、Redmineを使ったプロジェクト管理に不可欠な機能です。これをよく理解することがRedmineをうまく使いこなすことに直結します。ここでは、Chapter 7でも解説したチケット管理の基本をさらに進め、より本格的に利用するための情報をお伝えします。

8.1 マイページで自分に関係する情報を把握する

マイページ画面は自分に関係がある情報が集中して表示される画面です。表示内容はカスタマイズ可能で、デフォルトでは担当者が自分に設定されているチケットの一覧(**担当しているチケット**)と、自分が作成したチケットの一覧(**報告したチケット**)が表示されます。

すべてのプロジェクトのチケットが表示されるので、あちこちのプロジェクトに移動せずに自分に関係するチケットをまとめて把握することができます。始業時や作業の区切りなどに参照することを習慣づけるとよいでしょう。

▲ **図8.1** マイページ

8.1.1 マイページブロックの追加

マイページでは**マイページブロック**と呼ばれる情報表示のための部品を追加したり各ブロックの画面上でのレイアウトを変更したりできます。

表示する情報を追加するには、**マイページ**画面右上の**追加**から追加したいマイページブロックをクリックします。

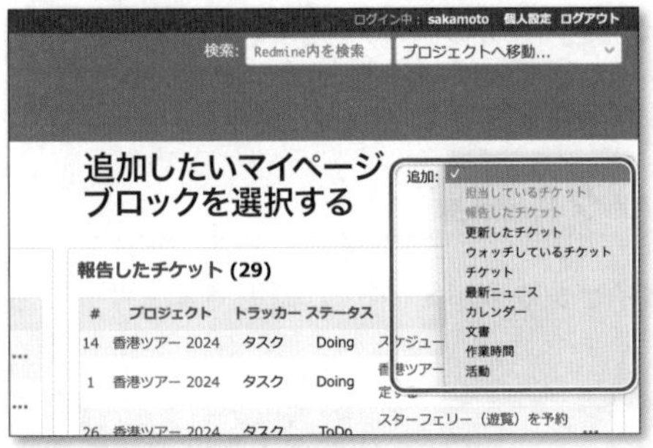

図8.2 マイページブロックの追加

表8.1 標準で利用できるマイページブロック

名称	説明
担当しているチケット	担当者が自分に設定されているチケットのうち最近更新された10件が一覧表示されます。
報告したチケット	自分が作成したチケットのうち最近更新された10件が一覧表示されます。
更新したチケット	自分が更新したチケットのうち最近更新された10件が一覧表示されます。
ウォッチしているチケット	ウォッチしているチケットのうち最近更新された10件が一覧表示されます。
チケット	選択したカスタムクエリによって抽出したチケットを10件表示します。このブロックは3個まで置けます。
最新ニュース	全プロジェクトの「ニュース」から最近登録された10件が表示されます。
カレンダー	今週のカレンダーが表示され、開始日または期日が今週であるチケットがカレンダー上に表示されます。
文書	全プロジェクトの「文書」から最近登録された10件が表示されます。
作業時間	直近7日間の、Redmineに登録した自分の作業時間の合計と明細が表示されます。
活動	自分がRedmineのプロジェクトに対して行った最新10件分の更新を時系列で表示します。

> **NOTE** インターネットで公開されているプラグインの中には利用できるマイページブロックを増やせるものがあります。例えば、13.5.2「プラグインの例」で紹介している「My Page Blocks」は、期限が超過したチケットや期限間近のチケットを参照できる「優先チケット」、ステータスが「新規」や「終了」以外のチケットを表示して作業中のチケットが一覧できる「作業中チケット」などのマイページブロックを追加します。

8.1.2 マイページブロックの編集

各マイページブロックの右上のアイコンをクリックして編集できます。

▶オプション

歯車アイコンをクリックするとマイページブロックをカスタマイズできます。**担当しているチケット**、**報告したチケット**などチケット一覧を表示するマイページブロックは表示する項目を指定したり、**作業時間**は過去何日間の記録を表示するかを1～365日までの日数から指定したりできます。カスタマイズできないブロックには歯車アイコンは表示されません。

▶移動

矢印アイコンをドラックすると移動できる位置に点線が表示されます。ドロップすると好きな位置に配置できます。

▶削除

×印アイコンをクリックすると削除できます。

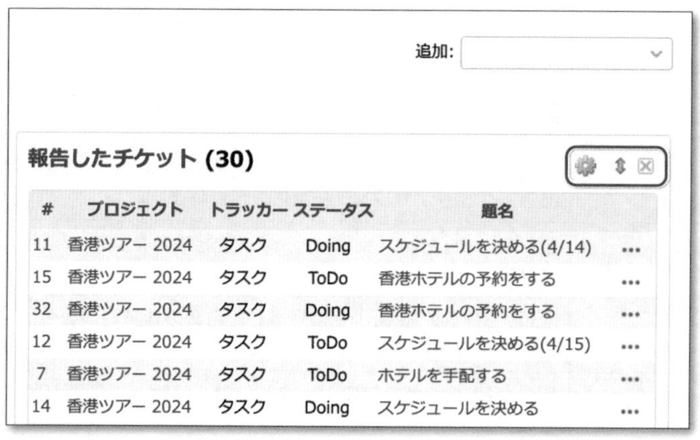

▲ **図8.3** マイページブロックの右上のアイコン群

8.2 チケット同士を関連づける

Redmineのチケットには**関連するチケット**という欄があり、ここでチケット同士を関連づけることができます。この機能を利用することで、チケットの前後関係を示したり、相互に関連するチケットを明示することができます。

▲ **図8.4** 「関連するチケット」による関連づけ

8.2.1 関連の種類

チケット同士の関連の種類を表8.2にまとめます。

なお、関連の種類によっては、関連が設定された相手方のチケットと連動し、ステータスや開始日に対して自動更新や入力制限などが行われるものがあります。その内容は8.2.2「関連の相手方のチケットへの影響」で解説します。

▼ **表8.2** チケット同士の関連の種類

名称	相手方との連動	説明
関連している (Related to)	なし	単にチケットが相互に関係していることを示すことができます。チケット同士の関連の種類の中で最も単純なものです。
次のチケットと重複 (Is duplicate of)	あり	チケットの内容が既存のチケットと重複していることを示すために使います。後から作成されたチケットからもともとあったチケットに対して設定します。 この関連を設定すると関連の相手方のチケットからは関連「次のチケットが重複」が設定されます。
次のチケットが重複 (Has duplicate)	あり	次のチケットと重複 の反対です。後から重複した内容のチケットが作成されたときに、後から作成されたチケットに対してこの関連を設定します。 この関連を設定すると関連の相手方のチケットからは関連「次のチケットと重複」が設定されます。
ブロック先 (Blocks)	あり	関連の相手方をブロックしていて、このチケットが終了しなければ相手方も終了できない状態を表現します。 関連の相手方のチケットでは関連「ブロック元」が設定されます。
ブロック元 (Blocked by)	あり	関連の相手方にブロックされていて、相手方のチケットが終わらなければこのチケットも終了できない状態を表現します。 関連の相手方のチケットでは関連「ブロック先」が設定されます。
次のチケットに先行 (Precedes)	あり	このチケットが終了しなければ関連の相手方のチケットが開始できないことを表現します。 関連の相手方のチケットでは関連「次のチケットに後続」が設定されます。
次のチケットに後続 (Follows)	あり	関連の相手方のチケットが終了しなければこのチケットを開始できないことを表現します。 関連の相手方のチケットでは関連「次のチケットに先行」が設定されます。

コピー元／コピー先 (Copied from / Copied to)	なし	既存のチケットをコピーして新しいチケットを作成したとき、コピー元・コピー先のチケット間に自動的に設定されます。 これら2つの関連を自動設定するかどうかは「管理」→「設定」→「チケットトラッキング」の設定「チケットをコピーしたときに関連を設定」で選択できます。

8.2.2 関連の相手方のチケットへの影響

設定する関連の種類によっては、相手方のチケットのステータスや開始日が自動更新されたり更新が制限されたりするなどの影響を及ぼすものがあります。相手方に及ぶ影響は次の通りです。

▶次のチケットが重複／次のチケットと重複

次のチケットが重複を設定したチケットのステータスを終了状態のものに変更すると、関連の相手方のステータスも自動的に同じステータスに変更されます。

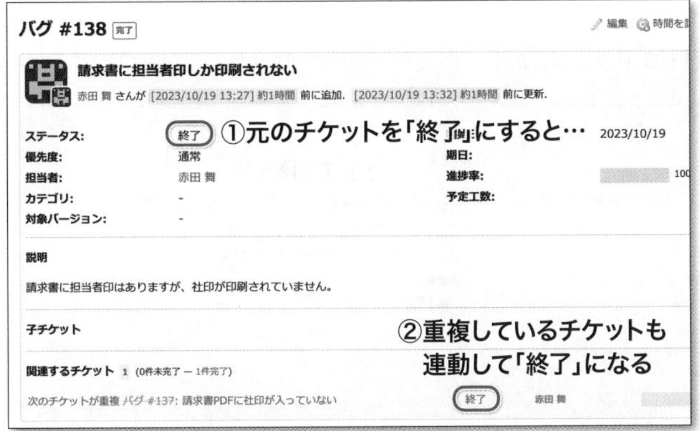

▲ **図8.5** ステータスを「終了」にすると「次のチケットが重複」の相手方のステータスも連動して「終了」になる

> **NOTE**
> チケット終了状態と見なされるステータスは、「管理」→「チケットのステータス」（システム管理者のみアクセス可）で「終了したチケット」が「ON」になっているステータスです。デフォルトでは「終了」と「却下」です。

▶ブロック先／ブロック元

ブロック元を設定したチケットが未完了のうちは、関連の相手方のチケット(ブロックされているチケット)は終了状態のステータスに変更できません。

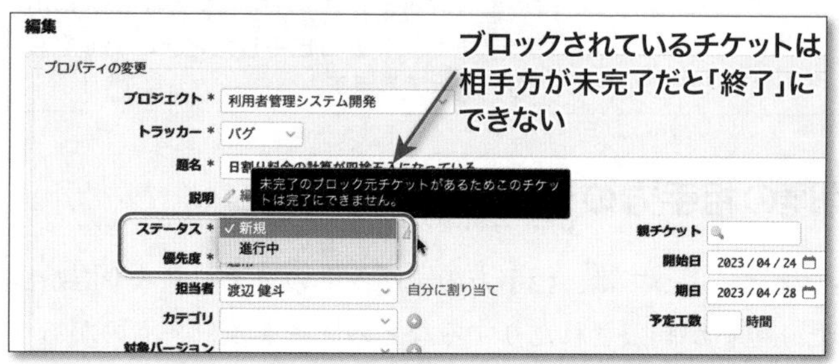

△ **図8.6** ブロックされているチケットをクローズするには相手方もクローズされている必要がある

▶次のチケットに先行／次のチケットに後続

これらの関連を設定すると、後続のチケットの開始日は先行するチケットの期日以前に設定できなくなります。もし関連設定時に後続チケットの開始日が先行チケットの期日以前だった場合、関連設定後は自動的に先行チケットの期日の翌営業日に更新されます。

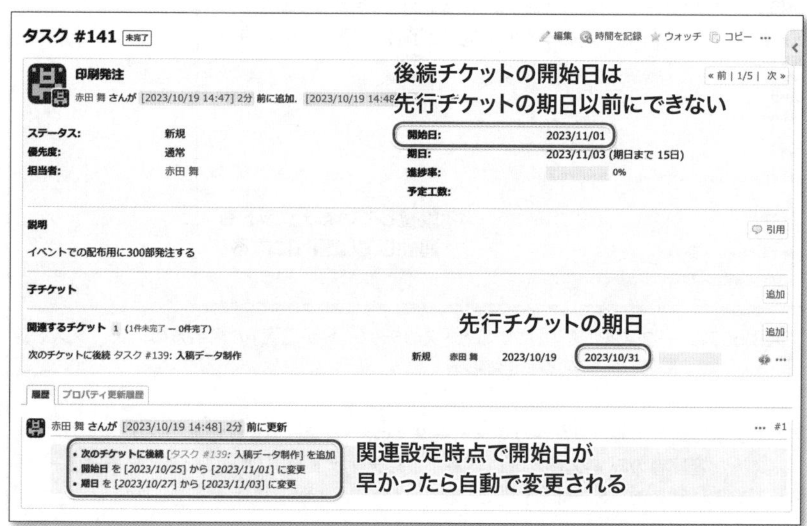

△ **図8.7** 後続チケットの開始日は先行チケットの期日以前に設定できない

8.2.3 関連の設定方法

チケットの更新を行う画面の**関連するチケット**でチケット間の関係を設定することができます。

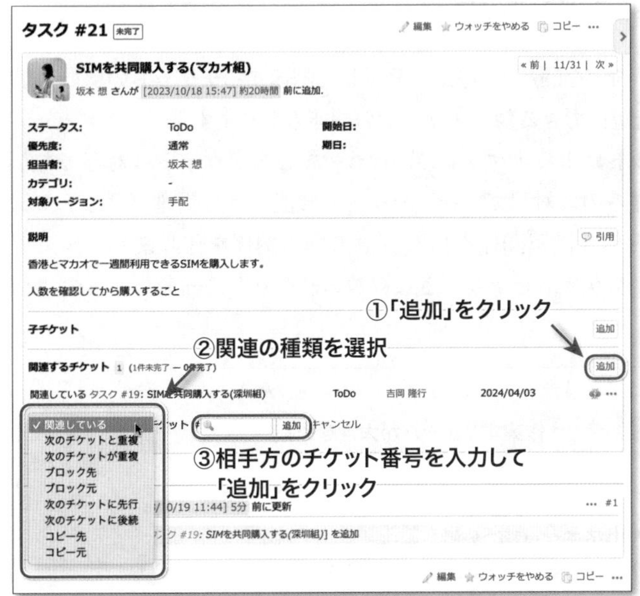

図8.8「関連するチケット」の設定手順

> **NOTE**
> 相手方のチケット番号を入力する欄にチケットの題名の一部を入力すると部分一致で該当するチケットの候補が表示されます。直接番号を入力するのではなくそこから選んで入力することもできます。

> **NOTE**
> 関連するチケットに設定できるのは、デフォルトでは同じプロジェクトのチケット同士のみです。異なるプロジェクトのチケットも関連するチケットに設定できるようにするには、「管理」→「設定」→「チケットトラッキング」で「異なるプロジェクトのチケット間で関連の設定を許可」をONにしてください。

8.3 親チケット・子チケットで粒度の大きなタスクの細分化

8.2節「チケット同士を関連づける」で解説した**関連するチケット**の機能に加え、チケットを階層化できる親子チケットの機能もあります。

関連するチケットによるチケットの関連づけでは各チケットは対等であり横方向の関係を作るのに対して、親子チケット機能による関連づけはチケット同士が親と子という従属関係を持つ垂直方向の関係を作ります。作業ボリュームが大きいチケットをより小さな複数のチケットに細分化するのに利用できます。

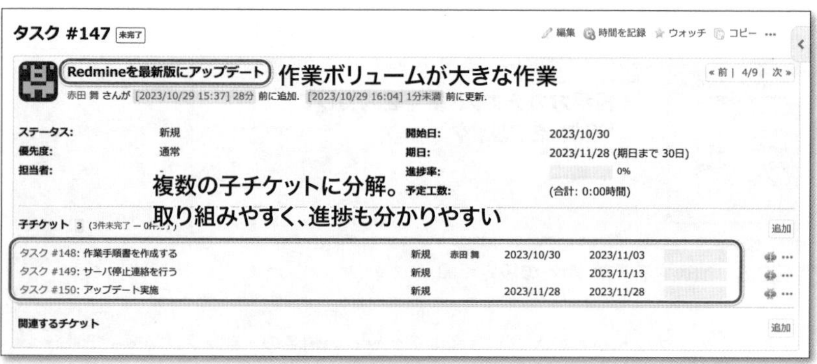

△ **図8.9** 親子チケットの利用例

8.3.1 親子関係の設定方法

チケットを親子の関係にする方法は、親となるチケットから子チケットとなる新たなチケットを作成する方法と、既存のチケットで親となるチケットを指定する方法の2つがあります。

▶方法①　親となるチケットから子チケットを新規作成する

チケットの**子チケット**欄内の**追加**をクリックすると、表示中のチケットの子チケットを追加するための新規チケット作成画面が表示されます。

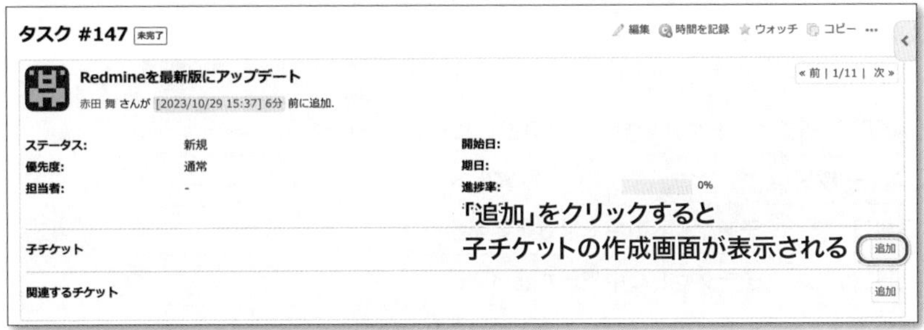

△ **図8.10** 親チケットから新しい子チケットを作成

▶方法②　既存チケットで親となるチケットを指定する

既存のチケットを編集し、親となるチケットを**親チケット**フィールドで指定することでチケットを親子の関係にできます。

編集
プロパティの変更
プロジェクト * 受注案件
プライベート
トラッカー * タスク
題名 * 作業手順書を作成する
親となるチケットを指定
説明 編集
ステータス * 新規
親チケット 147
優先度 * 通常
開始日 yyyy / mm / dd
担当者 赤田 舞
期日 2023 / 11 / 03
予定工数 時間

△ **図8.11** 既存チケットで親となるチケットを指定

親チケットの入力は、チケットの番号を直接入力する方法のほか、チケットの題名の一部の入力により表示される候補から選択することもできます。

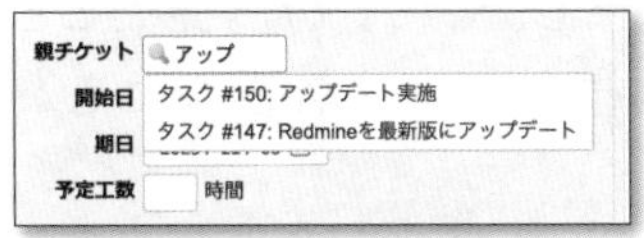

△ **図8.12** チケットの題名を入力して表示される候補から選択することもできる

8 より高度なチケット管理

8.3.2 親チケットのフィールドの値の自動算出

子チケットを持つチケット(親チケット)では、表8.3で示したフィールドの値はデフォルトでは子チケットに連動して自動で算出され、親チケットで手入力できなくなります。

▼ **表8.3** 子チケットに連動して自動算出されるフィールド

フィールド	算出方法
開始日	子チケットの中で最も早い開始日
期日	子チケットの中で最も遅い期日
優先度	未完了の子チケットの中で最も高い優先度
進捗率	子チケットの進捗率を予定工数で重み付けした加重平均

この動作は、子チケットは親チケットを構成するすべての作業を網羅しているという考え方(WBSにおける「100%ルール」)に基づいています。例えば、この節の冒頭のスクリーンショットの「Redmineを最新版にアップデート」という親チケットに当てはめると、「作業手順書を作成する」「サーバ停止連絡を行う」「アップデート実施」の3つの子チケットが完了すれば「Redmineを最新版にアップデート」という仕事が終わるはずです。

100%ルールによって子チケットがすべての作業を網羅している、すなわち子チケットがすべて完了すれば親チケットに書かれた作業も終了するという状態であれば、親チケットの進捗率や開始日・期日などは子チケットの値から機械的に決定できます。

しかしながら、現実には親チケットの値が子チケットに連動するのが不都合な場面も少なくありません。例えば、子チケットですべての作業を網羅するのではなく、親チケットから重要な作業だけを子チケットとして切り出して管理するという使い方をしたい場合もありますし、これまで経験したことがない新しい取り組みであれば事前にすべての作業を予測・網羅することが難しいこともあります。

子チケットの値に連動させたくないときは、**管理→設定→チケットトラッキング**の**親チケットの値の算出方法**で**子チケットから独立**を選択して動作を切り替えることができます。

8.4 カテゴリによるチケットの分類

カテゴリはプロジェクト内のチケットを分類するために利用できます。運用にあわせて自由な使い方ができます。

カテゴリを利用すると、**チケット**画面のフィルタでチケットの絞り込みやグルーピングを行ったり、**ロードマップ**画面で個別のバージョンの詳細を表示した際にカテゴリ別に進捗を表示することができます。

例えばRedmine公式サイトでは、チケットがRedmineのどの機能に関するものかを分類するのにカテゴリを利用しています。

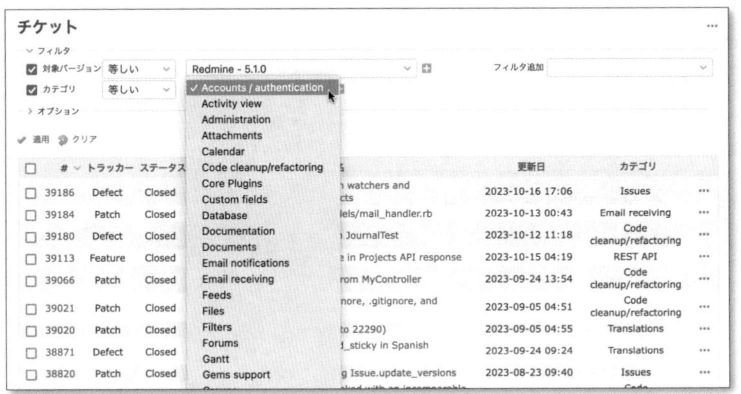

▲ **図8.13** Redmine公式サイトでは開発対象の機能をカテゴリで分類

カテゴリの追加・編集・削除は、プロジェクトメニューから**設定**画面を開き、**チケットのカテゴリ**タブで行います。または、もしプロジェクトに既にカテゴリが1個以上追加済みでかつユーザーが**チケットのカテゴリの管理**権限を持っているのであれば、チケット作成・編集画面の**カテゴリ**欄の横に表示される**+**印のアイコンをクリックすることでユーザー自身が追加することもできます。

8.4.1 カテゴリの選択による担当者の自動設定

カテゴリには担当者を設定することができます。担当者を設定しておくと、チケットを作成するときに担当者を選択しなくてもカテゴリを選ぶだけでチケットの担当者を自動設定できます。

業務ごとに担当者が決まっているプロジェクトであれば、担当者が設定されたカテゴリをいくつか作成しておけば、チケットを起票する人は業務ごとの担当者を把握していなくてもカテゴリを選択するだけで適切な担当者にチケットを割り当てることができます。

WARNING

担当者の自動設定は新しいチケットを作成するときのみ可能です。作成済みのチケットを編集してカテゴリの設定を行っても担当者は設定されません。

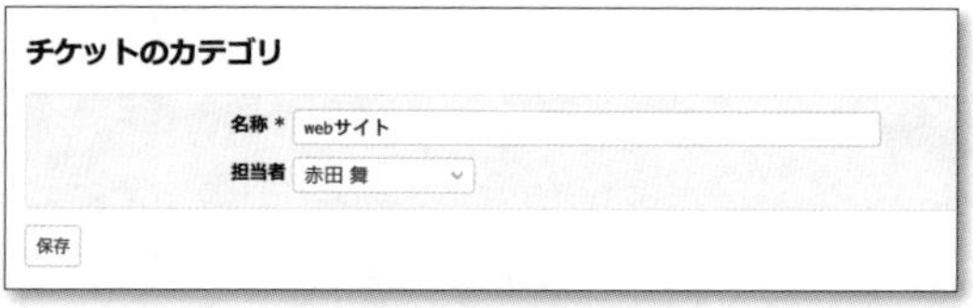

チケットのカテゴリ

名称 * webサイト
担当者 赤田 舞
保存

図8.14 担当者が設定されたカテゴリ

8.5 ワークフローでステータスの遷移を制限する

ワークフローとは、ユーザーがチケットのステータスをどのように変更できるのかを定義したもので、ロールとトラッカーの組み合わせごとに1つのワークフローが存在します。ワークフローの設定により、誰がどのようにステータスを遷移させることができるのか、チームのルールにあわせた制約を設定できます。

例としてインストール直後のRedmineに初期値として登録されているロール「開発者」とトラッカー「バグ」の組み合わせに対するワークフローを見てみましょう。

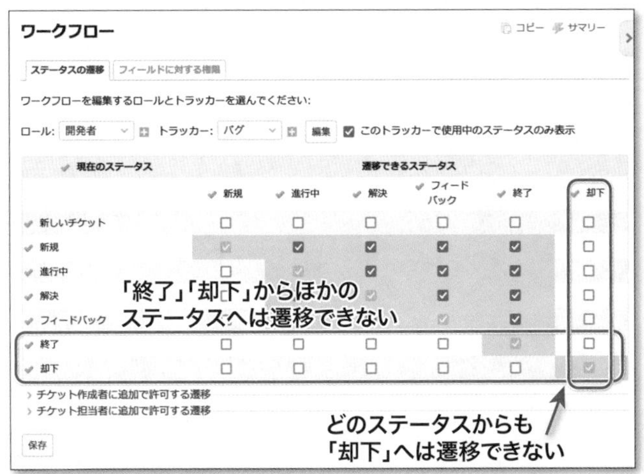

図8.15 ロール「開発者」・トラッカー「バグ」に対するデフォルトのワークフロー

遷移できるステータス欄の**却下**のチェックボックスはすべてOFFになっています(**現在のステータス**と**遷移できるステータス**が同じステータスの交点を除く)。これは、現在のステータスがどれであっても、ステータスを「却下」への変更は許可されていないことを示しています。

また、**現在のステータス**欄の**終了**と**却下**からは**遷移できるステータス**の全ステータスのチェックボックスがOFFです。これは、権限を持ったユーザーがステータスを「終了」「却下」にした状態だと開発者ロールのメンバーはステータスを一切変更できないことを示しています。

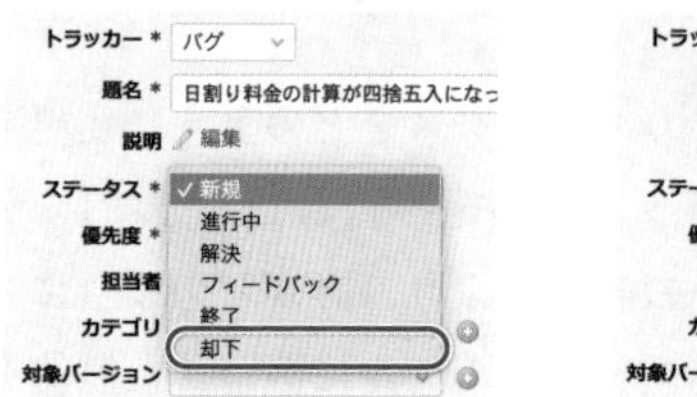

管理者ロールのメンバーから見える「ステータス」欄

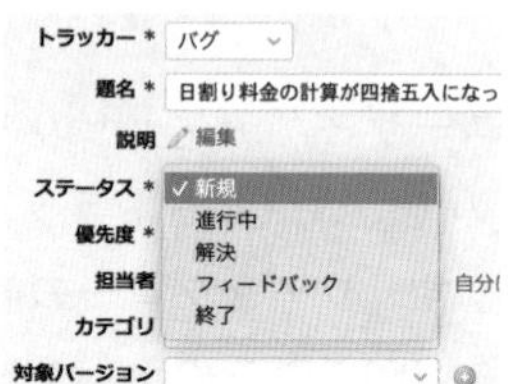

開発者ロールのメンバーから見える「ステータス」欄

▲ **図8.16** ワークフローの設定によるステータス欄の見え方の違い

NOTE　ワークフローの設定手順の詳細は6.6節「ワークフローの設定」で解説しています。

8.6 「フィールドに対する権限」で必須入力・読み取り専用の設定をする

ワークフローの設定(**管理→ワークフロー**)では、6.6節「ワークフローの設定」で解説したステータス遷移の制御に加えて、チケットの特定のフィールドに対して「読み取り専用」「必須」の権限設定も行えます。

フィールドに対する権限の設定は**管理→ワークフロー**画面で**フィールドに対する権限**タブを開いて行います。設定はロール・トラッカー・ステータスごとに細かく行えます。

WARNING

システム管理者であるユーザーは**ワークフロー**の設定内容はすべてのロールの権限を継承するため、全ロールの中で最も緩い制約が適用されます。例えば、開発者ロールで必須入力に設定していても管理者ロールで必須入力に設定していなければ、システム管理者は必須入力が適用されません。

8.6.1 フィールドに対する権限の設定例

▶担当者を必須入力にする

チケットの**担当者**はデフォルトでは入力は任意ですが、フィールドに対する権限の設定を行うことで、**担当者**が未入力の状態ではチケットの作成・更新が行えないようにできます。

図8.17は、**開発者**ロールのメンバーが**バグ**トラッカーを作成・更新するときに**担当者**フィールドで必ずメンバーが選択されていることを強制するための設定手順です。

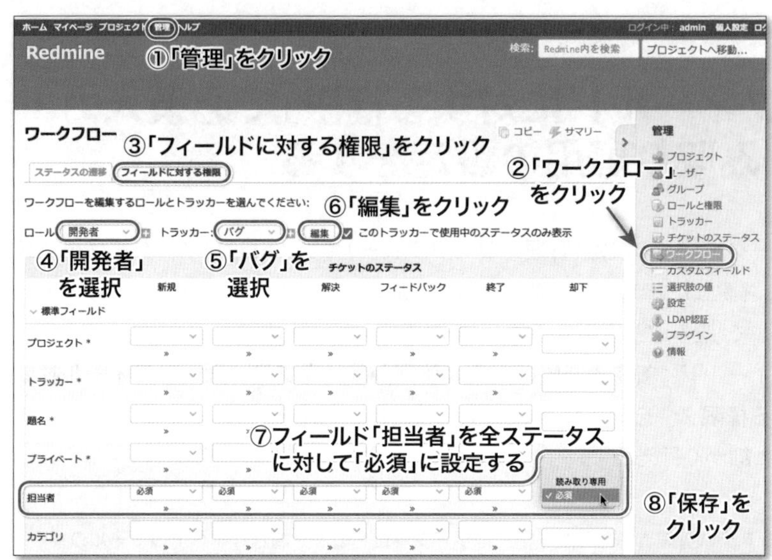

図8.17　ロール「開発者」・トラッカー「バグ」でフィールド「担当者」を必須に設定

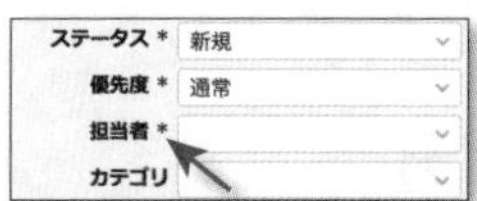

図8.18　必須項目になった「担当者」フィールド

▶新規チケット作成時に説明を必須入力することで、題名入力中に誤ってEnterキーを押してチケットが作成されるのを防ぐ

チケットを作成するとき、題名入力中に誤ってEnterキーを押すと**作成**ボタンをクリックしたとみなされて書きかけの状態のチケットが作成されてしまいます。特に日本語を入力しているときはIMEの操作でEnterを多用するため起こりがちです。

フィールドに対する権限で**説明**を必須入力にすれば**説明**が未入力の状態ではチケットを作成できなくなるので、この問題を防ぐことができます。

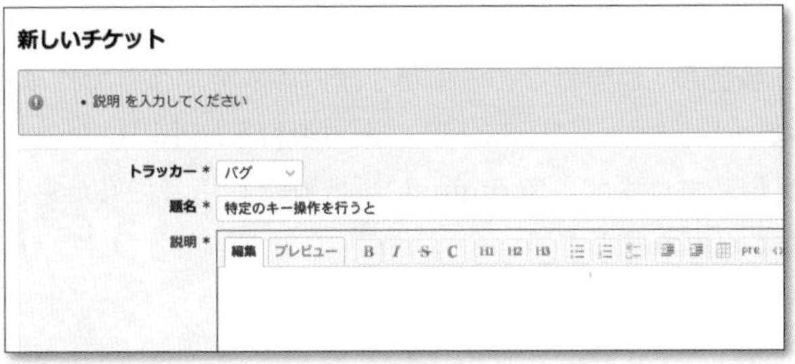

図8.19 「説明」を必須入力にしたとき、「題名」入力中に誤ってEnterを押したときのエラー。誤操作で書きかけのチケットが作成されるのを防止できる

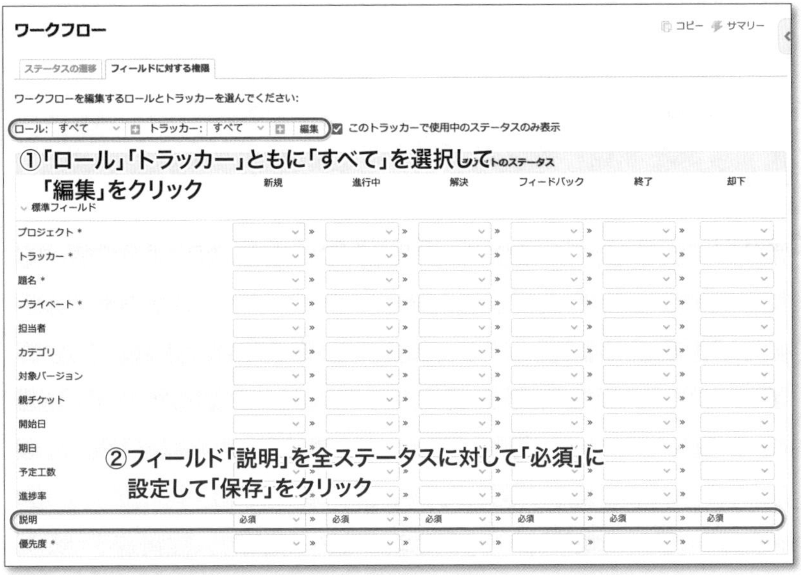

図8.20 「説明」を必須入力にするための設定

8.6.2 フィールドを読み取り専用に設定した場合のチケット作成・編集画面の表示

フィールドに対する権限で**読み取り専用**に設定されたフィールドは、チケットの作成・更新画面には表示されなくなります。この性質を利用して、特定のロールのメンバーに対して表示する項目を最小限に抑えたシンプルな入力画面を見せることができます。

　例えば、図8.21はトラッカーの設定で使用する標準フィールドを最小限にした上で、**トラッカー**、**優先度**、**担当者**などの項目を読み取り専用にして作成・更新画面で表示されないようにすることにより、入力項目を最小限に減らしたシンプルな画面を実現しています。Redmineに不慣れな利用者でもたくさんの項目に悩むことなく入力できます。

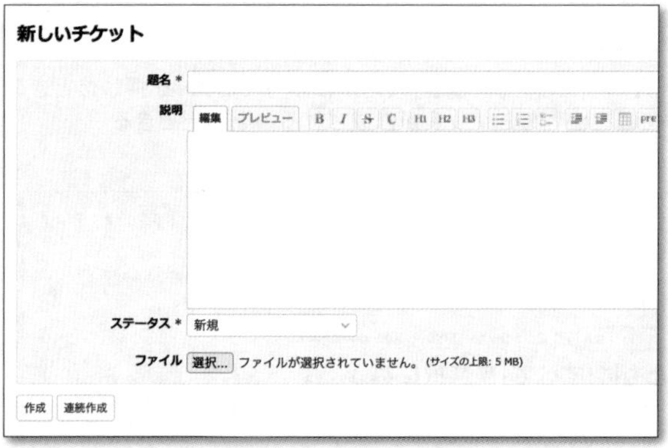

図8.21　多数のフィールドを読み取り専用にすることで入力項目を最小限に減らした「新しいチケット」画面

8.7 チケットのフィールドのうち不要なものを非表示にする

　チケットの入力画面はデフォルトでは10個以上の入力フィールドがあります。ただ、用途によってはこれらのうち一部しか使わないこともあります。例えば、Redmine上で工数管理を行わないのであれば**予定工数**は不要です。

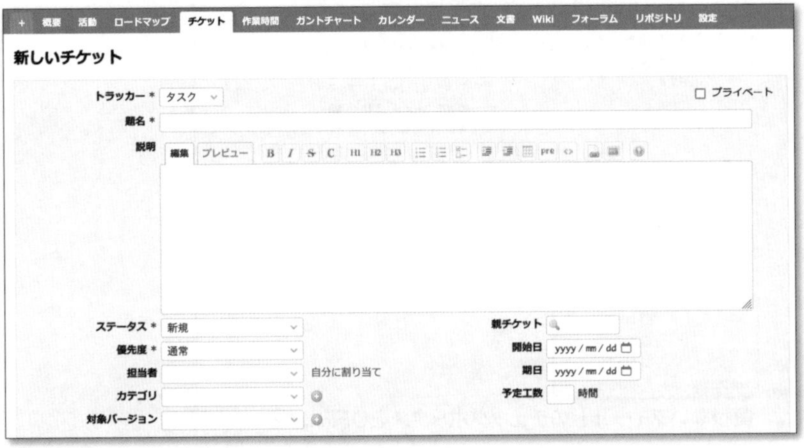

図8.22　デフォルトの「新しいチケット」画面

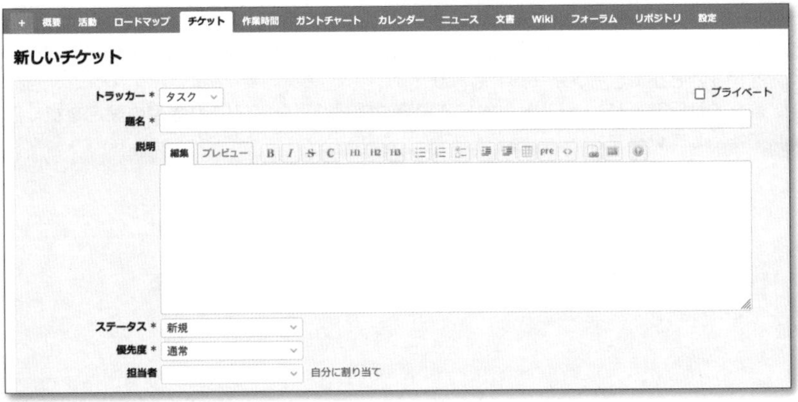

図8.23　表示するフィールドを減らした「新しいチケット」画面

図8.23は、トラッカーの編集画面で**担当者**、**説明**、**優先度**以外のフィールドを使用しない設定にした「新しいチケット」画面です。図8.22と比べると画面がシンプルでわかりやすくなります。

表示するフィールドの設定はトラッカーごとに行えます。**管理→トラッカー**画面で対象のトラッカーをクリックし、編集画面を開いて設定を行います。図8.24は**タスク**トラッカーで**担当者**、**説明**、**優先度**以外のフィールドを非表示に設定している様子です。

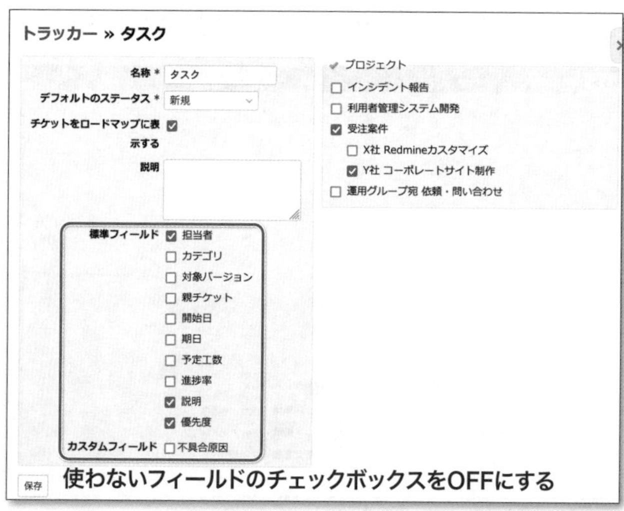

▲ **図8.24** 表示するフィールドの設定

> **NOTE**
>
> 「トラッカー」「題名」「ステータス」はトラッカーの設定では非表示にすることはできません。しかし、「読み取り専用」に設定すればチケットの作成・編集画面からは表示を消すことができるフィールドもあります。
> 詳しくは8.6節「「フィールドに対する権限」で必須入力・読み取り専用の設定をする」で解説しています。

8.8 カスタムフィールドで独自の情報をチケットに追加

カスタムフィールドを使うとチケット等に独自のフィールドを追加できます。自分たちの使い方に合わせてチケットに持たせる情報を追加できるので、Redmineの活用の範囲が広がります。

図8.25は、顧客からの問い合わせを受け付けるために使っているRedmineでのカスタムフィールドの利用例です。「会社名」と「お問い合わせ対象サービス」というフィールドを追加しています。

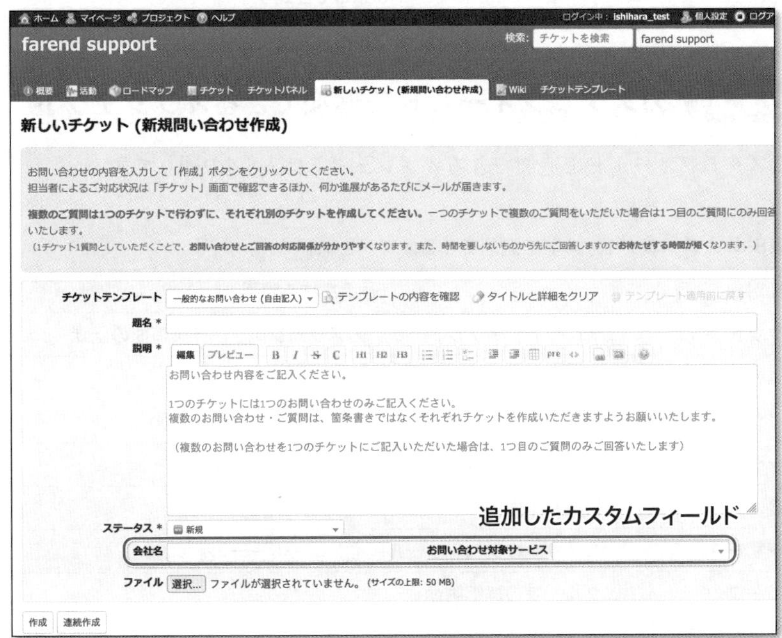

図8.25 カスタムフィールドの利用例① 顧客サポート

もう1つ利用例を挙げます。図8.26はRedmine公式サイトのトラッカー「Defect」(障害・バグ)のチケットのカスタムフィールドです。報告に対して最終的にどのように対処したのかを示す「Resolution」、そのバグがどのバージョンのRedmineで発生するのか示す「Affected version」の2つのカスタムフィールドが使われています。

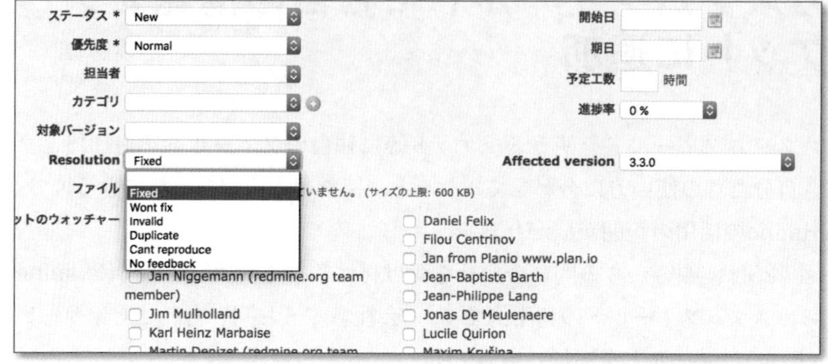

▲ **図8.26** カスタムフィールドの利用例②　Redmine公式サイト

8.8.1 カスタムフィールドを追加できるオブジェクト

カスタムフィールドを追加できるオブジェクトは表8.4の通りです。

▼ **表8.4** カスタムフィールドを追加できるオブジェクト

追加対象	表示される箇所
チケット	チケット、チケット一覧、カスタムクエリ、作業時間の記録
作業時間	「作業時間」画面
プロジェクト	プロジェクトの「概要」画面、プロジェクト一覧画面
バージョン	「ロードマップ」画面、バージョンの詳細表示
文書	「文書」画面
ユーザー	ユーザーのプロフィール画面、ユーザー一覧画面
グループ	グループの詳細画面
作業分類(時間管理)	作業分類(時間管理)の設定画面
チケットの優先度	チケットの優先度の設定画面
文書カテゴリ	文書カテゴリの設定画面

8.8.2 カスタムフィールドの作成

新たなカスタムフィールドを追加する手順を、チケットのカスタムフィールドを例に説明します。図8.27のように、バグがどのような原因で発生したのか分類できるよう、トラッカー「バグ」に「不具合原因」というカスタムフィールドを追加する手順を例に説明します。

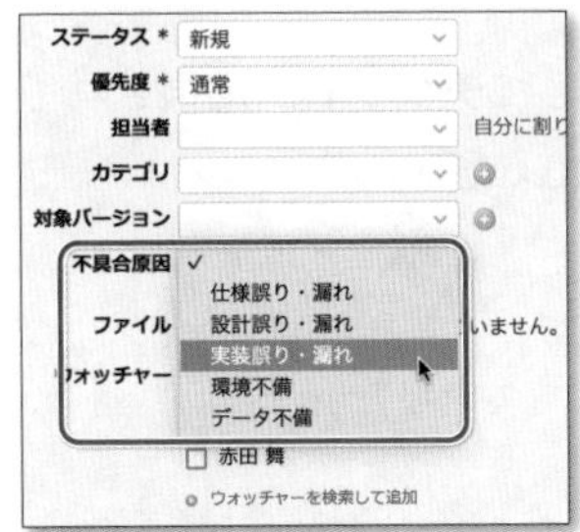

図8.27 トラッカー「バグ」に追加されたカスタムフィールド「不具合原因」

まずは**管理→カスタムフィールド**を開いてください。

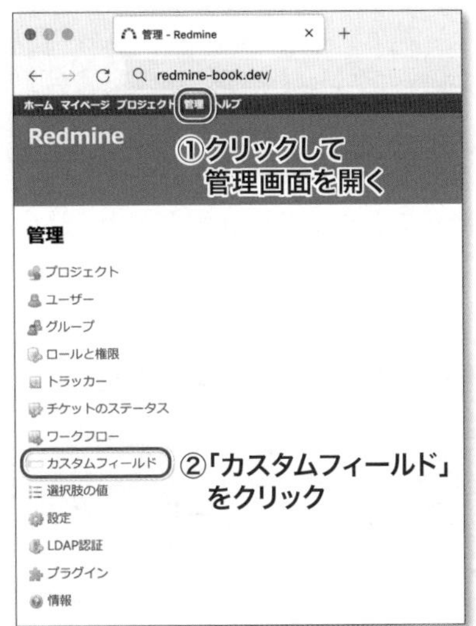

図8.28 「管理」画面の「カスタムフィールド」をクリック

表示された**カスタムフィールド**画面で、画面右上の**新しいカスタムフィールド**をクリックしてください。

図8.29 「新しいカスタムフィールド」をクリック

カスタムフィールドを追加するオブジェクトとして**チケット**が選択されていることを確認した上で**次 ≫**ボタンをクリックしてください。

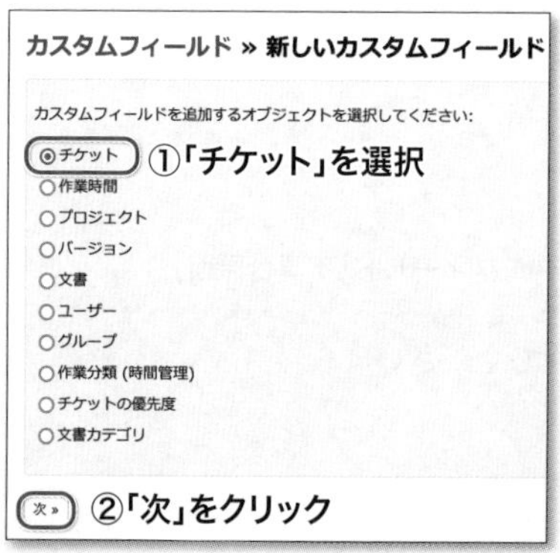

図8.30 「チケット」を選択し「次 »」をクリック

新しく作成するカスタムフィールドの形式や名称などの詳細を入力し、**作成**ボタンをクリックしてください。

> **NOTE** 「新しいカスタムフィールド」画面の入力項目の詳細は後述の表8.5と表8.6を参照してください。

作成したら、サイドバー内または画面上部の**カスタムフィールド**をクリックしてカスタムフィールドの一覧に戻ってください。

> **NOTE** 作成したカスタムフィールドはデフォルトではプロジェクトの全メンバーが使用できますが、カスタムフィールドの作成・編集画面の「表示」欄でロールを選択することで、特定のロールのメンバーだけに使用させ、ほかのロールのメンバーからは見えないようにすることもできます。詳細は16.9節「フィールド単位でのアクセス制御」で解説しています。

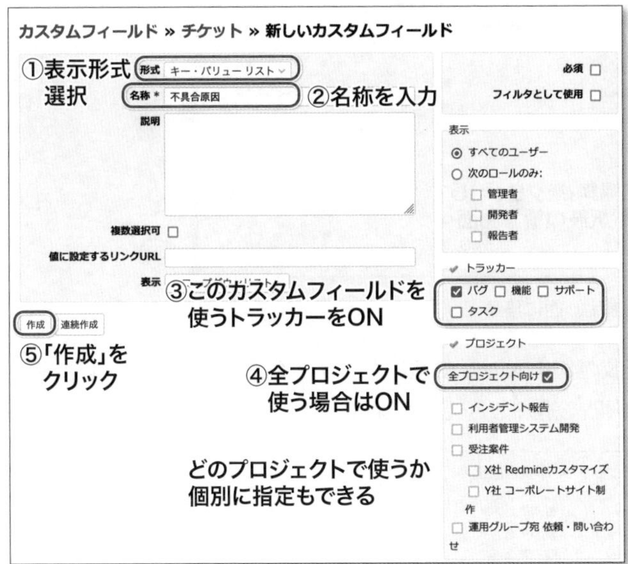

図8.31 カスタムフィールドの詳細を入力し「保存」をクリック

「キー・バリュー リスト」形式のカスタムフィールドの場合、この後カスタムフィールドの編集を行って選択肢を追加します。カスタムフィールドの一覧で作成したカスタムフィールドの名称部分をクリックして編集画面に移動してください。

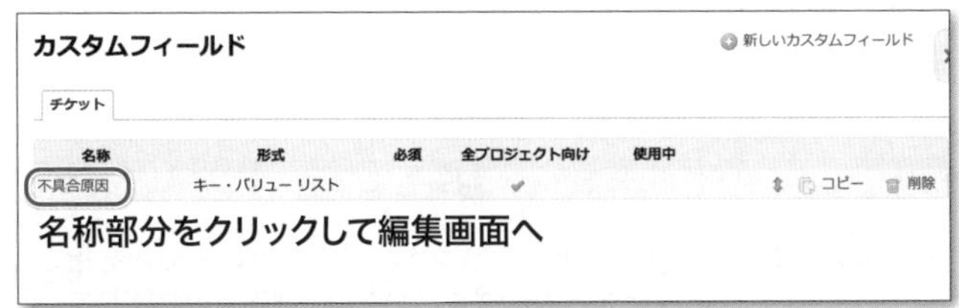

図8.32 名称部分をクリックして編集画面に移動

カスタムフィールドの編集画面で、**選択肢**の右側の**編集**をクリックして選択肢の編集画面に移動します。

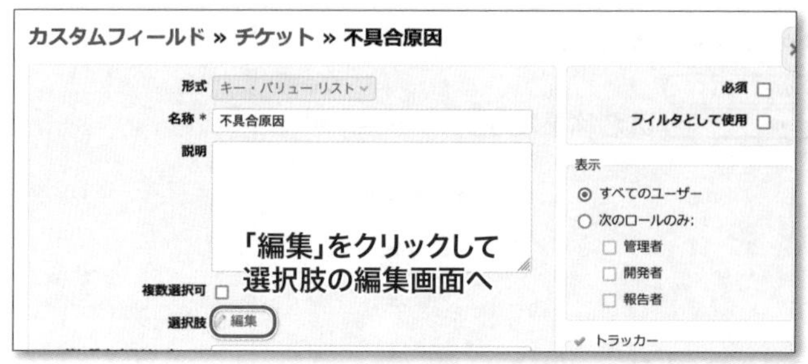

図8.33 選択肢の編集画面に移動

新しい値に選択肢の値を入力して**追加**をクリックすると選択肢が追加されます。すべての選択肢を追加し終えたら**保存**をクリックしてください。

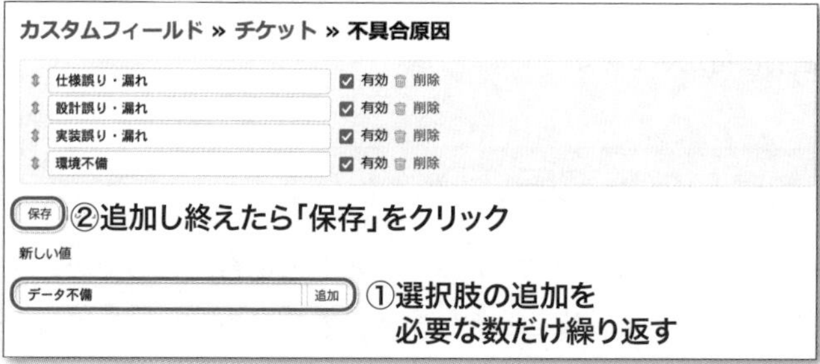

図8.34 選択肢を追加

以上でカスタムフィールドの追加は完了です。

表8.5 チケットのカスタムフィールドの主な入力項目

名称	説明
形式	カスタムフィールドでどのような入力を受け付けるのかを指定します。 指定可能な入力形式については、表8.6を参照してください。
名称	カスタムフィールドの名称です。カスタムフィールドが画面に表示されるときに使われます。
デフォルト値	カスタムフィールドのデフォルト値を設定することができます。
必須	ONにするとこのカスタムフィールドが必須入力になり、値の入力を省略することができなくなります。
フィルタとして使用	ONにすると「チケット」画面のフィルタでカスタムフィールドの値による絞り込みが行えます。

検索対象	ONにするとこのカスタムフィールドの値もRedmineの検索機能で検索できるようになります。また、チケットの「全検索対象テキスト」フィルタによる検索対象にもなります。
トラッカー	どのトラッカーのチケットでこのカスタムフィールドを使うのかを指定します。
プロジェクト	どのプロジェクトのチケットでこのカスタムフィールドを使うのか個別に指定します。
全プロジェクト向け	ONにするとすべてのプロジェクトでこのカスタムフィールドが使用できます。

▼ **表8.6** 指定可能な入力形式

形式	説明
キー・バリュー リスト	あらかじめ指定した値の中から1つを選択するドロップダウンリストボックスによる入力を受け付けます。
テキスト	1行のテキスト入力を受け付けます。
バージョン	プロジェクトに作成されているバージョンの一覧から選択するドロップダウンリストボックスによる入力を受け付けます。
ファイル	ファイルのアップロードを受け付けます。
ユーザー	プロジェクトのメンバーの一覧から選択するドロップダウンリストボックスによる入力を受け付けます。
リスト	あらかじめ指定した値の中から1つを選択するドロップダウンリストボックスによる入力を受け付けます。 「リスト」は旧バージョンとの互換性維持のために存在します。Redmine 3.2以降では「キー・バリュー リスト」を使用してください。「リスト」は選択肢の特定の値を後で変更することができません（削除と追加は可能）。
リンク	形式「テキスト」と同様に1行のテキスト入力を受け付けます。ただし、入力された値はURLとして扱われ、その値を表示する際には値にリンクが設定されます。
小数	小数値の入力を受け付けます。
整数	整数値の入力を受け付けます。
日付	日付の入力を受け付けます。
真偽値	はい/いいえの2つの値を受け付けます。入力画面ではチェックボックス、ドロップダウンリストボックス、ラジオボタンのいずれかの形式で表現できます。
長いテキスト	複数行のテキスト入力を受け付けます。「ワイド表示」をONにするとチケットの説明欄と同じ幅で表示できます。

8.9 複数のメンバーを担当者にする ―グループへのチケット割り当て

Redmineのチケットの担当者に設定できるメンバーは一人だけで、1つのチケットで複数のメンバーを同時に担当者に設定することはできません。しかし、複数のメンバーを束ねる**グループ**をチケットの担当者とすることができるので、複数の担当者を割り当てるのに近い運用をすることができます。

グループをチケットの担当者にすると、グループに所属するメンバーからはそのチケットが自分に割り当てられたチケットと同じように見えます。

- そのチケットが自分が担当するチケットの一覧に表示される
- そのチケットが更新されるとグループのメンバー全員に対してメール通知が行われる

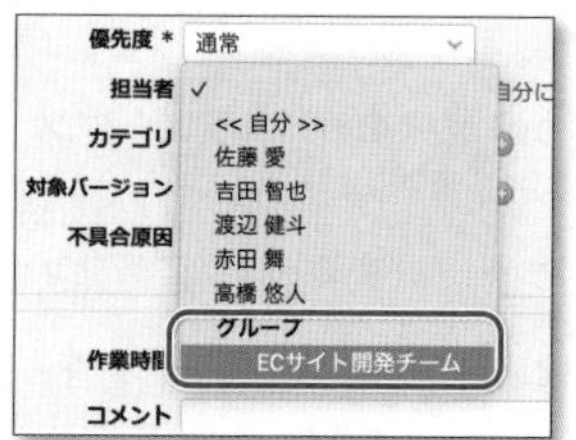

図8.35 グループへのチケット割り当て

8.9.1 グループへの割り当てを利用するための準備

「グループへのチケット割り当てを許可」をON

グループへのチケット割り当て機能はデフォルトでは利用できないので、設定変更が必要です。**管理**→**設定**→**チケットトラッキング**を開き**グループへのチケット割り当てを許可**をONにしてください。

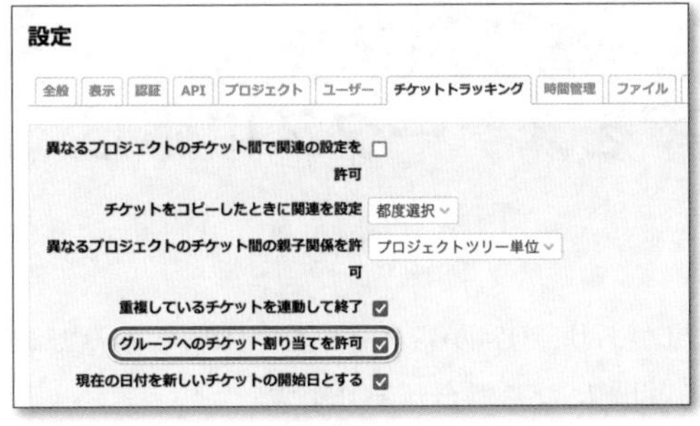

図8.36 グループへのチケット割り当てを利用するための設定

▶グループをプロジェクトに参加させる

チケットの担当者をグループにするためには、そのグループがプロジェクトに参加していなければなりません。プロジェクトの**設定→メンバー**でグループをプロジェクトのメンバーにしてください。

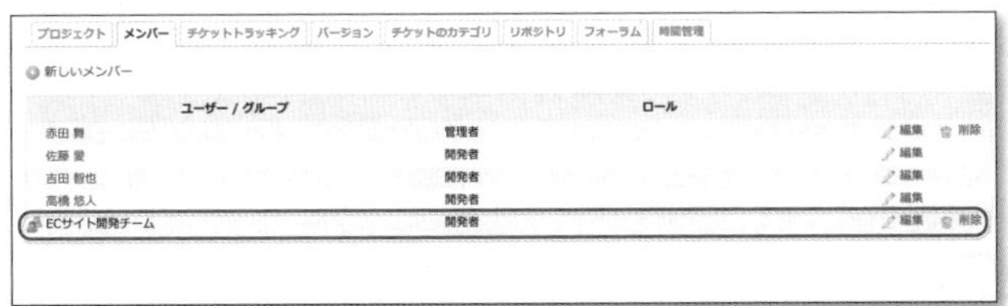

図8.37 グループをプロジェクトのメンバーに追加

もしまだグループを作成していない場合は**管理→グループ**を開いて新しいグループを作成してください。

> **NOTE** グループの管理についての詳細は6.9節「グループを利用したメンバー管理」で解説しています。

以上の設定を行うとチケットの**担当者**ドロップダウンリストボックスにプロジェクトにメンバーとして追加されているグループが表示され、グループへのチケット割り当てが利用できるようになります。

8.10 チケットの進捗率をステータスに応じて自動更新する

チケットには**進捗率**という項目があり、0%から100%まで10%きざみで値を選べます。しかし、次のことが問題になる場合があります。

▶ 進捗率の更新忘れ

進捗率はチケットのステータスとは同期していない独立の項目であるため、例えばステータスを**終了**にしても進捗率が自動的に100%になるわけではありません。担当者が進捗率の更新を忘れた場合は、作業が終了しているのにもかかわらず進捗率が0%のままだったり、逆に進捗率が100%なのにステータスが**終了**になっていないということがあり得ます。

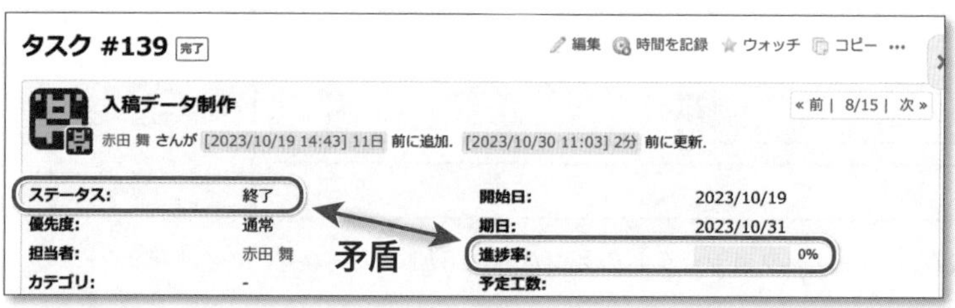

△ **図8.38** ステータスと進捗率が矛盾した状態のチケット

▶ 進捗率の基準のばらつき

進捗率の基準が担当者間で統一されていない場合、実際には同程度の進捗でも入力した担当者によって進捗率の数字が大きく異なることがあります。

これらの問題の対策として、進捗率を手入力するのではなく現在のチケットのステータスに応じて自動設定することができます。この設定を行うことで、ステータスを変更すれば同時に進捗率もあらかじめ定義された値に更新されるようになり、進捗率の更新漏れがなくなります。また、ステータスに応じて進捗率が固定的に決まるので、担当者間の進捗率の基準のばらつきの影響も受けません。

WARNING

「進捗率の算出方法」を「チケットのステータスに連動」に設定すると、進捗率は必ずステータスに連動した値となり、チケットの編集画面で任意に変更することはできなくなります。

8.10.1 設定方法

▶①進捗率の算出方法の変更

Redmineの**管理→設定→チケットトラッキング**で、**進捗率の算出方法**を**チケットのステータスに連動**に変更してください。この設定変更を行うと、各ステータスに対して進捗率を設定できるようになります。

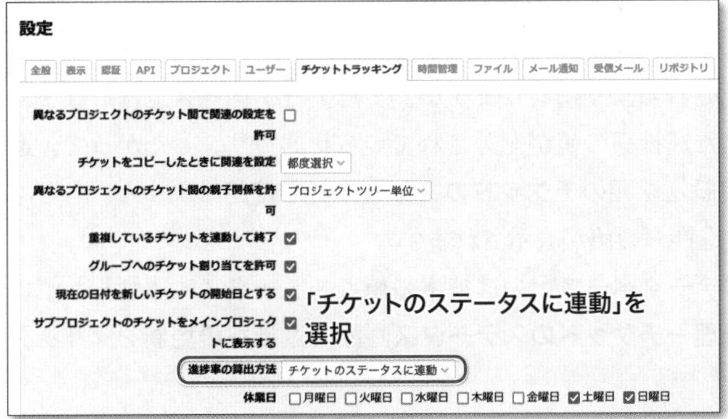

図8.39 「進捗率の算出方法」を「チケットのステータスに連動」に変更

▶②各ステータスに進捗率を設定

管理→チケットのステータスで各ステータスの名称をクリックして編集画面を開き、そのステータスの進捗率を設定してください。

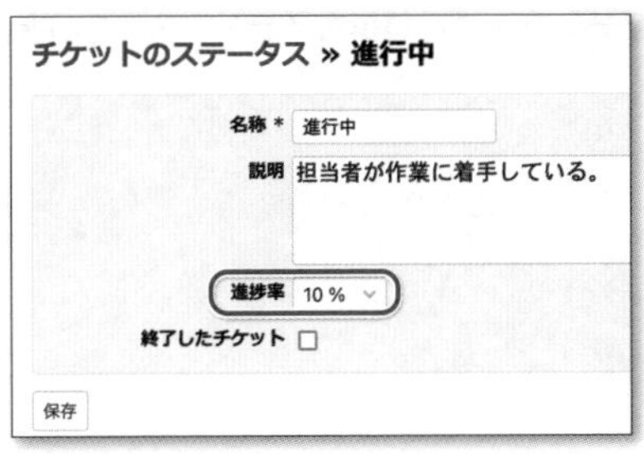

図8.40 ステータスごとに進捗率を設定

表8.7 ステータスごとの進捗率の設定例

ステータス	進捗率
新規	0%
進行中	10%
解決	60%
フィードバック	60%
終了	100%
却下	100%

③既存チケットの進捗率の更新(任意)

以上の設定により、これ以降作成・更新するチケットにはステータスに応じた進捗率が表示されるようになりますが、まだデータベース上はこれまで個別に入力していた進捗率の値が記録されている状態です。したがって、**進捗率の算出方法**の設定を元の**チケットのフィールドを使用**に戻すと、もともと入力されていた進捗率の値が表示されます。

既存チケットのデータベース上の進捗率の値もステータスに連動した値に更新するには、**管理→チケットのステータス**画面で**進捗率の更新**をクリックしてください。

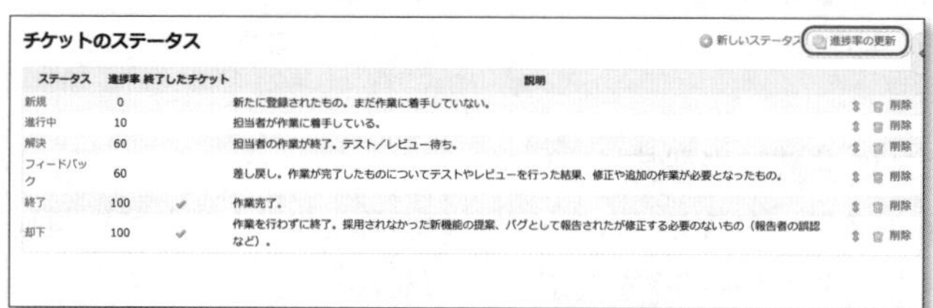

図8.41 データベースに記録されている既存チケットの進捗率をステータスに応じた値に更新

Chapter 9

フィルタとクエリ

フィルタはチケットや作業時間を絞り込むための機能で、数千件・数万件のチケットから必要なものだけを絞り込んで表示できます。Redmineでは多くの種類のフィルタが用意されていて、それらを組み合わせてさまざまな条件で絞り込みができます。

また、作成したフィルタの組み合わせはクエリとして保存が可能で、保存したクエリをサイドバーから呼び出すことでいつでも同じ条件のフィルタを適用できます。

この章では、Redmineの多くの機能の中でおそらく最も頻繁に使われるであろうフィルタとクエリについて詳説します。

9.1 フィルタによるチケット一覧の絞り込み

チケット画面にはデフォルトでは未完了のチケットが一覧表示されますが、**フィルタ**を使えば一覧を絞り込む条件をさまざまに指定できます。適切にフィルタを設定することで大量のチケットの中から今見るべきチケットだけに表示を絞り込むことができます。

NOTE

目に見えるチケットを減らして今進めるべきチケットだけにフォーカスする手段として、「バージョン」と「ロードマップ」を使ってプロジェクトの各段階ごとにチケットを分類する方法も用意されています。詳しくは11.4節「ロードマップ画面によるマイルストーンごとのタスクと進捗の把握」を参照してください。

9.1.1 フィルタの設定方法

フィルタを設定するには、**チケット**画面内の**フィルタ**で条件を設定します。絞り込みの条件に使うフィールドを**フィルタ追加**ドロップダウンリストボックスから選択して条件設定を行ってください。複数の条件を設定すると、すべての条件を満たすチケットのみが表示されます（AND条件）。条件を設定し終えたら**適用**をクリックしてください。

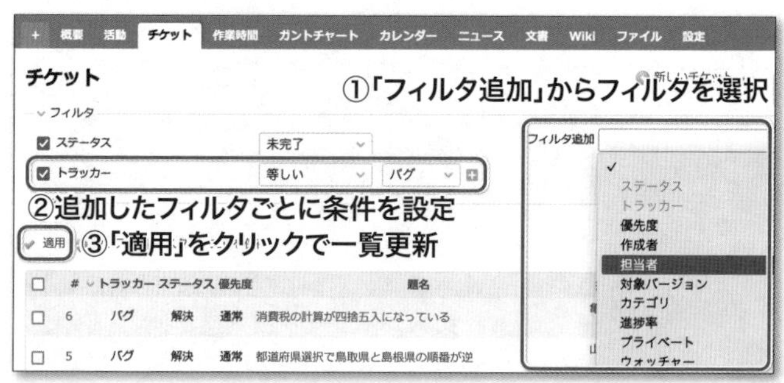

▲ **図9.1** チケットのフィルタ

クリアをクリックするとフィルタが解除され、すべての未完了のチケットが表示されるデフォルトの状態に戻ります。

NOTE
設定したフィルタは**クエリ**として保存しておけば都度設定することなく1クリックで呼び出せるようにできます。クエリについては9.2節「フィルタによる絞り込み条件をクエリとして保存する」で解説しています。

9.1.2 フィルタの設定例

▶担当者が自分になっている未完了のチケット

担当者が自分に設定されているチケットの一覧が表示されます。これらは自分が何らかのアクションを起こす必要があるチケットです。

図9.2 フィルタ設定例：担当者が自分になっている未完了のチケット

▶ステータスが新規で開始日が本日以前のチケット

未着手のチケット(ステータスが新規)のうち、開始日が到来しているものの一覧が表示されます。計画している開始日が到来しているので、速やかに着手すべきチケットです。

図9.3 フィルタ設定例：ステータスが新規で開始日が本日以前のチケット

▶期日が過ぎているか7日以内に到来するチケット

未完了のチケットのうち、期日が過ぎているか7日以内に到来するチケットの一覧が表示されます。

図9.4 フィルタ設定例：期日が過ぎているか7日以内に到来するチケット

9 フィルタとクエリ

▶ステータスごとにグループ分けして表示(「グループ条件」を利用)

グループ条件を設定すると、チケットを指定したフィールドの値ごとにグループ分けして表示できます。下図の例ではステータスごとにグループ分けして表示しています。

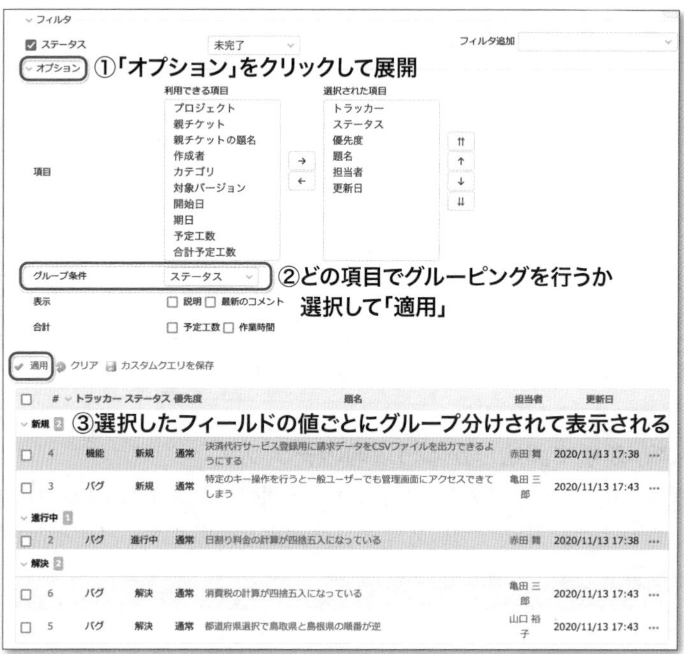

図9.5 フィルタ設定例：ステータスごとにグループ分けして表示

9.2 フィルタによる絞り込み条件をクエリとして保存する

9.1節「フィルタによるチケット一覧の絞り込み」ではフィルタを使ったチケットの絞り込みを紹介しました。作成したフィルタの設定は「クエリ」(カスタムクエリ)として保存しておけばサイドバーから1クリックで呼び出せるようにできます。頻繁に使う絞り込み条件や複雑な条件のフィルタを都度組み立てる手間を省けます。

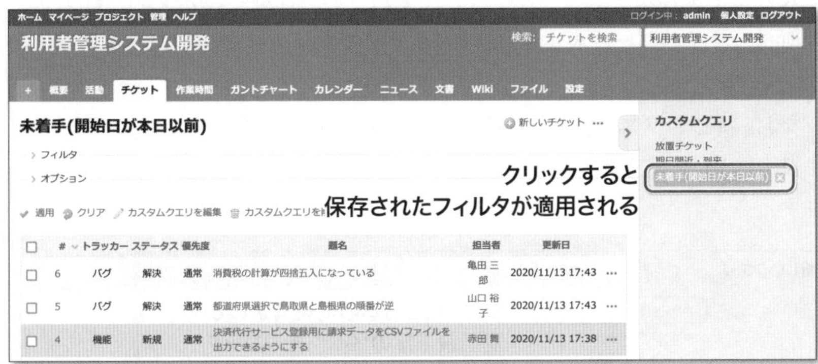

▲ **図9.6** チケット一覧の右サイドバーに表示されたクエリ

9.2.1 クエリの保存

フィルタで設定した条件をクエリとして保存するには、**フィルタ**欄の下の**カスタムクエリを保存**をクリックしてください。

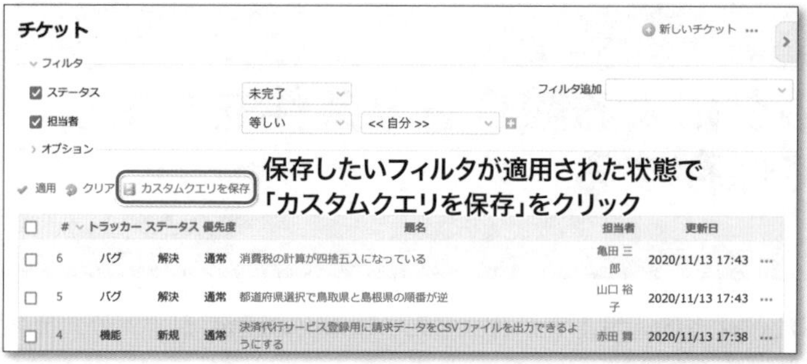

図9.7　クエリの保存1

新しいクエリ画面が表示されます。クエリを保存するための名前を**名称**欄に入力して**保存**ボタンをクリックしてください。保存されたクエリは**チケット**画面のサイドバーに表示され、1クリックでフィルタを適用できるようになります。

なお「新しいクエリ」画面ではクエリに名前をつけるだけではなく、図9.8と表9.1で示すようにチケット一覧の表示内容を細かく調整することもできます。

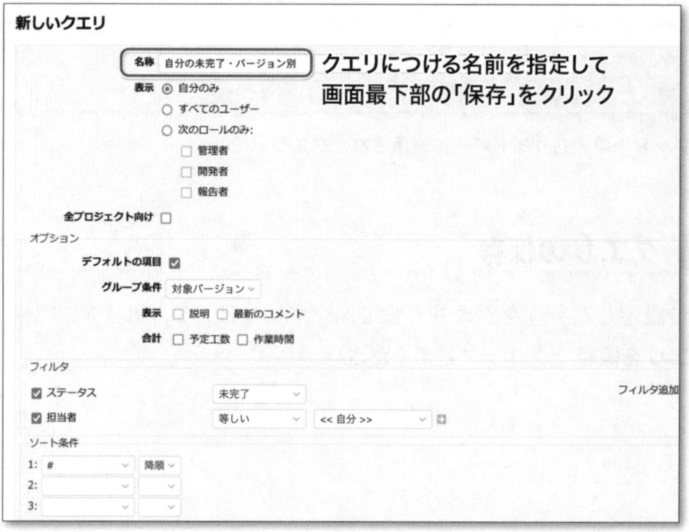

図9.8　クエリの保存2

▼ **表9.1** 新しいクエリ画面の主な項目

名称	説明
名称	クエリの名前です。「チケット」画面のサイドバー内のクエリの一覧に表示されます。
表示	作成したクエリが誰に表示されるのかを指定します。以下の三つの中から選択できます。 「自分のみ」 　自分だけに表示されます。デフォルトの選択肢です。 「すべてのユーザー」 　プロジェクトにアクセスするすべてのユーザーに表示されます。よく使いそうなフィルタを管理者があらかじめ作成しておくことができます。 「次のロールのみ」 　作成者だけでなく、そのプロジェクトの特定のロールのメンバーに表示されます。例えば、「管理者」ロールのメンバー全員に表示されるクエリを作成できます。
全プロジェクト向け	ONにすると、作成したクエリがすべてのプロジェクトで表示されます。例えば、自分が担当者である未完了のチケットを表示するもののような汎用的なものは「全プロジェクト向け」としておくと便利です。
デフォルトの項目	OFFにすると、クエリを適用したチケット一覧にどのフィールドが表示されるのかカスタマイズできます。
グループ条件	ここで選択したフィールドの値でチケット一覧がグルーピングされて表示されます。
表示 》説明	ONにするとチケット一覧に説明欄の内容も表示されます。
表示》最新のコメント	ONにするとチケット一覧に最新のコメントの内容も表示されます。
合計》予定工数	フィルタで選択されている全チケットの予定工数の合計が表示されます。
合計》作業時間	フィルタで選択されている全チケットの作業時間の合計が表示されます。
フィルタ	クエリで適用されるフィルタです。
ソート条件	クエリを適用したチケット一覧でどのような並び順でチケットを表示させるのかソートキー・ソート順を指定できます。最大3件のソートキーを指定できます。

> **WARNING**
> 「表示」欄は、「公開クエリの管理」権限を持つユーザーのみ利用できます。権限を持たないユーザーは「自分のみ」のクエリだけを作成できます。この権限は、デフォルトでは「管理者」ロールに割り当てられています。権限の割り当ての確認や変更は「管理」→「ロールと権限」→「権限レポート」で行えます。

> **NOTE**
> チケット一覧の操作では単一のソートキーしか利用できませんが、クエリを作成することで複数のソートキーを指定したソートが実現できます。

9.2.2 クエリの編集と削除

まず、**チケット**画面のサイドバー内のクエリの一覧で編集または削除したいクエリをクリックし、チケット一覧にそのクエリが適用された状態にしてください。すると、フィルタ欄の下に**カスタムクエリを編集**と**カスタムクエリを削除**が表示されます。目的に応じていずれかをクリックしてください。

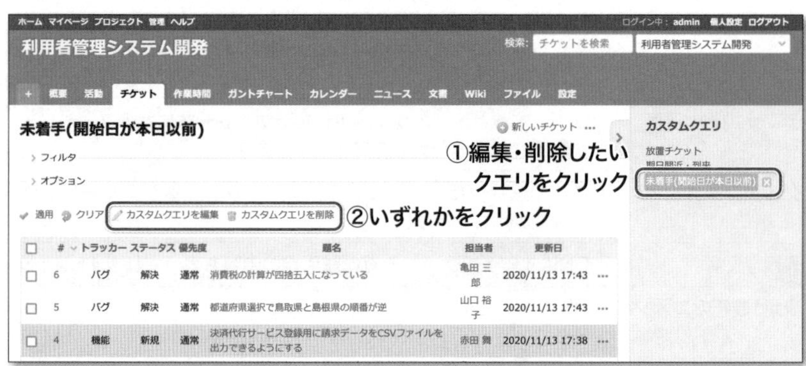

図9.9 クエリの編集と削除

9.2.3 デフォルトクエリ

デフォルトクエリとは、**チケット**画面を開いたときにデフォルトで適用するクエリです。通常は**チケット**画面を開くと未完了のチケットが一覧表示されますが、デフォルトクエリを設定することで最初に表示されるチケットの一覧をカスタマイズできます。

デフォルトクエリは次の3つのレベルでそれぞれ設定可能です。複数のレベルで設定されている場合は、ユーザーレベル、プロジェクトレベル、システムレベルの順に優先されます。

- ユーザーレベル(各ユーザーが「個人設定」内で設定)
- プロジェクトレベル(各プロジェクトの「設定」→「チケットトラッキング」)
- システムレベル(「管理」→「設定」→「チケットトラッキング」)

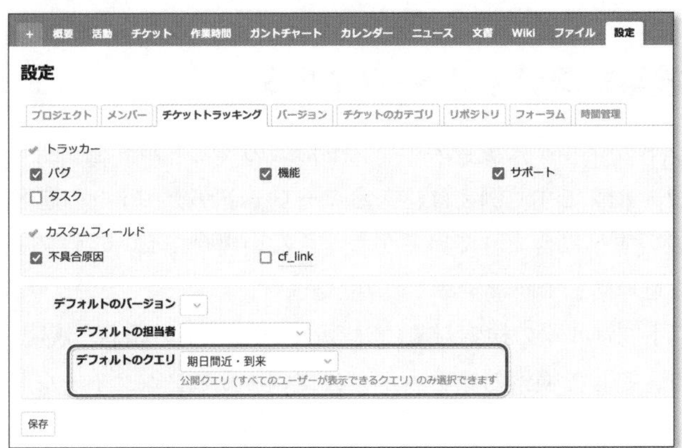

図9.10 プロジェクトレベルのデフォルトクエリの設定

NOTE デフォルトクエリはチケットのほかプロジェクトでも設定できます。

9.3 特別な動作のフィルタと演算子

チケットのフィルタと演算子には特別な動作により利便性を高めるものがあります。

9.3.1 「全検索対象テキスト」フィルタ

全検索対象テキストフィルタは複数のテキスト形式のフィールドを横断して検索するためのフィルタです。例えば、あるキーワードがチケットの題名か説明かコメントのいずれに含まれているかわからない場合でも、このフィルタを使えばそれらを一括して検索することができます。

全検索対象テキストフィルタの検索対象になるのはチケットの題名、説明、カテゴリ、コメント、そして**検索対象**と設定されているカスタムフィールドです。

実は**全検索対象テキスト**フィルタの検索対象は画面右上の検索ボックスを使ってチケットを検索するときに検索対象となるフィールドと同じです。つまり、このフィルタは画面右上の検索ボックス相当の機能がフィルタになったものですが、検索ボックスと比べた大きな利点は、ほかのフィルタを組み合わせて検索結果をさらに絞り込むことができることです。

全検索対象テキストフィルタが検索ボックスの検索結果と同等であることがわかるのが、検索ボックスによる検索結果の画面に表示される**チケットのフィルタを適用**リンクです。このリンクをクリックすると、検索結果を「全検索対象テキスト」フィルタを適用した状態のチケット一覧に変換できます。ここからさらに追加のフィルタを指定して結果を絞り込むことができます。

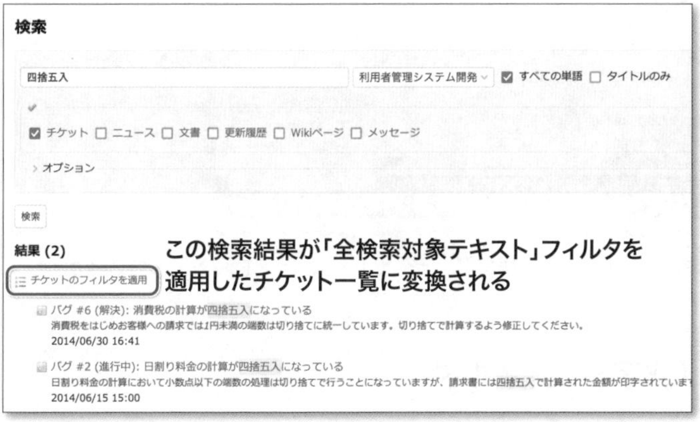

図9.11 「チケットのフィルタを適用」リンク

9.3.2 「チケット」フィルタ

チケットフィルタは指定したチケット番号をチケット一覧に表示するためのフィルタです。複数のチケット番号をコンマ区切りで指定することもできます。

このフィルタの用途の一つは複数のチケットを誰かに示すことです。例えば、2件のチケットを示したいとき、それぞれのチケット番号やチケットへのリンクを示す代わりに**チケット**フィルタで2個のチケット番号を指定した1つのURLを示すことができます。また、受け取った側は1つのURLを開くだけで指定されたチケットを一覧表示できます。

「チケット」フィルタを使うには**フィルタ追加**ドロップダウンリストボックスから選択してチケット番号を手入力する方法のほか、チケット一覧から複数のチケットを選択してから右クリックして**フィルタ**を選択することでマウス操作のみでフィルタを適用することもできます。また、右クリックで表示されるメニューから**リンクをコピー**を選択すると**チケット**フィルタが適用された状態のURLを得ることができます。

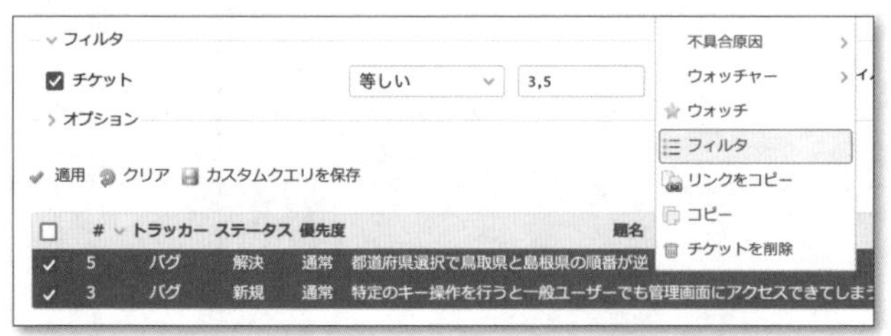

図9.12 「チケット」フィルタの使用例：チケット#3と#5を指定して一覧に表示

9.3.3 「終了日」フィルタ

終了日フィルタはチケットの終了日を指定して絞り込むためのフィルタです。終了日とはそのチケットのステータスが終了状態のもの(**管理→チケットのステータス**で**終了したチケット**と設定されたもの)に最後に変更された日です。

9.3.4 「含む」演算子によるAND検索

テキスト形式のフィルタで**含む**演算子を使用すると指定した文字列が含まれるチケットを抽出できますが、ここで複数のキーワードをスペースで区切って入力すると、それらのキーワードがすべて含まれるチケットを抽出することができます(AND検索)。

例えば、**題名**フィルタで**含む**演算子を選んで「quick brown fox」のように入力すると、題名に「quick」も「brown」も「fox」も含まれるチケットが抽出されます。

もしAND検索ではなく「quick brown fox」という文字列を含むチケットを抽出したい場合は「"quick brown fox"」のようにダブルクォーテーションで囲んでください。

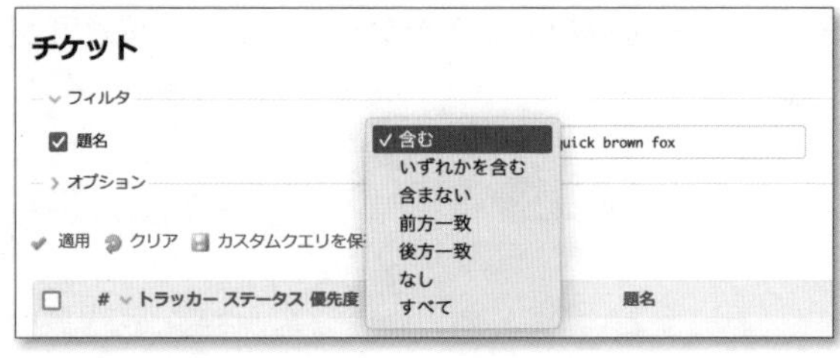

図9.13 「含む」演算子

9.3.5 「いずれかを含む」「前方一致」「後方一致」演算子によるOR検索

テキスト形式のフィルタに対して**いずれかを含む**、**前方一致**または**後方一致**演算子を使用するとき、複数のキーワードをスペースで区切って入力すると、それらのキーワードのいずれかが含まれるチケットを抽出することができます(OR検索)。

例えば、**題名**フィルタで**いずれかを含む**演算子を選んで「quick brown fox」のように入力すると、題名に「quick」または「brown」または「fox」のいずれかが含まれるチケットが抽出されます。

もしスペースで区切られた複数の単語をOR検索対象の複数キーワードではなく単一のフレーズとして扱いたい場合は「"quick brown fox"」のようにダブルクォーテーションで囲んでください。

フィルタ
ファイル　後方一致　.pdf .pptx

図9.14 OR検索の例：拡張子が.pdfまたは.pptxであるファイルが添付されているチケットを抽出

9.3.6 「現在/過去の値」「一度もない」「過去の値」演算子による履歴の検索

チケットのフィルタは原則として現在のフィールドの値をもとに絞り込みを行いますが、**現在/過去の値**、**一度もない**そして**過去の値**の3つ演算子を使うとチケットの履歴に記録されている過去の値も参照して絞り込みが行われます。

図9.15 「現在/過去の値」「一度もない」「過去の値」演算子が参照する履歴情報

例えば、**担当者**フィルタで**現在/過去の値**演算子を選んで**自分**を選択してフィルタを適用すると、現在の担当者が自分であるチケットと、過去に担当者が自分であったチケットが抽出されます。

表9.2 チケットの履歴を参照する演算子の一覧

演算子	動作
現在/過去の値	現在の値または過去の値が一致するもの（例：現在または過去において自分が担当者であるチケット）。英語名称は「has been」。
一度もない	現在においても過去においてもその値だったことがないもの（例：担当者が自分であることが一度もないチケット）。「現在/過去の値」演算子の反対の動作。英語名称は「has never been」。
過去の値	過去にその値から別の値に変更されたことがあるもの（例：担当者が自分から別のユーザーに変更されたことがあるチケット）。英語名称は「changed from」。

図9.16 「現在/過去の値」演算子使用例：担当者が現在自分であるか過去に自分だったことがあるチケット

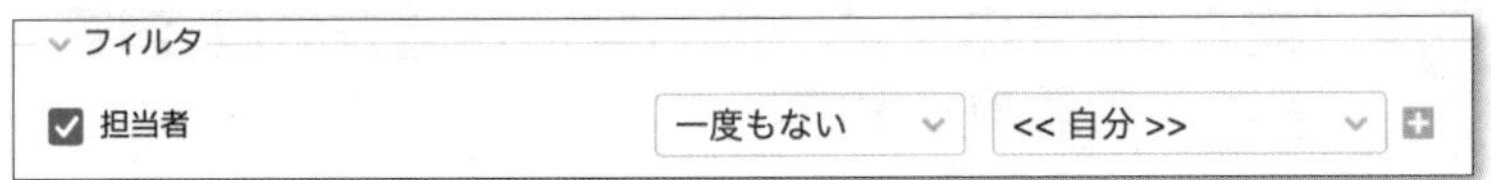

図9.17 「一度もない」演算子使用例：担当者が現在自分ではなく過去においても自分だったことがないチケット

図9.18 「過去の値」演算子使用例：ステータスが過去に「終了」から別の値に変更されたことがあるチケット

Chapter 10

通知を受け取る

Redmineのチケットやwikiなどが更新されると、関係者にメールで通知されます。Chapter 10ではメール通知やほかの方法での通知について解説します。

10.1 Redmine全体のメール通知の設定

Redmineにはメール通知の機能があります。チケットやWiki、ニュースなどが作成されたり更新されたりすると、関係者にメールが送信されます。メールには更新された内容が記載されているので、Redmineにアクセスしなくてもいつ誰がどのような更新を行ったのかを把握することができます。メール内のチケットへのリンクをクリックすれば簡単にチケットにアクセスできます。

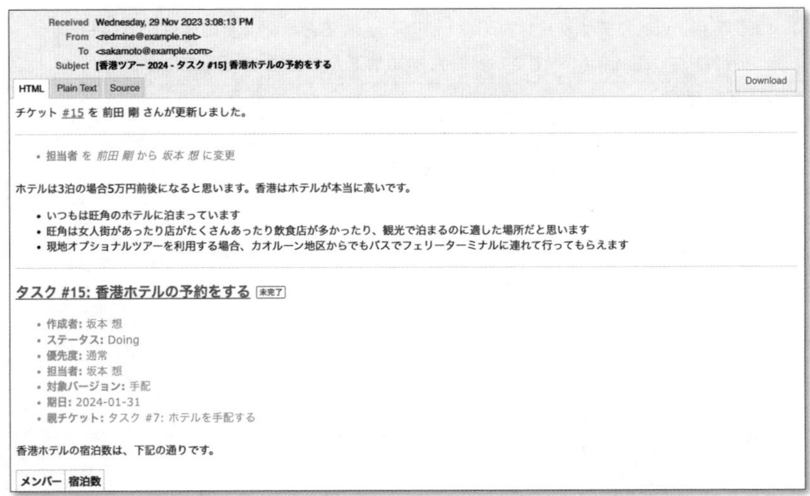

図10.1 メール通知の例

Redmineでどのような操作を行ったときにメール通知を送信するのか対象とする操作を設定します。**管理→設定→メール通知**タブ内の**メール通知の送信対象とする操作を選択してください。**からONにした操作を行うとメール通知が送信されます。Redmine全体で共通の設定なので全ユーザー、全プロジェクトに適用されます。

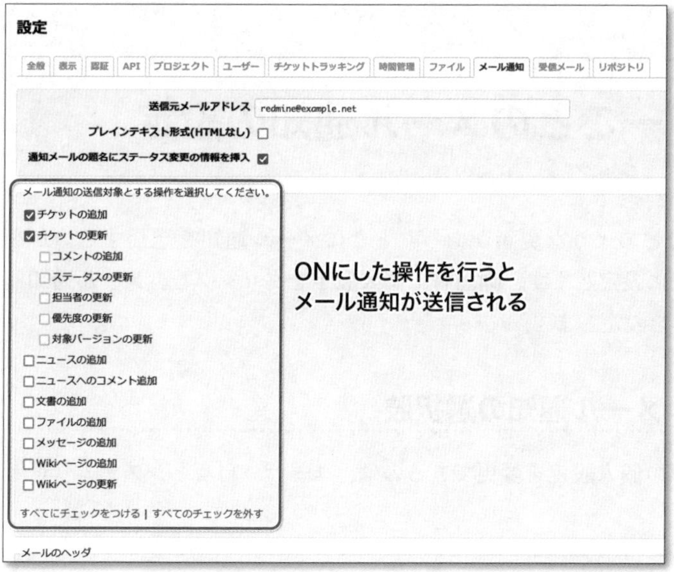

図10.2「メール通知」タブ

デフォルトは**チケットの追加**と**チケットの更新**がONです。**チケットの更新**をONにするとその下に並ぶ**コメントの追加**、**ステータスの更新**、**担当者の更新**、**優先度の更新**、**対象バージョンの更新**の5つはONにしなくても通知対象となります。

- チケットの追加
- チケットの更新
  - コメントの追加
  - ステータスの更新
  - 担当者の更新
  - 優先度の更新
  - 対象バージョンの更新
- ニュースの追加
- ニュースへのコメント追加
- 文書の追加
- ファイルの追加
- メッセージの追加
- Wikiページの追加
- Wikiページの更新

10.2 ユーザーごとのメール通知の設定

Redmineでどのような更新があったときにメール通知を送信するのかをユーザーごとに設定します。画面右上**個人設定**をクリックし、**メール通知**欄から通知内容を設定します。

10.2.1 メール通知の選択肢

各ユーザーの個人設定を変更できるのは、ユーザー自身とシステム管理者です。

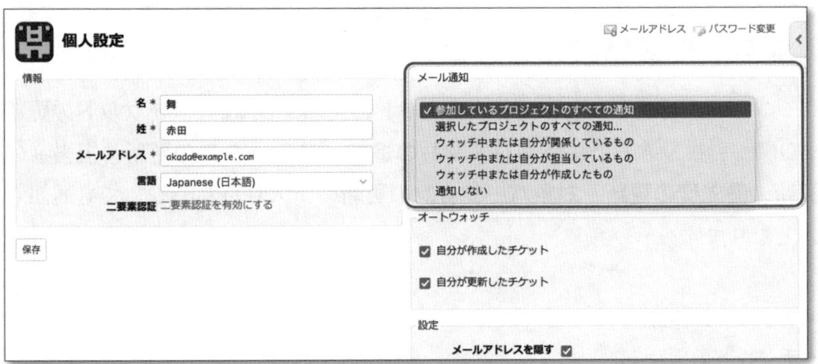

△ **図10.3** 個人設定「メール通知」

▽ **表10.1** 個人設定「メール通知」の選択肢とその意味

選択肢	通知内容
参加しているプロジェクトのすべての通知	参加している全プロジェクトについて、チケットの追加や更新などの通知が送信されます。
選択したプロジェクトのすべての通知...	選択したプロジェクトのみについて、チケットの追加や更新などの通知が送信されます。ただし、選択していないプロジェクトでも、後述の「ウォッチ中または自分が関係しているもの」に該当する通知は送信されます。

ウォッチ中または自分が関係しているもの	以下の事柄が通知されます。 • 自分がウォッチしているチケットが更新された • 自分が作成したチケットが更新された • 自分が担当するチケットが更新された • チケットの更新により自分が担当者に設定された
ウォッチ中または自分が担当しているもの	デフォルトの設定です。「ウォッチ中または自分が関係しているもの」から「自分が作成したチケットが更新された」を除いたもので、以下の事柄が通知されます。 • 自分がウォッチしているチケットが更新された • 自分が担当するチケットが更新された • チケットの更新により自分が担当者に設定された
ウォッチ中または自分が作成したもの	次の事柄が通知されます。 • 自分がウォッチしているチケットが更新された • 自分が作成したチケットが更新された
通知しない	メール通知が行われません。

WARNING

「通知しない」など通知を限定する設定にしていても「優先度が～以上のチケットについても通知」をONにすると、優先度がデフォルトより高く設定されているチケットはすべて通知されます。詳細は後述の10.2.2「優先度が高いチケットの通知を受け取る」で解説しています。

WARNING

ニュースに関する通知は、メール通知を「通知しない」以外に設定していれば設定内容とは無関係に常にプロジェクトの全メンバーに通知されます。

NOTE

「参加しているプロジェクトのすべての通知」に設定していても「管理」→「設定」→「メール通知」タブ内「メール通知の送信対象とする操作を選択してください。」でOFFになっている操作は通知されません。

10.2.2 優先度が高いチケットの通知を受け取る

メール通知の設定に関わらず、優先度がデフォルトより高く設定されているチケットをすべて通知します。以下のようなシーンで活用できます。

- 個人設定のメール通知を**ウォッチ中または自分が担当しているもの**に設定し、自分がウォッチャーでも担当者でもないが優先度が高いチケットは通知を受け取る
- 個人設定のメール通知を**通知しない**に設定し、通知対象を最小限にしながら優先度が高いチケットのみ通知を受け取る

個人設定画面の**優先度が〜以上のチケットについても通知**をONにします。

個人設定
メールアドレス パスワード変更
情報
名 * 舞
姓 * 赤田
メールアドレス * akada@example.com
言語 Japanese (日本語)
二要素認証 二要素認証を有効にする
保存
メール通知
ウォッチ中または自分が担当しているもの
優先度が 高め 以上のチケットについても通知
自分自身による変更の通知は不要
オートウォッチ
自分が作成したチケット
自分が更新したチケット

図10.4 個人設定「メール通知」内の設定

デフォルトの優先度とは、**管理**→**選択肢の値**→**チケットの優先度**で**デフォルト値**の列にチェックが入っている値です。例えば本設定がONのときにチケットの優先度が図10.5のように登録されている場合、デフォルト値**通常**よりも高い優先度である**高め**、**急いで**、**今すぐ**が設定されているチケットの更新が、個人のメール通知の設定にかかわらず通知されます。

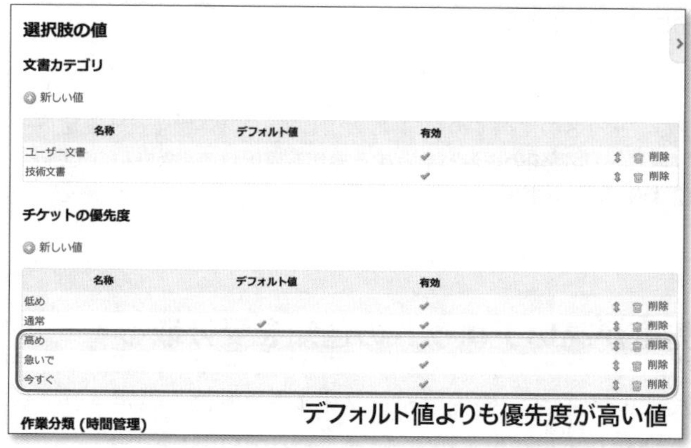

図10.5 選択肢の値

10.3 ウォッチ機能で気になるチケットの状況を把握

Redmineではチケットの更新をメールで知ることができますが、この通知はデフォルトでは自分が担当しているチケットについてのみ送信されます。それ以外のチケットでメール通知が欲しいものがあるときは、チケットのウォッチ機能が利用できます。直接担当はしていないものの状況が気になるチケットをウォッチしておけば、動きがあったときにメール通知を受け取ることができるようになります。

10.3.1 ウォッチの活用例

▶ 自分の担当ではないが状況を把握しておきたいチケットをウォッチする

自分の作業を進めるために別の担当者が実施中のチケットの完了を待っているときや、自分が担当者だったチケットを別の担当者に変更したときなど、あるチケットの状況を把握しておきたいときに便利です。チケットをウォッチしておけば、そのチケットにコメントが追加されたり状態が変更されたりしたときにメールで通知されるので、進捗を随時把握することができます。

▶ 重要なチケットの目印として使用する

作業中のチケット、後で参照したいチケットなど、チケットに目印を付けておきたいときにウォッチを活用できます。

マイページ画面にマイページブロック**ウォッチしているチケット**を追加しておけばウォッチしているチケットの一覧を1クリックで参照できます。チケットの一覧画面でもフィルタ設定でウォッチャーが自分であるチケットを絞り込んで表示できます。

図10.6 自分がウォッチしているチケットの一覧を表示するためのフィルタ

▶関係者をウォッチャーに追加(メールにおけるCCの代替)

ウォッチャーとはチケットをウォッチしているユーザーのことです。チケットを自分でウォッチするのではなく、他のユーザーをウォッチャーにすることもできます。

例えばメールで誰かに連絡するとき、関係者をCCに入れることがあります。チケットを作成する際にメールのCCと同様に関係者をウォッチャーとして追加しておけば、メール通知がウォッチャーにも行われ、メールのCCと同じことが実現できます。

10.3.2 ウォッチの設定

チケットのウォッチの設定方法は3つあります。1つ目が自分自身でウォッチを行う方法、2つ目が権限をもったユーザーがほかのユーザーをウォッチャーに追加する方法、3つ目がオートウォッチ機能で自動でウォッチする方法です。

▶方法① チケットを自分でウォッチする

チケットをウォッチするには、チケット表示画面の右上と右下に表示されているメニュー内の**ウォッチ**をクリックしてください。ウォッチしている状態になると、メニュー内の**ウォッチ**の文字が**ウォッチをやめる**に変わり、文字の左側の星印が灰色から黄色に変化します。

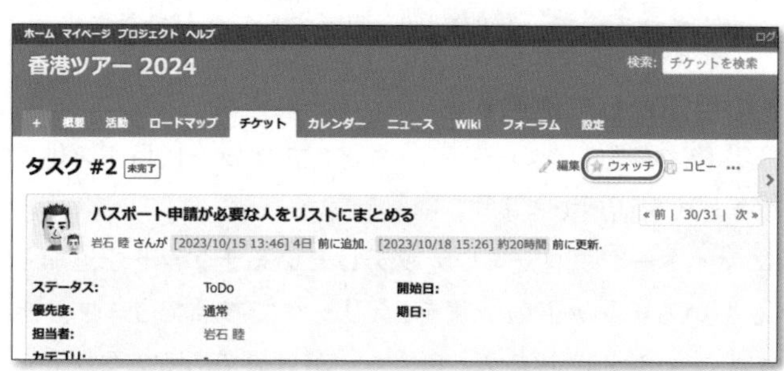

△ 図10.7 チケットのウォッチ

▶方法② チケットを他のユーザーにウォッチさせる

他のユーザーをウォッチャーに追加することで、関係者にそのチケットをウォッチさせることができます。

新しいチケットを作成するときは、**新しいチケット**画面の**ウォッチャー**欄の該当するユーザーのチェックボックスをONにすればウォッチャーが追加された状態でチケットを作成できます。

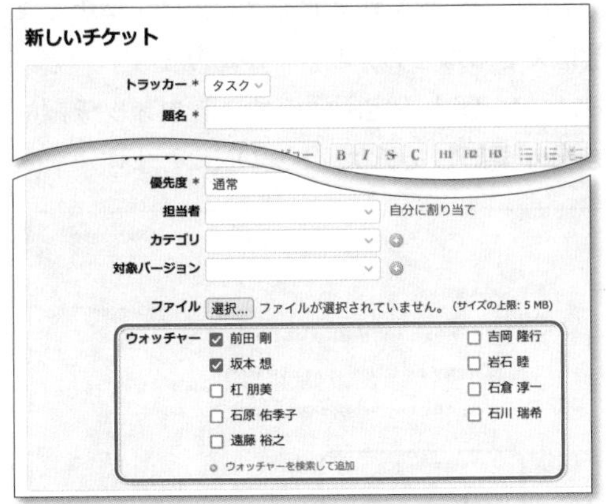

図10.8 「新しいチケット」画面でのウォッチャーの追加

> **NOTE**
> プロジェクトのメンバーが20人を超えている場合はチェックボックスは表示されません。「ウォッチャーを検索して追加」をクリックすると表示される「ウォッチャーの追加」ダイアログから追加してください。

作成済みのチケットでは、そのチケットを表示している画面の右側のサイドバー内の**ウォッチャー**欄で操作を行うことでウォッチャーの追加・削除が行えます。

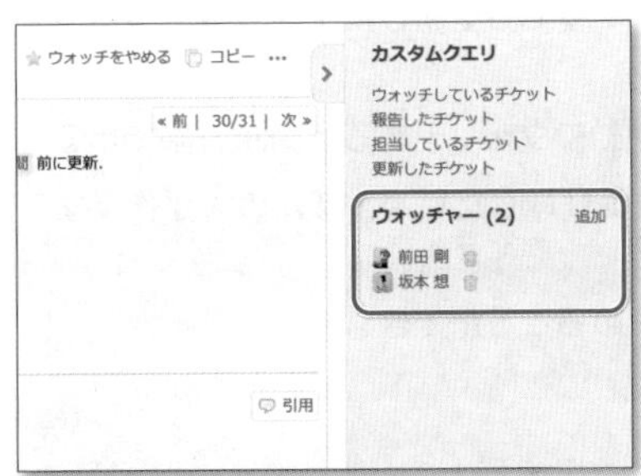

図10.9 既存チケットのウォッチャーの追加・削除

> **WARNING**
> チケットのウォッチャーを追加・削除するには「ウォッチャーの追加」権限・「ウォッチャーの削除」権限が必要です。この権限は通常は「管理者」ロールにのみ割り当てられています。管理者以外のロールで操作できるようにするにはシステム管理者に権限の割り当てを依頼してください。権限の割り当ての確認や変更は「管理」→「ロールと権限」→「権限レポート」で行えます。

▶方法③ チケットを自動でウォッチする(オートウォッチ機能)

自分が作成したチケットや更新したチケットを自動でウォッチする**オートウォッチ**機能があります。手動でウォッチする手間が省ける、ウォッチした後にチケットごとにウォッチを解除できるなどのメリットがあります。

オートウォッチ機能を使用するには、**個人設定**画面の**オートウォッチ**欄にある**自分が作成したチケット**や**自分が更新したチケット**をONにします。

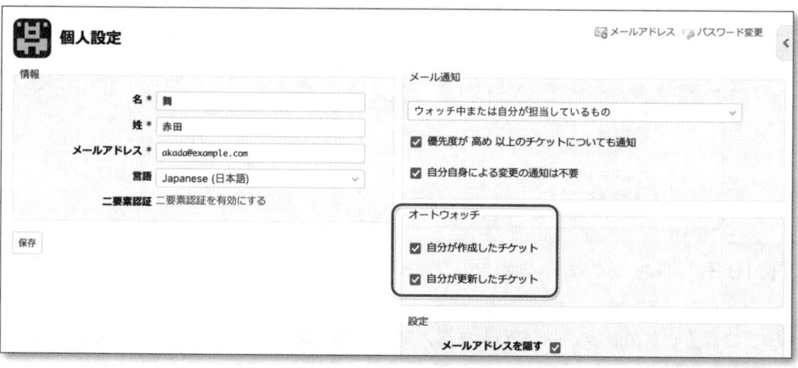

△ **図10.10** オートウォッチが設定できる個人設定画面

オートウォッチ機能は以下のようなシーンで活用できます。

- 自分が作成してほかの人を担当者に割り当てたチケットは最初だけ通知を受け取りたいが、途中から通知は不要。
- 自分が担当者であるかどうかに関わらず、一度でも更新したチケットについて通知を受け取りたい。

  ➡ チケットを作成・更新するたびに毎回手動でウォッチする手間が省略できる

- 自分が作成したチケットは基本的に通知を受け取りたいが、ほかの人が作業する一部のチケットのみ通知は不要。

  ➡ 通知が不要なチケットのみウォッチをやめることができる

10.4 メンション機能を使って特定のユーザーに通知する

特定のユーザーを指定してメール通知できるメンション機能があります。チケットやWikiの作成・更新時に@ログインIDのように@に続いてユーザーのログインIDを入力すると、そのユーザーにメール通知が送信されます。

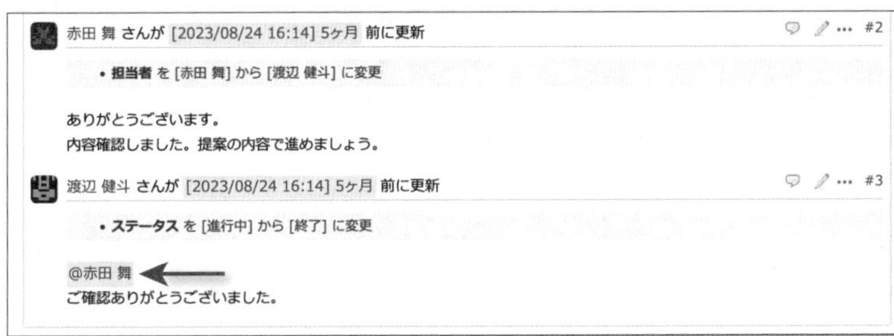

図10.11 メンション機能の例

メンション機能は以下のようなシーンで活用できます。

- 担当者やウォッチャーに設定していないユーザーに伝えたいとき
- 担当者にグループを設定しているチケットやウォッチャーに複数のユーザーを追加しているチケットで特定のユーザーへ伝えたいとき

10.4.1 入力方法

チケットのコメントなどの入力欄に@を入力し、メンションしたいユーザーのログインIDを入力します。例えば、ログインIDがakadaの場合は@akadaと入力します。

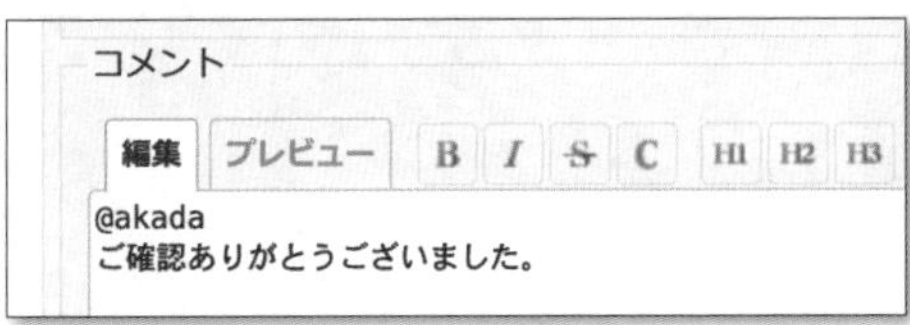

図10.12 メンションの入力例

さらに**チケットの編集**権限を持っていれば、@を入力するとユーザーの一覧が表示されます。メンションしたいユーザーを選択すると自動的にログインIDが入力されるので、ログインIDがわからなくても簡単に入力できます。

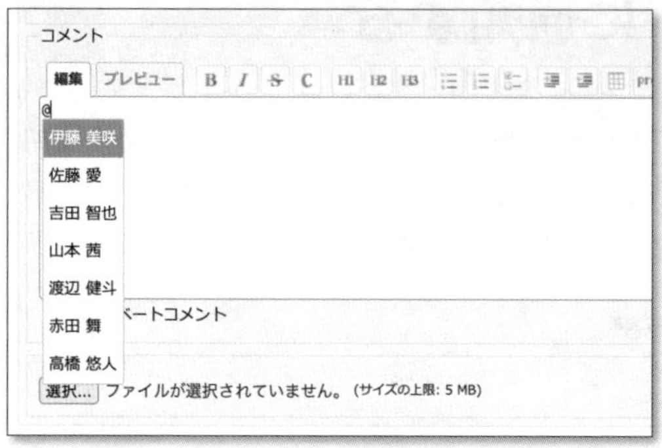

図10.13 ユーザーの一覧が表示される

@ログインIDを入力してチケットを更新すると、そのユーザーに通知が送信されます。画面上では図10.14のように@マークに続くログインIDの部分がユーザーの名前に変換されて表示されます。

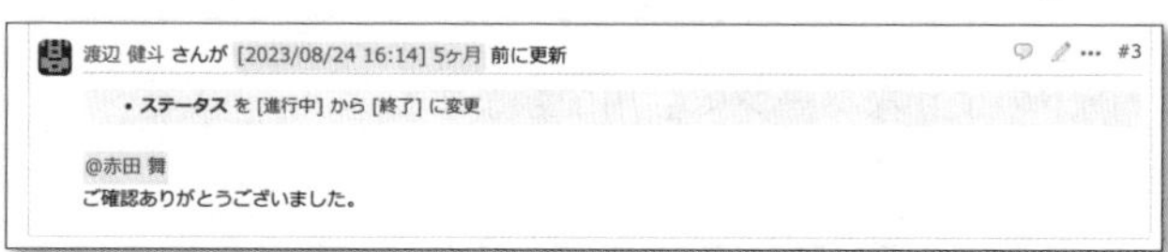

図10.14「@ログインID」の部分はユーザーの名前が表示される

10.5 通知メールの件数を減らす

Redmineにはメール通知機能があり、チケットの作成・更新などを行うと関係者にメールが届きます。必要不可欠な機能ではありますが、活発なプロジェクト、参加者が多いプロジェクトでは届くメールが多すぎると感じることもあります。関心の対象ではないメールが頻繁に届くと次第にRedmineからのメールが煩わしくなり、Redmineからのメールは読まずに削除することが常態化してしまう恐れがあります。

メールが多すぎると感じるときは、設定を見直してメールの量を抑制することを検討してください。

10.5.1 個人設定の見直し

個人設定画面の**メール通知**グループボックス内で、ユーザーが受け取るメール通知の対象を変更できます。

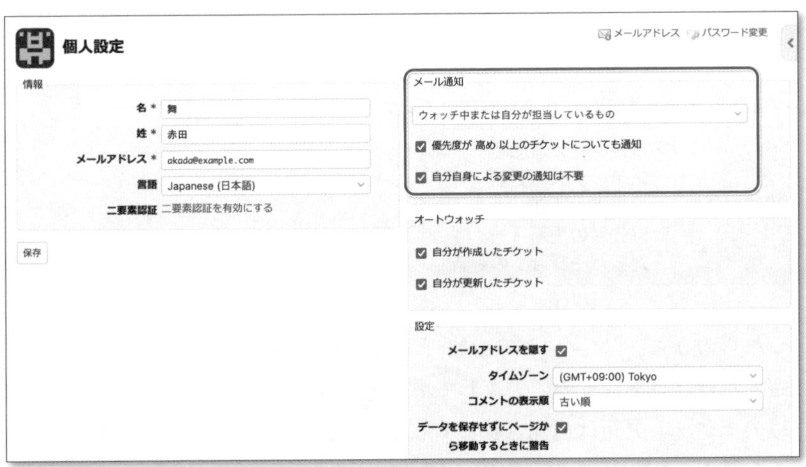

▲ **図10.15** 個人設定画面での通知メールに関する設定

▶チケットを更新したのが自分であれば通知しないようにする

自分自身による変更の通知は不要がOFFになっていると、自分自身の操作で発生した更新についてもメールが届きます。

普通は自分が直前に行った操作は把握できているのでメールで通知を受ける必要性は低く、この機能はONにしても支障がないことが多いでしょう。

▶優先度による制御で最小限のチケット更新を通知する

優先度が～以上のチケットについても通知をONにすると、メール通知対象外のチケット更新であっても優先度が高く設定されていれば通知を受け取ることができます。

例えば、個人設定の通知メールを**通知しない**に設定にして、優先度が高いチケットについてのみメールを受け取るといったことができます。

> NOTE この設定の詳細は10.2.2「優先度が高いチケットの通知を受け取る」で解説しています。

10.5.2 チケットの更新のうち通知対象を絞り込む

チケットの更新の通知は、デフォルトでは表10.2に挙げるアクションが対象になっています。

▼ **表10.2** メール通知の対象となっているチケットの更新

通知対象	・コメントの追加 ・ステータスの更新 ・担当者の更新 ・優先度の更新 ・対象バージョンの更新

これらのうち、「コメントの追加」と「担当者の更新」のみを通知するように設定すれば、コメントの入力なしで単にステータスや優先度の変更を行っただけのチケット更新は通知されなくなるので、メール通知の量をかなり減らすことができます。

設定は、**管理**→**設定**→**メール通知**画面で次の設定変更を行います。

1. 「チケットの更新」をOFFにする
2. 「コメントの追加」と「担当者の更新」をONにする

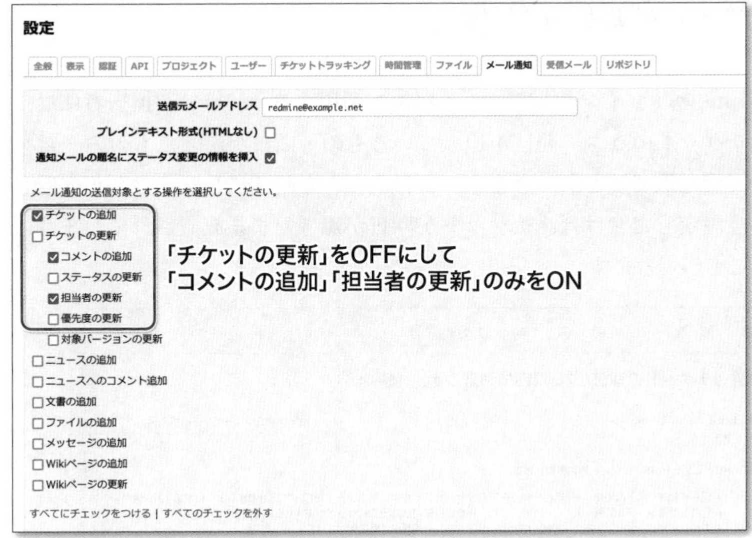

図10.16 通知メールの量を抑えるための管理画面での設定

10.6 期日が迫ったチケットをメールで通知する

Redmineのリマインダと呼ばれる機能を利用すると、自分が担当者になっているチケットのうち、期日が迫っているもの・期日が過ぎたものの一覧をメールで受け取ることができます。毎日決まった時間にリマインダが送信されるよう設定しておけば、チケットが期日が過ぎたまま放置されてしまうのを防ぐことができます。

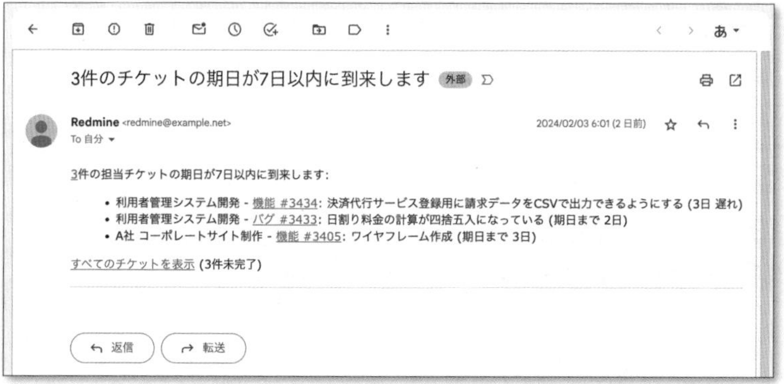

図10.17 リマインダにより送信されるメールの例

リマインダ機能のデフォルトの設定では、期日が7日以内に到来するものと期日が過ぎたものの一覧が送信されます。図10.18のフィルタを全プロジェクトに対して適用したチケットの一覧と同等です。

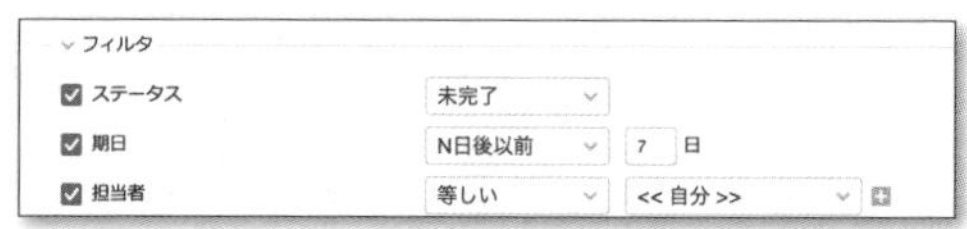

図10.18 リマインダで通知されるものと同等のチケット一覧を得るためのフィルタ設定

NOTE リマインダでの通知対象になるのは期日と担当者の両方が設定されているチケットのみです。

10.6.1 リマインダメールの送信方法

リマインダメールは、Redmineのインストールディレクトリで次のコマンドを実行すると送信されます。コマンド実行時にオプションを指定することで通知の対象となるチケットを指定することもできます。

```
bin/rake redmine:send_reminders
```

▼ **表10.3** コマンド実行時に指定可能なオプション

名称	説明
days	期日が何日以内のものを通知対象とするか。 デフォルト 7 例 days=3
tracker	通知対象トラッカーのID番号。 デフォルト すべてのトラッカー 例 tracker=1,2
project	通知対象プロジェクトのID番号または識別子。 デフォルト すべてのプロジェクト 例 project=1 project=customerdb
users	通知対象ユーザーのID番号。 デフォルト すべてのユーザー 例 user=10,11,12,20
version	対象バージョンがこのバージョンのチケットのみリマインダの対象とする。 デフォルト すべてのバージョン 例 version=sprint02

NOTE

トラッカー、ユーザー、バージョンのID番号は、それぞれの編集画面を開いたときのURLに含まれる番号で確認できます。次の例ではユーザー「akada」のID番号は3であることがURLよりわかります。

10.6.2 設定例

次の条件を想定した設定例です。

- 毎朝8時にリマインダメールを送信する
- 期日が3日以内に到来するもの、もしくは期限が過ぎたチケットが対象
- RedmineをLinuxサーバで実行していて、インストールディレクトリは/var/lib/redmine

/etc/crontabに次の記述を追加します(実際には途中で改行なしで1行に入力)。

```
0 8 * * * root cd /var/lib/redmine && bin/rake redmine:send_reminders
RAILS_ENV=production days=3
```

10.7 フィードによる通知

ここまでメールによる通知方法を解説してきました。チケットの作成や更新などRedmine上の更新情報はAtomフィードとして出力されています。ほかのソフトウェアを使ってフィードを参照することで、Redmine上で更新があったことを通知することができます。

NOTE

フィードの利用の詳細は15.3節「Atomフィード」で解説しています。

10.8 チャットツールへの通知

SlackやTeams、Google Chatなどのチャットツールに Redmine上の更新を通知したい場合、Redmine本体にはそのような機能はありませんが、プラグインを利用することで実現できます。チャットツールへの通知を実現するためのプラグインは複数公開されていますが、ここではチケットの担当者の変更の通知に特化したRedmine issue assign noticeを紹介します。

Redmine issue assign noticeはチケットの担当者の変更の通知に特化したプラグインです。Slack、Teams、Google Chat、Rocket.Chat、Mattermostなど多数のチャットツールに対応しています。チケットの担当者が変更されると、新しい担当者へのメンション付きでチケットの件名と説明／コメントの一部がチャットのメッセージとして送信されます。

△ 図10.19 Slackへの通知例

チケットの担当者の変更はメールでも通知されますが、チャットツールでも通知することで見逃しにくくなります。担当者となったユーザーにメンションをつけることもできるため、自分が担当者になったことに気づくことができます。

▶ Redmine issue assign notice plugin

https://github.com/onozaty/redmine_issue_assign_notice

Chapter 11

プロジェクトの状況の把握

プロジェクト管理ソフトウェアであるRedmineは、個別のタスクの状況を追跡できるチケットのほか、プロジェクト全体を俯瞰して状況を把握するための活動、ガントチャート、カレンダー、ロードマップなどの機能を備えています。

ここでは、活動、ガントチャート、カレンダー、ロードマップなどプロジェクト全体を俯瞰して状況を把握するための機能、そして工数管理機能など、プロジェクトマネージャー向けの機能を紹介します。

11.1 活動画面によるプロジェクトの動きの把握

活動画面(図11.1)は、チケットの作成・更新、リポジトリへのコミットなど、Redmineに記録されているプロジェクトメンバーの行動が時系列で表示される画面です。この画面を日々見ることで次のことがわかります。

▶ チーム全体の動きがわかる

チケットの作成やリポジトリへのコミットなど、Redmine上に記録されている各メンバーの行動が時系列で表示されるので、メンバーが取り組んでいることやチーム全体の動きが一目で把握できます。

▶ チームのメンバーの動きがわかる

チーム全体ではなく個々のメンバーに着目して、そのメンバーが何をやっているのか把握できます。

▶ プロジェクト運営上の問題が早期にわかる

活動画面の情報量を見ることで、プロジェクトの大まかな状態を把握できます。チケットの更新やリポジトリへのコミットがたくさん表示されていればプロジェクトが活発に動いていることがわかります。逆に表示が少ないときはプロジェクトがうまく進んでいないか、Redmineが活用されていない可能性があります。

また、ほかのメンバーに比べて表示が少ないメンバーも、作業がうまくいっていないなど何らかの問題を抱えている可能性があります。

図11.1 「活動」画面

11.1.1 活動画面に表示できる情報

活動画面には表11.1に挙げる情報を表示させることができます。デフォルトで表示されているもの以外の情報は、画面右側のサイドバー内のチェックボックスをONにすると表示されます(図11.2)。

表11.1 活動画面に表示される情報

種別	アイコン	説明	デフォルトで表示
チケット		チケットの作成・更新	○
更新履歴		プロジェクトと連係しているリポジトリへのコミット(ソースコードの更新)	○
ニュース		新しいニュースの追加	○

文書		新しい文書の作成	○
ファイル		新しいファイルの追加	○
Wiki編集		Wikiページの追加・編集	–
メッセージ		フォーラムでのメッセージ作成	–
作業時間		チケットに対して作業時間を記録	–

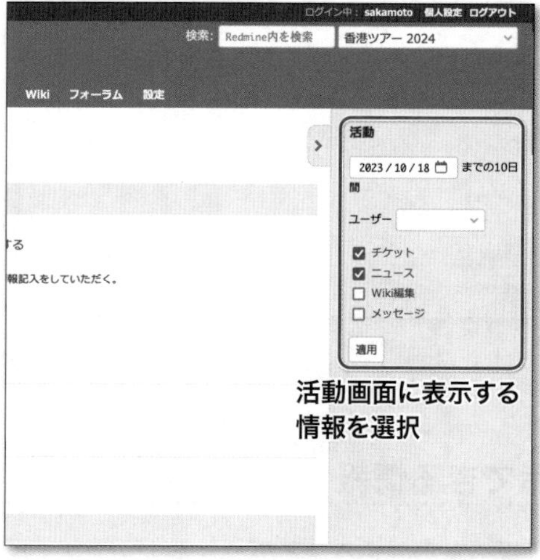

▲ **図11.2** 活動画面に表示されるイベントの設定

活動画面に表示する期間を指定するには、画面右側のサイドバー内から日付を入力して**適用**をクリックします。また、ユーザーを選択して**適用**をクリックすると、そのユーザーの活動のみ表示します。

NOTE　直近10日分の活動が1画面に表示されます。何日分表示するかは「管理」→「設定」→「全般」→「プロジェクトの活動ページに表示する日数」で変更できます。

11.1.2 全プロジェクトの活動を表示する

プロジェクトの**活動**画面ではそのプロジェクト内でのチケットの更新などのイベントを表示できますが、自分がアクセスできるすべてのプロジェクトの「活動」をまとめて表示できる画面もあります。複数のプロジェクトを利用しているとき、全体の動きをまとめて把握できます。

全プロジェクトの活動を表示するには、トップメニュー内の**プロジェクト**をクリックして**プロジェクト**画面を表示させ、画面左上の**活動**タブをクリックしてください(図11.3)。

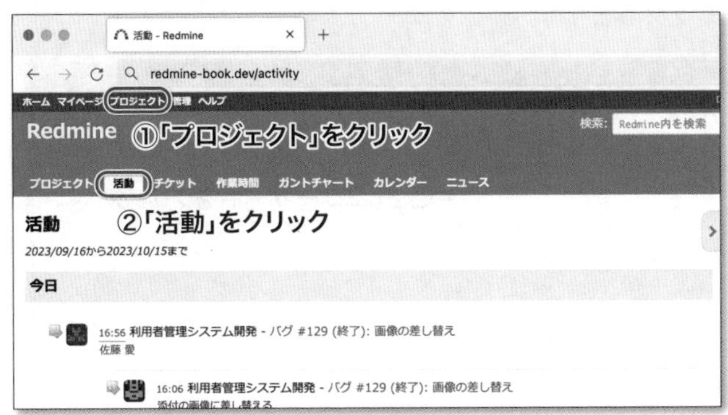

△ **図11.3** 全プロジェクトの活動を表示する手順

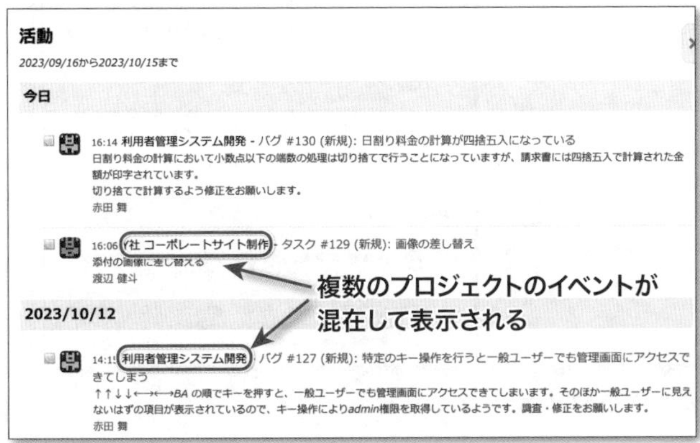

△ **図11.4** 全プロジェクトの活動を表示している状態

11.1.3 ユーザーごとの活動を表示する

プロジェクトメンバー全員ではなく、特定のユーザーのイベントのみを表示する画面も用意されています。自分が行った作業を振り返ったり、ある特定の担当者の最近の作業状況を見ることができます。

ユーザーごとの活動画面を閲覧するには、プロジェクトの**概要**画面右側の**メンバー**欄内に表示されているユーザー名をクリックしてください(図11.5)。そのユーザーのプロフィール画面(図11.6)に切り替わり、画面の右半分に最新10件分の活動が表示されます。さらに多くの活動を閲覧するには、タイトルの文字**活動**をクリックします。

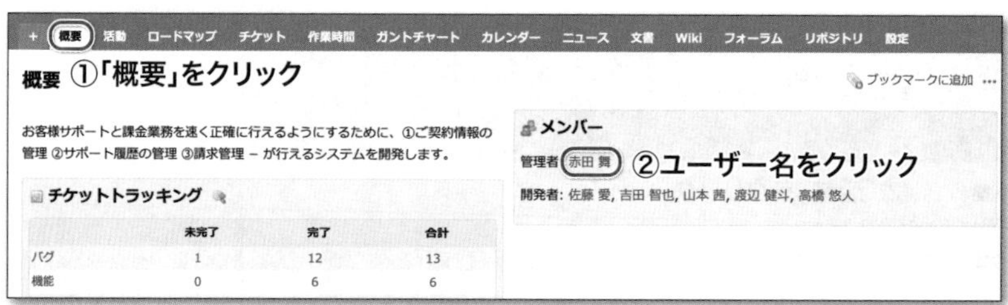

図11.5 ユーザーごとの活動の表示手順1

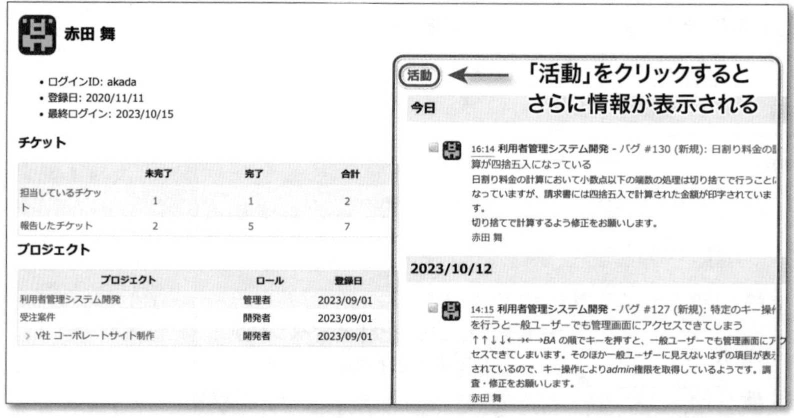

図11.6 ユーザーごとの活動の表示手順2

> **NOTE**
> あるプロジェクトの活動画面を表示中の場合、サイドバーでユーザーを選択して「適用」をクリックすれば選択したユーザーのそのプロジェクトにおける活動のみを表示できます(図11.2)。

11.2 ガントチャートによる予定と進捗の把握

プロジェクトメニューの**ガントチャート**をクリックすると表示されるガントチャートは作業の計画と進捗をわかりやすく表現した図です。多数の作業について開始・終了すべき時期を俯瞰でき、また順調に進んでいる作業と遅延が発生している作業も一目でわかるため、プロジェクト全体を計画通り進めるために有効に活用できます。

Redmineのガントチャートはチケットに記録されている開始日・期日・進捗率を元に自動的に作図されるので、強力な進捗管理資料であるガントチャートが手間をかけずに簡単に得られます(図11.7)。

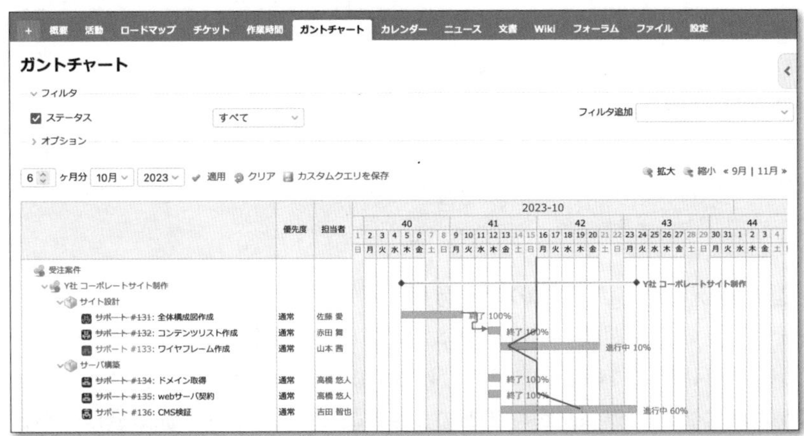

図11.7 ガントチャート

WARNING

ガントチャートはプロジェクトの「設定」→「プロジェクト」タブのモジュール「ガントチャート」がONのときのみ利用できます。

11.2.1 ガントチャートに表示される情報

ガントチャートには次の情報が表示されます。

▶時間軸

ガントチャートの横軸は時間軸を表現しています。年、月、週番号(年初から数えて第何週か表す数字)が表示されます。**拡大**をクリックして拡大表示すると、日付と曜日も表示されます。

▶チケットの項目

チケットの好きな項目をガントチャートに表示します。**オプション**を展開して**項目**の**表示**をONにすると**選択された項目**の項目がガントチャートに表示されます。項目をクリックして**→**や**←**をクリックすると**利用できる項目**と**選択された項目**を移動して表示する項目を変更できます。また、**選択された項目**の項目をクリックして**↑**や**↓**をクリックすると表示順を並べ替えできます。

▶チケットとバージョン

ガントチャートの左端の列はチケットとバージョンが一覧表示されます。対象バージョンが設定されているチケットは、そのバージョンでグルーピングされて表示されます。

▶横棒で表現されたチケットの作業期間

左端に一覧表示されたチケットと横軸の時間軸に対応して、各チケットの開始日と期日を結んだ横長の棒が描画されます。この棒はチケットの作業期間を表現しています。

▶進捗状況に応じた横棒の塗り分け

チケットの作業期間を示す横棒は開始日前かつ進捗0%の時点では灰色ですが、進捗に応じて緑と赤に塗り分けられます。緑は進捗率で、例えば進捗率が40%であれば棒の左から40%の長さが緑に塗られます。赤は進捗の不足分です。本日時点のあるべき進捗率から遅れている場合、遅れの部分が赤で塗られます。

ガントチャートで赤く塗られている部分の有無を見れば進捗が遅れているチケットを容易に発見できます。

▶チケットのステータス、進捗率

作業期間を示す横長の棒の右側に、チケットのステータスと進捗率の値が表示されます。

▶関連するチケット

横棒から横棒に次のチケットに先行やブロック先の関連を表す矢印が表示されます。

先行やブロック先を表す線を表示するためには、画面内の**オプション**を展開して**関連するチケット**欄内のチェックボックスをONにしてください。

▶イナズマ線

各チケットに対応する横長の棒の中の進捗率の位置を結んだ線です。ギザギザの赤い線の頂点が、計画より遅れているチケットでは本日を表す縦線より左側に、計画より進んでいるチケットでは右側に突き出て表示されます（図11.8）。

イナズマ線を表示するためには、画面内の**オプション**を展開して**イナズマ線**欄内のチェックボックスをONにしてください。

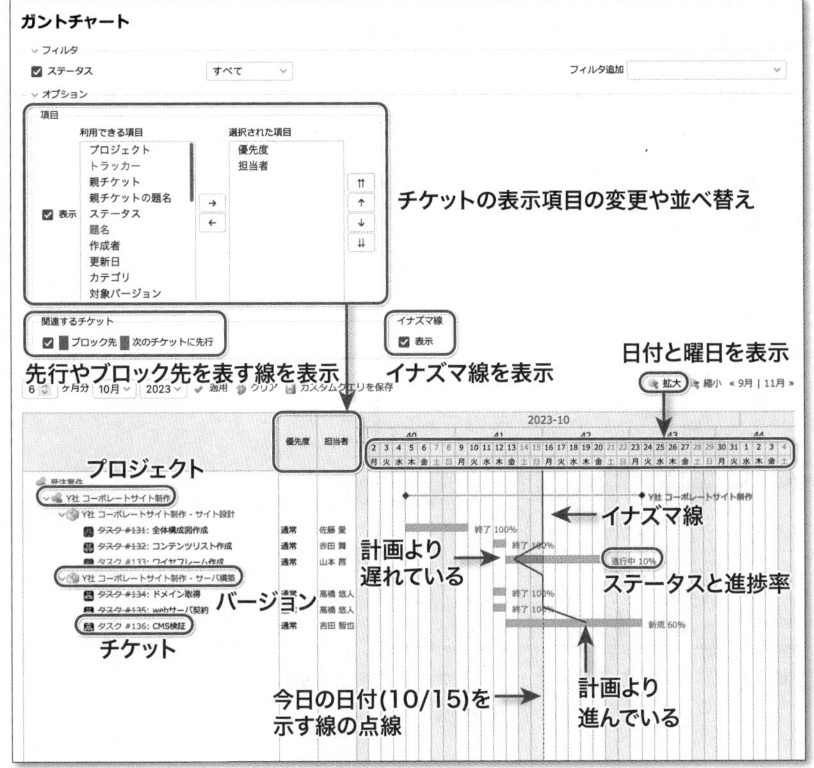

図11.8 ガントチャートに表示される情報

ガントチャートでは**チケット**画面と同様、フィルタを使って表示対象を絞り込むことができます。例えば、特定の担当者のチケットだけでガントチャートを作成することができます。

ガントチャート上の横棒の表示の上にマウスカーソルを重ねるとチケットの詳細がポップアップ表示されます（図11.9）。ポップアップ表示内のチケットへのリンクをクリックするとそのチケットの詳細の画面に移動できます。

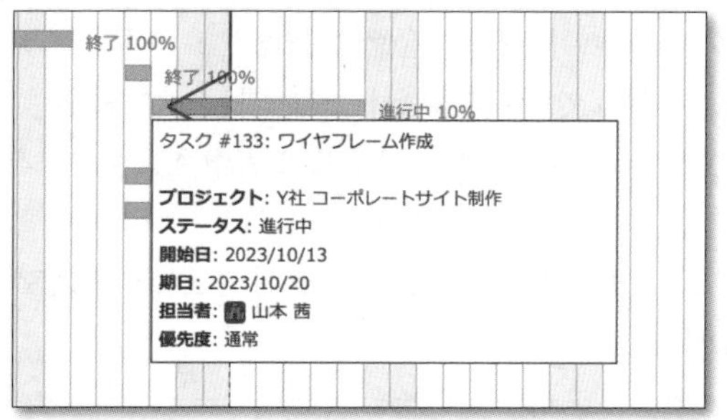

△ **図11.9** ガントチャート上にポップアップ表示されるチケットの詳細

横棒の上で右クリックするとコンテキストメニューが表示され、ガントチャートを表示したままチケットの一部の項目を更新できます（図11.10）。コンテキストメニューに表示されていない項目は、一番上の**編集**をクリックすると編集画面が開いて更新できます。

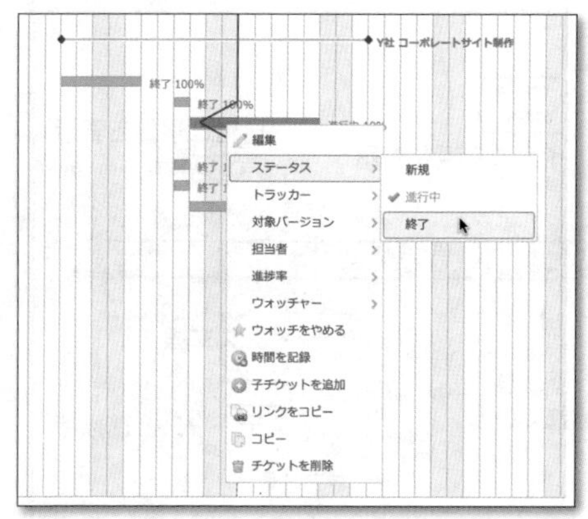

△ **図11.10** コンテキストメニューでチケットの項目を更新

11.2.2 正しいガントチャートを出力するための注意点

プロジェクトの状況を正しく反映したガントチャートを得るためには、次の点に注意してください。

▶進捗率の基準を統一する

ガントチャート上で作業期間を表す横棒はチケットに記録された進捗率に応じて緑と赤に色分けして表示されます。しかし、進捗率の基準は担当者ごとに異なる可能性があり、例えば実際の進捗が同程度でも80%と入力する人もいれば60%と入力する人がいるかもしれません。進捗率の基準がバラバラだとガントチャートの表示の信頼性が損なわれるので、チーム内で基準をそろえておくことが重要です。

NOTE

進捗率の基準を揃える方法の1つとして、チケットのステータスと進捗率を固定的に関連づける設定(「管理」→「設定」→「チケットトラッキング」の「進捗率の算出方法」)により手入力を禁止する方法が利用できます。
この設定の詳細は、8.10節「チケットの進捗率をステータスに応じて自動更新する」で解説しています。

▶開始日・期日を正しく入力する

開始日または期日が入力されていないチケットはガントチャートに表示されません。ガントチャートを利用する場合は、必ずチケットの開始日と期日を入力するようにしてください。

NOTE

設定により「開始日」と「期日」の入力を強制することができます。詳細は8.6節「フィールドに対する権限で必須入力・読み取り専用の設定をする」で解説しています。

11.3 カレンダーによる予定の把握

プロジェクトメニューの**カレンダー**をクリックすると、チケットとバージョンの開始日と期日をカレンダー形式で表示することができます(図11.11)。チケットに記載された作業をいつから始めていつまでに終えるべきか、今日はどのチケットが進行しているのかなど、スケジュールを把握するのに便利です。

▲ **図11.11** カレンダー

> **WARNING**
> カレンダーはプロジェクトの「設定」→「プロジェクト」タブのモジュール「カレンダー」がONのときのみ利用できます。

カレンダーでは**チケット**画面と同様、フィルタを使って表示対象を絞り込むことができます。例えば、特定の担当者の未完了のチケットのみ表示したり、特定のトラッカーのチケットのみ表示することができます。

カレンダー上のチケットの表示の上にマウスカーソルを重ねるとチケットの詳細がポップアップ表示されます(図11.12)。右クリックするとコンテキストメニューが表示され、カレンダーを表示したままチケットの一部の項目を更新できます。コンテキストメニューに表示されていない項目は、一番上の**編集**をクリックすると編集画面が開いて更新できます。また、詳細表示内のチケットへのリンクをクリックするとそのチケットの詳細の画面に移動できます。

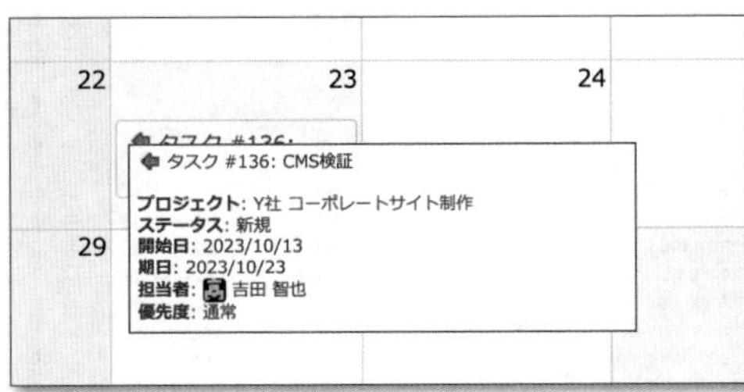

図11.12 カレンダー上にポップアップ表示されるチケットの詳細

11.4 ロードマップ画面によるマイルストーンごとのタスクと進捗の把握

未完了のチケットが多いとチケットの一覧が長くなり、全体の把握が難しくなります。また、たくさんのチケットの中に今やるべき作業が埋もれてしまい、何から手をつければよいのか分かりにくくなります。

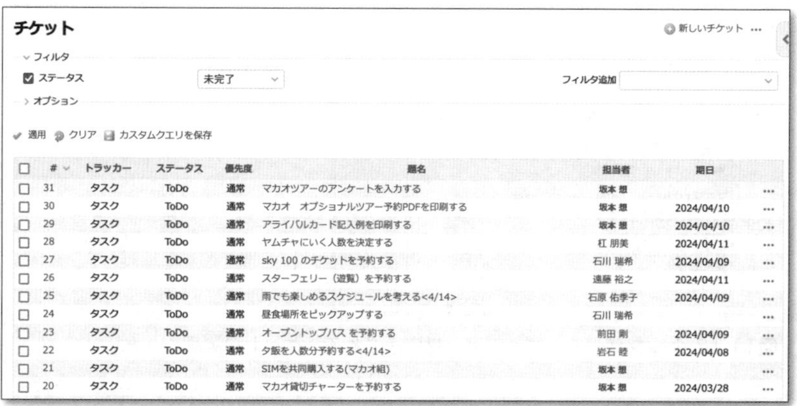

#	トラッカー	ステータス	優先度	題名	担当者	期日
31	タスク	ToDo	通常	マカオツアーのアンケートを入力する	坂本 想	
30	タスク	ToDo	通常	マカオ　オプショナルツアー予約PDFを印刷する	坂本 想	2024/04/10
29	タスク	ToDo	通常	アライバルカード記入例を印刷する	坂本 想	2024/04/10
28	タスク	ToDo	通常	ヤムチャにいく人数を決定する	杠 朋美	2024/04/11
27	タスク	ToDo	通常	sky 100 のチケットを予約する	石川 瑞希	2024/04/09
26	タスク	ToDo	通常	スターフェリー（遊覧）を予約する	遠藤 裕之	2024/04/11
25	タスク	ToDo	通常	雨でも楽しめるスケジュールを考える<4/14>	石原 佑季子	2024/04/09
24	タスク	ToDo	通常	昼食場所をピックアップする	石川 瑞希	
23	タスク	ToDo	通常	オープントップバス を予約する	前田 剛	2024/04/09
22	タスク	ToDo	通常	夕飯を人数分予約する<4/14>	岩石 睦	2024/04/08
21	タスク	ToDo	通常	SIMを共同購入する(マカオ組)	坂本 想	
20	タスク	ToDo	通常	マカオ貸切チャーターを予約する	坂本 想	2024/03/28

図11.13 未完了チケットが多いと何から手をつけるべきかわかりにくい

この問題は、7.8節「バージョンでプロジェクトの段階(フェーズ)ごとにチケットを分類する」で説明したようにバージョンを使ってチケットをプロジェクトのマイルストーンごとに分類し、**ロードマップ**画面を参照するようにすることで解決できます(図11.14)。

▲ **図11.14** ロードマップ画面でマイルストーンごとにチケットを整理するとわかりやすい

Redmineではプロジェクトの区切りであるマイルストーンを表現するために「バージョン」を使います。マイルストーンごとにバージョンを作成(図11.15)し、チケットの**対象バージョン**を設定する(図11.16)ことで、マイルストーンごとにチケットを分類できます。

▲ **図11.15** プロジェクトメニューの「設定」→「バージョン」でバージョンを作成

編集
プロパティの変更
トラッカー * タスク
プライベート
題名 * 香港ツアーに行くメンバーを決定する
説明 編集
ステータス * Doing
親チケット
優先度 * 通常
開始日 yyyy / mm / dd
担当者 坂本 想
期日 2023 / 11 / 30
カテゴリ
対象バージョン 計画

図11.16 チケットの編集で対象バージョンを設定

それぞれのチケットの対象バージョンを設定してから**ロードマップ**画面を開くと、プロジェクト上のバージョンと各バージョンに関連づけられたチケットが一覧表示されます(図11.17)。

この画面を参照することで次のことが把握できます。

- プロジェクトのバージョンの一覧
- バージョンごとの期日
- チケットのステータス・進捗率から算出したバージョンごとの進捗状況
- それぞれのバージョンごとに処理すべきチケットの一覧

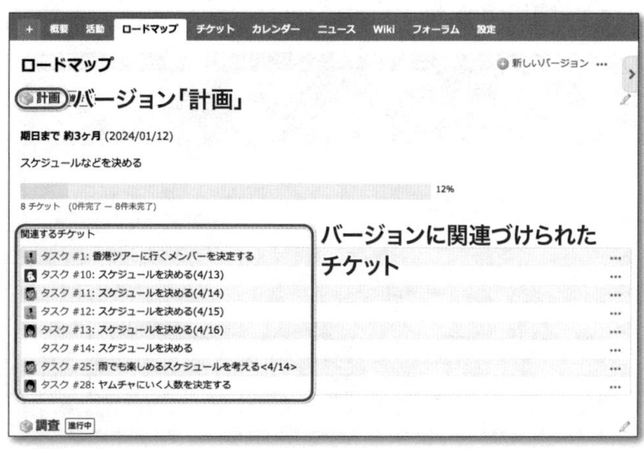

図11.17 ロードマップ画面によるマイルストーンごとのタスクと進捗の把握

NOTE ロードマップ画面の利用については7.8節「バージョンでプロジェクトの段階(フェーズ)ごとにチケットを分類する」でも解説しています。

11.5 サマリー画面によるチケットの未完了・完了数の集計

Redmineには**サマリー**と呼ばれるチケットの集計機能があります。プロジェクト内の全チケットをトラッカー、優先度、担当者、作成者、バージョン、カテゴリの6種類の分類で集計し、未完了・完了・合計のチケット数が表示されます。プロジェクトの進捗度合いやメンバーごとの手持ち作業の量の把握などに利用できます。

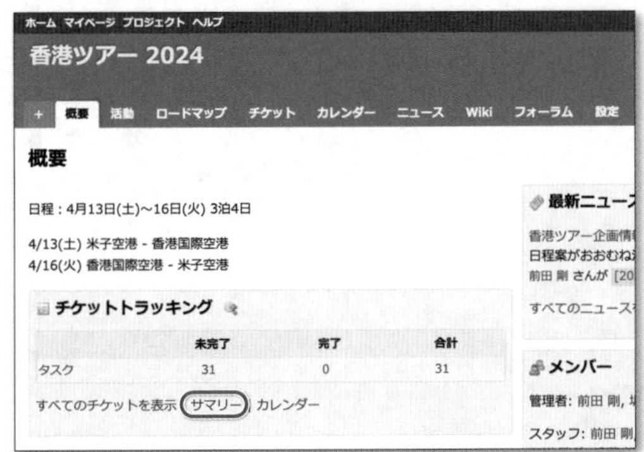

図11.18 概要画面のチケットトラッキング内「サマリー」をクリック

レポート

トラッカー

	未完了	完了	合計
タスク	31	-	31

優先度

	未完了	完了	合計
今すぐ	-	-	-
急いで	-	-	-
高め	-	-	-
通常	31	-	31
低め	-	-	-

担当者

	未完了	完了	合計
前田 剛	5	-	5
吉岡 隆行	1	-	1
坂本 想	11	-	11
岩石 睦	2	-	2
杠 朋美	2	-	2

バージョン

	未完了	完了	合計
計画	8	-	8
調査	3	-	3
手配	14	-	14
準備	6	-	6
[なし]	-	-	-

カテゴリ

	未完了	完了	合計
4/13	1	-	1
4/14	8	-	8
4/15	3	-	3
4/16	1	-	1
[なし]	18	-	18

図11.19 チケットのサマリー

分類を表すタイトル部分(「トラッカー」、「優先度」、「担当者」など)の右側の虫眼鏡アイコンをクリックすると表示される**レポート**画面では、ステータスごとのチケット数も集計された詳細な表と積み上げ棒グラフが表示されます(図11.20)。

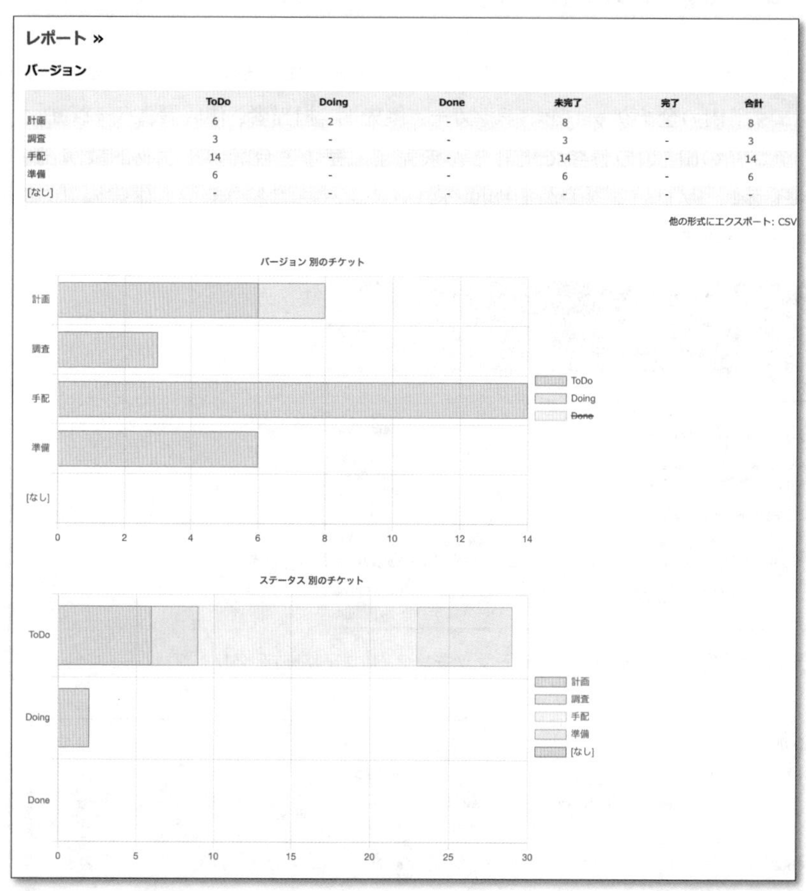

レポート »

バージョン

	ToDo	Doing	Done	未完了	完了	合計
計画	6	2	-	8	-	8
調査	3	-	-	3	-	3
手配	14	-	-	14	-	14
準備	6	-	-	6	-	6
[なし]	-	-	-	-	-	-

他の形式にエクスポート: CSV

図11.20 詳細なレポート(画面例は「バージョン」の詳細)

表内の数値はリンクになっていて、クリックすると集計値の元となったチケットが一覧表示されます(図11.21)。サマリーで全体的な傾向を確認後に数値のリンクをクリックしてチケット一覧を表示して具体的な内容を把握し、プロジェクト進行のために必要な行動をとるという使い方ができます。

図11.21 サマリーからのリンクでチケット一覧を表示

11.6 工数管理

Redmineでは作業に要した時間を記録できます。記録した時間はRedmine上で集計して工数管理に活用できます。

> **WARNING**
> 工数管理機能はプロジェクトの「設定」→「プロジェクト」タブのモジュール「時間管理」がONのときのみ利用できます。

11.6.1 作業時間の記録

作業時間は、チケットまたはプロジェクトに対して記録できます。記録方法は4つ用意されています。

▶方法①　チケット更新時に記録

チケットの編集画面で、作業に要した時間を編集の都度記録できます。Redmineで管理しているプロジェクトではチケットに基づいて作業を実施しているはずなので、この方法が一番自然に入力できるのではないかと思います。

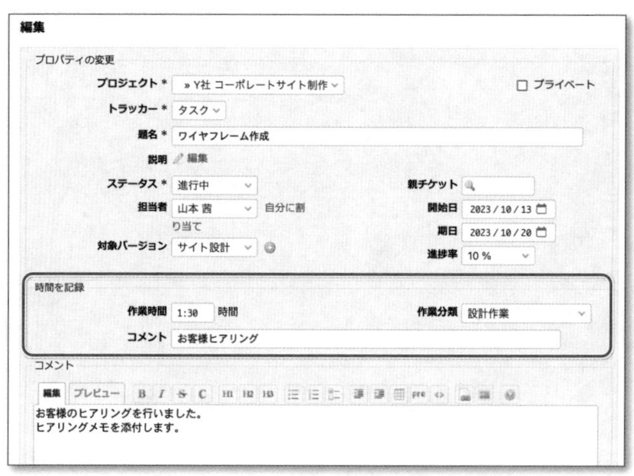

△ 図11.22 チケット更新時に作業時間も入力

▶方法②　チケットの「時間を記録」から記録画面を呼び出す

チケットを表示している画面の右上のメニュー内の**時間を記録**をクリックする(図11.23)と作業時間を記録するための画面が表示されます(図11.24)。

チケットのフィールドの値の更新やコメントの追加をせずに、作業時間の追加のみを行いたい場合に利用します。また、作業時間が発生した日付を入力できるので、過去に実施した作業の工数を後日入力するときにも利用できます。

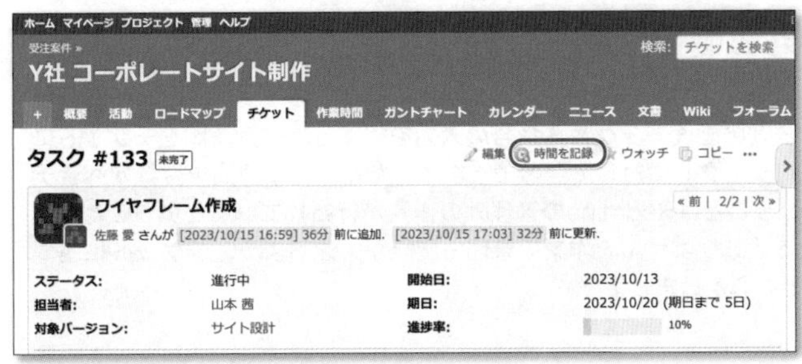

△ **図11.23** チケットの「時間を記録」から入力

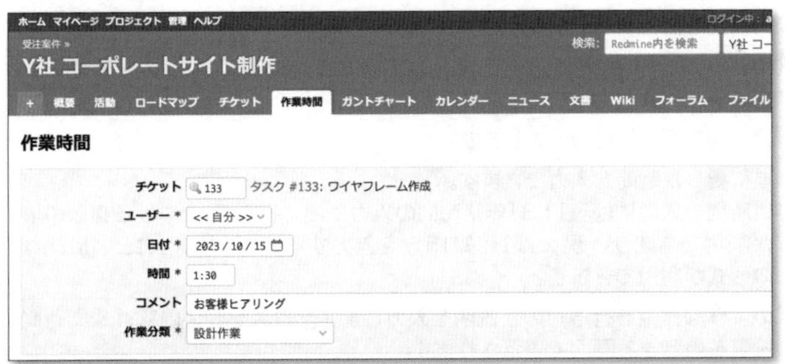

△ **図11.24** 作業時間を記録するための画面

▶方法③　プロジェクトメニューの「＋」ボタンから記録画面を呼び出す

プロジェクトメニューの「＋」ボタンから**時間を記録**を選ぶと、前述の方法②と同じ画面が表示されます(図11.25)。ただしチケット番号が未入力なのでチケット番号またはチケットの件名の一部を入力して検索して入力してください。

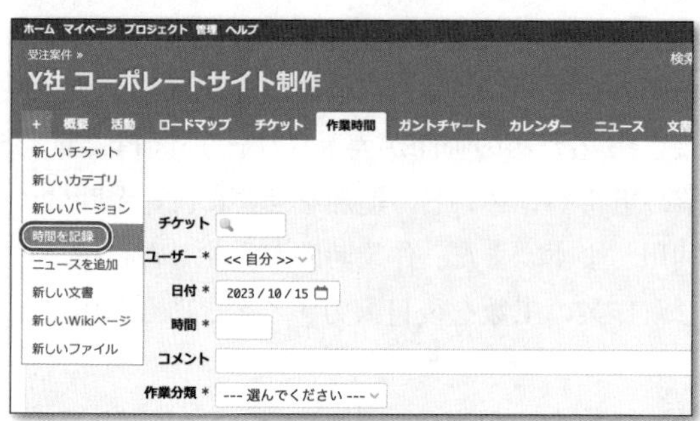

図11.25 「+」ボタンの「時間を記録」から入力

NOTE

方法②または方法③の画面でチケット番号の入力を省くと、作業時間をチケットにひもづけずにプロジェクトに対して登録できます。ただ、作業時間を登録すべきチケットがないということはRedmineの管理外の作業が行われているということであり好ましい状況ではありません。作業の管理・記録ができるよう、チケットに基づいて作業することを心がけましょう。

表11.2 作業時間の入力項目

名称	説明
チケット	作業時間を記録するチケットの番号を入力します。
ユーザー	別のユーザーの作業時間を代理入力するときに対象のユーザーを選択します。
日付	作業を実施した日付を入力します。
時間	作業に要した時間を入力できます。 作業時間の入力には表11.3「作業時間の入力で使える形式」で挙げる複数の形式が利用できます。例えば1時間15分を入力するのに1.25、1:15、1h15mなどの形式が利用できます。
コメント	どのような作業を行ったのか説明を入力します。コメントの内容は作業時間の一覧を表示する画面で表示されます。
作業分類	その作業の分類を選択します。デフォルトでは「設計作業」と「開発作業」が選択できます。 選択肢の内容は「管理」→「選択肢の値」の「作業分類 (時間管理)」で変更できます。また、「選択肢の値」画面で設定した作業分類のうち実際にプロジェクトで利用するものをプロジェクトの「設定」→「時間管理」で指定することができます。

WARNING

入力項目「ユーザー」を使用するには「他のユーザーの作業時間の入力」権限が必要です。この権限は通常は「管理者」ロールにのみ割り当てられています。管理者以外のロールで操作できるようにするにはシステム管理者に権限の割り当てを依頼してください。権限の割り当ての確認や変更は「管理」→「ロールと権限」→「権限レポート」で行えます。

▼ **表11.3** 作業時間の入力で使える形式

形式例	説明
1:15	1時間15分
1h15m	1時間15分
1h	1時間
15m	15分
1.25	1時間15分 ※1.0＝60分なので0.25は15分を表す(60×0.25＝15)

▶方法④　リポジトリへのコミット時にコミットメッセージに記述

GitやSubversionリポジトリとの連係設定を行っている場合、コミットメッセージに時間を記述することでチケットに作業時間を追加することができます。

NOTE　コミットメッセージ経由で作業時間を追加する手順は、14.2.4「関連づけと同時にチケットに作業時間を記録」で解説しています。

NOTE　作業時間はCSVファイルでインポートすることで一括登録できます。
作業時間の一覧画面の右上「…」→「インポート」をクリックから行えます。
CSVファイルのインポートの詳細は15.4.2「CSVファイルからのインポート」で解説しています。

11.6.2 工数の集計

プロジェクトメニューの**作業時間**をクリックすると作業時間の集計などを行える画面が表示されます。

この画面には**詳細**と**レポート**の2つのタブがあります。**詳細**タブには登録されている作業時間の一覧が表示され、**レポート**タブには作業時間を指定した時間単位・分類で集計した結果が表示されます。

▶「詳細」タブ

登録されている作業時間の明細のうちフィルタの条件にマッチするものが一覧表示されます(図11.26)。

図11.26 「作業時間」の「詳細」タブ

▶「レポート」タブ

登録されている作業時間の明細うちフィルタの条件にマッチするものを、選択した時間単位と分類で集計した結果が表示されます。

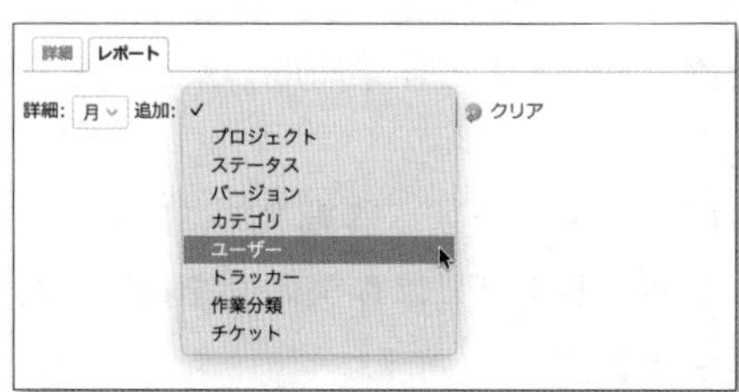

図11.27 月単位・ユーザー別の集計を指示

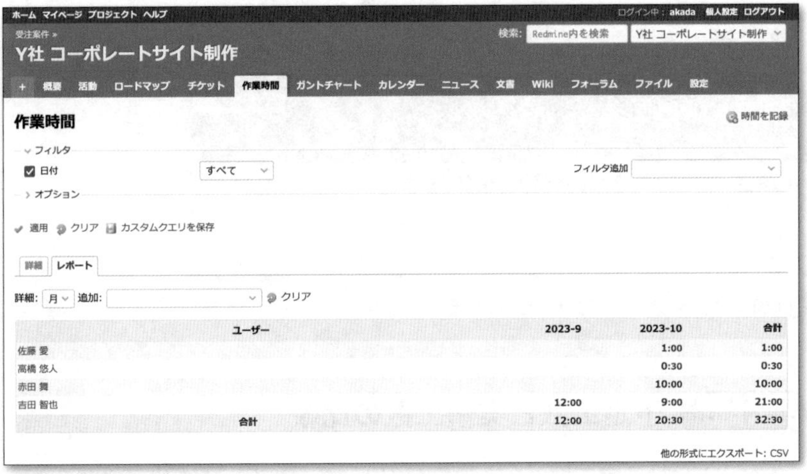
ホーム マイページ プロジェクト ヘルプ
ログイン中：akada 個人設定 ログアウト
受注案件 »
Y社 コーポレートサイト制作
検索: Redmine内を検索
Y社 コーポレートサイト制作
+ 概要 活動 ロードマップ チケット 作業時間 ガントチャート カレンダー ニュース 文書 Wiki フォーラム ファイル 設定
作業時間
時間を記録
フィルタ
日付
すべて
フィルタ追加
オプション
適用 クリア カスタムクエリを保存
詳細 レポート
詳細: 月 追加: クリア
ユーザー 2023-9 2023-10 合計
佐藤 愛 1:00 1:00
高橋 悠人 0:30 0:30
赤田 舞 10:00 10:00
吉田 智也 12:00 9:00 21:00
合計 12:00 20:30 32:30
他の形式にエクスポート: CSV

図11.28 「作業時間」の「レポート」タブ（月単位・ユーザー別の集計）

分類は複数組み合わせることができます。例えば、月単位・ユーザー別のレポートが表示されている状態でさらに「バージョン」をドロップダウンリストボックスから選択すると図11.29のようにユーザーとバージョンで分類した集計結果が表示されます。

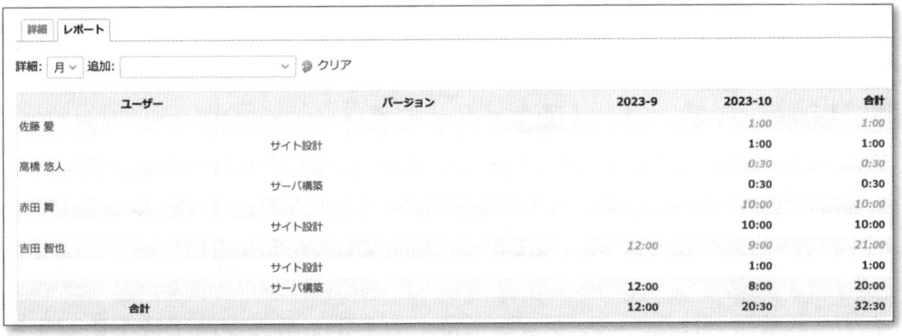
詳細 レポート
詳細: 月 追加: クリア
ユーザー バージョン 2023-9 2023-10 合計
佐藤 愛 1:00 1:00
サイト設計 1:00 1:00
高橋 悠人 0:30 0:30
サーバ構築 0:30 0:30
赤田 舞 10:00 10:00
サイト設計 10:00 10:00
吉田 智也 12:00 9:00 21:00
サイト設計 1:00 1:00
サーバ構築 12:00 8:00 20:00
合計 12:00 20:30 32:30

図11.29 「作業時間」の「レポート」タブ（月単位・ユーザーとバージョン別の集計）

工数の集計は、プロジェクト単位だけではなく、Redmine上の全プロジェクトを横断した集計もできます。トップメニュー内の**プロジェクト**をクリックして**プロジェクト**画面を表示させ、左上の**作業時間**タブをクリックしてください（図11.30）。

図11.30 全プロジェクトの工数を集計する手順

11.6.3 予定工数と実績工数の比較

チケットには**予定工数**という項目があり、そのチケットを完了させるために必要な時間の予測値を入力しておくことができます。

チケットの表示には予定工数と作業時間の両方が含まれていて、予定と実績の工数を比較できます。

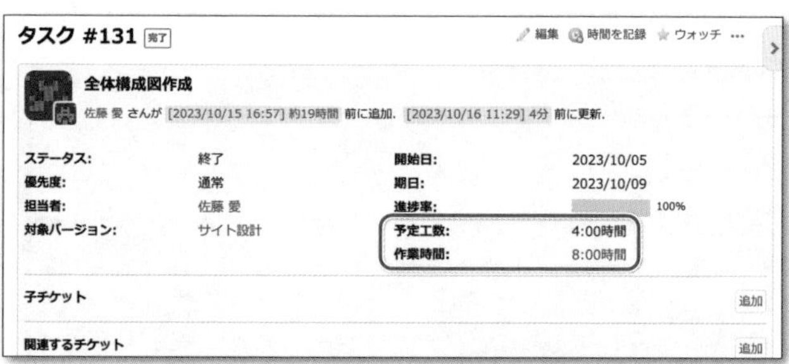

図11.31 チケットの予定工数と実績工数(作業時間の合計)の表示

チケット単体ではなくバージョン単位での予定工数と実績工数を比較することもできます。**ロードマップ**画面のバージョンの一覧で個別のバージョンをクリックするとバージョンの詳細が表示され、そのバージョンに含まれるチケットの予定工数と作業時間の合計値が表示されます(図11.32)。

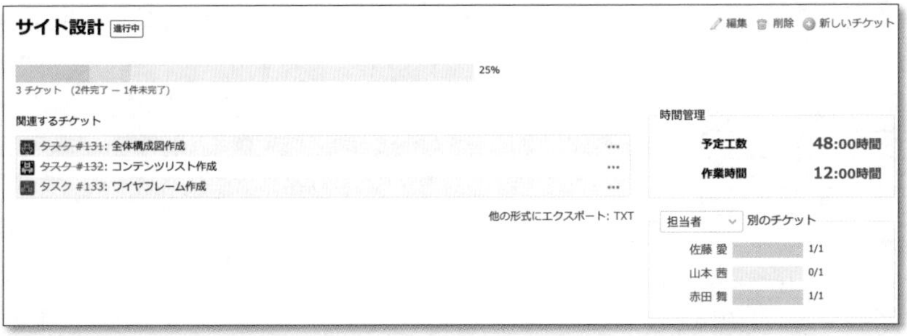

図11.32 バージョンの予定工数と実績工数（作業時間の合計）の表示

チケットの一覧での比較

チケットのフィルタで絞り込んだ複数のチケットの予定工数と実績工数の合計値を比較することもできます。

チケット画面で一覧を表示するとき、**オプション**で**予定工数**と**作業時間**をONにすると、フィルタの対象となっているチケットの予定工数と作業時間の合計が表示されます。

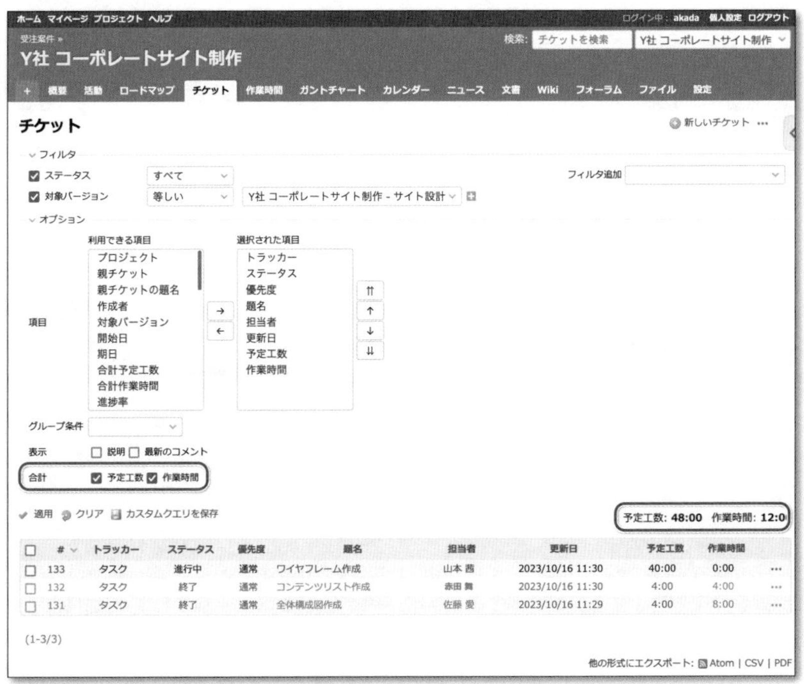

図11.33 チケットの一覧での予定工数と実績工数（作業時間の合計）の表示

グループ条件もあわせて指定すると、指定されたフィールドごとの合計も表示されます。

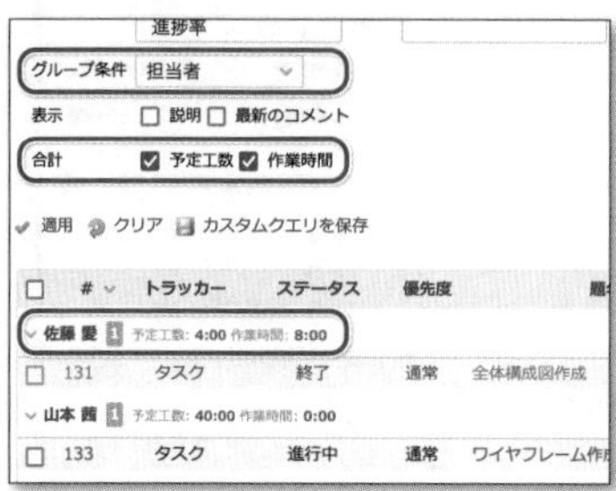

図11.34 チケットの一覧で担当者ごとの合計も表示された状態

Chapter 12

情報共有機能の利用

Redmineにはチケット管理機能のほかに、プロジェクトメンバー向けのお知らせを掲載する「ニュース」、テキストを共同編集する「Wiki」、ファイルを共有する「文書」、ダウンロードページを提供する「ファイル」、掲示板機能の「フォーラム」などの情報共有機能も備わっています。

これらの機能も活用することで、Redmineをプロジェクトで発生する様々な情報をまとめて管理するためのツールとして活用できます。

12.1 ニュース

ニュースはプロジェクトのメンバー向けのお知らせを掲載する機能です。掲載した情報は**ニュース**画面(図12.1)に表示されるほか、**ホーム**画面、プロジェクトの**概要**画面などにも表示されます。

また、**管理**→**設定**→**メール通知**の設定により、ニュースが追加されるごとにその内容をメールでプロジェクトの全メンバーに通知できます。

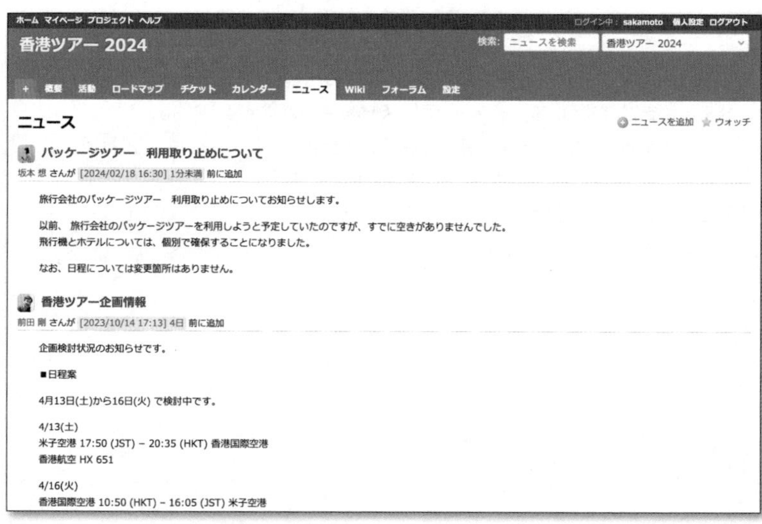

図12.1 「ニュース」画面

> **WARNING**
> ニュースはプロジェクトの「設定」→「プロジェクト」タブのモジュール「ニュース」がONのときのみ利用できます。

12.1.1 ニュースの追加

ニュースを追加するには、プロジェクトメニュー左端の「＋」ドロップダウンから**ニュースを追加**を選択してください。もしくは、**ニュース**画面の右上にある**ニュースを追加**をクリックしても構いません。

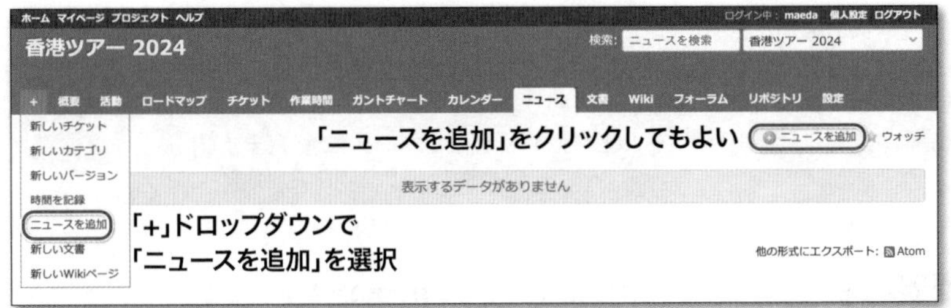

図12.2 「ニュースを追加」画面

ニュースを追加画面が表示されるので、各項目を入力して**作成**をクリックしてください。

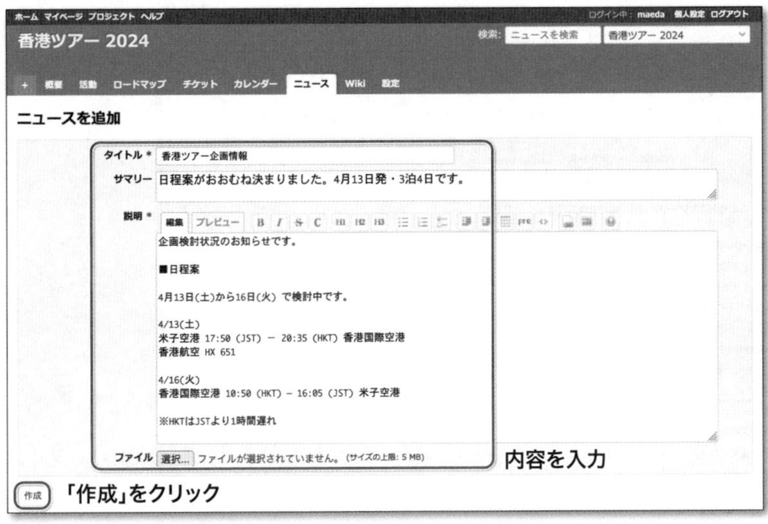

図12.3 ニュースの追加手順

表12.1 ニュースを追加する際の入力項目

名称	説明
タイトル	ニュースの一覧などに表示されるタイトルです。
サマリー	ニュースの内容の要約です。「ホーム」画面、「マイページ」画面の「最新ニュース」、プロジェクトの「概要」画面には「説明」ではなく「サマリー」に入力した内容が表示されます。
説明	ニュースの内容です。CommonMark MarkdownまたはTextileによる修飾(「管理」→「設定」→「全般」の「テキスト書式」の設定による)も利用できます。
ファイル	ニュースに関連するファイルを添付することができます。

WARNING

ニュースの追加を行うには「ニュースの管理」権限が必要です。この権限は通常は「管理者」ロールにのみ割り当てられています。管理者以外のロールで操作できるようにするにはシステム管理者に権限の割り当てを依頼してください。権限の割り当ての確認や変更は「管理」→「ロールと権限」→「権限レポート」で行えます。

12.1.2 ニュースの追加をメールで通知

追加したニュースを確実にユーザーに周知するために、ニュースが追加されたらプロジェクトの全メンバーにメールで通知するよう設定できます。

ニュースの追加をメールで通知するには、**管理**→**設定**→**メール通知**を開き、**ニュースの追加**をONにしてください(図12.4)。

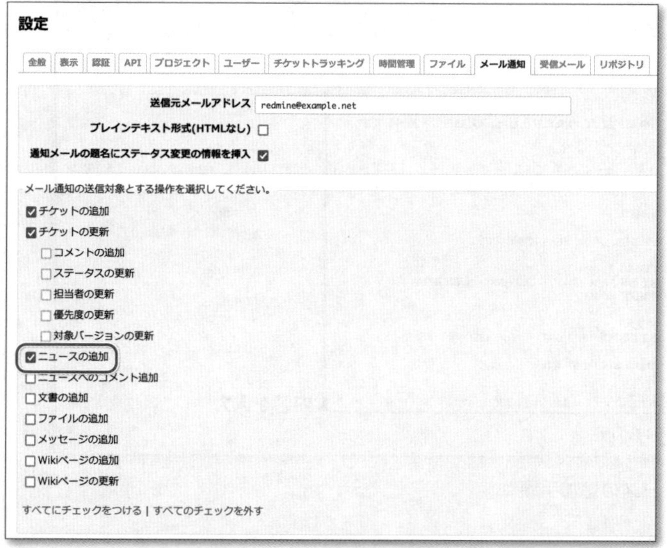

図12.4 ニュースの追加を通知するための設定

NOTE

ニュースに関する通知は、各ユーザーの「個人設定」→「メール通知」を「通知しない」以外に設定していれば設定内容とは無関係にプロジェクトの全メンバーに通知されます。

12.2 Wiki

Wikiは、複数の利用者がWebブラウザを使ってコンテンツを共同で作成・更新するためのWebアプリケーションです。

WikiはRedmine固有のものではなく、多くのコラボレーションツールでも実装されています。Wikiの代表的な事例としてWikipediaがあります。インターネット上の多数の協力者がWikiを使って共同で執筆を行うことにより、膨大な情報を蓄積した百科事典を作り上げています。

RedmineのWikiも、プロジェクトのメンバーが共同でページの追加・編集を行い、プロジェクトに関する情報をRedmine上に集約して管理することができます。例えば次のような使い方が考えられます。

- 開発環境やサーバ環境の構築手順を記録
- 各種ツールの使い方、技術情報などのノウハウを記録
- プロジェクトに関する様々な情報へのリンクを集めたポータルページを作成
- 重要な情報が記載されたチケットへのリンクを集めたページを作成

図12.5 開催した勉強会の情報をRedmineのWiki上で公開している「redmine.tokyo」

12.2.1 メインページの作成と編集

メインページはWikiの起点となるページであり、プロジェクトメニューの**Wiki**をクリックすると最初に表示されるページです。

プロジェクト内で初めてWikiを使うときにはメインページがまだ存在しないので、プロジェクトメニューの**Wiki**をクリックするとメインページの編集画面(図12.6)が表示されます。メインページの内容を記述して、画面下部の**保存**ボタンをクリックしてページを保存してください。これでメインページが作成され、以降はプロジェクトメニューの**Wiki**をクリックすると保存されたメインページの内容が表示されます。

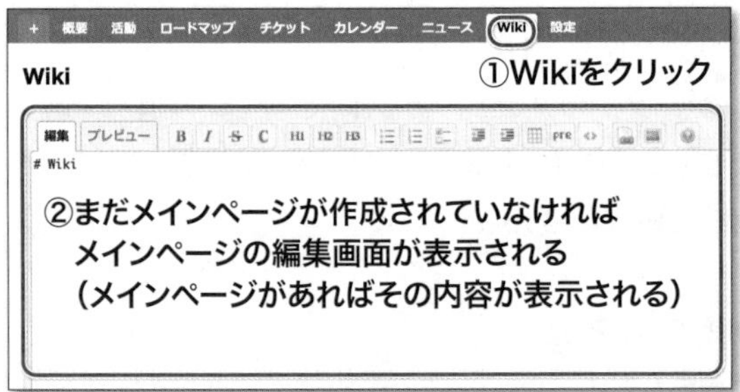

▲ **図12.6** メインページの編集画面

12.2.2 新しいWikiページの追加

新しいWikiページを作成するには、プロジェクトメニュー左端の「＋」ドロップダウンから**新しいWikiページ**を選択してください。もしくは、各Wikiページの右上にある「…」から**新しいWikiページ**をクリックしてもかまいません。

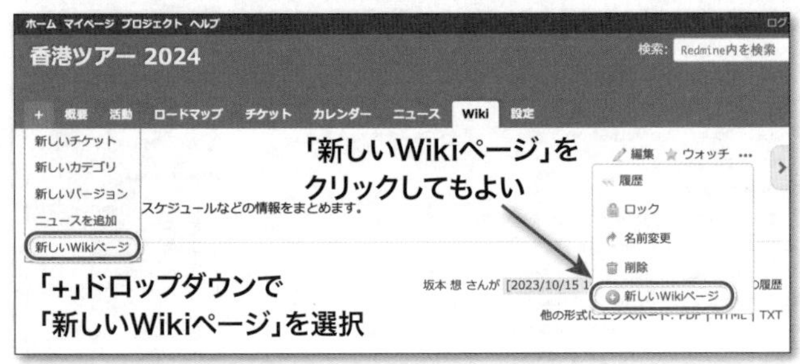

▲ **図12.7** 新しいWikiページを追加

図12.8のようなダイアログが表示されます。新しく追加するWikiページの**タイトル**を入力して**次**をクリックしてください。

図12.8 新しく追加するWikiページのタイトルを入力

タイトルだけ入力された状態のページの編集画面が表示されます(図12.9)。

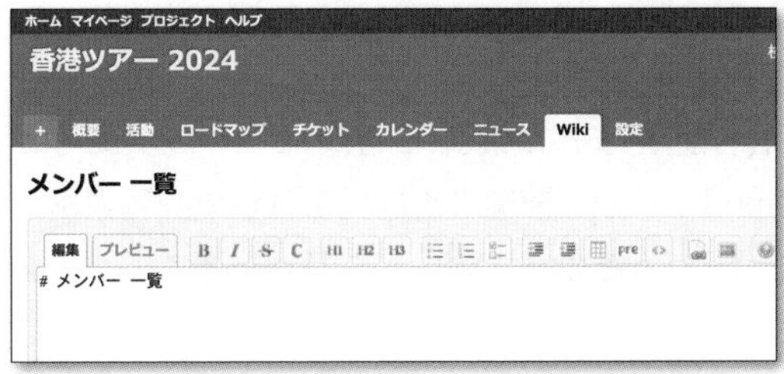

図12.9 新しく追加するWikiページの編集画面

Wikiページに記録したい内容を記述して**保存**をクリックする(図12.10)と、新しいWikiページが追加されます。

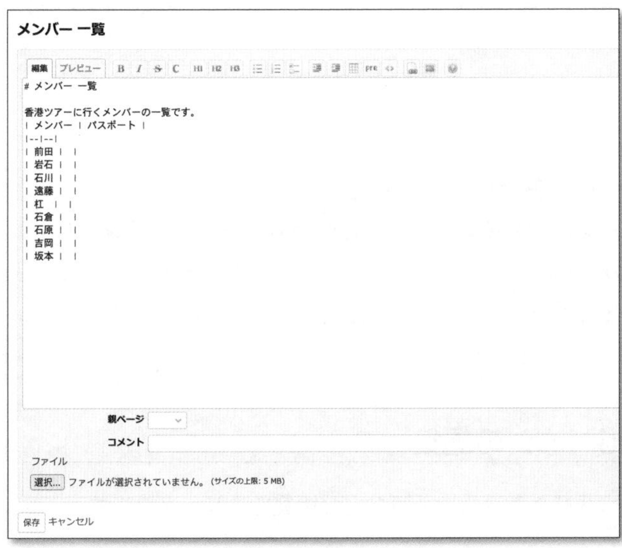

図12.10 Wikiページの内容を記述

NOTE

Wikiページではチケットと同様に、入力欄上部のツールバーを使って太字や斜体などのテキストの修飾が行えます。
また、CommonMark Markdown記法・Textile記法による記述を直接入力すると、表組みなどより複雑な記述も行えます。これらの記法は17.6節「チケットとWikiのマークアップ」で解説しています。

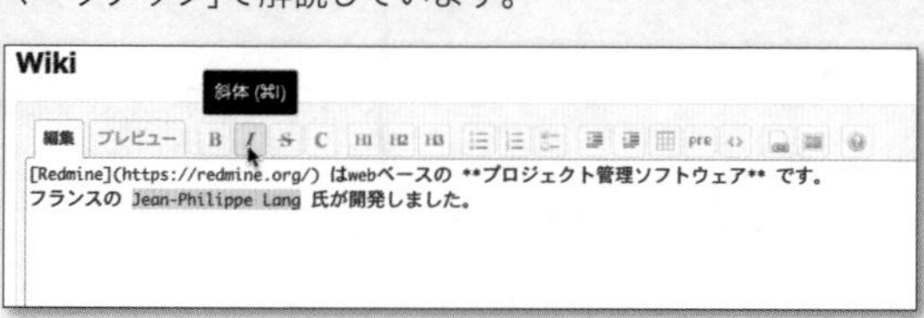

▶追加したWikiページを確認する

Wikiのサイドバー内の**索引(名前順)**または**索引(日付順)**をクリックするとプロジェクト内のすべてのWikiページが名前順または更新日順で一覧表示されます。新しく追加したWikiページもその一覧の中から見つけることができます。

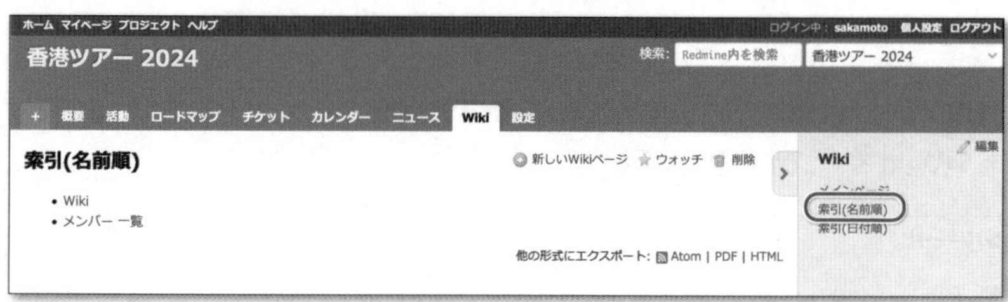

△ **図12.11** 「索引(名前順)」の表示

▶追加したWikiページを探しやすくする

追加したWikiページは、メインページなど既存のページからリンクしておくと、Webサイトのように関連するページからリンクをたどって表示できます。ページ内に`[[Wikiページ名]]`のように記述することでほかのWikiページへのリンクとすることができます。

12.2.3　Wikiページの編集

編集したいWikiページを表示し、画面右上の**編集**をクリックします。

図12.12「編集」をクリックすると編集可能な状態になる

そのWikiページが編集可能な状態になるので、内容の書き換え・追記などを行います。編集を終えたら、**保存**ボタンをクリックして編集内容を保存します。

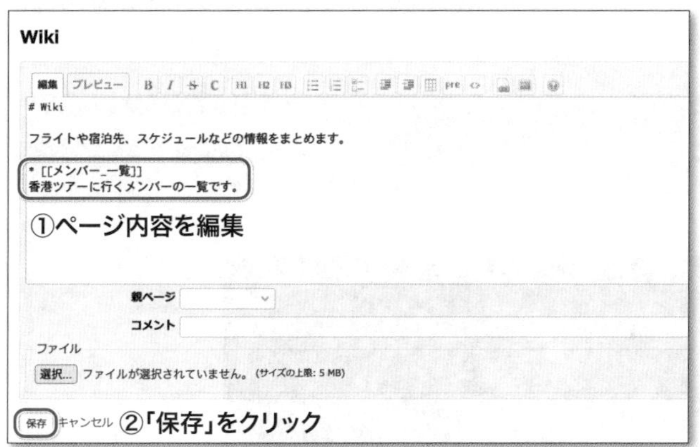

図12.13 Wikiページの編集画面

保存後、編集内容がWikiページに反映されます。

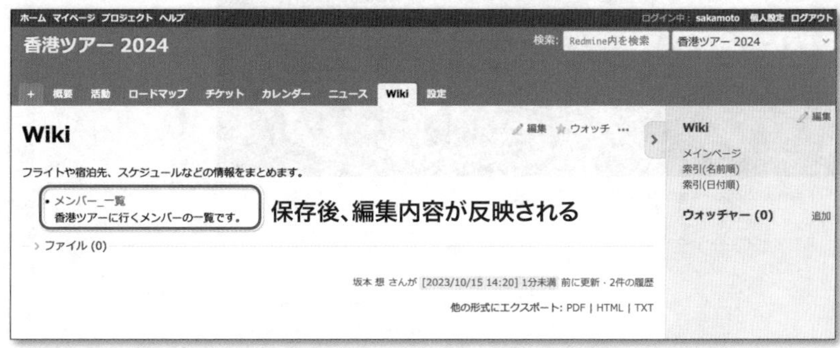

図12.14 Wikiページに編集内容が反映された状態

> **NOTE**
>
> 見出しの右側の鉛筆マークをクリックすると、ページ全体ではなく、その見出し配下の内容のみを編集できます。
>
> フライトや宿泊先、スケジュールなどの情報をまとめます。
>
> • メンバー_一覧
> 香港ツアーに行くメンバーの一覧です。
>
> スケジュール
>
> 行き[4月13日(土)]
>
> | 場所 | 時間 |
> |---|---|
> | 米子空港 | 17:50 |
>
> ①見出し右側の鉛筆マークをクリック
>
> ②見出し配下の内容のみを編集できる

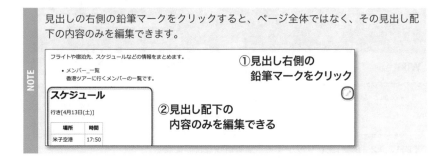

12.2.4 Wikiページへのファイル添付と画像の表示

Wikiページにはファイルを添付することができます。ページの内容に関係する資料をプロジェクトメンバーと共有できるほか、画像ファイルを添付してページ内にインライン画像として表示させることもできます。

▲ 図12.15 添付ファイルをインライン画像として表示させたWikiページ

▶Wikiページへのファイル添付

Wikiページ下部の**ファイル**をクリックすると、添付ファイルの一覧と新たにファイルを添付するための**ファイル選択**ボタンが表示されます。新たにファイルを添付するにはここでファイルの選択を行うか、またはこの領域にファイルをドロップしてください。

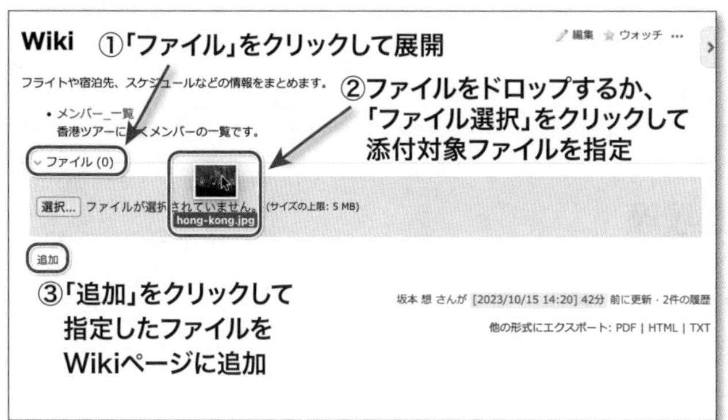

△ **図12.16** Wikiページへの添付ファイル追加手順

▶画像形式の添付ファイルをWikiページに表示

画像形式の添付ファイルはWikiページ内にインライン画像として表示させることもできます。そのためには、ページ内で画像を表示させるための記述を行います。添付した画像のファイル名がhong-kong.jpgの場合の記述例を次に示します。

▽ Textileの場合

```
!hong-kong.jpg!
```

▽ CommonMark Markdownの場合

```
![](hong-kong.jpg)
```

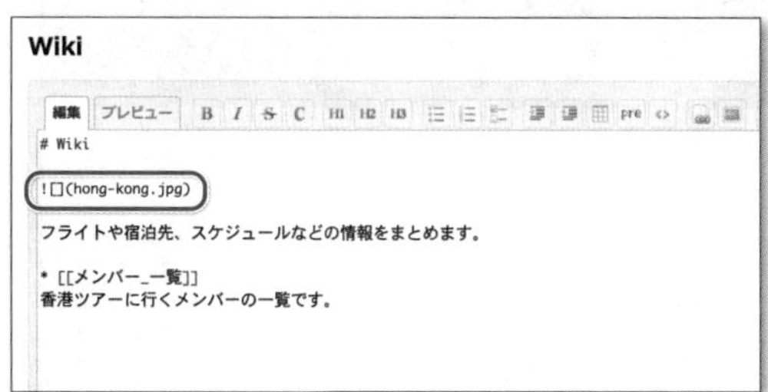

△ **図12.17** 画像を表示させるための記述例（CommonMark Markdown）

NOTE

画像を表示するための記述はツールバーを使って1クリックで入力することもできます。「画像」アイコンをクリックすると、ファイル名を追加すればよいだけの状態の記述が挿入されます。

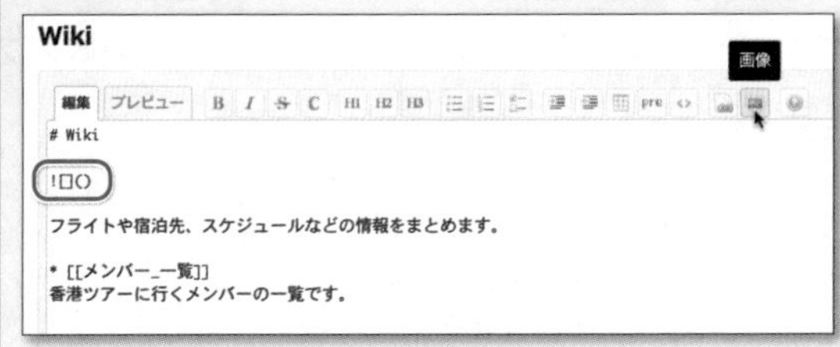

12.2.5 編集履歴

Wikiページは、ページが追加されてからこれまでのすべての更新の履歴(バージョン)を保持しています。誰がいつ更新したのかを確認したり、履歴間の差分を表示したり、過去のバージョンの内容に戻す(ロールバック)処理を実行したりできます。ロールバックは誤った内容で更新してしまったときに便利です。

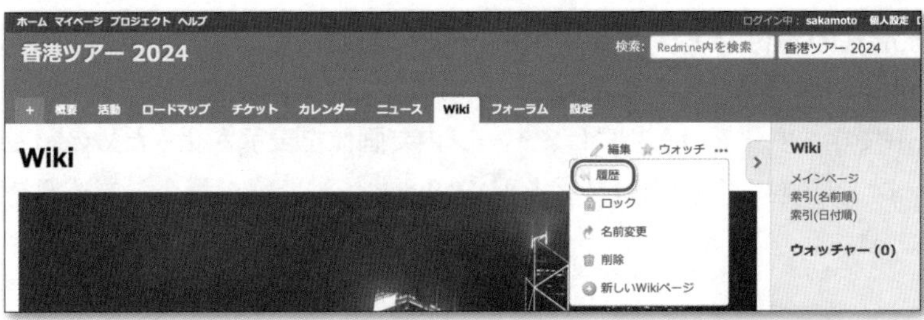

図12.18 「履歴」をクリックするとWikiページの更新履歴が表示される

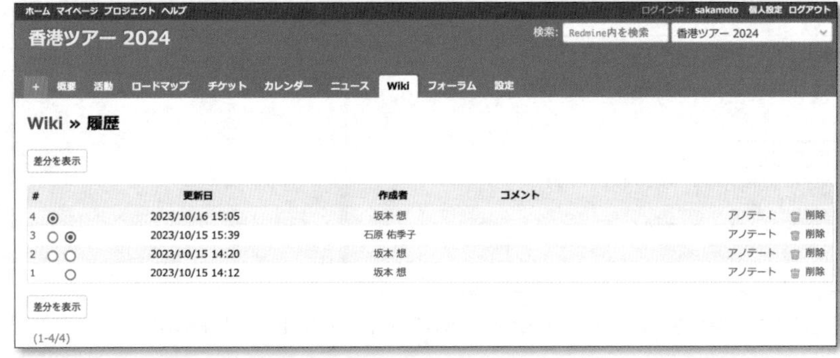

図12.19 Wikiページの更新履歴

12.2.6 索引の表示

Wikiのサイドバー内の**索引(名前順)**または**索引(日付順)**をクリックすると、プロジェクトのWiki内の全ページの索引が表示されます。

▶索引(名前順)

ページの名前順に索引を表示します。現在どのようなページが存在するのか、Wiki全体のページの階層構造がどのようになっているのか把握できます。

▶索引(日付順)

ページの更新日が新しい順に索引を表示します。どのページが最近更新されたのか確認できます。

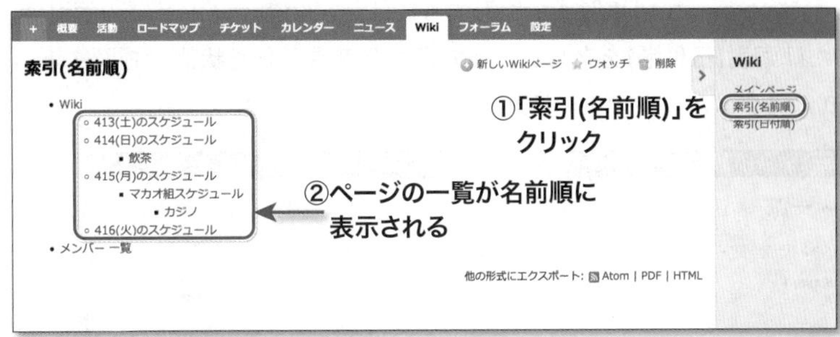

△ 図12.20「索引(名前順)」を表示

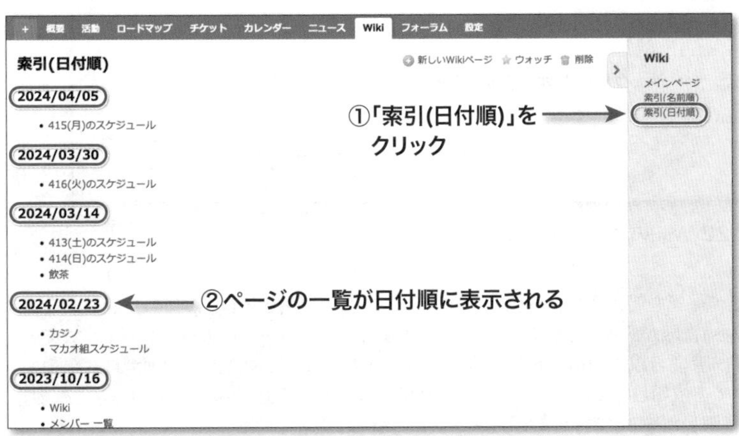

△ 図12.21「索引(日付順)」を表示

12 情報共有機能の利用

12.2.7 PDFへの出力

単一のWikiページ、もしくはプロジェクトのWikiの全ページをPDF形式で出力することができます。特に、全ページを一括してPDFに出力する機能を活用すれば、例えば運用マニュアルのような印刷して冊子にしておきたい文書の作成にもWikiを活用できます。

▶単一のWikiページをPDF形式で出力

出力したいWikiページを表示した状態で画面右下の**他の形式にエクスポート**の中の**PDF**をクリックしてください。

▶すべてのWikiページをPDF形式で出力

全ページを一括してPDF形式で出力するには、Wikiのサイドバーの**索引(名前順)**または**索引(日付順)**をクリックして索引を表示させた状態で画面右下の**他の形式にエクスポート**の中の**PDF**をクリックしてください。

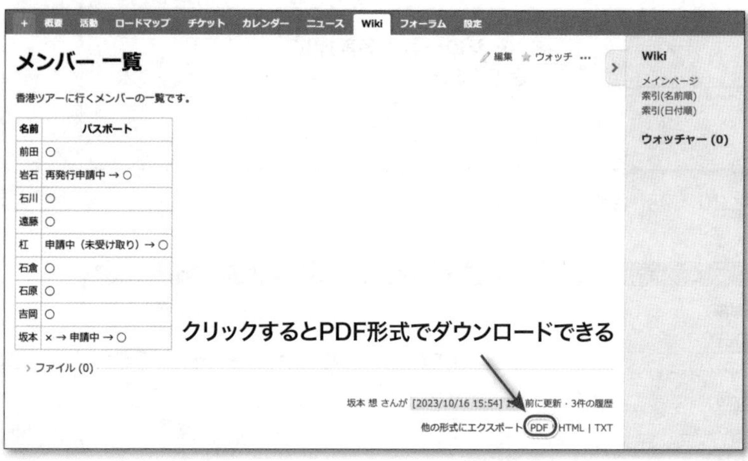

▲ **図12.22** Wikiの「他の形式にエクスポート」

> **WARNING**
> WikiページをPDF形式やHTML形式でエクスポートするには「Wikiページのエクスポート」権限が必要です。この権限は通常は「管理者」ロールにのみ割り当てられています。管理者以外のロールで操作できるようにするにはシステム管理者に権限の割り当てを依頼してください。権限の割り当ての確認や変更は「管理」→「ロールと権限」→「権限レポート」で行えます。

12.2.8 Wikiのサイドバーのカスタマイズ

Wikiのサイドバーには**メインページ**、**索引(名前順)**、**索引(日付順)**(以下のNOTEも参照)の3つのリンクが表示されています。これらに加えて任意の情報を表示させることもできます。プロジェクトメンバーがよく参照する情報を表示させることで、必要な情報へのアクセスが容易になります。Redmine公式サイトでは図12.23のようにRedmineの最新バージョンや主要なドキュメントへのリンクが表示されています。

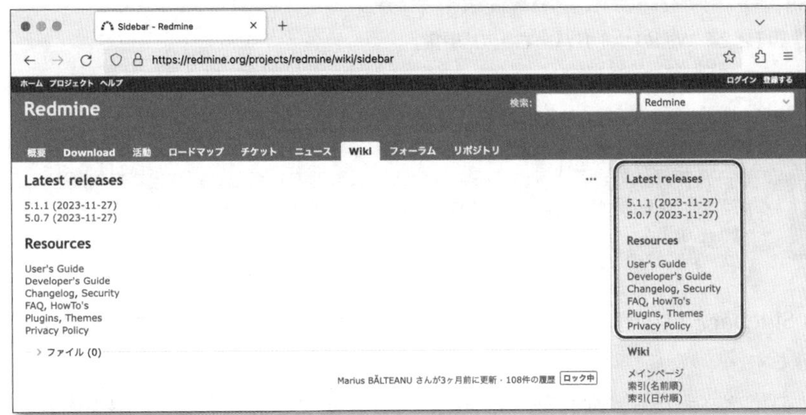

図12.23 Wikiのサイドバーのカスタマイズ例(www.redmine.org)

NOTE

「Wikiページのウォッチャー一覧の閲覧」権限をもったユーザーがWikiを開いた場合には、「ウォッチャーの一覧」も表示されます。

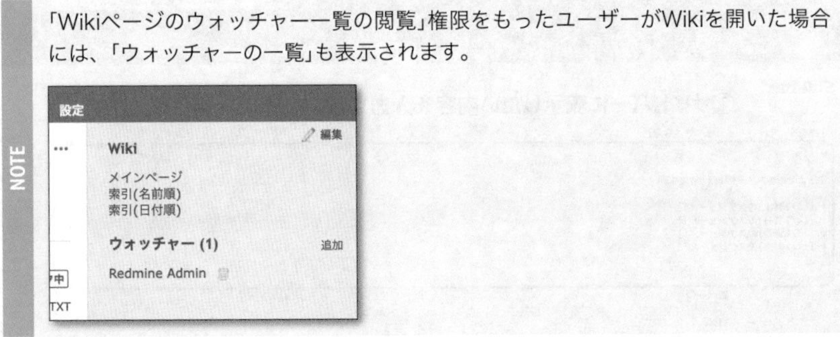

12
情報共有機能の利用

▶Wikiのサイドバーに表示される情報を追加する

「Sidebar」という名前のWikiページに記述した内容がサイドバーに表示されます。このページを編集するにはWikiのサイドバーの右上の**編集**をクリックします。

図12.24 Wikiのサイドバー右上の「編集」

> **WARNING**
> 「Sidebar」という名前のWikiページを編集するには「Wikiページの保護」権限が必要です。この権限は通常は「管理者」ロールにのみ割り当てられています。管理者以外のロールで操作できるようにするにはシステム管理者に権限の割り当てを依頼してください。権限の割り当ての確認や変更は「管理」→「ロールと権限」→「権限レポート」で行えます。

Sidebarという名称のWikiページの編集画面が開くので、必要な編集を加えます。

編集を終えたら、画面左下の「保存」ボタンをクリックすると、編集内容がサイドバーに反映されます。

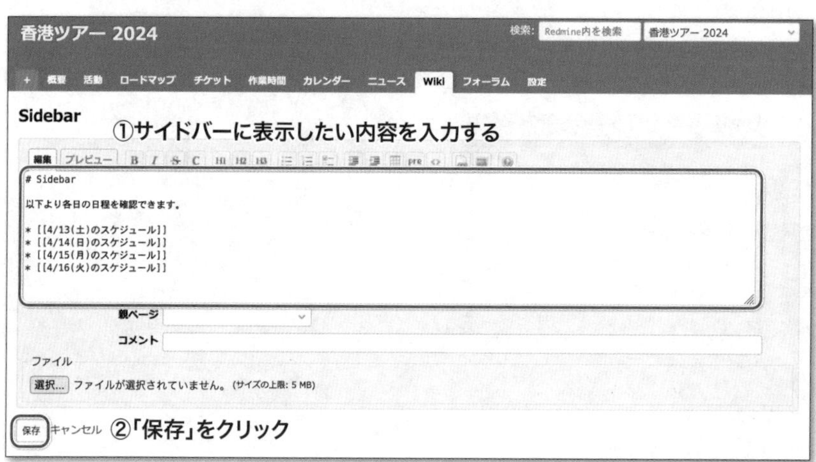

図12.25 Wikiページ「Sidebar」の編集画面

12.3 文書

文書は議事録や仕様書など、プロジェクト内で共有すべきファイルをRedmineに掲載する機能です。WikiのようにRedmine上で共同編集するのではなく、Redmineの外でワープロソフトや表計算ソフトで作成したファイルをRedmineに掲載して共有するのに利用します。

図12.26「文書」画面で一覧を表示

図12.27 個別の文書を表示

12 情報共有機能の利用

プロジェクトメンバーにメールなどで次々とファイルを配布すると、受け取った人がきちんと分類しておかない限り必要なときに正しいファイルを見つけて参照するのが困難です。Redmineの**文書**を使えばファイルを分類した状態でメンバー全員に公開できるのでいつでも必要なファイルを参照することができます。文書に付けたタイトルと説明に含まれる文字列を検索して目的の文書を探すこともできます。

掲載したファイルの内容を変更するには、いったんダウンロードして手元のパソコン上で編集してから再度掲載し直すという手順になります。Wikiほど手軽に更新できませんが、プロジェクト計画書や議事録などのような、掲載後にはあまり更新しないファイルの共有に向いています。

WARNING 文書はプロジェクトの「設定」→「プロジェクト」タブのモジュール「文書」がONのときのみ利用できます。

12.3.1 新しい文書の追加

新たに文書を追加するには、プロジェクトメニュー左端の「+」ドロップダウンから**新しい文書**を選択してください。もしくは、**文書**画面の右上にある**新しい文書**をクリックしてもかまいません。

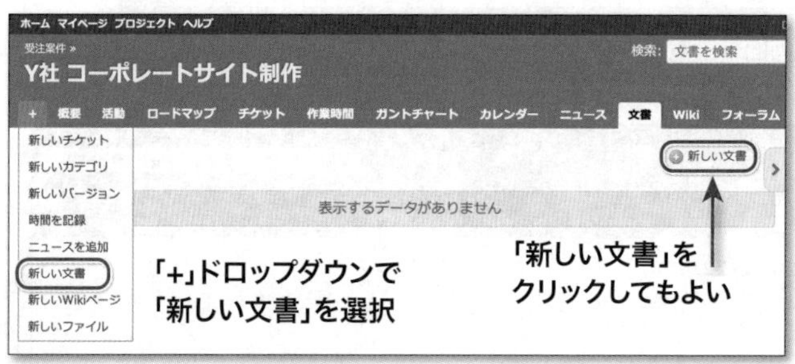

▲ 図12.28 新しい文書を追加

新しい文書画面が表示されるので、各項目を入力して**作成**をクリックしてください。

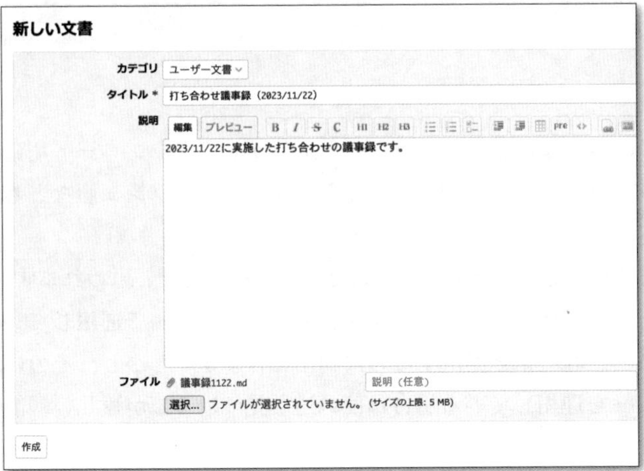

図12.29「新しい文書」画面

表12.2 文書を追加する際の入力項目

名称	説明
カテゴリ	文書を分類するためのカテゴリを選択します。カテゴリの追加・編集・削除は「管理」→「選択肢の値」→「文書カテゴリ」で行います。
タイトル	文書の一覧などに表示されるタイトルです。
説明	その文書に対する説明です。
ファイル	掲載するファイルを選択します。最大10個まで同時に掲載できます。

WARNING

文書の追加を行うには「文書の追加」権限が必要です。この権限は通常は「管理者」ロールにのみ割り当てられています。管理者以外のロールで操作できるようにするにはシステム管理者に権限の割り当てを依頼してください。権限の割り当ての確認や変更は「管理」→「ロールと権限」→「権限レポート」で行えます。

12.4 ファイル

ソフトウェアのtarballなどをバージョンごとに分類してダウンロード用に掲載する機能です。ファイルのダウンロード数、SHA256ハッシュ値なども表示されます。

元々はインターネット上でのファイル配布を想定した機能だと思われます。例えば、オープンソースソフトウェアの公式サイトをRedmineで運用しているときにダウンロードページを提供するのに利用できます。しかし、そのほかの用途でRedmineを運用している場合は使い道を見つけるのが難しい機能です。

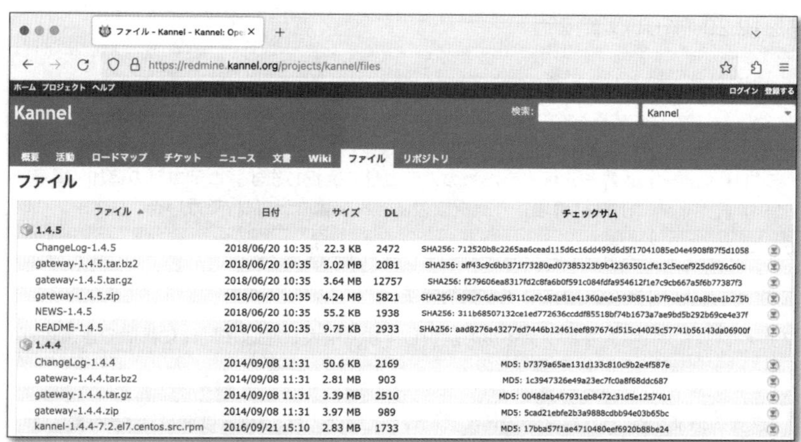

図12.30 オープンソースソフトウェア「Kannel」のダウンロードページはRedmineの「ファイル」機能を利用

> **NOTE** 不要な機能はプロジェクトの「設定」→「プロジェクト」タブのモジュール欄でOFFにできます。

12.5 フォーラム

いわゆる掲示板機能です。プロジェクトのメンバー同士で特定の話題について議論することができます。複数のメンバー間の議論をメールで行っているようなケースでは、メールの代わりにフォーラムを利用することで、次のようなメリットがあります。

- メールの宛先にたくさんのアドレスを入力しなくてもよい
- やりとりの内容を後で参照しやすい
- 後から議論に加わったメンバーもこれまでの議論をさかのぼって参照できる

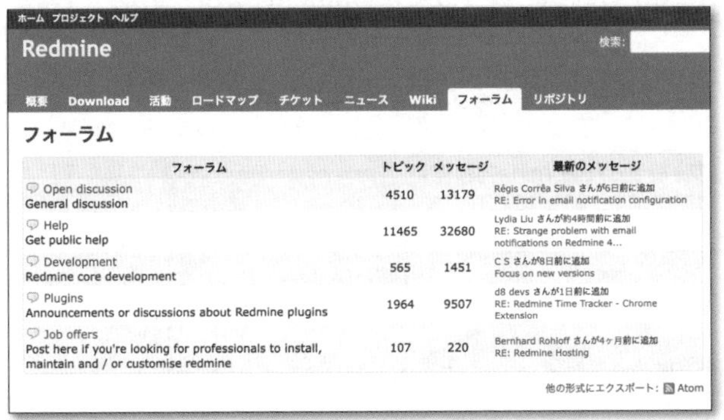

ホーム プロジェクト ヘルプ

Redmine

検索:

概要 Download 活動 ロードマップ チケット ニュース Wiki フォーラム リポジトリ

フォーラム

フォーラム	トピック	メッセージ	最新のメッセージ
Open discussion General discussion	4510	13179	Régis Corrêa Silva さんが6日前に追加 RE: Error in email notification configuration
Help Get public help	11465	32680	Lydia Liu さんが約4時間前に追加 RE: Strange problem with email notifications on Redmine 4...
Development Redmine core development	565	1451	C S さんが8日前に追加 Focus on new versions
Plugins Announcements or discussions about Redmine plugins	1964	9507	d8 devs さんが1日前に追加 RE: Redmine Time Tracker - Chrome Extension
Job offers Post here if you're looking for professionals to install, maintain and / or customise redmine	107	220	Bernhard Rohloff さんが4ヶ月前に追加 RE: Redmine Hosting

他の形式にエクスポート: Atom

図12.31 フォーラムの例（Redmine公式サイト）

WARNING

フォーラムはプロジェクトの「設定」→「プロジェクト」タブのモジュール「フォーラム」がONのときのみ利用できます。

12.5.1 フォーラム機能の構造

Redmineのフォーラムは次の3つのデータで構成されます。図12.32「フォーラムの構造(トピック数=2、メッセージ数=5)」を見ながらイメージをつかんでください。

▶メッセージ

フォーラム内の1件1件の書き込みをメッセージと呼びます。

▶トピック

あるメッセージと、そのメッセージに対する返答メッセージ群からなる一連のやりとりをトピックといいます。フォーラム内には複数のトピックを作成できます。Redmineの**フォーラム**画面で特定のフォーラムをクリックするとトピックの一覧が表示されます。

1つの議論の主題に対して1つのトピックが作成され、そのトピックに返答を追加していくことで議論が進んでいきます。

▶フォーラム

トピック——つまり話題の大分類がフォーラムです。1つのプロジェクト内で複数のフォーラムを作成できます。例えばRedmineの公式サイトでは、Redmineに関する様々な議論を行う「Open discussion」、質問用「Help」、Redmine本体の開発に関する話題を扱う「Development」などのフォーラムが作成されています。

フォーラムはプロジェクトの管理者によって作成されます。

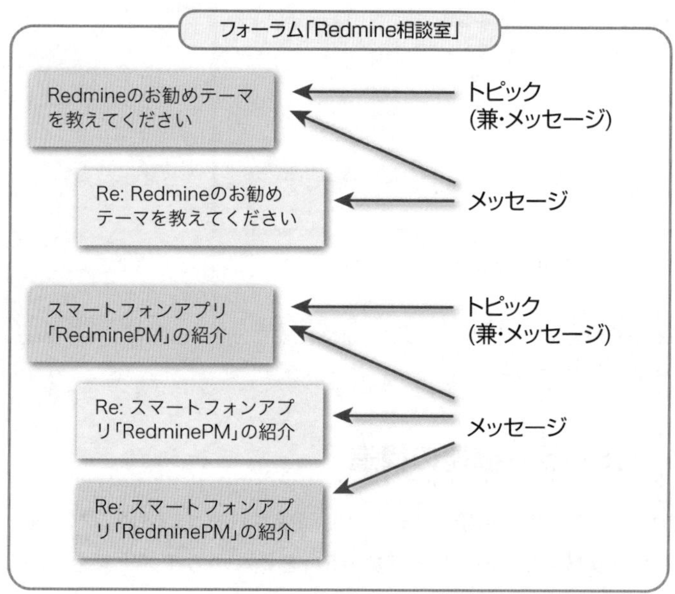

△ **図12.32** フォーラムの構造(トピック数=2、メッセージ数=5)

12.5.2 新しいフォーラムの作成

新しいフォーラムを作成するには、プロジェクトメニューから**設定**→**フォーラム**を開き、画面左下の**新しいフォーラム**をクリックしてください。**新しいフォーラム**画面が開くので、フォーラムの名称と説明を入力して**作成**をクリックしてください。

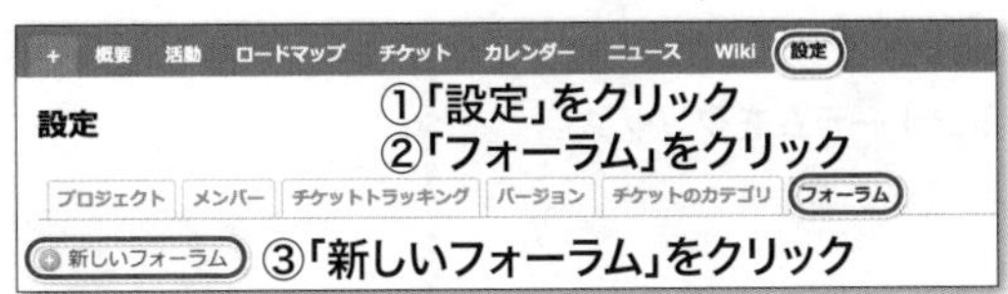

図12.33 新しいフォーラムを追加

新しいフォーラム

名称 * 資料室

説明 * 資料置き場です

作成

図12.34「新しいフォーラム」画面

> **WARNING**
> フォーラムの作成を行うには「フォーラムの管理」権限が必要です。この権限は通常は「管理者」ロールにのみ割り当てられています。管理者以外のロールで操作できるようにするにはシステム管理者に権限の割り当てを依頼してください。権限の割り当ての確認や変更は「管理」→「ロールと権限」→「権限レポート」で行えます。

12.5.3 トピックの作成

トピックとは、フォーラムのメッセージのうち、ほかのメッセージへの返答でないもの——つまり議論の始まりとなるメッセージです。

フォーラムで新しい話題を開始するにはトピックを作成します。1つのトピックに複数の話題が混在すると話の流れを追うのが難しくなるので、1つの話題ごとに1つのトピックを作成するようにしてください。

▶トピックを作成するフォーラムを開く

プロジェクトメニューの**フォーラム**をクリックするとフォーラムの一覧が表示されます。その中からトピックを作成したいフォーラム名をクリックしてください。

図12.35 トピックを作成するフォーラムを開く

▶新しいメッセージを作成する

フォーラム内のトピックの一覧が表示される画面で**新しいメッセージ**をクリックしてください。**新しいメッセージ**画面が開くので、メッセージの内容を入力し**作成**ボタンをクリックしてください。

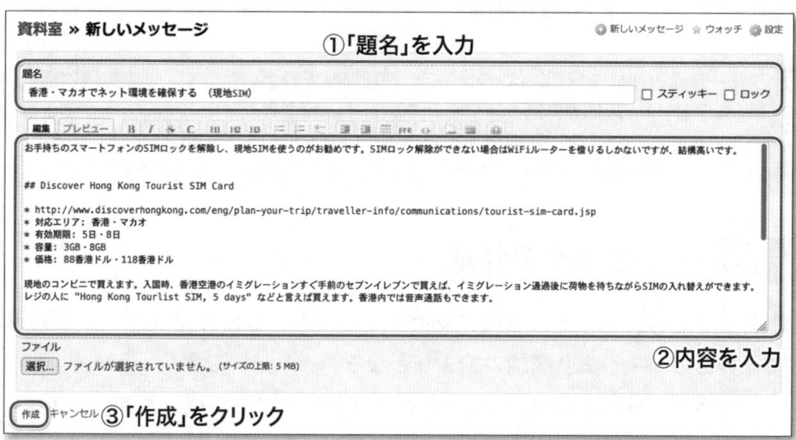

図12.36 フォーラム内で新しいメッセージ(トピック)を作成

▼ 表12.3 トピックを追加する際の入力項目

名称	説明
スティッキー	ONにすると、トピック一覧の中で常に上に表示されます。トピックが埋もれて目立たなくなるのを防ぐことができます。全員に注目して欲しい重要な内容のトピックに対して使用します。
ロック	ONにすると、このトピックに返答メッセージを追加できなくなります。
内容	議論・質問など、メッセージの内容を入力します。
ファイル	必要に応じてメッセージにファイルを添付することができます。

WARNING

トピックで「スティッキー」「ロック」の設定を行うには「メッセージの編集」権限が必要です。この権限は通常は「管理者」ロールにのみ割り当てられています。管理者以外のロールで操作できるようにするにはシステム管理者に権限の割り当てを依頼してください。権限の割り当ての確認や変更は「管理」→「ロールと権限」→「権限レポート」で行えます。

12.5.4 トピックの表示

フォーラム画面のトピックの一覧の中から表示したいトピックをクリックして開くとトピックと返答されたメッセージが表示され、これまでの議論の内容を確認できます。

▲ 図12.37 トピックを開いた状態

12.5.5 トピックへのメッセージの追加(返答)

トピックを表示した状態で**返答**を行うと、トピックに対して返答メッセージを追加することができます。トピックに返答メッセージを追加していくことで議論を進めます。

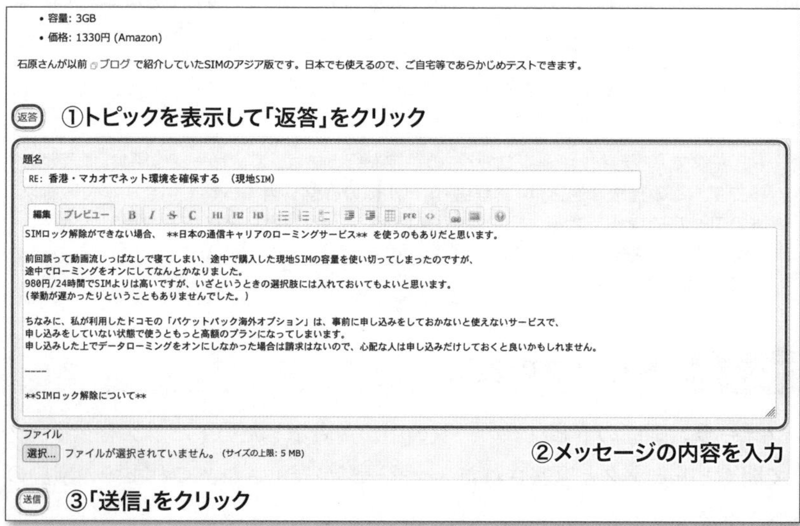

図12.38 トピックに対して「返答」でメッセージを追加

Chapter 13
こんなときどうする？
便利な機能を使いこなす

Redmineをより使いこなすための、便利な機能・お役立ち情報を紹介します。

13.1 ショートカットキーを使って快適に操作する

Redmineの一部の機能にはショートカットキーが割り当てられていて、マウスを使わずキーボードだけで操作できます。例えば、フィルタで絞り込まれたチケットのうちの1件を表示しているときに画面右上に表示される**« 前**や**次 »**相当の操作をしたり、テキスト入力時の**編集**と**プレビュー**を切り替えたり、選択したテキストを太字にしたりできます。

一部のショートカットキーは使用しているWebブラウザによって押すキーの組み合わせが異なりますので、主要なブラウザについて表を分けて紹介します。

13.1.1 画面操作

▶Windows版Chrome / Edge

表13.1 Windows版Chromeで利用できるショートカットキー一覧

キー	動作
Alt＋Shift＋e	編集（チケット、Wiki、文書、ニュース）画面に移動
Ctrl＋Shift＋p	入力中のチケットやWikiページの**編集**と**プレビュー**タブの切り替え
Ctrl＋Enter	チケットやWikiなどの入力フォームの送信
Alt＋Shift＋f	検索ボックスにカーソルを移動
Alt＋4	検索画面に移動
Alt＋7	「新しいチケット」画面に移動
Alt＋p	前のチケットまたはページへ移動
Alt＋n	次のチケットまたはページへ移動

▶Windows版 Firefox

表13.2 Windows版Firefoxで利用できるショートカットキー一覧

キー	動作
Alt＋Shift＋e	編集（チケット、Wiki、文書、ニュース）画面に移動
（使用不可）	入力中のチケットやWikiページの**編集**と**プレビュー**タブの切り替え

Ctrl + Enter	チケットやWikiなどの入力フォームの送信
Alt + Shift + f	検索ボックスにカーソルを移動
Alt + Shift + 4	検索画面に移動
Alt + Shift + 7	「新しいチケット」画面に移動
Alt + Shift + p	前のチケットまたはページへ移動
Alt + Shift + n	次のチケットまたはページへ移動

macOS版 Chrome / Edge / Safari

表13.3 macOS版Chrome / Safariで利用できるショートカットキー一覧

キー	動作
Ctrl + Opt + e	編集(チケット、Wiki、文書、ニュース)画面に移動
⌘ + Shift + p	入力中のチケットやWikiページの**編集**と**プレビュー**タブの切り替え
⌘ + Enter	チケットやWikiなどの入力フォームの送信
Ctrl + Opt + f	検索ボックスにカーソルを移動
Ctrl + Opt + 4	検索画面に移動
Ctrl + Opt + 7	「新しいチケット」画面に移動
Ctrl + Opt + p	前のチケットまたはページへ移動
Ctrl + Opt + n	次のチケットまたはページへ移動

macOS版 Firefox

表13.4 macOS版 Firefoxで利用できるショートカットキー一覧

キー	動作
(使用不可)	編集(チケット、Wiki、文書、ニュース)画面に移動
(使用不可)	入力中のチケットやWikiページの編集とプレビュータブの切り替え
⌘ + Enter	チケットやWikiなどの入力フォームの送信
Ctrl + Opt + f	検索ボックスにカーソルを移動
Ctrl + Opt + 4	検索画面に移動
Ctrl + Opt + 7	新しいチケット画面に移動
(使用不可)	前のチケットまたはページへ移動
(使用不可)	次のチケットまたはページへ移動

WARNING macOS版 Firefoxではテキストボックスにフォーカスがある状態だとCtrl+Opt+4（検索画面に移動）／Ctrl+Opt+7（新しいチケット画面に移動）は利用できません。

13.1.2 フォントスタイル

▶Windows

▼ **表13.5** Windows上の各ブラウザで利用できるショートカットキー一覧

キー	動作
Ctrl+b	選択したテキストを太字にする
Ctrl+i	選択したテキストを斜体にする
Ctrl+u	選択したテキストに下線を引く

▶macOS

▼ **表13.6** macOS上の各ブラウザで利用できるショートカットキー一覧

キー	動作
⌘+b	選択したテキストを太字にする
⌘+i	選択したテキストを斜体にする
⌘+u	選択したテキストに下線を引く

WARNING Ctrl+u / ⌘+u（選択したテキストに下線を引く）は「管理」→「設定」→「全般」→「テキスト書式」が「Textile」の場合に利用できます。

13.2 スマートフォンとタブレット端末から利用する

Redmineはスマートフォンやタブレット端末からも利用できます。ディスプレイが小さな機器向けの画面をRedmineが標準で用意しているほか、フリーのアプリも利用できます。

13.2.1 Redmine標準のレスポンシブレイアウトによる対応

Redmineは標準でレスポンシブレイアウトに対応しています。スマートフォンやタブレット端末からアクセスすると自動的に専用の画面レイアウトに切り替わり、小さなディスプレイでも見やすく表示されます。

△ **図13.1** スマートフォンとタブレット向けのチケット画面

13.2.2 iPhone/iPad/Android対応アプリ「RedminePM」の利用

株式会社プロジェクト・モードが開発している「RedminePM」はiPhone、iPad、Android搭載端末で動作するRedmineのクライアントアプリです。チケットの操作に特化しているためシンプルで使いやすいのが特長です。ネイティブアプリなので、Webブラウザでレスポンシブレイアウトの画面にアクセスするよりも軽快に操作できるのも大きなメリットです。

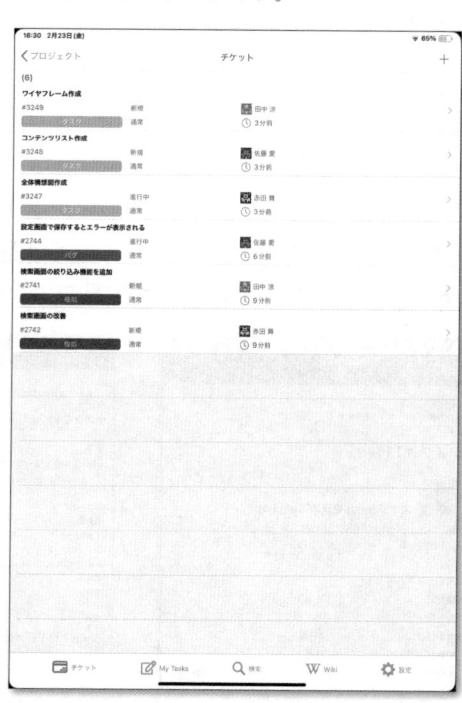

▲ **図13.2** RedminePMの画面（左：iPhone、右：iPad）

> **NOTE**
> RedminePMを利用するには「管理」→「設定」→「API」画面で「RESTによるWebサービスを有効にする」をONにしてください。この設定の詳細は15.1.1「REST APIの有効化とAPIアクセスキー」で解説しています。

13.3 権限設定で操作を制限する

Redmineには70個以上の権限があり、ユーザーがプロジェクトで行える操作を限定することができます。例えば、**チケットの削除**権限を外してチケットの削除を禁止したり、**子チケットの管理**権限を付与して子チケットの追加を許可したりできます。

13.3.1 権限とロールの関係

Redmineでの権限の付与は「ロール」によって行われており、ユーザーがプロジェクトにおいてどのような権限を持つのかはどのロールのメンバーとしてプロジェクトに参加しているのかで決まります。ロールを変更したり、ロールに付与されている権限を変更することで特定の操作を禁止したり許可したりできます。

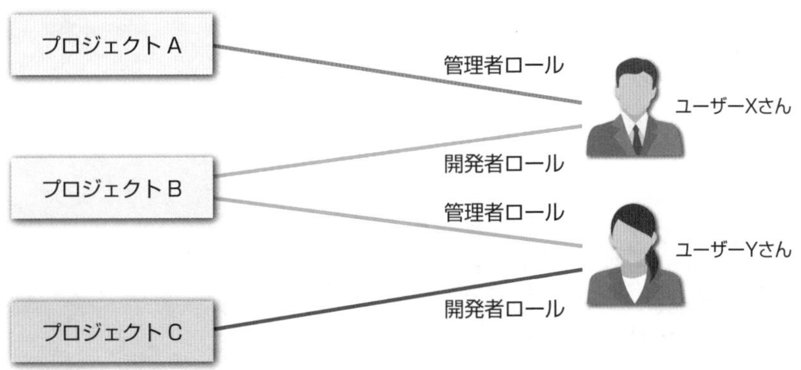

Xさん:プロジェクトAでは管理者ロールのメンバー、プロジェクトBでは開発者のロールのメンバー。
Yさん:プロジェクトBでは管理者ロールのメンバー、プロジェクトCでは開発者のロールのメンバー。

図13.3 プロジェクトごとに異なるロールを割り当てることで同じユーザーでも権限を変えることができる

> **NOTE** ロールの詳細は6.5節「ロールの設定」で解説しています。また、プロジェクトのメンバーの設定については6.8節「プロジェクトへのメンバーの追加」で解説しています。

13.3.2 権限レポートによる権限割り当ての確認と変更

どの権限がどのロールに割り当てられているのか、**管理→ロールと権限→権限レポート**画面で確認できます。Redmine上のすべての権限とロールの組み合わせを示す表が表示されます（図13.4）。

この画面では現在の割り当て状況の確認に加え、権限の割り当ての変更もできます。

個々のロールに割り当てられた権限の参照・変更はロールの編集画面でもできますが、ほかのロールへの権限割り当て状況も確認しながら作業できる**権限レポート**のほうが便利です。

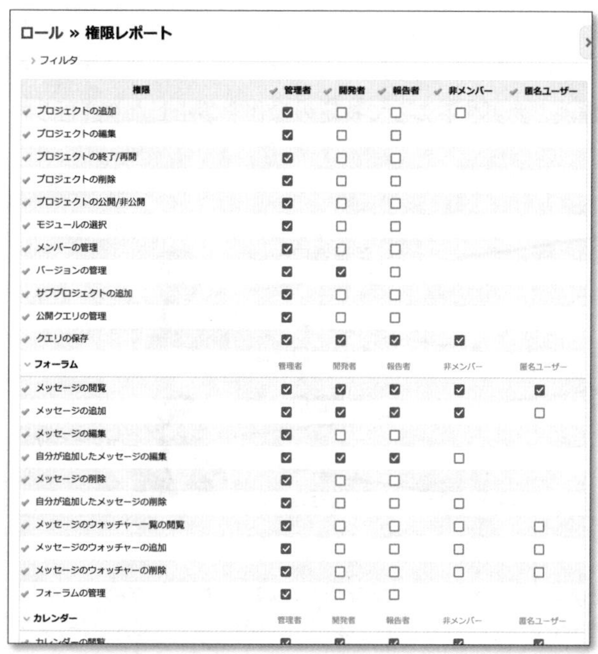

ロール » 権限レポート

› フィルタ

権限	管理者	開発者	報告者	非メンバー	匿名ユーザー
プロジェクトの追加	☑	☐	☐	☐	
プロジェクトの編集	☑	☐	☐		
プロジェクトの終了/再開	☑	☐	☐		
プロジェクトの削除	☑	☐	☐		
プロジェクトの公開/非公開	☑	☐	☐		
モジュールの選択	☑	☐	☐		
メンバーの管理	☑	☐	☐		
バージョンの管理	☑	☑	☐		
サブプロジェクトの追加	☑	☐	☐		
公開クエリの管理	☑	☐	☐		
クエリの保存	☑	☑	☑	☑	
フォーラム	管理者	開発者	報告者	非メンバー	匿名ユーザー
メッセージの閲覧	☑	☑	☑	☑	☑
メッセージの追加	☑	☑	☑	☑	☐
メッセージの編集	☑	☐	☐		
自分が追加したメッセージの編集	☑	☑	☑	☐	
メッセージの削除	☑	☐	☐		
自分が追加したメッセージの削除	☑	☐	☐	☐	
メッセージのウォッチャー一覧の閲覧	☑	☐	☐	☐	☐
メッセージのウォッチャーの追加	☑	☐	☐	☐	☐
メッセージのウォッチャーの削除	☑	☐	☐	☐	☐
フォーラムの管理	☑	☐	☐		
カレンダー	管理者	開発者	報告者	非メンバー	匿名ユーザー
カレンダーの閲覧	☑	☑	☑	☑	☑

▲ **図13.4** 権限レポート

> **NOTE** システム管理者であるユーザーはロールでの権限制御は適用されず、すべての操作が行えます。

13.4 使わないモジュールをOFFにして画面をすっきりさせる

モジュールとはプロジェクト内の1つ1つの機能(チケット、作業時間、ガントチャート、…)のことです。プロジェクトメニューには有効なモジュールに対応するメニュー項目が表示されていますが、プロジェクトで使う予定のないメニュー項目は非表示にすることができます。

図13.5 すべての項目が表示されたプロジェクトメニュー

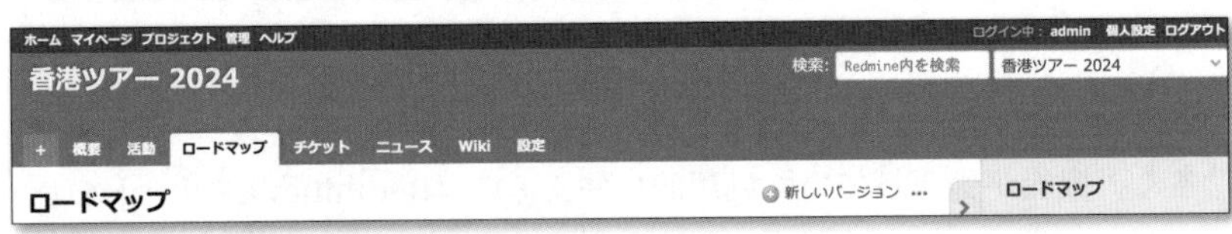

図13.6 使用しないモジュールをOFFにして項目を減らしたプロジェクトメニュー

プロジェクトメニューに表示する項目の制御は**設定**→**プロジェクト**内の**モジュール**で行えます。

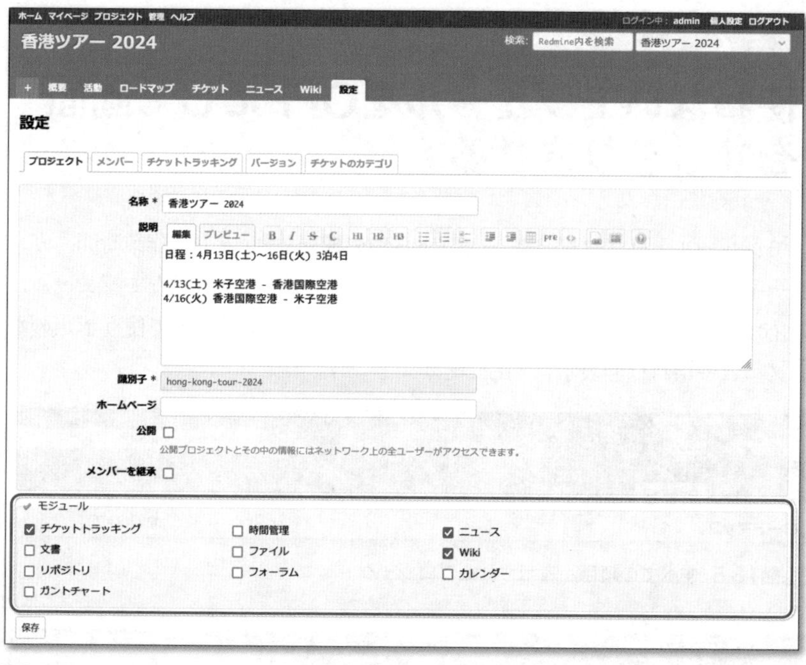

△ **図13.7** 使用するモジュールの設定画面

多くの機能が備わっていて汎用的に使えるのはRedmineのメリットの1つですが、プロジェクトメニューに項目がずらりと並んでいると目的の項目を探しにくくなりますし、Redmineにまだ親しんでいない方にとってはどこから手をつけてよいのか分からなくなってしまう可能性もあります。

> **NOTE**
> プロジェクトを新規に作成するときのデフォルト設定として常に特定のモジュールを無効にすることもできます。「管理」→「設定」→「プロジェクト」画面の「新規プロジェクトにおいてデフォルトで有効になるモジュール」で設定してください。

13.5 プラグインで機能を拡張する

プラグインとはRedmineの機能を拡張するための仕組みです。インターネット上で配布されているプラグイン、企業が販売するプラグイン、自分で開発したプラグインをインストールすることで、Redmine本体の機能を拡張したり、新たな機能を追加することができます。

Redmineを独自にカスタマイズしたい場合もプラグインを利用します。Redmine本体のソースコードを直接改変することを極力避けてプラグインとして実装することによりカスタマイズのためのコードがプラグインに集約され、Redmineの新バージョンへの追従など将来のメンテナンスがやりやすくなります。

13.5.1 プラグインの入手方法

プラグインはインターネットで公開されているものを入手したり、企業が販売しているものを購入したりできます。

▶入手方法① Plugin Directoryで探す

Redmine公式サイトのPlugin Directoryには2024年1月時点で約1120個のプラグインが掲載されています。情報はプラグイン開発者が自由に登録できます。

Information

▶ Redmine公式サイトのPlugin Directory

https://www.redmine.org/plugins

ただ、GitHubなどで公開するだけでPlugins Directoryには登録しない開発者も多く、ここで検索できるのは公開されているプラグインのごく一部です。

▶入手方法②　企業が販売するものを購入する

プラグインはオープンソースのものだけではなく企業が販売する商用のものもあります。高度な機能を提供するものが多く、またRedmineのバージョンアップへの追従などのサポートが受けられるのも魅力です。

商用プラグインの例として、株式会社アジャイルウェアの「Lychee Redmine」のガントチャートを紹介します。これはRedmineのガントチャートを大幅に操作性を向上させたものに置き換えるプラグインで、ガントチャート上でのチケット編集やドラッグ動作による開始日・期日変更などが行えます。通常のRedmineはチケットの一覧を起点に情報の更新を行いますが、Lychee Redmineのガントチャートを導入した環境ではガントチャートを起点に操作でき、Redmineを使うときの考え方が大きく変わります。

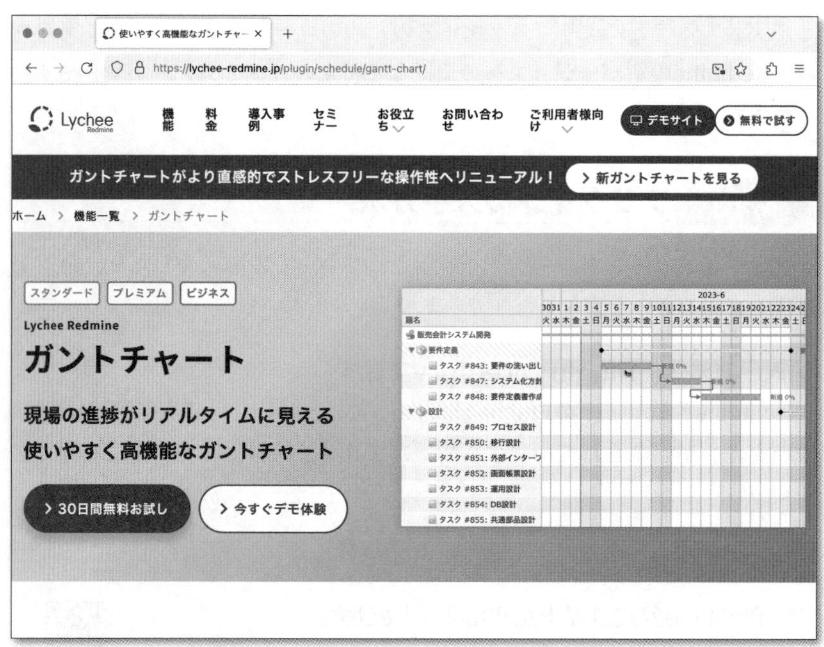

△ **図13.8** ガントチャートを拡張する商用プラグイン「Lychee Redmine」のガントチャートのWebサイト

13
こんなときどうする？ 便利な機能を使いこなす

13.5.2 プラグインの例

インターネットで公開されているプラグインの中から一部を紹介します。

Plug-in | 1

Redmine view customize plugin

https://github.com/onozaty/redmine-view-customize

Redmineの特定の画面に対してJavaScript、CSS、HTMLを埋め込むことで画面をカスタマイズします。

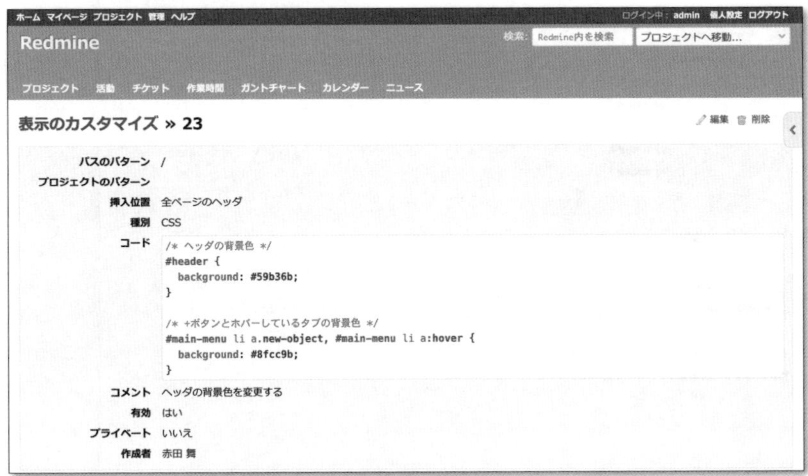

図13.9 ヘッダの色を変更したカスタマイズ例

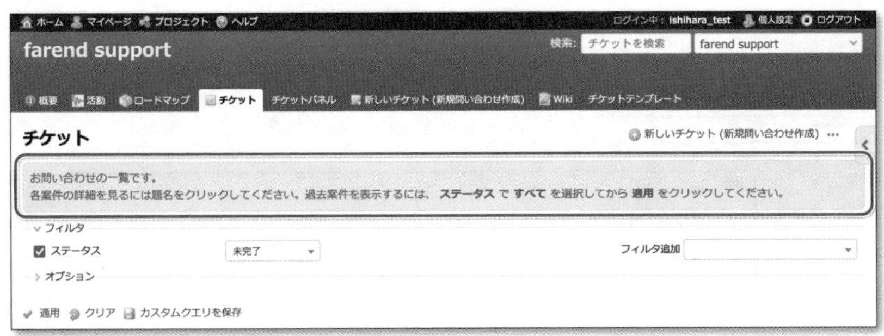

図13.10 チケット一覧画面に画面に操作ガイダンスを表示した例

Plug-in | 2

▶ Redmine Issue Templates Plugin

https://github.com/agileware-jp/redmine_issue_templates

新しいチケット作成時やコメント入力時に定型文を入力するテンプレートを作成します。チケットの題名と説明に定型文を設定したり、標準フィールドやカスタムフィールドにデフォルト値を設定したりできます。

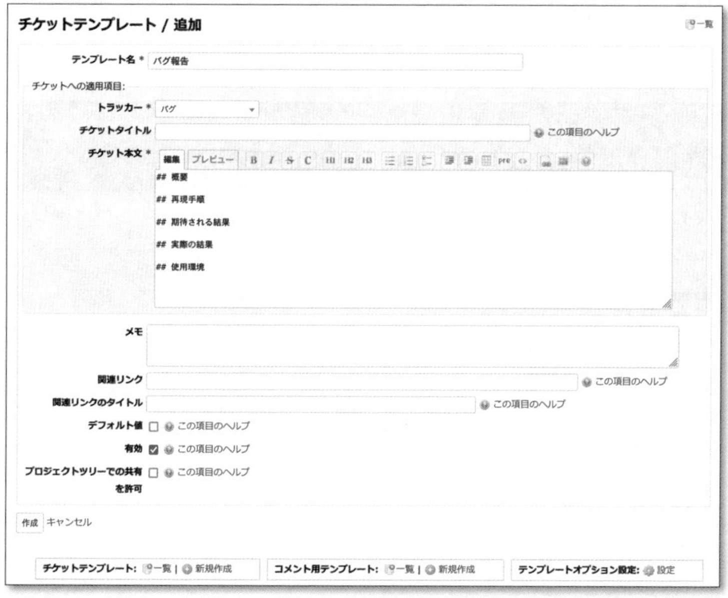

△ **図13.11** チケットテンプレートの作成画面

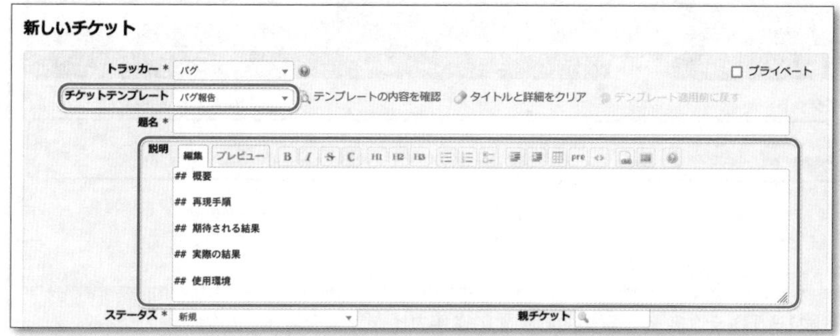

△ **図13.12** チケットテンプレートが適用されたチケット作成画面

Plug-in | 3

▶ Redmine Issues Panel（チケットパネル）

https://www.farend.co.jp/redmine/opensource/issues-panel/

チケット一覧をカード形式でかんばん風に表示します。チケットはステータスごとに表示され、プロジェクト全体の進行状況や業務のボリュームを視覚的に捉えることができます。また、チケットはドラッグ＆ドロップでステータスを簡単に変更でき、直感的な操作が可能です。

△ 図13.13 チケットのステータスをドラッグ＆ドロップで変更する様子

Plug-in | 4

▶ redmine_message_customize（メッセージカスタマイズ）

https://www.farend.co.jp/redmine/opensource/message-customize/

Redmineの用語やメッセージを自由に変更します。「トラッカー」や「活動」などのメニューやチケット内で使用されている用語やメッセージを好きな言葉に変更できます。

メッセージのカスタマイズ
カスタマイズを無効にする / デフォルトのメッセージを確認する
通常モード　YAMLモード
言語: Japanese (日本語)
変更したい文言を選択してください。
検索ボックスにキーワードを入力することで、選択肢を絞り込むことが出来ます。
label_activity
タイムライン
field_subject
タイトル
field_tracker
チケット種別
保存

図13.14 用語をカスタマイズした設定画面

図13.15 カスタマイズ前の画面

図13.16 カスタマイズ後の画面

Plug-in | 5

RedMica UI extension

https://www.farend.co.jp/redmine/opensource/ui-extension/

UIの様々な拡張が利用できます。2024年1月時点で以下4つの機能があります。

①チケットに添付した画像やPDFなどのファイルを画面遷移なしでプレビュー

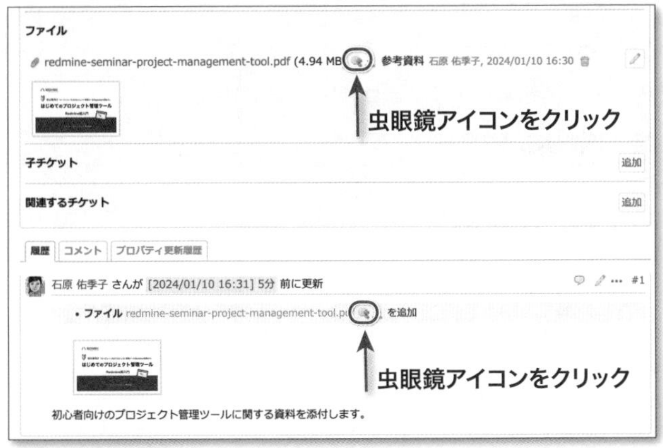

図13.17 添付ファイル名の横に虫眼鏡アイコンが表示される

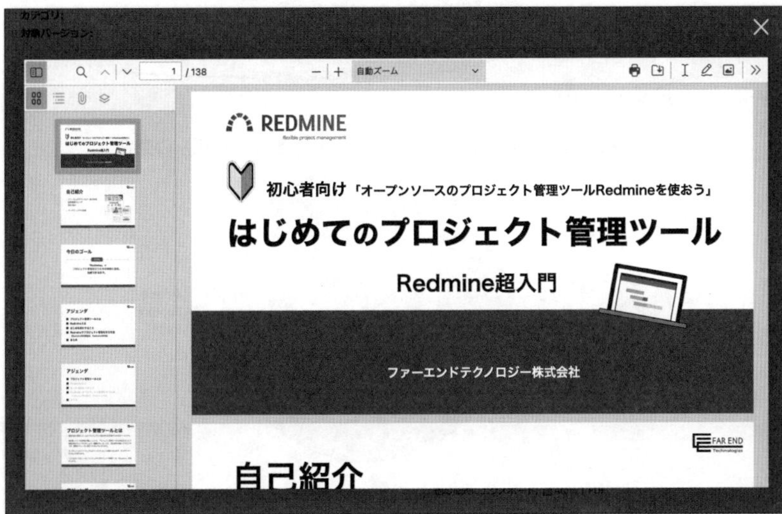

図13.18 添付ファイルを画面遷移なしでプレビューできる

②チケットやWikiの入力欄でMermaidマクロ内にMermaid記法のテキストを入力することでクラス図・シーケンス図・円グラフなど様々な種類の図を描画

コメント

編集 プレビュー

```
{{mermaid
flowchart LR
    新規-- 作業着手 -->進行中-- 作業完了/レビュー待ち -->解決-- レビューOK/完了 -->終了
    フィードバック-- 指摘事項への対応着手 -->進行中
    解決-- 指摘事項あり -->フィードバック
    新規-- 対応しない-->却下
}}

{{mermaid
pie title Redmine 5.1 トラッカー別チケット (改善・修正) の割合
    "Defect" : 22
    "Feature" : 58
    "Patch" : 68
}}
```

▲ **図13.19** Mermaidマクロ記載例

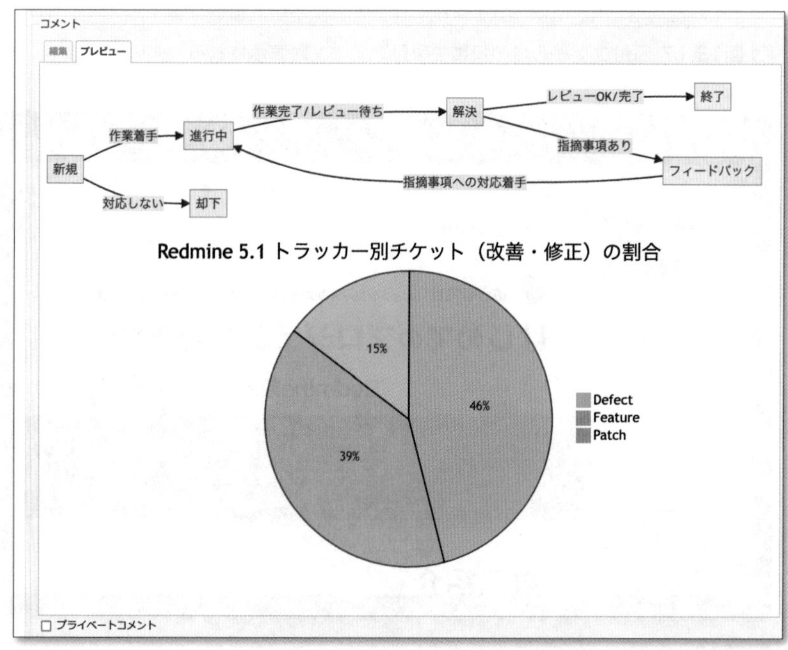

▲ **図13.20** フローチャートや円グラフがチケットに描ける

> **NOTE**
> Mermaidはテキストベースの記述により図やグラフを作成するための記法です。Mermaid記法のリファレンスはMermaidの公式サイトhttps://mermaid.js.org/で確認できます。

③担当者などのセレクトボックスでキーワード検索して選択肢を絞り込み表示

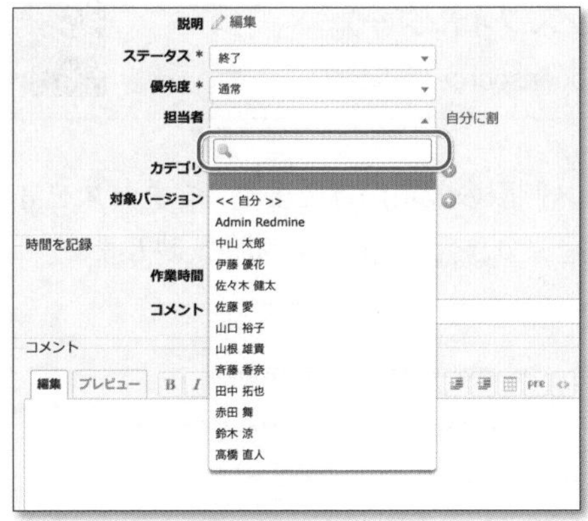

図13.21 選択肢があるセレクトボックスでキーワード検索

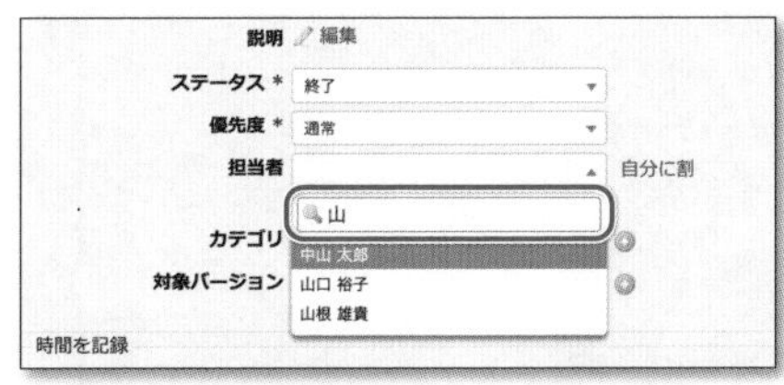

図13.22 入力したキーワードが含むユーザーのみ表示される

④ロードマップ画面でチケットの作成日・終了日などからバージョンごとにバーンダウンチャートを自動描画

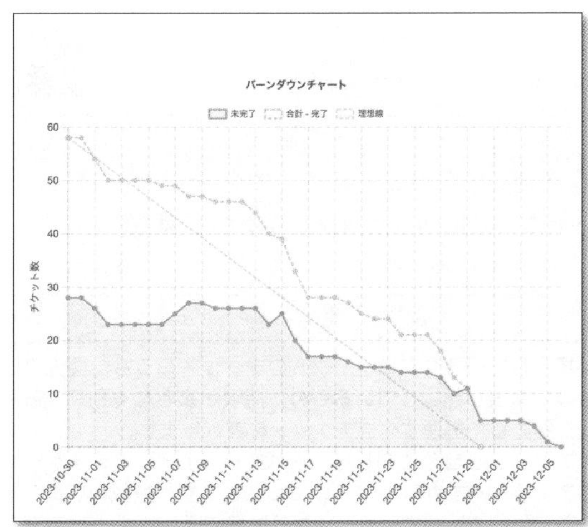

図13.23 自動描画されたバーンダウンチャート

Plug-in | 6

▶ Redmine IP Filter（IPアドレスフィルター）

https://www.farend.co.jp/redmine/opensource/ip-filter/

接続元IPアドレスによるアクセス制限の設定が行えます。アクセスを許可したいIPアドレスを管理画面から登録でき、設定内容は即時反映します。

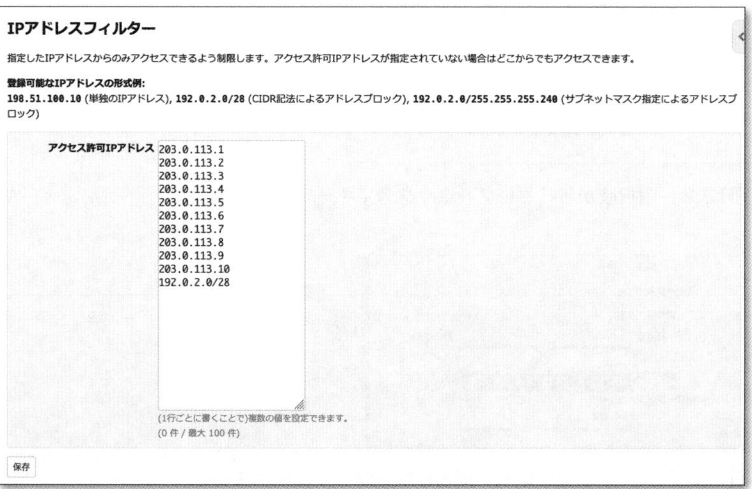

△ **図13.24** アクセス許可IPアドレスの設定画面

Plug-in | 7

▶ My Page Blocks

https://blog.redmine.jp/articles/my-page-blocks-plugin/

マイページ画面に新たなブロックを追加します。マイページ画面をより便利に活用できます。次に挙げるのは追加されるブロックの一例です。

追加されるブロック	説明
優先チケット	自分が担当している全プロジェクトのチケットのうち、優先度が高いもの、期限が超過しているもの、期限がまもなく到来するものなど、優先して処理すべきチケットを表示します。 多数のチケットが自分に割り当てられているとき、どのチケットから作業着手すべきか判断するのに役立ちます。複数のプロジェクトを同時並行で進めているときなどに特に便利です。

新着チケット	担当者が自分または未設定のチケットのうち、ステータスが新規のもので最近作成されたものを表示します。新たに割り当てられたチケットを見逃すのを防ぐのに役立ちます。
作業中チケット	自分が担当者のチケットのうち、ステータスが新規、終了などではないもの、つまり作業実施中のチケットを表示します。

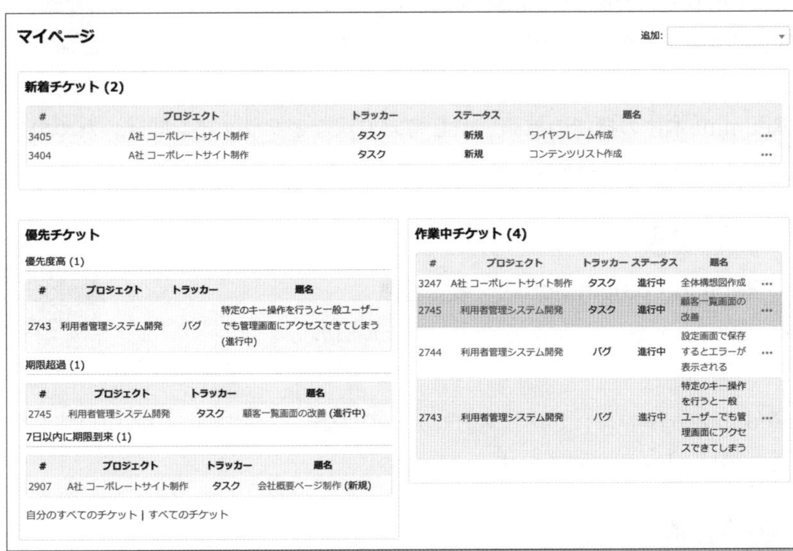

図13.25「My Page Blocks」により追加されるブロックを使った「マイページ」画面

13.5.3 プラグインの開発

独自のプラグインを初めて開発するときに役立つ情報を紹介します。

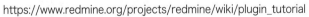

Information

▶ **Plugin Tutorial** 英語

https://www.redmine.org/projects/redmine/wiki/plugin_tutorial

Information

▶ **Plugin Tutorial** 日本語

http://guide.redmine.jp/Plugin_Tutorial/

プラグイン開発の一通りの手順を解説したチュートリアルです。プラグイン開発の手順が知りたければまずはこのチュートリアルを試してみましょう。

Information

▶ **Plugin Internals** 英語

https://www.redmine.org/projects/redmine/wiki/Plugin_internals

Redmine本体の機能の拡張・差し替え方法などプラグイン開発のための技術情報が掲載されています。

Information

▶ **Redmine plugin hooks** 英語

https://www.redmine.org/projects/redmine/wiki/hooks

Redmine本体のコントローラやモデルの拡張、既存画面への情報追加を行うためのHook APIの説明です。

Information

▶ **Redmine plugin hooks list**  英語

https://www.redmine.org/projects/redmine/wiki/Hooks_List

利用できるHookの一覧です。

13.5.4 プラグインを利用することのリスク

標準のRedmineにはない機能を追加してくれるプラグインは便利ですが、問題もあります。プラグインをインストールするということは本質的にはRedmineというソフトウェアの改変です。したがって、Redmineのソースコードを改変するのと同様のリスクを抱えることとなります。プラグインのインストールの判断はリスクを理解した上で慎重に行ってください。

▶セキュリティ脆弱性を抱える可能性

プラグインが持つセキュリティ脆弱性により、Redmineが稼働するシステムやRedmineのデータがセキュリティ上の脅威に晒される可能性があります。また、悪意を持った不正なコードがプラグインに含まれている可能性も排除できません。

▶Redmineの動作の安定性やパフォーマンスに影響する可能性

プラグインのコードの品質が悪いと、Redmineの一部機能が正常に動作しなくなったり大量のデータを扱う時のパフォーマンスが悪化するなどの問題が発生する可能性があります。最悪の場合、Redmine上のデータが破壊される可能性もあります。

▶Redmineのバージョンアップに追従できない可能性

Redmine本体がバージョンアップすると、旧バージョン向けに作られたプラグインが動かなくなることがよくあります。作者の多忙などでプラグインの開発が止まっていたりすると、プラグインがバージョンアップできないためにRedmine本体もバージョンアップできないといったことが起こります。

13.6 独自のテーマを作成して画面をカスタマイズする

5.7節「テーマの切り替えによる見やすさの改善」で、テーマを使ってRedmineの画面の見た目を変更できることを解説しました。ここではRedmineのテーマを自分で作る方法を紹介します。

テーマを作るといっても、大幅に画面の見た目を変えるのではなく、ヘッダの色やフォントを変えるなど自分たちのための小さな改善であればそれほどハードルは高くありません。テーマ作成は本質的にはCSSのコーディングであり、例えば画面のある部分の表示をカスタマイズする場合、Redmineの画面のHTMLと既存のテーマのCSSを見比べながら変更すべき箇所を特定し、既存のスタイルを上書きするCSSを記述します。

テーマ作成の手順は、次のURLを参考にしてください。

Information

▶ テーマの作成（Redmine.JP） 日本語

https://redmine.jp/glossary/t/theme/create-themes/

Chapter 14

バージョン管理システムとの連係

RedmineはGitやSubversionなどのバージョン管理システムと連係して利用することができます。Redmineとバージョン管理システムを連係させると、バージョン管理システム上で管理されているファイルの内容や更新履歴を閲覧したり、Redmineのチケットとソースコードの変更履歴を関連づけて相互参照したりできるようになり、プロジェクトの情報管理基盤としてのRedmineの価値がいっそう高まります。

14.1 バージョン管理システムとRedmineを連係させるメリット

GitやSubversionなどのバージョン管理システムはソフトウェアのソースコードの変更履歴を管理する、ソフトウェア開発においてはほぼ必須のツールです。

Redmineは主要なバージョン管理システムのリポジトリとの連係機能を備えています。Redmineとリポジトリを連係させることで次のような機能が利用できるようになり、システム開発などソースコードを扱うプロジェクトで特に効果を発揮します。

▶チケットとリビジョンの関連づけ

Redmineのチケットとバージョン管理システム上のリビジョン（更新履歴）を相互に関連づけることができます。これにより、チケットに記載されたバグ等に対してどのようにソースコードを変更したのか、逆にソースコードのある変更がどのチケットに基づいて行われたのか追跡できます。

▶リポジトリブラウザ

リポジトリ内のファイルや更新履歴を、バージョン管理システムのコマンドを操作することなく、Redmineの**リポジトリ**画面で参照できます。

▲ **図14.1** Redmineのリポジトリブラウザ

14.2 リビジョンとチケットの関連づけ

リビジョンとチケットを相互に関連づけると、Redmineの画面上でチケットから関連するリビジョンをたどったり、逆にリビジョンからRedmineのチケットをたどったりすることができます。具体的には次のことが実現できます。

- バグを報告したチケットの画面に、そのバグを修正したリビジョンへのリンクが表示される。リンクをクリックするとリポジトリブラウザでリビジョンの情報が表示され、修正したファイルや修正内容を確認できる。
- リポジトリブラウザでソースコードの特定のリビジョンを参照すると、関連するチケットへのリンクが表示される。リンクをクリックするとチケットが表示され、なぜそのような修正をおこなったのかが確認できる。

Redmineのチケットとして報告された課題がどのようにソースコードに反映されたのか、ソースコード更新の根拠となった課題は何か、きちんと管理することができます。

14.2.1 関連づけの例

リビジョンとチケットの関連づけの様子を、Redmine公式サイトの実際のチケットを例に見てみましょう。このチケットは誰でも見ることができます。

以下の図で示すRedmine公式サイトのチケット**#37878**[1]は、スペースで区切られた複数のキーワードでAND検索を行う際に、区切り文字として半角スペースだけではなく全角スペースも使えるようにしようという提案が行われたものです。最終的にはRedmine 5.1.0の新機能の一つとしてRedmineのリポジトリにコミットされました。

【1】https://www.redmine.org/issues/37878

図14.2 Redmine公式サイトのチケット#37878の表示

関係しているリビジョンタブの中の表示リビジョン 21952をクリックすると、リポジトリブラウザに移動してそのリビジョンの詳細が表示されます。リポジトリブラウザの表示により、チケット#37878に関係して変更されたファイルがtrunk/lib/redmine/search.rb と test/unit/lib/redmine/search_test.rbであることが分かります。この画面の**関連するチケット**欄にはチケット#37878へのリンクも表示されていて、リビジョンからソースコードの修正を行う根拠となったチケットを参照することもできます。

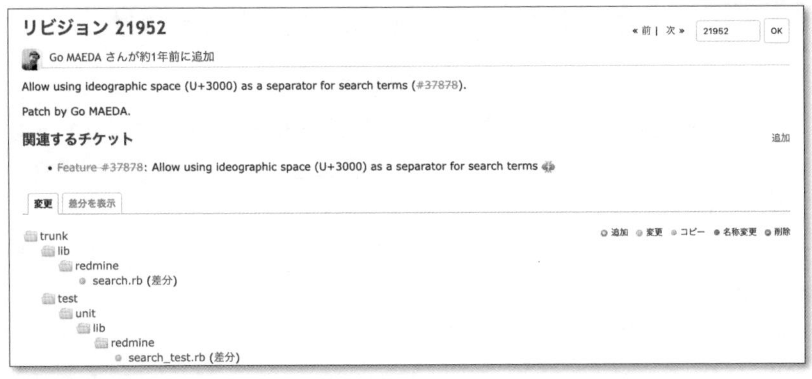

図14.3 チケット#37878にひもづくリビジョン21952の詳細表示

リビジョン画面で**差分を表示**タブを開くとこのリビジョンでの変更の差分が表示され、チケット#37878に関連してソースコードがどのように修正されたか確認することもできます。差分の表示では、削除された行が赤、追加された行が緑で表示されます。

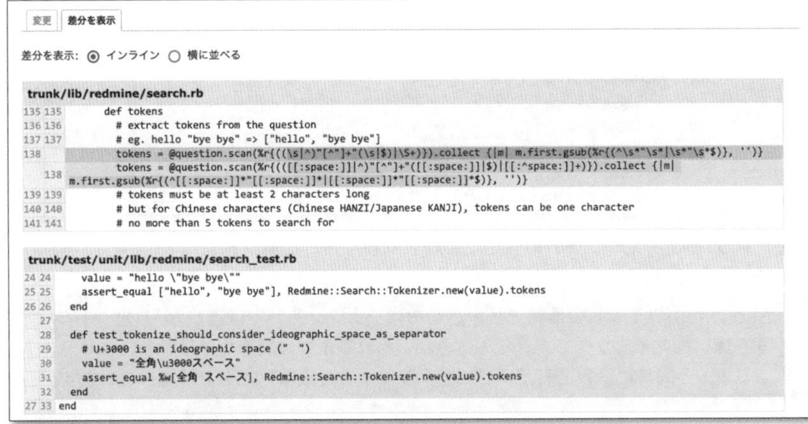

図14.4 差分の表示

リビジョンとチケットを関連づけることで、あるチケットに記述された機能追加や修正のために誰がどのようにソースコードを変更したのか、またソースコードのある変更はどのチケットを根拠に行われたのか、容易に追跡できます。

14.2.2 リポジトリへのコミットによる関連づけ

ソースコードの変更をリポジトリに対してコミットする際、コミットメッセージに**参照用キーワード**と呼ばれる特別なキーワードに続いてチケット番号を記述しておくと、Redmine上でリビジョンとチケットが自動的に関連づけられます。

例えばGitクライアントをコマンドラインで使用しているとき、チケット#93に関連づけるようコミットするには次のように実行します。チケット番号の前のrefsが参照用キーワードです。

```
git commit -am 'typo修正 refs #93'
```

デフォルトの設定で使用できる参照用キーワードは**refs**、**references**、**IssueID**の3つです。どれも動作は同じです。**管理→設定→リポジトリ**で任意のものに変更することもできます。

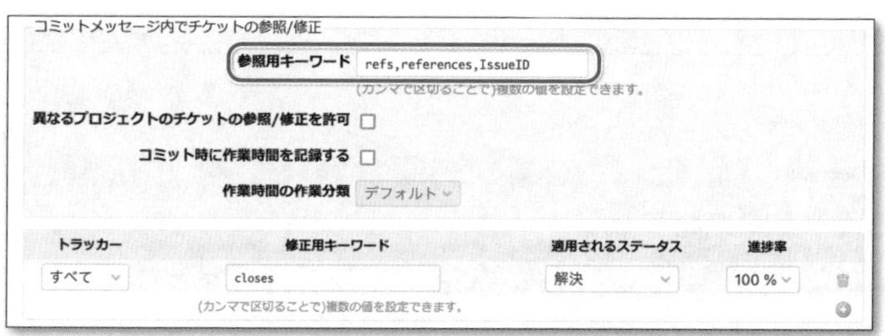

図14.5 参照用キーワードの設定(「管理」→「設定」→「リポジトリ」)

> **WARNING**
> Redmineがコミットの情報を読み込むのは、デフォルトでは誰かが「リポジトリ」画面を開いたタイミングです。読み込みが行われるまでは関連づけは行われません。コミットと同時に読み込みが行われるようにする方法は14.5.2で解説しています。

> **NOTE**
> 参照用キーワードに*(アスタリスク)を追加すると、refsなどのキーワードなしでチケット番号のみの記述でも関連づけが行えるようになります(refs #93ではなく単に#93と書いて関連づけができる)。
>
> コミットメッセージ内でチケットの参照/修正
> 参照用キーワード refs,references,IssueI,*
> (カンマで区切ることで)複数の値を設定できます。

14.2.3 関連づけと同時にチケットのステータスと進捗率を更新

コミットメッセージにチケット番号を書くときに、**参照用キーワード**ではなく**修正用キーワード**を指定すると、リビジョンとチケットを関連づけるだけではなく、チケットのステータスと進捗率を更新できます。

例えば、次のようにコミットメッセージにcloses #93と書くことで、リビジョンとチケットを関連づけると同時にチケットのステータスを「解決」に、進捗率を100%に更新させるといったことが実現できます。

```
git commit -am 'typo修正 closes #93'
```

修正用キーワードはデフォルトでは何も登録されていません。先の例のように関連づけと同時にステータスと進捗率を変更するためには、あらかじめ**管理→設定→リポジトリ**で**修正用キーワード**を登録しておく必要があります。

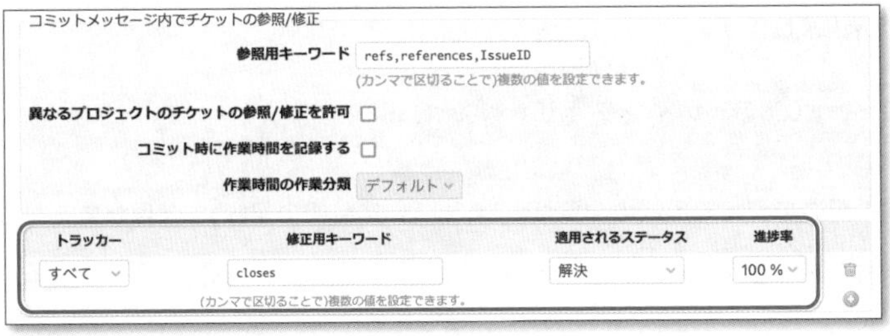

コミットメッセージ内でチケットの参照/修正

参照用キーワード	refs,references,IssueID (カンマで区切ることで)複数の値を設定できます。
異なるプロジェクトのチケットの参照/修正を許可	☐
コミット時に作業時間を記録する	☐
作業時間の作業分類	デフォルト

トラッカー	修正用キーワード	適用されるステータス	進捗率
すべて	closes	解決	100 %

(カンマで区切ることで)複数の値を設定できます。

図14.6 修正用キーワードの設定(「管理」→「設定」→「リポジトリ」)

WARNING Redmineがコミットの情報を読み込むのは、デフォルトでは誰かが「リポジトリ」画面を開いたタイミングです。読み込みが行われるまではステータスと進捗率の更新は行われません。

14.2.4 関連づけと同時にチケットに作業時間を記録

Redmineには工数管理機能があります。チケットに記載された作業を実施するのに要した時間をチケット自体に記録し、**作業時間**画面で明細や集計結果を見ることができます(11.6節「工数管理」参照)。

作業時間は通常はRedmineの画面から入力しますが、リポジトリへのコミット時にコミットメッセージに記入して登録することもできます。

▶ コミット時に作業時間を記録するための設定

この機能はデフォルトではOFFなので、利用するためには**管理→設定→リポジトリ**画面を開いて設定を変更してください。**コミット時に作業時間を記録する**をONにして、**作業時間の作業分類**でコミットメッセージ経由で登録された作業時間をどの分類で登録するのか選択します。

> NOTE
> 「作業時間の作業分類」で「デフォルト」を選択すると、コミットを行ったユーザーのロールに設定された「時間管理におけるデフォルトの作業分類」が適用されます。

▶ 作業時間を記録するためのコミットメッセージの記述

チケットへの関連づけを行う参照用キーワードの後に@とともに作業時間を記述してください。Redmineがコミットを読み込んだタイミングでチケットに作業時間が記録されます。例えば以下の記述はチケット#909に1時間30分の作業時間を記録します。

```
git commit -am 'CSSコーディング refs #909 @1:30'
```

> NOTE
> 作業時間の記述で使える形式の一覧は、11.6.1「作業時間の記録」を参照してください。

> WARNING
> Redmineがコミットの情報を読み込むのは、デフォルトでは誰かが「リポジトリ」画面を開いたタイミングです。読み込みが行われるまではコミットメッセージに記述した作業時間はチケットに記録されません。

14.2.5 Redmineの画面での手作業による関連づけ

コミットメッセージに参照用キーワード・修正用キーワードとともにチケット番号を書くことでチケットとリビジョンを関連づけることができますが、Redmineの**リポジトリ**画面からの操作により関連づけを追加・削除することもできます。コミットメッセージにチケット番号を書くのを忘れたか誤った番号を書いてしまった場合や、あえてコミットメッセージにチケット番号を書かない運用をしたい場合などに利用できます。

> **NOTE**
> 保守しているソフトウェアが現役で使われている間にRedmineが廃れてしまう可能性はゼロではありません。もし将来Redmineからほかの課題管理システムに乗り換えたとき、コミットメッセージ内のRedmineのチケット番号はすべて無意味なものになってしまうかもしれません。これを避けるために、Redmineのチケット番号をあえて書かないという運用が考えられます。

▶関連づけの追加

リポジトリ画面で対象のリビジョンを開き、**関連するチケット**欄の右側にある**追加**リンクをクリックしてください。チケット番号の入力欄が表示されるので、関連づけたいチケットの番号を入力して**追加**ボタンをクリックしてください。

図14.7 「リポジトリ」画面で関連づけを追加

▶関連づけの削除

リポジトリ画面で対象のリビジョンを開き、チケットの右側に表示された関連の削除アイコンをクリックしてください。

図14.8 「リポジトリ」画面で関連づけを削除

14.3 リポジトリブラウザ

プロジェクトメニューの **リポジトリ**タブを開くとリポジトリ内のファイルの一覧、リビジョンの一覧、リビジョン間の差分、そしてリビジョンとチケットの関連付けの状況が表示されます。

> **NOTE** プロジェクトメニューの「リポジトリ」タブはプロジェクトの「設定」→「リポジトリ」で連係対象リポジトリが設定されている場合に表示されます。

▶リポジトリ画面

画面の上半分にはリポジトリ内のフォルダ・ファイルの一覧が、下半分の「最新リビジョン」には最近コミットされた10件のリビジョンが表示されます。

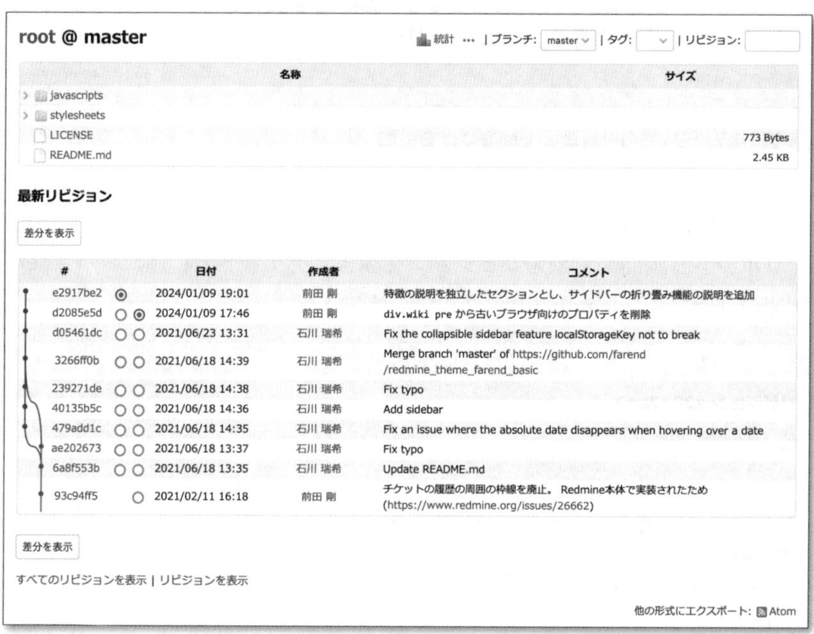

▲ **図14.9** リポジトリ画面

▶リビジョンの表示

リポジトリ画面の**最新リビジョン**に表示されているリビジョン番号をクリックするとリビジョンの詳細情報を確認できます。コミットメッセージ、関連づけられているチケットの一覧、そのリビジョンで追加・変更・削除されたファイルの一覧が表示されます。

この画面で関連するチケットの追加・削除もできます。コミットメッセージ内でチケットを関連づけるための記述を忘れたり、誤って無関係なチケットと関連づけたりしたときに修正できます。

> **NOTE** 関連するチケットを追加・削除する手順は14.2.5「Redmineの画面での手作業による関連づけ」で解説しています。

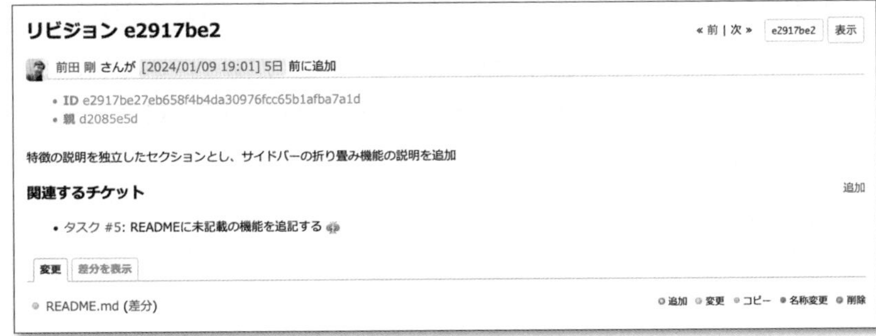

△ **図14.10** リビジョンの表示

▶ファイルの表示

リポジトリブラウザの各画面でファイル名をクリックすると、そのファイルの内容を確認できます。

図14.11 ファイルの表示

この画面にはほかにも**履歴**、**アノテート**の2つのタブがあり、それぞれコミットの一覧の表示、ファイル内の行ごとの最終更新リビジョン・最終更新者の表示が行えます。

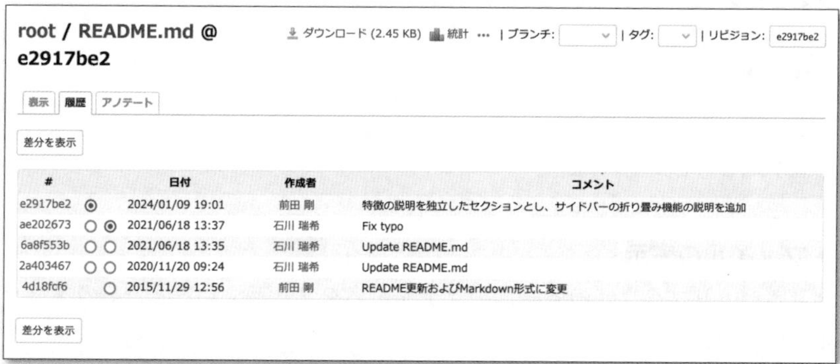

#		日付	作成者	コメント
e2917be2	◉	2024/01/09 19:01	前田 剛	特徴の説明を独立したセクションとし、サイドバーの折り畳み機能の説明を追加
ae202673	○ ◉	2021/06/18 13:37	石川 瑞希	Fix typo
6a8f553b	○ ○	2021/06/18 13:35	石川 瑞希	Update README.md
2a403467	○ ○	2020/11/20 09:24	石川 瑞希	Update README.md
4d18fcf6	○	2015/11/29 12:56	前田 剛	README更新およびMarkdown形式に変更

図14.12「履歴」でコミットの一覧を表示

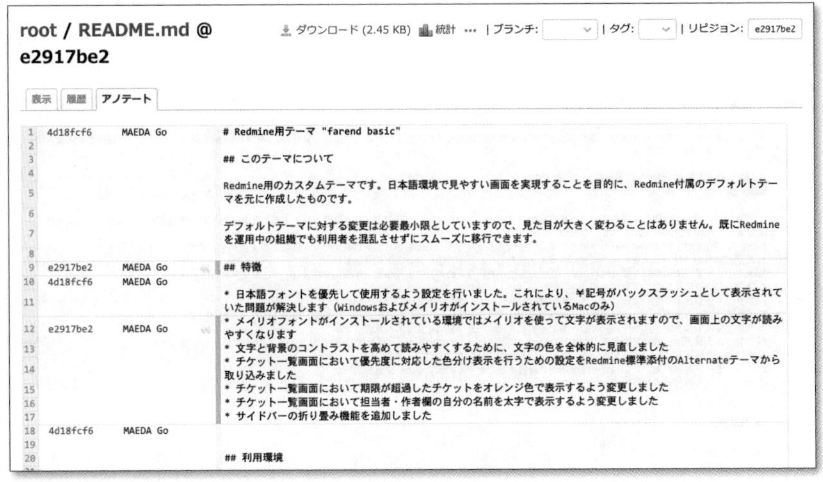

図14.13「アノテート」で行ごとの最終更新リビジョンと更新者を表示

▶差分の表示

リビジョンが一覧表示されている画面で2つのリビジョンを選択して**差分を表示**をクリックすると、リビジョン間でファイルがどう変更されたのか差分が表示されます。削除された行は赤、追加された行は緑で表示されます。

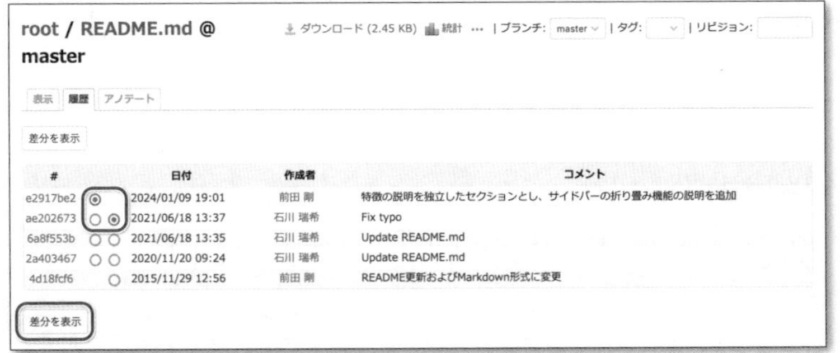

図14.14 2つのリビジョンを選択して「差分を表示」をクリック

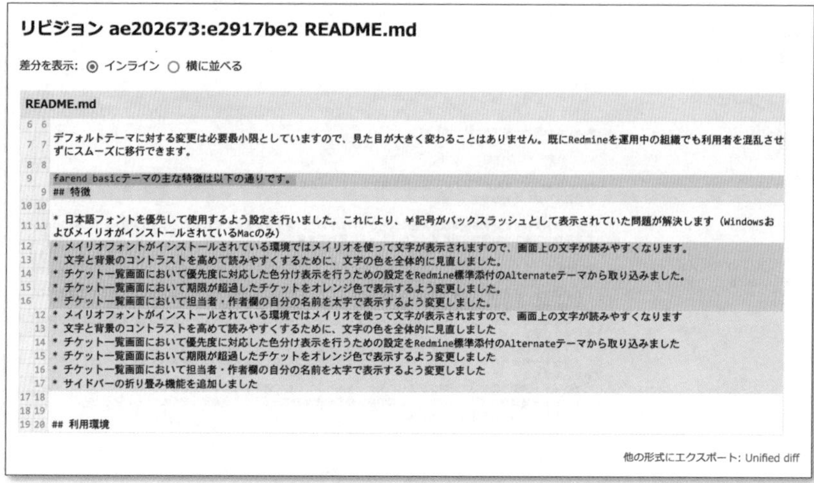

図14.15 リビジョン間の差分の表示

▶リポジトリの統計情報の表示

リポジトリ画面右上に常時表示されている**統計**をクリックすると、リポジトリの更新状況の統計がグラフで表示されます。

図14.16「統計」ボタン

グラフ内には赤のバー(**リビジョン**)と青のバー(**変更**)が描かれます。

- 赤(**リビジョン**)：リポジトリに作成されたリビジョンの数、すなわちコミット数を表します。
- 青(**変更**)：追加・変更・削除されたファイルの延べ個数を表します。

グラフは**月別のコミット**と**作成者別のコミット**の2つが表示されます。

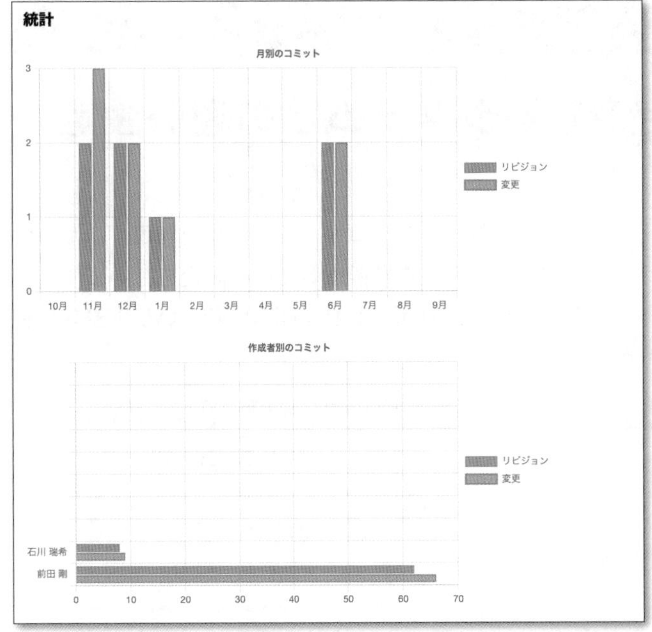

▲ **図14.17** リポジトリの統計情報

月別のコミットには直近12ヶ月間にリポジトリに作成されたリビジョン数と更新されたファイルの延べ個数が月ごとに集計されて表示されます。プロジェクトの時系列での活発さを把握できます。**作成者別のコミット**には全期間においてリポジトリに作成されたリビジョン数と更新されたファイルの延べ個数がユーザーごとに集計されて表示されます。各々のユーザーのプロジェクトへの貢献度を把握できます。

14.4 バージョン管理システムとの連係設定

これまで説明したバージョン管理システムとの連係機能を利用するためには、プロジェクトにおいてリポジトリを参照するための設定を行います。まず、プロジェクトメニューの**設定→リポジトリ**を開いて**新しいリポジトリ**をクリックしてください。

▲ **図14.18** 「管理」→「設定」→「リポジトリ」

この先の設定は連係対象のリポジトリの種類によって異なります。RedmineはGit、Subversion、Mercurial、CVS、Bazaarのリポジトリに対応していますが、本書ではGitとSubversionの設定手順を説明します。

14.4.1 Gitリポジトリとの連係設定

Redmineは同一サーバ上(Redmineからアクセスできるファイルシステム上)にあるGitのベアリポジトリを参照できます。リモートのリポジトリを直接参照することはできないので、もしGitHubなどのリポジトリと連係したい場合はRedmineサーバ上にリポジトリのミラーを作成します。

NOTE

Gitのベアリポジトリとは作業ディレクトリを持たないリポジトリで、他のクライアントからクローンやプッシュされる、サーバ用のリポジトリです。ベアリポジトリに対して直接ファイルの変更やコミットを行うことはできません。

Redmineを実行しているサーバと同一のサーバで既にGitの中央リポジトリ(他のリポジトリからのプッシュを受け付けるリポジトリ)を公開している場合、そのリポジトリは既にベアリポジトリなのでそのままでRedmineから参照するよう設定できます。

▶ベアリポジトリの作成

リモートのGitリポジトリをRedmineから参照するためには、Redmineを実行しているサーバ上でそのリポジトリを--mirrorオプション付きでクローンしてベアリポジトリを作成します。次に挙げるのはGitHubで公開されているリポジトリをクローンしてベアリポジトリ/var/lib/gitrepos/redmine_theme_farend_fancy.gitを作成する例です。

▼ GitHubのリポジトリをcloneしてベアリポジトリを作成する操作

```
mkdir /var/lib/gitrepos
cd /var/lib/gitrepos
git clone --mirror https://github.com/farend/redmine_theme_farend_fancy
```

▶リモートリポジトリの更新をベアリポジトリへ反映させる

ベアリポジトリを作っただけでは、リポジトリの内容はずっと作成時点のままでクローン元のリポジトリの更新が反映されません。更新内容を自動的に反映させるために、そのサーバ上でgit fetchを定期的に実行するようにcrontabなどに設定を追加してください。

▼ ベアリポジトリに元のリポジトリの更新を反映する操作

```
git fetch /var/lib/gitrepos/redmine_theme_farend_fancy.git
```

▶Redmineのプロジェクトでの連係設定

ベアリポジトリが準備できたら、Redmineのプロジェクトからリポジトリを参照するための設定を行います。プロジェクトの**設定→リポジトリ**画面で**新しいリポジトリ**をクリックして**新しいリポジトリ**画面を開き、図14.19と表14.1を参考にGitリポジトリを参照するための情報を入力してください。

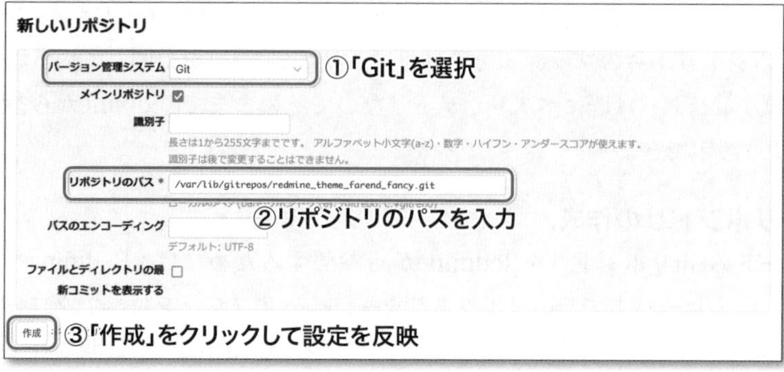

図14.19 Gitリポジトリとの連係設定

表14.1 Gitリポジトリとの連係設定

名称	説明
バージョン管理システム	使用するバージョン管理システムです。「Git」を選択してください。
メインリポジトリ	Redmineは1つのプロジェクトで複数のリポジトリを連係対象として設定することもできます。その場合、このチェックボックスをONにしているリポジトリがメインリポジトリとなります。 メインリポジトリは「リポジトリ」画面に表示されるデフォルトのリポジトリとなります。そのほかのリポジトリに表示を切り替えるには、右サイドバーに一覧表示される識別子をクリックしてください。
識別子	1つのプロジェクトで複数のリポジトリを設定している場合、各リポジトリを区別するために「識別子」を入力します。メインリポジトリ以外は識別子が必須です。
リポジトリのパス	ベアリポジトリのフルパスを入力してください。 なお、この項目は登録後は変更できません。変更したいときはプロジェクトの「設定」→「リポジトリ」画面でリポジトリの設定を削除してから再度設定し直してください。
パスのエンコーディング	通常はデフォルトのまま「UTF-8」とします。
ファイルとディレクトリの最新コミットを表示する	OFFの場合、リポジトリブラウザの表示を高速に行うために、「リポジトリ」画面内のファイルの一覧で「名称」と「サイズ」以外の項目(「リビジョン」「経過期間」「作成者」「コメント」)の表示を省略します。デフォルトではOFFです。

14.4.2 Subversionリポジトリとの連係設定

Subversionリポジトリと連係させる場合は、ローカルのリポジトリだけではなくインターネット上などリモートのリポジトリとも連係できます。そのため、Gitリポジトリと連係させるときのように同一サーバ上にミラーリポジトリを作成する必要はありません。

プロジェクトの**設定**→**リポジトリ**画面で**新しいリポジトリ**をクリックして**新しいリポジトリ**画面を開き、図14.20と表14.2を参考にSubversionリポジトリを参照するための情報を入力してください。

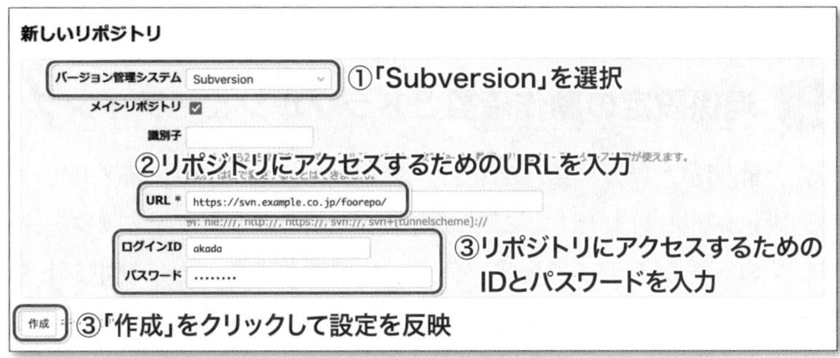

▲ **図14.20** Subversionリポジトリとの連係設定

▼ **表14.2** Subversionリポジトリとの連係設定

名称	説明
バージョン管理システム	使用するバージョン管理システムです。「Subversion」を選択してください。
メインリポジトリ	Redmineは1つのプロジェクトで複数のリポジトリを連係対象として設定することもできます。その場合、このチェックボックスをONにしているリポジトリがメインリポジトリとなります。 メインリポジトリは「リポジトリ」画面に表示されるデフォルトのリポジトリとなります。そのほかのリポジトリに表示を切り替えるには、右サイドバーに一覧表示される識別子をクリックしてください。
識別子	1つのプロジェクトで複数のリポジトリを設定している場合、各リポジトリを区別するために「識別子」を入力します。メインリポジトリ以外は識別子が必須です。

URL	Subversionリポジトリにアクセスするための URLです。ローカルのファイルシステム上のリポジトリ、ネットワーク越しにアクセスするリモートのリポジトリ、いずれも利用できます。 なお、この項目は登録後は変更できません。変更したいときはプロジェクトの「設定」→「リポジトリ」画面でリポジトリの設定を削除してから再度設定し直してください。
ログインID・パスワード	リポジトリにアクセスするためのユーザー名とパスワードです。

NOTE

デフォルトではリポジトリのパスワードはRedmineのデータベースに平文で保存されます。暗号化したい場合はRedmineサーバ上の設定ファイルconfig/configuration.yml内のdatabase_cipher_keyで暗号化鍵の設定を行ってください。また17.7節「configuration.ymlの設定項目」からたどれる情報もご覧ください。

14.4.3 連係設定の動作確認とトラブルシューティング

連係設定に問題がないか確認するには、設定後にリポジトリ画面を開いてください。設定が正しければリポジトリ内のディレクトリ・ファイルの一覧やリビジョンの一覧が表示されます。何らかの問題があるときは**リポジトリに、エントリ/リビジョンが存在しません。**というエラーが表示されます。その場合は次の点を確認してみてください。

- リポジトリのURLが正しいか
- リポジトリにアクセスするためのユーザー名またはパスワードが正しいか
- Redmineを実行しているOSのユーザーの環境でsvnやgitなどのバージョン管理システムのコマンドが実行できているか
- ローカルのリポジトリを参照している場合、ファイルシステムのパーミッションに問題はないか。Redmineを実行するOSのユーザーがリポジトリにアクセスすることができるか

また、Redmineのlog/production.logやWebサーバのエラーログに、バージョン管理システムのコマンドが出力したエラーメッセージなど手がかりとなる情報が記録されていることがあります。

NOTE

Redmineの実行環境でgitコマンドやsvnコマンドにパスが通っておらずコマンドを実行できない場合、Redmineサーバ上の設定ファイルconfig/configuration.ymlでコマンドのフルパスを設定することができます。詳細は17.7節「configuration.ymlの設定項目」で解説しています。

14.5 リポジトリからのコミット情報の取得

デフォルトの設定のRedmineは、連係先のリポジトリ内の最新のコミットの情報はリアルタイムで取得しているのではなく、**リポジトリ**画面にアクセスしたタイミングで取得します。

そのため、コミットが多かったりリポジトリが大きかったりすると、情報の取得に時間がかかり、**リポジトリ**画面を開くのに待たされることがあります。また、チケットの表示画面の**関係しているリビジョン**や**活動**画面中のリビジョンの情報も**リポジトリ**画面にアクセスするまで更新されません。

この問題を解決する方法の1つは、リポジトリの情報をバックグラウンドで定期的に取得するようサーバを構成することです。

14.5.1 リポジトリの情報を定期的に取得する

デフォルトの設定のRedmineは、連係先のリポジトリ内の最新のコミットの情報を、**リポジトリ**画面にアクセスしたタイミングで取得します。

Redmineの**リポジトリ**画面にアクセスせずにサーバ上のコマンドでリポジトリの情報を取得するには、Redmineのインストールディレクトリで次のコマンドを実行してください。各プロジェクトで連係設定を行っているリポジトリにアクセスが行われ、リビジョンの情報の取得が行われます。

```
bin/rake redmine:fetch_changesets RAILS_ENV=production
```

このコマンドを/etc/crontabに記述するなどして定期的に実行すれば、**リポジトリ**画面を開かなくてもバックグラウンドで定期的に取得が行われます。次に挙げるのは30分ごとに取得するための/etc/crontabの記述例です。

```
*/30 * * * * root cd Redmineのインストールディレクトリ && bin/rake redmi
ne:fetch_changesets RAILS_ENV=production
```

定期的に取得する設定を行ったら、**管理→設定→リポジトリ**画面で**コミットを自動取得する**をOFFにしてください。この設定変更を行うことで、**リポジトリ**画面を開いたときにリポジトリの情報を自動取得しなくなり、画面を開く速さが改善されます。

> **NOTE**
> 次の定期取得を待たずに最新のコミットを取得したいときは、リポジトリ画面右上のアクションメニュー「…」内の「コミットを取得」を実行してください。メニュー項目「コミットを取得」は、「コミットを自動取得する」がOFFで、かつユーザーが「リポジトリの管理」権限を持っているときに表示されます。

14.5.2 リポジトリの情報をコミットと同時に自動的に取得する

リポジトリの更新(例：Subversionリポジトリへのコミット)と同時にRedmineに情報を取得させることもできます。前述の定期的に取得する設定だとリビジョンがRedmineに情報が取り込まれるまでのタイムラグがありますが、この方法だと連係対象のリポジトリが更新されるのと同時に反映されます。

これを実現するには、Redmineの管理画面でリポジトリ管理用APIを有効化するとともに、リポジトリに更新があったときにRedmineのAPIを呼び出すようシステムを構成します。

Redmine側で必要な設定はAPIの有効化です。**管理→設定→リポジトリ**画面を開き、**リポジトリ管理用のWebサービスを有効にする**をONにするとともに、**APIキー**(任意のランダムな文字列)を設定してください。

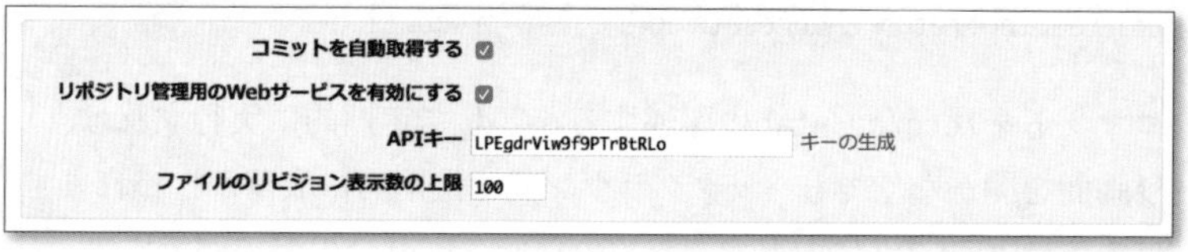

図14.21 「管理」→「設定」→「リポジトリ」画面内のリポジトリ管理用APIの設定

以上の設定を行うと、次のURLにアクセス(GETリクエスト)が行われたタイミングでRedmineがリポジトリ情報を取得するようになります。あとは、リポジトリに更新があったときに何らかの方法で次のURLへのアクセスが行われるような仕組みを準備すればよいことになります。

```
http://Redmineサーバ名/sys/fetch_changesets?key=APIキー&id=プロジェクト
識別子
```

Subversionリポジトリを利用している場合は、コミットがあったときに自動的に実行されるフックスクリプト内でAPIのURLにアクセスするよう設定します。具体的には、リポジトリのhooksディレクトリ内に以下の内容のファイルをpost-commitという名称で作成してください。スクリプト内のRedmineサーバ名とAPIキーの箇所はご利用の環境にあわせて適宜書き換えてください。

```
#!/bin/sh
REPOS="$1"
REV="$2"

# 以下は実際には改行なしで1行で記述
/usr/bin/curl -s -o /dev/null /dev/null http://Redmineサーバ名/sys/
fetch_changesets?key=APIキー
```

Gitで他のリポジトリをクローンしたベアリポジトリをRedmineから参照している場合はRedmineを稼働させているサーバ上で定期的にgit fetchを実行していることが多いと思いますので、そのタイミングでcurlコマンドでAPIのURLへのアクセスも行うようにするという方法が考えられます。

Column

Redmine付属のリポジトリ管理用スクリプト

Redmineには、GitまたはSubversionリポジトリの作成を自動化するreposman.rbと、HTTP/HTTPS経由でのリポジトリへのアクセスへの認証をRedmineのアカウントで行えるようにするRedmine.pmの2つのリポジトリ管理用スクリプトが付属しています。いずれもRedmineのインストールディレクトリ以下のextra/svn/以下に置かれています。

reposman.rb：プロジェクトを作成したらリポジトリも自動作成

reposman.rbはRedmine上に作成されているプロジェクトの情報を取得して、各プロジェクト用のGitまたはSubversionリポジトリを作成するスクリプトです。サーバ上でreposman.rbを短い間隔で定期的に実行するようにすれば、プロジェクト作成とほぼ同時にプロジェクト用のリポジトリも作成されるようにできます。

使用方法はRedmine公式サイトの以下のページで確認してください。

Automating repository creation

https://www.redmine.org/projects/redmine/wiki/HowTo_Automate_repository_creation

また、ruby reposman.rb --helpのように実行すると、コマンドラインオプションのヘルプが表示されます。

NOTE　スクリプトが置かれているディレクトリがextra/svn/なのでSubversion用に見えますが、実行時に--scm gitオプションを付けることでGitリポジトリも作成できます。

Redmine.pm：リポジトリへのアクセスの認証にRedmineのアカウントを使用

Redmine.pmは、リポジトリへのアクセスの認証をRedmineのアカウントで行えるようにするためのApache用モジュールです。Apecheを使ってHTTP/HTTPSでリポジトリへアクセスできるよう構成するとき、Redmine.pmを使うことでRedmine上のユーザーのログインIDとパスワードを使ってリポジトリへもアクセスできるようになります。

使用方法はRedmine公式サイトの以下のページで確認してください。

Repositories access control with apache, mod_dav_svn and mod_perl

https://www.redmine.org/projects/redmine/wiki/Repositories_access_control_with_apache_mod_dav_svn_and_mod_perl

また、lib/extra/Redmine.pmの冒頭部のコメントにも設定方法が書かれています。

Chapter 15 外部システムとの連係・データ入出力

　Redmineは単独で利用するだけでなく、別のシステムやアプリケーションと連係して利用することもできます。そのための仕組みとして、REST API、メールによるチケット登録、Atomフィード、そしてCSVのエクスポートとインポートが用意されています。ここでは、それぞれ仕組みの解説と利用事例の紹介を行います。

15.1 REST API

REST APIは、他のソフトウェアがRedmineに対して情報の入出力を行うためのインターフェイスです。API用のURLにHTTPでアクセスすることで、チケットやWikiなどの情報を更新したりJSONまたはXMLで情報を取得したりすることができます。この仕組みを活用することで、他のアプリケーションからRedmineにチケットを登録したりチケットの情報を読み取ったりするソフトウェアを開発できます。

図15.1 REST APIのリクエストとレスポンス

Redmine 5.1.0のREST APIでアクセスできるオブジェクトは次のとおりです。チケットをはじめRedmine上の多くの情報にアクセスできます。

- Issues（チケット）
- Issue Relations（関連するチケット）
- Issue Categories（チケットのカテゴリ）
- Queries（カスタムクエリ）
- Versions（バージョン）
- Time Entries（時間管理）
- Wiki Pages（Wiki）
- Attachments（添付ファイル）

- News(ニュース)
- Search(検索)
- Projects(プロジェクト)
- Project Memberships(プロジェクトのメンバー)
- Users(ユーザー)
- Groups(グループ)
- Roles(ロール)
- Trackers(トラッカー)
- Issue Statuses(チケットのステータス)
- Custom Fields(カスタムフィールド)
- Enumerations(選択肢の値)
- Files(ファイル)
- My account(個人設定)

15.1.1 REST APIの有効化とAPIアクセスキー

▶REST APIの有効化

REST APIはデフォルトでは停止されています。有効化するには**管理→設定→API**画面で**RESTによるWebサービスを有効にする**をONにしてください。

図15.2 「管理」→「設定」→「API」画面

▶APIアクセスキーの確認

REST APIを利用する際は、APIアクセスキーによる認証またはログインID・パスワードによるBasic認証が行われます。APIアクセスキーとはREST APIを使ってRedmineへアクセスする際のユーザー認証に使われる秘密のキーで、REST APIを有効にするとユーザーごとに作成されます。

自分のAPIアクセスキーは、**個人設定**画面のサイドバーの**APIアクセスキー**

欄で**表示**ボタンをクリックすると確認できます。

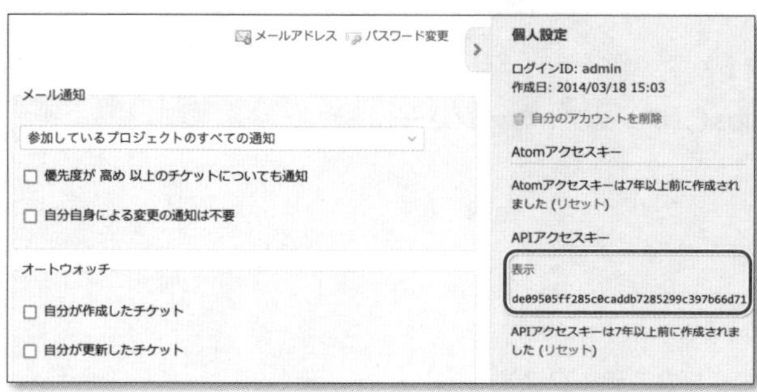

図15.3「個人設定」画面のサイドバー内でAPIキーを表示

> **WARNING**
> 二要素認証を有効にしているユーザーはログインID・パスワードによるBasic認証でのAPIアクセスはできません。APIアクセスキーによる認証を使用してください。

15.1.2 REST APIの使用例

RedmineのREST APIの仕様は、Redmine公式サイトのWikiページに記載されています。APIの仕様に沿ったHTTPリクエストをRedmineサーバに送ることで、チケットの追加・更新・削除などのRedmine上のデータの操作が行えます。

▶RedmineのREST APIの仕様（Redmine公式サイトWikiページ）

https://www.redmine.org/projects/redmine/wiki/Rest_api

REST APIによるデータの操作は各種プログラミング言語から行えますが、本書ではLinuxやmacOSなどUNIX系OSのコマンドラインを使った例をいくつか示します。

コマンドラインからHTTPリクエストを送るには`curl`コマンドが便利です。`curl`コマンドはパラメータで指定した内容のHTTPリクエストをサーバに送り、サーバからのレスポンスを標準出力に出力します。多くのUNIX系OSでデフォルトでインストールされているため、インストールなど環境の準備作業なしにすぐに試すことができます。なお、次のコマンド実行例において、行末のバックスラッシュは行継続を表します。バックスラッシュの次の行も同じ行として扱われます。

▶チケット一覧の取得

チケットの一覧を取得するにはGETリクエストを送ります。URLの最後の部分の拡張子を.jsonとするとJSON形式で、.xmlとするとXML形式で取得できます。

```
curl http://ホスト名/issues.json                \
     --header 'X-Redmine-API-Key: APIキー'
```

▶特定のチケットの情報の取得

特定のチケットの情報を取得するには、チケットのID番号をURLで指定してGETリクエストを送ります。

```
curl http://ホスト名/issues/5.json              \
      --header 'X-Redmine-API-Key: APIキー'
```

▶チケットの作成

新しいチケットを作成するにはPOSTリクエストを送ります。

```
curl http://ホスト名/issues.json                \
     --header 'X-Redmine-API-Key: APIキー'      \
     --header 'Content-type: application/json' \
     --data '{"issue":
              {"project_id": 1,
               "tracker_id": 1,
               "subject": "件名",
               "description": "説明"}}'
```

▶チケットの更新

既存のチケットを更新するには、URLで更新対象チケットのID番号を指定してPUTリクエストを送ります。

```
curl http://ホスト名/issues/5.json                  \
     --request 'PUT'                                 \
     --header 'X-Redmine-API-Key: APIキー'           \
     --header 'Content-type: application/json' \
     --data '{"issue":
                 {"subject": "変更後件名",
                  "description": "変更後説明"}}'
```

▶チケットの削除

チケットを削除するにはDELETEリクエストを送ります。

```
curl http://ホスト名/issues/16.json                 \
     --request 'DELETE'                              \
     --header 'X-Redmine-API-Key: APIキー'
```

> **NOTE** 一般的にREST APIでは、操作対象のオブジェクトを表すURLに対してGET・POST・PUT・DELETEの4つのHTTPメソッドのリクエストを送ることで取得・作成・更新・削除が行えます。

15.1.3 REST APIを利用したソフトウェアの例

REST APIを使って実現できることを具体的にお伝えするために、ここではREST APIを使ったソフトウェアを紹介します。これらはいずれもREST APIを活用してRedmine上の情報にアクセスしています（ただし、RedminePMなど一部アプリケーションは、REST APIで不足する機能を補うために、人間が操作するためのWeb UIのHTMLを解析してデータを取得することも行っています）。

▶RedminePM—iOS/Android対応 Redmineクライアントアプリ

https://redminepm.jp/

Redmineのチケットの参照・更新が行える無料のスマートフォンアプリです。ネイティブアプリであるRedminePMを利用することで、Redmineのスマートフォン向けの画面にアクセスするよりも軽快にチケットの操作が行えます。iPhone、iPad、そしてAndroidに対応しています。

図15.4 RedminePMのWebサイト

▶Redmine Notifier—チケットの更新をデスクトップに通知

https://github.com/emsk/redmine-notifier

Redmine上でチケットの作成・更新が行われるとデスクトップに通知します。チケットの更新はRedmineから送られる通知メールで知ることができますが、Redmine Notifierを使うとメールを見なくてもデスクトップ通知で更新を知ることができます。WindowsとmacOSに対応しています。

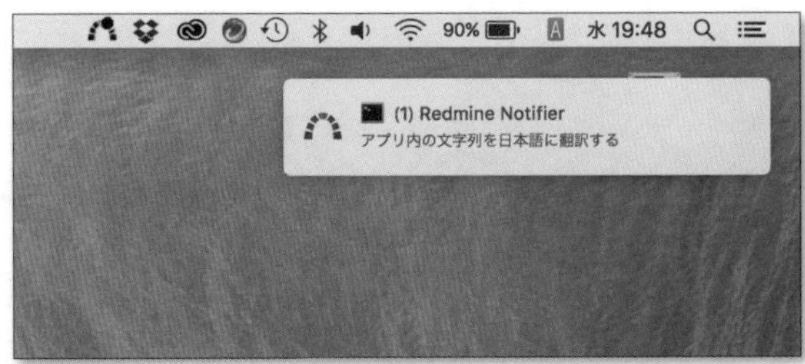

図15.5 Redmine Notifier(macOS版)によるデスクトップ通知

▶ Redmineチケット★一括★—Excelを読み込んでチケットを一括登録

https://www.vector.co.jp/soft/winnt/util/se503347.html

Microsoft Excelのファイルを読み込んでチケットをRedmineに一括して登録するWindows用のフリーソフトウェアです。

▶ rdm—チケットの情報をExcelファイルに出力

https://github.com/twinbird/rdm

指定したプロジェクトのチケットをExcelファイルに書き出します。Go言語で書かれていて、Windows、macOS、LinuxなどGo言語が実行できる環境で利用できます。

15.2 メールによるチケット登録

外部からRedmineにチケットを登録するのに、REST APIより手軽な方法がメールによるチケット登録です。メールを送るだけでチケットを登録できるので、APIの仕様に沿ったHTTPリクエストを送るための仕組みを作る必要がなく、より簡単に外部システムからチケットを登録できます。また、顧客からのメールなど人間が送ったメールを登録することもできます。

15.2.1 メールによるチケット登録の有効化およびAPIキーの生成

メールによるチケット登録を行うためには、まずRedmineで受信メール用のAPIを有効にし、さらに連携用コマンドからRedmineにアクセスするためのAPIキーの生成を行います。

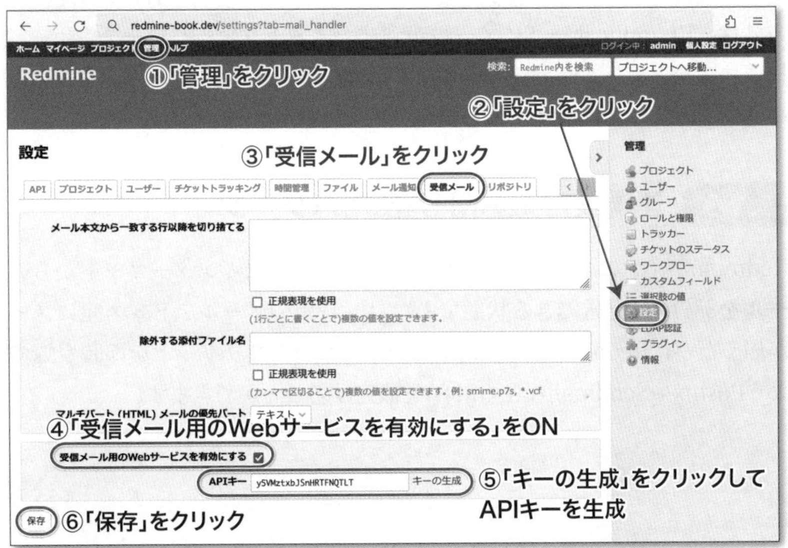

図15.6 メールによるチケット登録を行うためのRedmineの設定

15.2.2　連係方式（MTAとの連係またはIMAPサーバからの受信）

メールを送信することでチケットを登録するためには、Redmineと外部からのメールが届くメールサーバを何らかの方法で連係させる設定が必要です。連係させる主な方式は二種類あります。1つはPostfixやSendmailなどのMTAでメールを受信するたびにRedmineの連係用コマンドを実行する方法、そしてもう1つは連係用コマンドを定期的に実行しIMAPサーバ上の新着メールの有無をチェックする方法です。

リアルタイム性を重視する場合、MTAから連係コマンドを実行する前者の方式が有利です。メールが届いてから数秒程度でチケットが作成されるのでタイムラグを感じることがあまりありません。後者の定期的にIMAPサーバをチェックする方式は、最大で定期チェックの実行間隔の時間、チケット登録の遅延が発生します。

一方、設定のしやすさはIMAPサーバを定期的にチェックする方式が有利です。Redmineサーバのネットワーク要件としてはチケット登録用メールが届くメールボックスがあるIMAPサーバにアクセスできればよいので、社内LAN上のサーバなど多くの環境で利用しやすい方式です。一方MTAと連係する方式は、Redmineサーバにメールが到達できるようネットワークやサーバを構成するか、メールが到達できるMTA上からRedmineにチケット登録のための通信を行えるよう構成する必要があり、設定が複雑になりがちです。

15.2.3　連携設定①　MTA使用パターン

Redmineがインストールされているサーバに対してインターネットからのメールをSMTPで配送できる状態であれば、特定のメールアドレス宛にメールが届くたびにRedmineの連係用コマンドを実行してチケットを即時登録するようPostfixやSendmailなどのMTAを設定することができます。

MTAの設定手順は次のとおりです。

▶①/etc/aliasesへの設定追加

Redmineサーバ上にチケット登録用のメールアドレスを作成し、そのアドレス宛のメールが届いたら連係用のコマンドを実行してRedmineへのチケット登録が行われるようにします。

次の例を参考に/etc/aliasesに設定を追加してください。下記設定例の中で「アドレス」はメールアドレスからドメイン名部分を除いたもの、「/path/to/redmine」はRedmineのインストールディレクトリ、「RedmineURL」はRedmineにログインする際に使用しているURL（例: https://redmine.example.jp/）、「APIキー」は**管理→設定→受信メール**画面で登録したAPIキーに書き換えてください。

```
アドレス: "| /path/to/redmine/mail_handler/rdm-mailhandler.rb --url
RedmineURL --key APIキー --allow-override tracker,category,priority"
```

▶②aliasデータベースの更新

/etc/aliasesを書き換えたら、次のコマンドを実行してaliasデータベースを作り直してください。/etc/aliasesに追加した設定が有効になります。

```
newaliases
```

以上でMTAの設定は完了です。作成したアドレス宛にメールが届くとチケットが登録されます。

15.2.4 連携設定② IMAPサーバからの受信パターン

IMAPサーバに定期的にアクセスしてRedmine宛のメールを取得し、チケットを登録するよう設定することもできます。この方法はMTA上での特別な設定が不要で、Redmineサーバにインターネットからのメールが到達できる必要もないので、設定が容易で多くの環境で利用できます。

次に挙げるのは5分ごとにメールを取得しチケットを登録する設定です。/etc/crontabに次の内容を追加してください。この中で「redmineuser」は

Redmineを実行するユーザー、「/path/to/redmine」はRedmineのインストールディレクトリ、「imap.example.jp」はIMAPサーバのホスト名、「imap_user」はIMAPアカウントのユーザー名、「imap_pass」はIMAPアカウントのパスワードに書き換えてください。

```
*/5 * * * * redmineuser cd /path/to/redmine ; bin/rake redmine:email:rec
eive_imap RAILS_ENV="production" host=imap.example.jp username=imap_user
password=imap_pass
```

15.2.5 チケット登録のためのメールの送信

前述の連係設定の説明にしたがって準備したチケット登録用メールアドレス宛にメールを送るとチケットを登録することができます。

- Redmine上に登録されているユーザーのメールアドレスで送信してください。RedmineはFromのアドレスでユーザーを検索し、見つかったユーザーをチケットの作成者とします。
- メールのサブジェクトにRe: [xxxxxxx #123]のような形式の文字が含まれていれば、そのメールは返信として扱われ、チケット番号#123のチケットにコメントが追加されます。Redmineの「管理」→「設定」→「メール通知」画面の「送信元メールアドレス」の値をチケット登録用メールアドレスに設定しておけば、チケットとの登録・更新時にRedmineから送られてくる通知メールに返信することによりチケットの更新を行うことができます。
- 次の例を参考に、チケットを登録するプロジェクト識別子、トラッカー、カテゴリ、優先度をメール本文中のキーワードで指定してください。Project以外は省略可能です。

▼ チケット登録のためのメール例

```
メールによるチケット登録のテストです。
この部分がチケットの 説明 になります。

Project: sandbox
Tracker: バグ
Category: テストカテゴリ2
Priority: 高め
```

▼ **表15.1** メールによるチケット登録で使用できるキーワード

キーワード名	値の内容・形式	説明
project	プロジェクト識別子 ※プロジェクト名ではありません	新しいチケットを登録するプロジェクト。返信で既存チケットを更新する場合は不要です。
tracker	トラッカー名 例 バグ	新たに登録するチケットのトラッカー。省略時は「管理」→「トラッカー」画面で一番上にあるトラッカーが使用されます。
category	カテゴリ名	新たに登録するチケットのカテゴリ。
priority	優先度の名称 例 急いで	チケットの優先度。省略時は「管理」→「選択肢の値」で指定されているデフォルト値が使用されます。
status	ステータスの名称 例 解決	チケットのステータス。省略時は「管理」→「チケットのステータス」で指定されているデフォルト値が使用されます。
assigned to	ユーザー名 または メールアドレス	チケットの担当者。指定されたユーザー名か、メールアドレスが一致するユーザーが担当者に設定されます。
start date	YYYY-MM-DD 例 2010-11-03	チケットの開始日。省略時はチケット登録日。
due date	YYYY-MM-DD 例 2010-11-03	チケットの期日。
fixed version	バージョン名 例 release-34	チケットの対象バージョン。
estimated hours	時間 例 10.5、10h30m	チケットの予定工数。
done ratio	進捗率(10%きざみ) 例 40、100	チケットの進捗率。
カスタムフィールド名		チケットのカスタムフィールドの値。

15.3 Atomフィード

チケットの追加や更新などRedmine上の更新情報はAtomフィードとして出力されています。Atomフィードを利用するとThunderbirdなどフィードリーダー(RSSリーダー)機能を備えたソフトウェアを使ってプロジェクトの情報の更新を確認できます。

Atomフィードの実体はソフトウェアで処理しやすいXML形式の文書なので、別のシステムでRedmineのフィードを監視してチケットの更新があったときに何らかの処理を実行するといったことも容易に実現できます。

▲ 図15.7 Atomフィードの中身はXML

15.3.1 Redmineが提供するAtomフィード

Redmineが提供しているAtomフィードの種類は表15.2のとおりです。

表15.2 Redmineが提供するAtomフィード

種別	説明
活動	プロジェクトメニューの「活動」で表示される内容。チケット、リポジトリの更新履歴、ニュース、文書、ファイルの追加・更新、Wiki編集、メッセージ、作業時間の情報がまとめて出力されます（サイドバーで選択したもの）。
すべての活動	トップメニューの「プロジェクト」→「活動」の更新内容。ログイン中のユーザーが参加しているすべてのプロジェクトの「活動」の内容が出力されます。
チケット	プロジェクトメニューの「チケット」で表示される内容。プロジェクト内のチケットの追加およびステータスの変更が出力されます。 このフィードではチケットのコメントが追加されたことは出力されません。コメントもフィードで見たい場合は「活動」のフィードを使用してください。
すべてのチケット	トップメニューの「プロジェクト」→「チケット」の更新内容。参加しているすべてのプロジェクトのすべてのチケットの追加およびステータスの変更が出力されます。 このフィードではチケットのコメントが追加されたことは出力されません。コメントもフィードで見たい場合は「すべての活動」のフィードを使用してください。
ニュース	プロジェクトメニューの「ニュース」の更新内容。
フォーラム	プロジェクトメニューの「フォーラム」の更新内容。
リポジトリ	プロジェクトメニューの「リポジトリ」の更新内容。プロジェクトが参照しているバージョン管理システムのリポジトリへのコミットの情報が出力されます。

フィードのURLは、フィードを取得したい情報が表示されている画面で確認できます。例えば「活動」のフィードは、**活動**画面右下の**他の形式にエクスポート**という表示の中の**Atom**のリンク先をコピーすることで得られます。

図15.8 フィードのURL

WARNING

AtomフィードのURLはユーザーごとに固有です。Redmine上の情報が第三者に漏洩することを防ぐため、フィードURLは他人に知られないよう管理してください。URLが他人に知られてしまったときは、「個人設定」画面のサイドバー内「Atomアクセスキー」で「リセット」をクリックしてください。これまでのURLが無効になります。

15 外部システムとの連係・データ入出力

15.3.2 Atomフィードの利用例

ほかのソフトウェアでAtomフィードを参照することで、Redmineの新着情報を把握したり、新しい情報が追加されたらソフトウェアで何らかのアクションを実行したりできます。ここでは2つの例を示します。

▶フィードリーダーで更新をチェック

フィードリーダー(RSSリーダー)でRedmineの活動画面のAtomフィードを購読すると、Redmineの画面にアクセスしなくてもRedmine上で情報が更新されたことを把握できます。

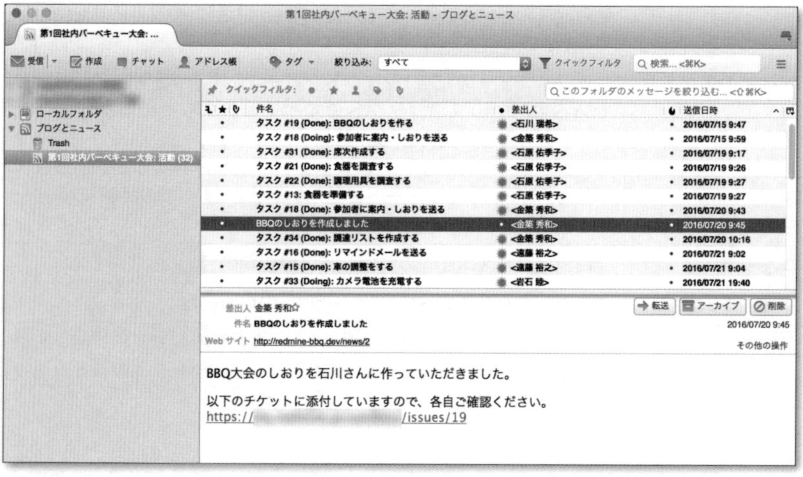

図15.9 メーラー「Thunderbird」で活動画面のフィードを購読した様子

▶情報の更新をデスクトップに通知

フィードの更新を通知してくれるアプリケーションを利用して、チケットの作成・更新をPCのデスクトップにポップアップで通知させることができます。

図15.10 フィードの更新を通知するmacOS用アプリケーション「RSS Bot」で「活動」のフィードを参照させ、チケットの更新をデスクトップに通知した様子

15.4 CSVファイルのエクスポートとインポート

Redmine上のデータのうち、チケットや作業時間など一部の種別のデータはCSVファイルとしてエクスポートしたり、CSVファイルをインポートしてRedmineにデータを登録できます。チケットのデータを表計算ソフトで読み込んで分析したり、画面上で1件1件登録する代わりに表計算ソフトでデータを作成して一括登録したりすることができます。

CSVインポート・エクスポートに対応しているデータの種別は次の通りです。

▼ **表15.3** CSVインポート・エクスポートに対応しているデータ

種別	エクスポート	インポート	備考
チケット	○	○	
チケットのサマリー→レポート	○	−	
作業時間	○	○	
プロジェクト	○	−	プロジェクトの一覧がエクスポート可能
ユーザー	○	○	システム管理者権限が必要
権限レポート	○	−	システム管理者権限が必要

issues.csv

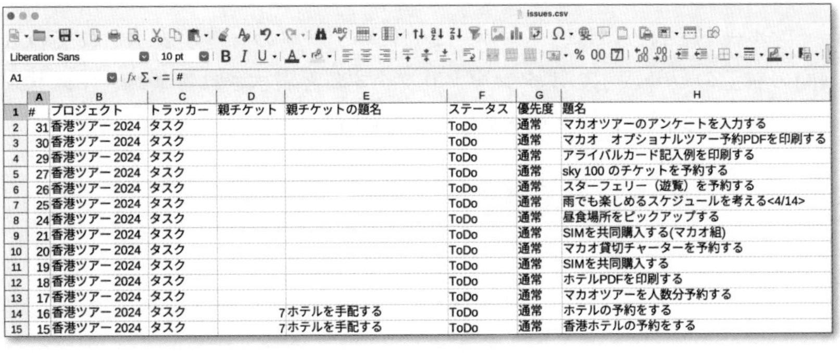

	A	B	C	D	E	F	G	H
1	#	プロジェクト	トラッカー	親チケット	親チケットの題名	ステータス	優先度	題名
2	31	香港ツアー 2024	タスク			ToDo	通常	マカオツアーのアンケートを入力する
3	30	香港ツアー 2024	タスク			ToDo	通常	マカオ　オプショナルツアー予約PDFを印刷する
4	29	香港ツアー 2024	タスク			ToDo	通常	アライバルカード記入例を印刷する
5	27	香港ツアー 2024	タスク			ToDo	通常	sky 100 のチケットを予約する
6	26	香港ツアー 2024	タスク			ToDo	通常	スターフェリー（遊覧）を予約する
7	25	香港ツアー 2024	タスク			ToDo	通常	雨でも楽しめるスケジュールを考える<4/14>
8	24	香港ツアー 2024	タスク			ToDo	通常	昼食場所をピックアップする
9	21	香港ツアー 2024	タスク			ToDo	通常	SIMを共同購入する(マカオ組)
10	20	香港ツアー 2024	タスク			ToDo	通常	マカオ貸切チャーターを予約する
11	19	香港ツアー 2024	タスク			ToDo	通常	SIMを共同購入する
12	18	香港ツアー 2024	タスク			ToDo	通常	ホテルPDFを印刷する
13	17	香港ツアー 2024	タスク			ToDo	通常	マカオツアーを人数分予約する
14	16	香港ツアー 2024	タスク	7	ホテルを手配する	ToDo	通常	ホテルの予約をする
15	15	香港ツアー 2024	タスク	7	ホテルを手配する	ToDo	通常	香港ホテルの予約をする

△ **図15.11** エクスポートしたCSVファイルを表計算ソフト（LibreOffice）で読み込んだ様子

15 外部システムとの連係・データ入出力

15.4.1 CSVファイルへのエクスポート

CSVファイルへのエクスポートを行うには、データの一覧が表示されている画面の右下の**他の形式にエクスポート**に並んでいるリンクのうち**CSV**をクリックします。**CSV**リンクはCSVエクスポートに対応している種別のデータの一覧画面にのみ表示されます。

例えばチケットをエクスポートしたいときはチケット一覧画面の右下に表示されている**CSV**をクリックしてください。現在のフィルタの条件に合致するチケットの一覧をCSVファイルとしてダウンロードできます。

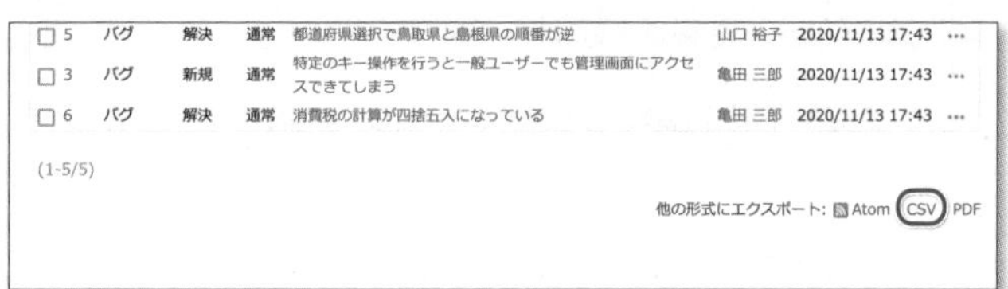

図15.12 CSVエクスポートのためのリンク

NOTE

一度の操作でエクスポートできるCSVファイルの行数の上限はデフォルトでは500件です。この上限値は「管理」→「設定」→「チケットトラッキング」内の設定「エクスポートするチケット数の上限」で変更できます。

15.4.2 CSVファイルからのインポート

CSVファイルからのインポートを利用すると、多数のデータを一括で登録することができます。CSVインポートに対応しているデータの種別はチケット、作業時間、ユーザーの3種類です。

インポートを行うには、インポートしたいデータの一覧が表示されている画面の右上の「…」表示のボタンをクリックすると表示されるコンテキストメニュー内の**インポート**をクリックしてください。

図15.13 CSVファイルのインポート

インポートをクリックした後は、まずCSVファイルのアップロード画面が表示されます。ここでインポートしたいCSVファイルを選択してください。

次にインポートのオプションの設定画面が表示されます。ここではCSVファイルで使われている区切り文字、引用符、エンコーディング、日付の形式を指定します。CSVファイルの内容に合わせて適切な値を設定してください(日付の形式以外はRedmineがCSVファイルの内容から推測した値が選択されています)。

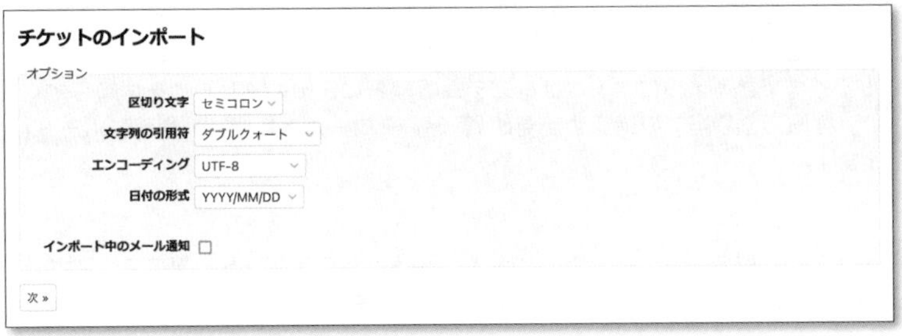

図15.14 インポートのオプションの設定

最後に、Redmineのデータの各フィールドにCSVファイルのどのフィールドが対応するのかドロップダウンリストから設定します。Redmineのフィールド名がCSVのヘッダ行に記載されたフィールド名と一致しているものは適切なものが自動的に選択されますが、一致していないものは手動で選択する必要があります。なお、ここで選択されていないCSVファイルのフィールドの値はインポート時に無視されます。

この画面の一番下の**インポート**ボタンをクリックするとインポートが実行されRedmine上にデータが作成されます。

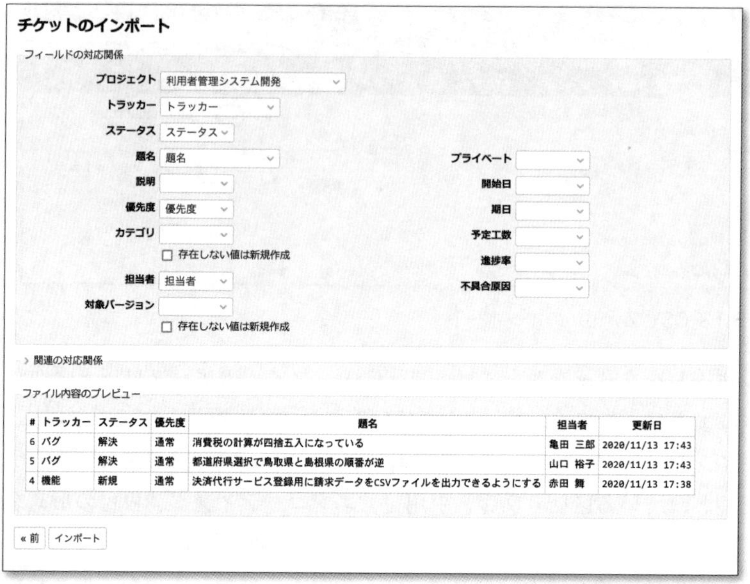

チケットのインポート

フィールドの対応関係

プロジェクト 利用者管理システム開発
トラッカー トラッカー
ステータス ステータス
題名 題名
説明
優先度 優先度
カテゴリ
存在しない値は新規作成
担当者 担当者
対象バージョン
存在しない値は新規作成
プライベート
開始日
期日
予定工数
進捗率
不具合原因

› 関連の対応関係

ファイル内容のプレビュー

#	トラッカー	ステータス	優先度	題名	担当者	更新日
6	バグ	解決	通常	消費税の計算が四捨五入になっている	亀田 三郎	2020/11/13 17:43
5	バグ	解決	通常	都道府県選択で鳥取県と島根県の順番が逆	山口 裕子	2020/11/13 17:43
4	機能	新規	通常	決済代行サービス登録用に請求データをCSVファイルを出力できるようにする	赤田 舞	2020/11/13 17:38

« 前　インポート

▲ **図15.15** フィールドの対応関係の設定

WARNING

CSVファイルからのインポートを行うには、「チケットのインポート」権限が必要です。この権限は通常は「管理者」ロールにのみ割り当てられています。管理者以外のロールで操作できるようにするにはシステム管理者に権限の割り当てを依頼してください。権限の割り当ての確認や変更は「管理」→「ロールと権限」→「権限レポート」で行えます。

NOTE

CSVインポート用のファイルを作るときは、Redmineのチケット一覧をエクスポートしたCSVファイルをひな型として利用するのが簡単です。

15.4.3 ユーザーのCSVファイルからのインポート

ユーザーをCSVファイルからインポートするには、**管理**→**ユーザー**画面右上の「…」表示のボタンをクリックして、コンテキストメニュー内の**インポート**をクリックしてください。

図15.16 ユーザーのCSVファイルのインポート

インポートをクリックした後は、インポートしたいCSVファイルを選択して**次 »**ボタンをクリックしてください。

次にインポートのオプションの設定画面が表示されます。CSVファイルの内容に合わせて適切な値を設定して**次 »**ボタンをクリックしてください。**インポート中のメール通知**をONにすると登録されたユーザーにログイン情報を記載したメールが送信されるので、ログインIDとパスワードをユーザーに伝える手間が省けます。

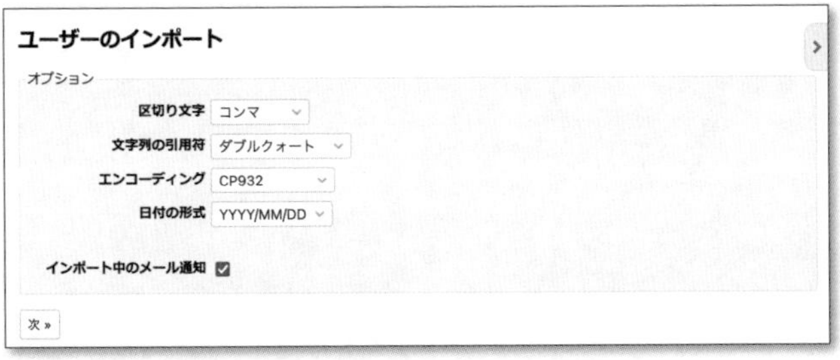

図15.17 ユーザーのインポートのオプションの設定

最後に、Redmineのデータの各フィールドにCSVファイルのどのフィールドが対応するのかドロップダウンリストから設定します。Redmineのフィールド名がCSVのヘッダ行に記載されたフィールド名と一致しているものは適切なものが自動的に選択されますが、一致していないものは手動で選択してください。

この画面の一番下のインポートボタンをクリックするとインポートが実行されRedmine上にユーザーが作成されます。

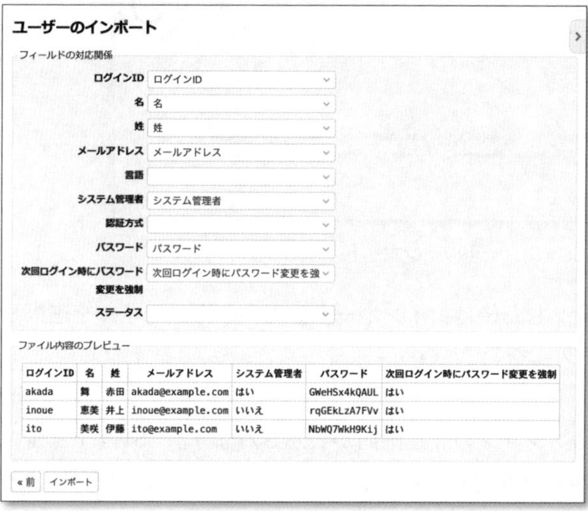

ログインID	名	姓	メールアドレス	システム管理者	パスワード	次回ログイン時にパスワード変更を強制
akada	舞	赤田	akada@example.com	はい	GWeHSx4kQAUL	はい
inoue	恵美	井上	inoue@example.com	いいえ	rqGEkLzA7FVv	はい
ito	美咲	伊藤	ito@example.com	いいえ	NbWQ7WkH9Kij	はい

▲ 図15.18 ユーザーのインポートのフィールドの対応関係の設定

Chapter 16 アクセス制御とセキュリティ

Redmineは権限管理の機能が充実しているため、柔軟なアクセス制御が可能です。ここでは、社外の人と一緒にRedmineを利用する場合に適切なアクセス制御を行うための設定方法、第三者による不正アクセスや情報漏洩を防ぐためにセキュリティを高める機能を紹介します。

16.1 認証を必須にする(登録ユーザーのみ閲覧できるようにする)

図16.1はインストール直後のRedmineのホーム画面です。ホーム画面の右上に「ログイン」と表示されていることからわかるように、Redmineに認証(ログイン)無しでホーム画面を閲覧できます。もし、このRedmineがインターネット(クラウドなど)で運用されている場合、無条件で世界中の誰でも閲覧できる状態です。

図16.1 Redmine構築直後の「ホーム」画面

adminなどシステム管理者権限を持つユーザーでログインしている状態で画面左上のトップメニュー内の**管理**をクリックして**管理**画面にアクセスし、**管理**画面内の**設定**をクリックしてください。

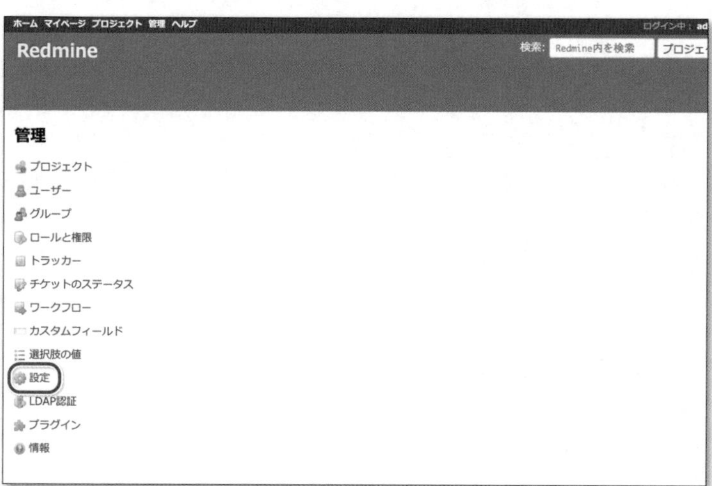

図16.2 「管理」画面の「設定」をクリック

認証タブをクリックして**認証が必要**を**はい**に設定します。

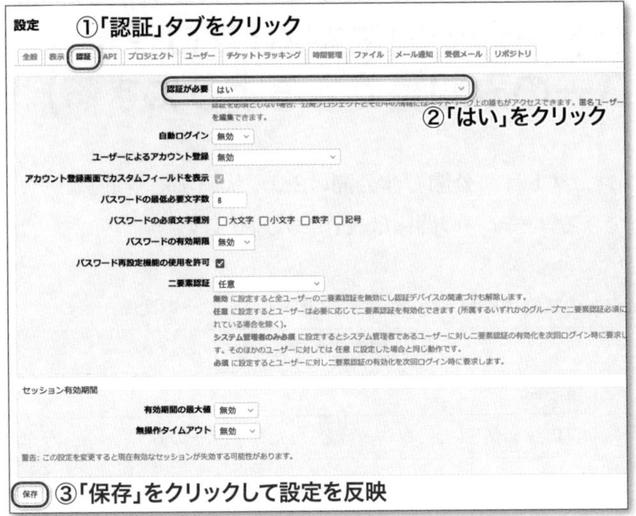

図16.3 「認証」画面の「認証が必要」の設定画面

表16.1 「認証が必要」の設定

選択肢	説明
はい	Redmine内の情報を閲覧するには、ログインID・パスワードの入力が必要。
いいえ(匿名ユーザーに公開プロジェクトへのアクセスを許可)	ログインID・パスワードの入力が不要。Redmine内の情報をインターネット上の誰でも閲覧できる状態。

NOTE

「認証が必要」が「いいえ」に設定されているRedmineの使用例として、Redmine本体の開発が行われているRedmine公式サイト（https://redmine.org/）があります。ログインなしで誰でもチケットが閲覧できます。

16.2 プロジェクトを非公開にする(プロジェクトのメンバーのみ閲覧できるようにする)

Redmineのプロジェクトは、**公開**と**非公開**の2つの状態があります。それぞれの状態と閲覧できるユーザーの関係は表16.2の通りです。

表16.2 プロジェクトの状態(公開・非公開)と閲覧できるユーザーの関係

プロジェクトの状態	閲覧できるユーザー
公開(デフォルト)	誰でも
非公開	プロジェクトにメンバー登録されたユーザーのみ

公開の状態のプロジェクトはRedmineにログイン済みのユーザーは誰もが中の情報を見ることができてしまいます。さらに、もし認証を必須にする設定(16.1節参照)を行っていない場合はネットワーク経由でRedmineにアクセスできればログインも不要で情報を見ることができてしまいます。Redmineを業務で使用する場合は、関係するメンバー以外はプロジェクトの情報を閲覧できないよう非公開にすることをおすすめします。

「16.1 認証を必須にする(登録ユーザーのみ閲覧できるようにする)」と「16.2 プロジェクトを非公開にする(プロジェクトのメンバーのみ閲覧できるようにする)」の設定の組み合わせによるプロジェクトの閲覧可能範囲を表16.3に示します。

表16.3 認証の有無とプロジェクトの状態(公開・非公開)の組み合わせによるプロジェクトの閲覧可能範囲

認証が必要	プロジェクトの状態	プロジェクト閲覧可能範囲
いいえ(デフォルト)	公開(デフォルト)	誰でも閲覧可能(ログインも不要)
いいえ(デフォルト)	非公開	プロジェクトにメンバー登録されているユーザーのみ閲覧可能
はい	公開(デフォルト)	ログインできるユーザーは、プロジェクトにメンバー登録されていなくても閲覧可能
はい	非公開	プロジェクトにメンバー登録されているユーザーのみ閲覧可能(おすすめ)

16.2.1 新しいプロジェクトの作成と同時に非公開にする手順

画面左上のトップメニュー内の**管理**をクリックして**管理**画面にアクセスし、**管理**画面内の**プロジェクト**をクリックしてください。

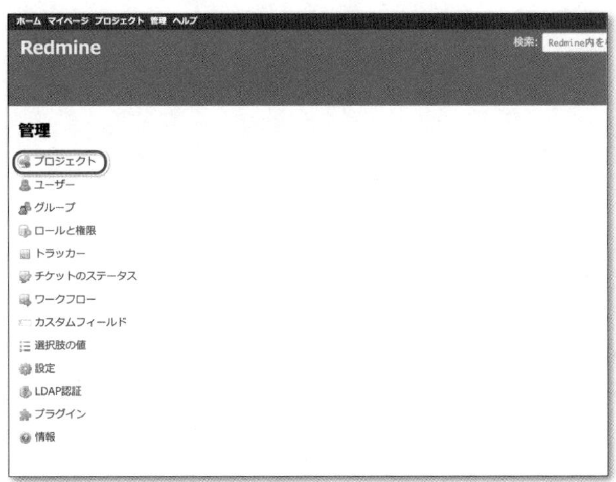

図16.4 「管理」画面の「プロジェクト」をクリック

画面右上の**新しいプロジェクト**をクリックしてください。

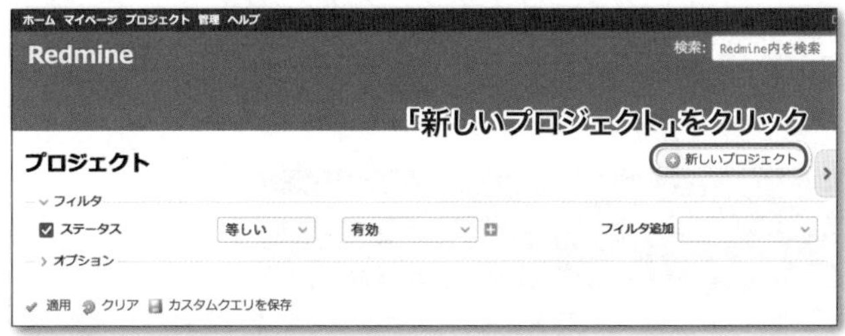

図16.5 「新しいプロジェクト」をクリック

新しいプロジェクト画面で**公開**をOFFにして、プロジェクトを作成してください。

新しいプロジェクト

名称 * 香港ツアー 2024

説明 編集 プレビュー

日程：4月13日(土)~16日(火) 3泊4日

4/13(土) 米子空港 - 香港国際空港
4/16(火) 香港国際空港 - 米子空港

識別子 * hong-kong-tour-2024
長さは1から100文字までです。アルファベット小文字(a-z)・数字・ハイフン・アンダースコアが使えます。
識別子は後で変更することはできません。

ホームページ

公開 □
公開プロジェクトとその中の情報にはネットワーク上の全ユーザーがアクセスできます。

メンバーを継承 □

モジュール

☑ チケットトラッキング　□ 時間管理　☑ ニュース
□ 文書　□ ファイル　☑ Wiki
□ リポジトリ　☑ フォーラム　☑ カレンダー
□ ガントチャート

作成　連続作成

図16.6「新しいプロジェクト」画面

16.2.2 既存のプロジェクトを非公開に変更する手順

すでに作成済みのプロジェクトを公開から非公開に変更できます。

画面左上のトップメニュー内の**プロジェクト**をクリックし、プロジェクト一覧画面の中から非公開に変更するプロジェクトの名称をクリックしてください。

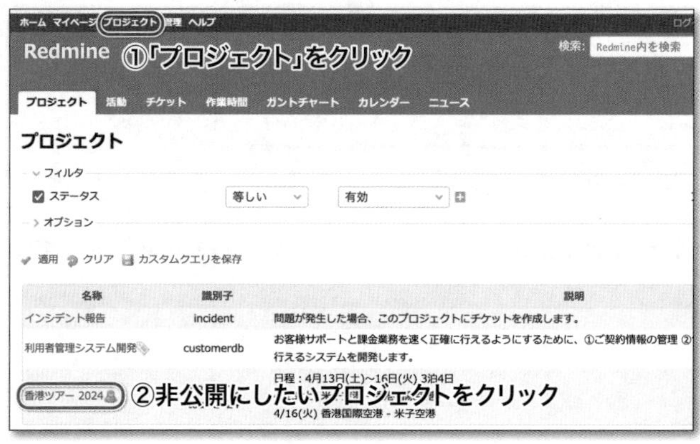

図16.7 プロジェクト一覧画面

プロジェクトメニューの**設定**をクリックし、**プロジェクト**タブ内の**公開**をOFFにして**保存**をクリックしてください。

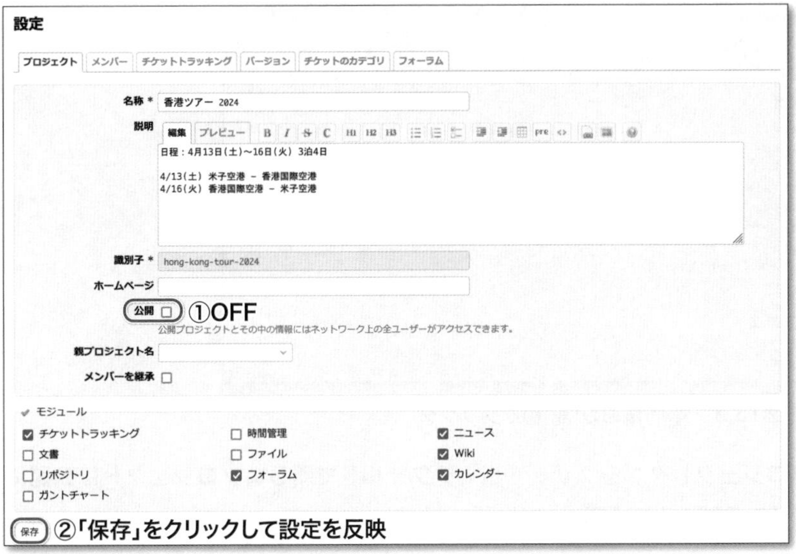

▲ **図16.8** 「プロジェクト」タブの「公開」をOFF

> **WARNING**
> プロジェクトの公開/非公開を切り替えるには「プロジェクトの公開/非公開」権限が必要です。この権限はデフォルトでは「管理者」ロールにのみ割り当てられています。管理者以外のロールで操作できるようにするにはシステム管理者に権限の割り当てを依頼してください。権限の割り当ての確認や変更は「管理」→「ロールと権限」→「権限レポート」で行えます。

> **NOTE**
> 「プロジェクトの公開/非公開」権限を各ロールに割り当てないことで、意図せずプロジェクトを「公開」にしてしまう事故のリスクを抑えられます。

16.2.3 新しいプロジェクトを作成するときにデフォルト値を非公開に設定する手順

Redmineのデフォルト設定では、プロジェクトを新規作成すると「公開」状態に設定されます。間違えて公開してしまうことを防ぐために、デフォルトをOFF(非公開)にするのがおすすめです。

画面左上のトップメニュー内の**管理**をクリックして**管理**画面にアクセスし、**管理**画面内の**設定**をクリックしてください。

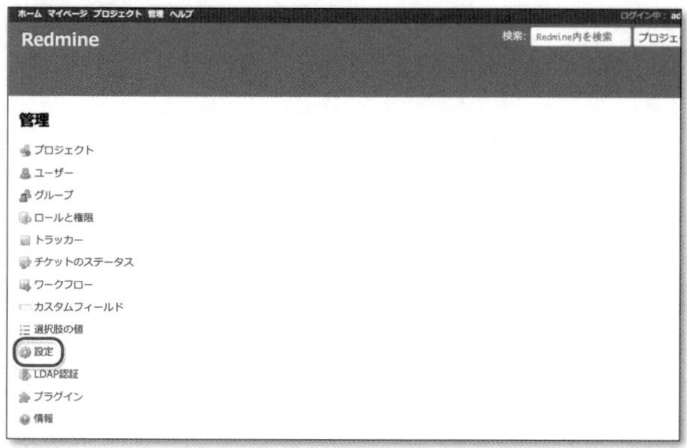

図16.9 「管理」画面の「設定」をクリック

プロジェクトタブをクリックして**デフォルトで新しいプロジェクトは公開にする**をOFFにして**保存**をクリックします。

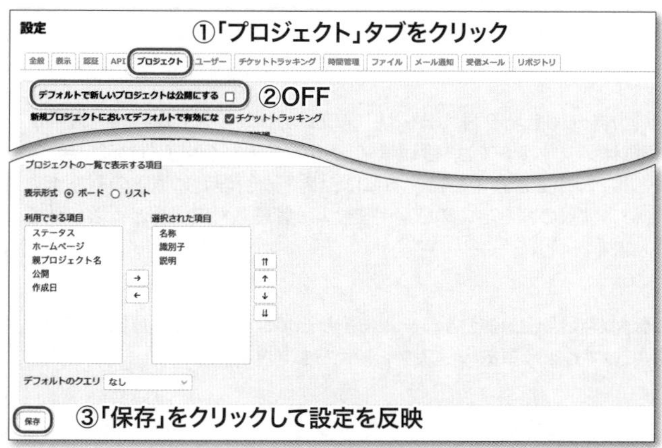

図16.10 「プロジェクト」画面の「デフォルトで新しいプロジェクトは公開にする」の設定画面

表16.4 「デフォルトで新しいプロジェクトは公開にする」のON・OFFによる効果

選択肢	説明
ON	新しく作成されたプロジェクトは公開となる。
OFF	新しく作成されたプロジェクトは非公開となる。

16.3 システム管理者権限を付与するユーザーを限定する

システム管理者は、すべての操作・すべてのプロジェクト(自分がメンバーになっていないプロジェクトを含む)のチケットなどの情報の閲覧ができる非常に強力な権限を持っています。

たとえば、システム管理者権限を持つユーザーが閲覧すべきではない情報を閲覧してしまったり、間違えてチケットを削除してしまったりするということが起きないように、以下の対応をおすすめします。

- 本当に付与すべきユーザーにしぼって付与する
- 社外のユーザーには付与しない

16.3.1 新しいユーザーの作成時にシステム管理者権限を付与しない

画面左上のトップメニュー内の**管理**をクリックして**管理**画面にアクセスし、**管理**画面内の**ユーザー**をクリックしてください。

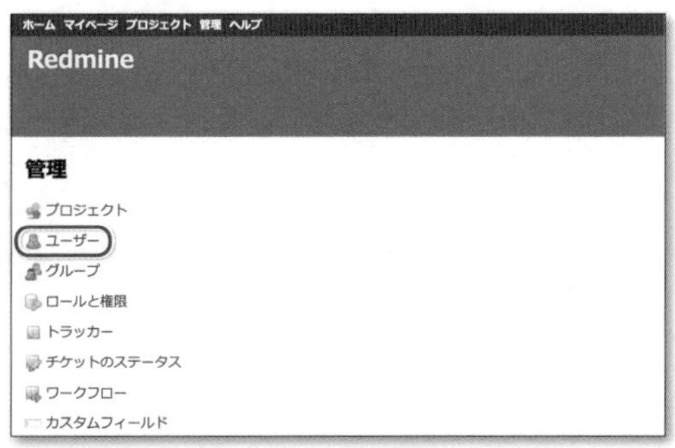

図16.11 「管理」画面の「ユーザー」をクリック

画面右上の**新しいユーザー**をクリックし、**新しいユーザー**画面の**システム管理者**をOFFのままで作成します。

図16.12 新しいユーザー画面

16.3.2 既存のユーザーに対するシステム管理者権限の付与状況が適切か確認する

管理画面内の**ユーザー**をクリックして表示されるユーザー一覧画面で**システム管理者**フィルタを適用するとシステム管理者権限が付与されているユーザーを一覧表示できます。システム管理者権限が必要ないユーザーに付与されていないか確認できます。

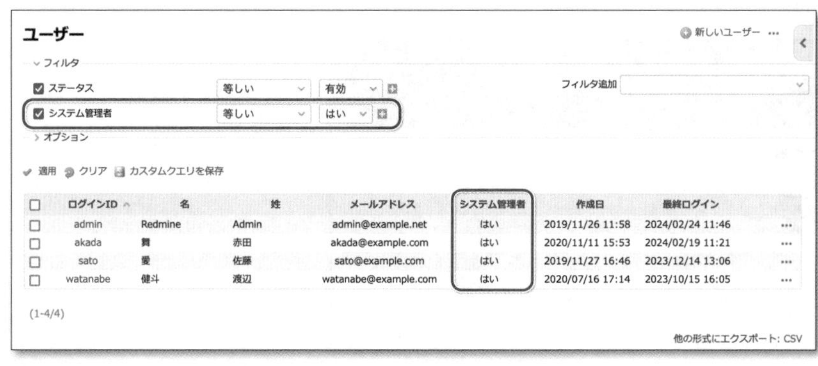

ログインID	名	姓	メールアドレス	システム管理者	作成日	最終ログイン
admin	Redmine	Admin	admin@example.net	はい	2019/11/26 11:58	2024/02/24 11:46
akada	舞	赤田	akada@example.com	はい	2020/11/11 15:53	2024/02/19 11:21
sato	愛	佐藤	sato@example.com	はい	2019/11/27 16:46	2023/12/14 13:06
watanabe	健斗	渡辺	watanabe@example.com	はい	2020/07/16 17:14	2023/10/15 16:05

図16.13 ユーザー一覧画面の「システム管理者」

NOTE

「システム管理者」権限は必要最低限のユーザーに付与すべきですが、システム管理者がログインできない状況(パスワードが分からないなど)になった場合に備えて少なくとも2人以上に付与するのがおすすめです。

16.4 社外メンバー用のロールを作成する

「**ロール**」は、閲覧や操作などの権限設定をまとめたものです。ユーザーにロールを割り当てることで、ユーザーの閲覧や操作を制御します。ロール＝プロジェクトにおけるそのユーザーの職責や役割と考えれば分かりやすいでしょう。

社外メンバーに社内の無関係なプロジェクトの情報やユーザーの情報が見えてしまうということが起きないように、以下の対応をおすすめします。

- 社内メンバー用のロールとは別に、社外メンバー用のロールを追加する
- 社外メンバー用のロールに付与する権限を業務に合わせて決める

画面左上のトップメニュー内の**管理**をクリックして**管理**画面にアクセスし、**管理**画面内の**ロールと権限**をクリックしてください。

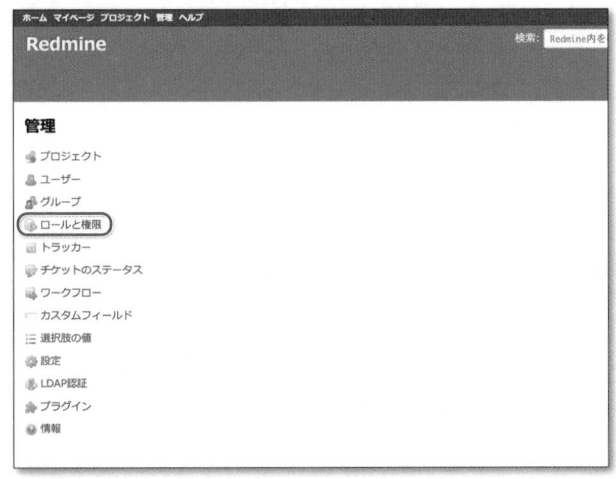

図16.14 管理メニューの「ロールと権限」ボタン

画面右上の**新しいロール**をクリックしてください。

図16.15 ロール管理画面の「新しいロール」ボタン

新しいロール画面が表示されます。社外メンバーに社内の無関係なプロジェクトの情報やユーザーの情報が見えてしまわないように設定します。

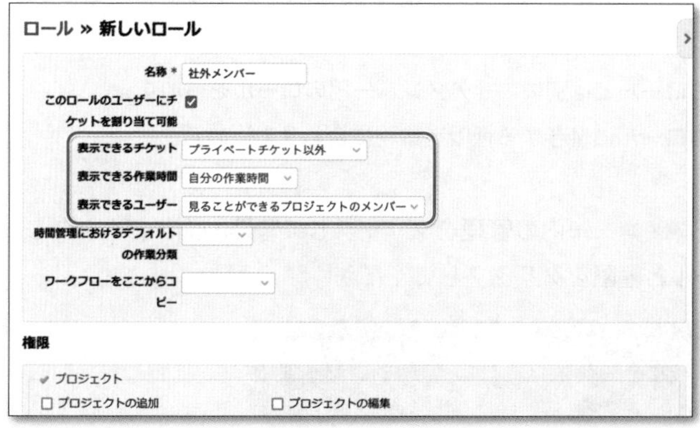

図16.16 ロール作成画面の「表示できるチケット」「表示できる作業時間」「表示できるユーザー」

表16.5 「表示できるチケット」「表示できる作業時間」「表示できるユーザー」の推奨設定

設定項目	推奨設定	説明
表示できるチケット	プライベートチケット以外	機密情報を扱うプライベートチケットを見えないようにできます。「すべてのチケット」にすると全チケットが表示されます。「作成者か担当者であるチケット」にすると、自分が作成者または担当者のチケットのみ表示できます。
表示できる作業時間	自分の作業時間	他のユーザーの作業時間を見られることがありません。「すべての作業時間」にすると自分と自分以外の作業時間も表示されます。
表示できるユーザー	見ることができるプロジェクトのメンバー	無関係なユーザーの情報を見られることがありません。「すべてのアクティブなメンバー」にすると自分とは別のプロジェクトのメンバーも表示されます。

16 アクセス制御とセキュリティ

社外メンバー用のロールに最初に付与する権限を設定します。利用状況に応じて、付与する権限を調整してください。

▼ **表16.6** 社外メンバー用のロールに最初に付与する権限例

対象	権限	説明
プロジェクト	クエリの保存	自分のプライベートクエリの保存/編集/削除を許可
ガントチャート	ガントチャートの閲覧	ガントチャートの表示を許可
チケットトラッキング	チケットの閲覧	チケットの参照を許可
	チケットの追加	新しいチケットの作成を許可
	チケットの編集	既存チケットのあらゆる項目の編集を許可
	チケットのコピー	既存チケットのコピーを許可
	関連するチケットの管理	チケット同士の関連の追加/削除を許可
	コメントの追加	既存のチケットに対してコメントの追加を許可

16.5 プロジェクト単位でのアクセス制御

非公開のプロジェクトを複数作成し、それぞれにメンバーを追加することで、一つのRedmineで複数の会社がお互いの存在を知ることなく利用することができます。

■利用シーンの例

- 複数の販売代理店との取引を管理したい
- 販売代理店との取引情報が他の代理店に漏れてはいけない

この方式を利用した運用体制は図16.17のようなイメージです。

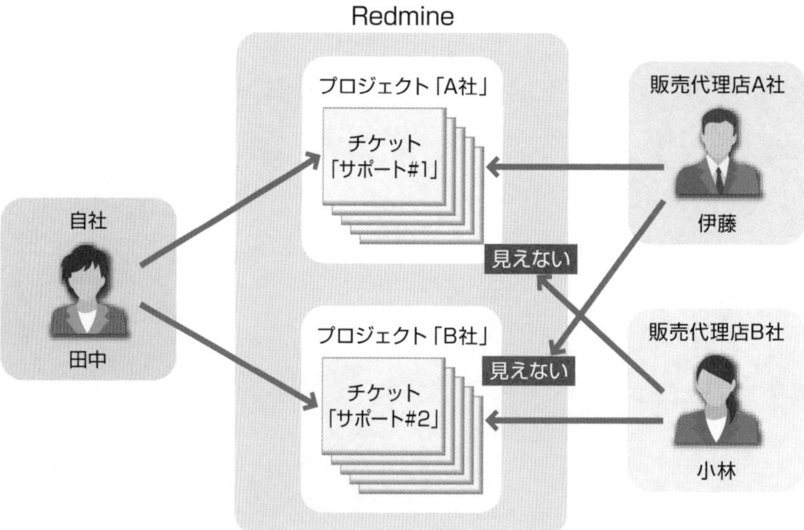

図16.17「プロジェクト単位でのアクセス制御」イメージ図

この方式を利用した場合の表示例を図16.18に示します。

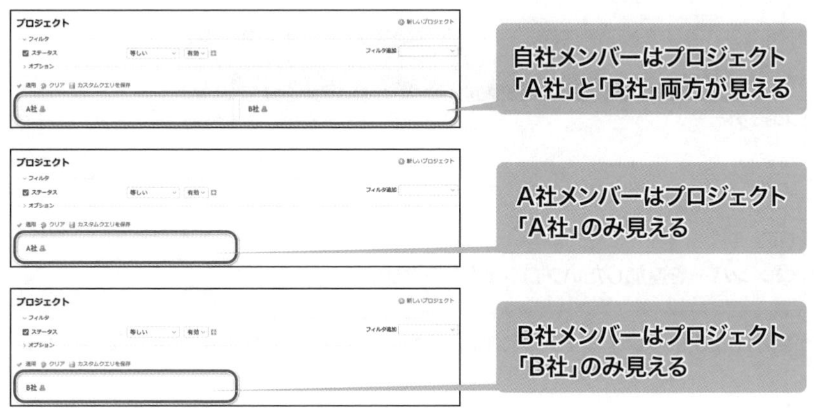
自社メンバーはプロジェクト「A社」と「B社」両方が見える
A社メンバーはプロジェクト「A社」のみ見える
B社メンバーはプロジェクト「B社」のみ見える

図16.18「プロジェクト単位でのアクセス制御」を利用した場合の表示例

取引先ごとにプロジェクトを非公開で作成します。

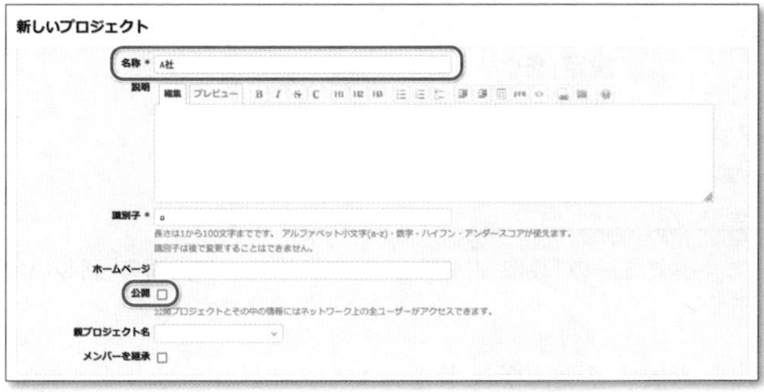
新しいプロジェクト
名称 *
A社
説明
識別子 *
ホームページ
公開
親プロジェクト名
メンバーを継承

図16.19 取引先ごとにプロジェクトを非公開で作成

NOTE プロジェクトを非公開で作成する手順は、16.2節「プロジェクトを非公開にする(プロジェクトのメンバーのみ閲覧できるようにする)」で解説しています。

画面左上のトップメニュー内の**プロジェクト**をクリックし、プロジェクト一覧画面の中から取引先ユーザーをメンバーに追加するプロジェクトの名称をクリックしてください。

図16.20 トップメニューの「プロジェクト」ボタンと、登録されているプロジェクトを選択するボタン

プロジェクトメニューの**設定**をクリックし、**メンバー**タブ内の**新しいメンバー**をクリックしてください。

図16.21 プロジェクトメニューの「設定」ボタンと、「メンバー」タブ画面の「新しいメンバー」ボタン

ユーザーとロールを選択する画面が表示されます。社外ユーザーと、社外メンバー用のロールを選択し、**追加**をクリックしてください。

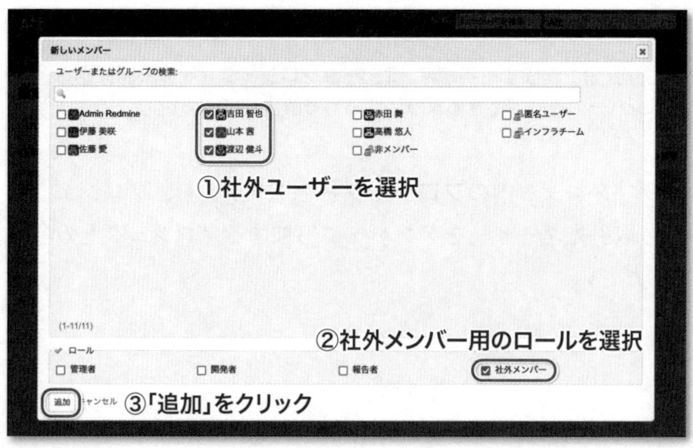

図16.22 メンバーとロールを選択

16.6 トラッカー単位でのアクセス制御

トラッカー（チケットの種別）ごとにチケットの閲覧権限を制限することで、一つのプロジェクト内で見えるチケットと見えないチケットを混在させることができます。

■利用シーンの例

- 複数の取引先との共同プロジェクトを管理したい
- 社内調整をチケットで管理したいが、取引先には見られたくない
- 機微情報など、特定のメンバーのみアクセスできる情報も扱いたい

この方式を利用した運用体制は図16.23のようなイメージです。

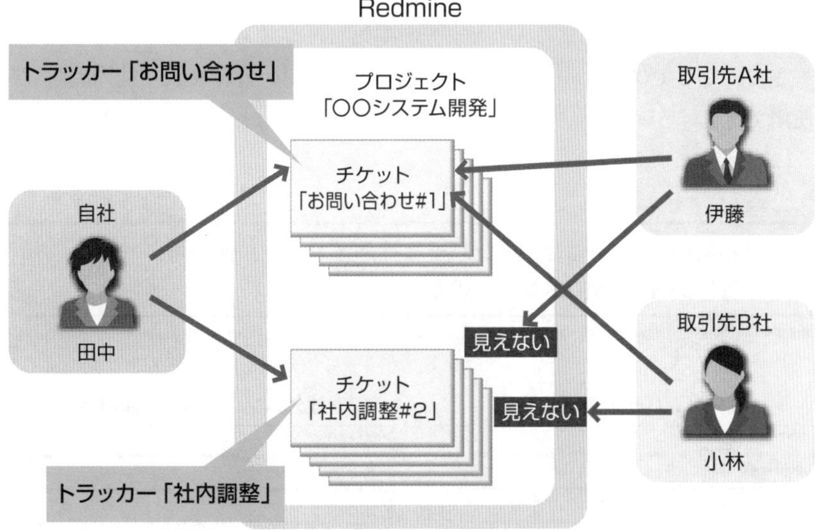

図16.23「トラッカー単位でのアクセス制御」を利用した運用体制

この方式を利用した場合の表示例を図16.24に示します。

社内メンバーはトラッカー「社内調整」が使える

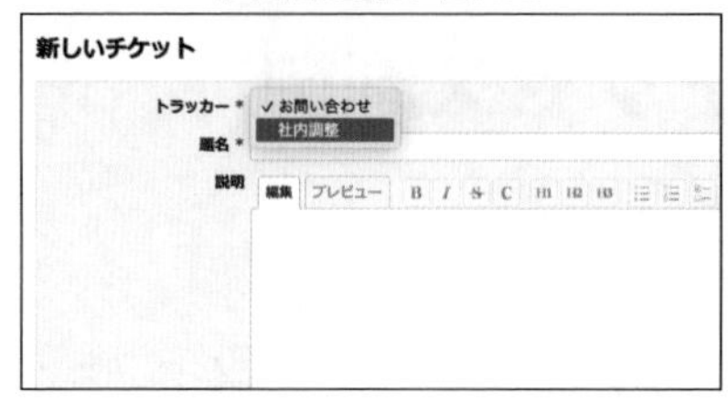

社外メンバーはトラッカー「社内調整」が使えない

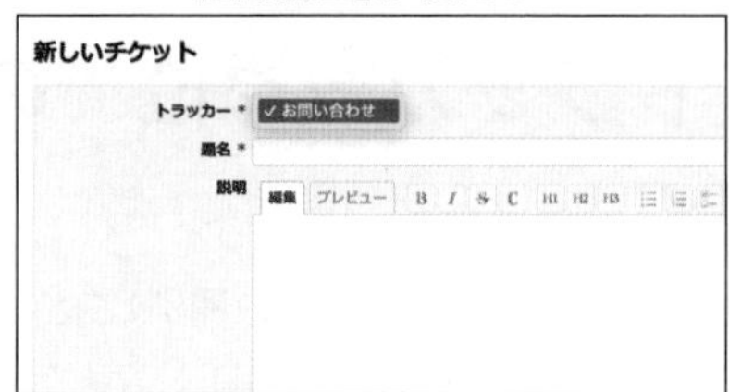

図16.24「トラッカー単位でのアクセス制御」を利用した場合の表示例

トラッカーに対するアクセス制御はロールごとに設定できます。設定するには画面左上のトップメニュー内の**管理**をクリックして**管理**画面にアクセスし、**管理**画面内の**ロールと権限**をクリックしてください。表示されたロールの一覧の中から設定対象のロールの名称をクリックします。ロールの権限を編集する画面が表示されるので、画面最下部の**チケットトラッキング**までスクロールしてください。

チケットトラッキングではこのロールのユーザーが各トラッカーに対してどのような操作が可能か設定できます。設定可能な操作の種別は「チケットの閲覧」、「チケットの追加」、「チケットの編集」、「コメントの追加」です。

さて、ここでは、社内メンバーのロールは「お問い合わせ」と「社内調整」が使用できますが、社外メンバーのロールは「お問い合わせ」のみ使用できるように設定します。

(例)「お問い合わせ」は社内メンバーと社外メンバーが使用可。
　　「社内調整」は社内メンバーのみ可。

社内メンバーのロール設定

社外メンバーのロール設定

図16.25「社内メンバー」ロールと「社外メンバー」ロールが使用可能なトラッカーと、「社内メンバー」ロールのみ使用可能なトラッカー

次に、画面左上のトップメニュー内の**プロジェクト**をクリックし、プロジェクト一覧画面の中からプロジェクトの名称をクリックしてください。

プロジェクトメニューの**設定**をクリックし、**チケットトラッキング**タブ内の**トラッカー**で使用するトラッカーを選択して、**保存**をクリックしてください。

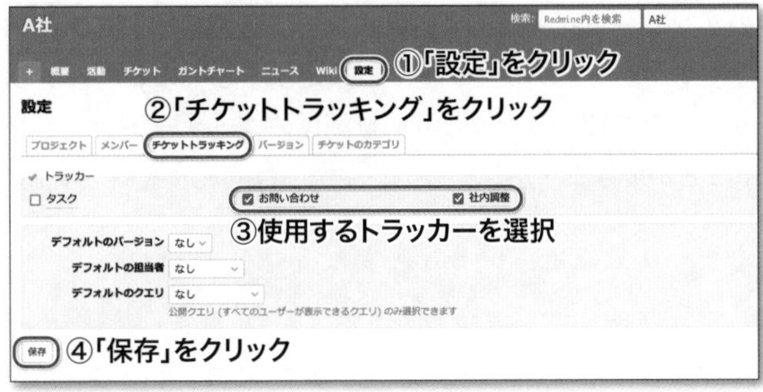

図16.26 「チケットトラッキング」タブで使用するトラッカーにチェックを入れている状態

16.7 チケット単位でのアクセス制御(プライベートチケット)

チケットをほかのメンバーに見せたくないときは、プライベートチケット機能を利用できます。チケットをプライベートに設定すると次のいずれかの条件を満たすユーザーしか参照できなくなり、無関係のユーザーがチケットを参照するのを防ぐことができます。

- チケットの作成者
- チケットの担当者
- 「表示できるチケット」が「すべてのチケット」に設定されているロール(デフォルトでは「管理者」ロール)でプロジェクトに参加しているメンバー
- システム管理者

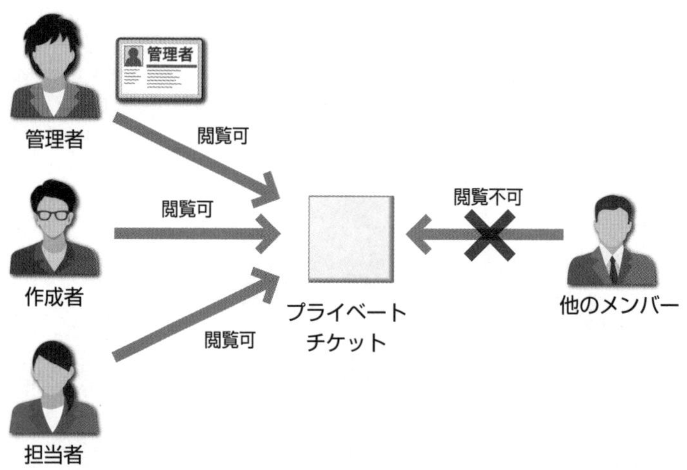

▲ **図16.27** プライベートチケットを閲覧できるユーザー

> **WARNING**
> プライベートチケットは作成したユーザーだけでなく、担当者に設定されているユーザーや管理者ロールのユーザーなどからも参照できます。ほかのユーザーから全く見えないわけではないことに注意してください。

16.7.1 プライベートチケットの使いどころ

Redmineはタスクなどの情報をプロジェクトメンバーと共有することが前提のツールです。担当者が無闇にプライベートチケットを作成すると誰が何をやっているのか把握できなくなり、プロジェクト運営に支障を来す可能性があります。プライベートチケット機能の利用を許可する前に必要性を慎重に検討すべきです。

プライベートチケットには次のような用途が考えられます。

▶ ①機微情報を扱う

事務管理にRedmineを使っている場合に、給与など限定された関係者以外には見せたくない情報を扱うのに利用できます。

▶ ②未修正のセキュリティ脆弱性の情報を扱う

Redmineをオープンソースソフトウェアの公式サイトとして使っているとします。ソフトウェアにセキュリティ脆弱性が見つかったとき、その情報をチケットに記載して修正作業を進めると、未修正の脆弱性情報が広く公開されゼロデイ攻撃が行われる可能性があります。

プライベートチケットを使えば、関係者のみがチケットを参照できる状態にしてソフトウェアの修正作業を進めることができます。

16.7.2 チケットをプライベートにする

チケットをプライベートチケットにするには、チケットの作成画面または編集画面でチェックボックス**プライベート**をONにしてください。

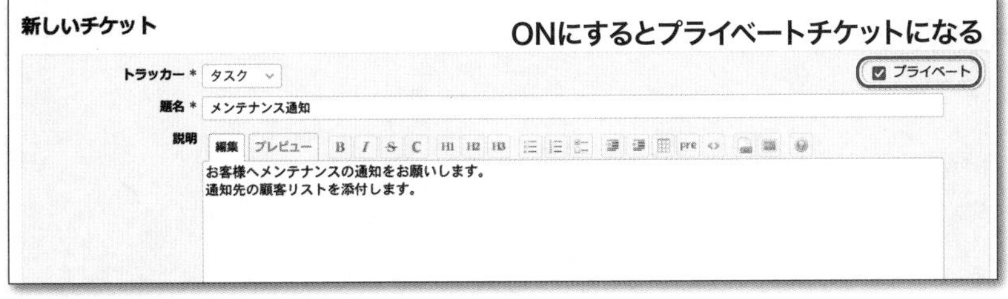

▲ **図16.28** チケットをプライベートチケットにするための「プライベート」チェックボックス

プライベートチケットは題名の横に赤で「プライベート」と表示されます。

図16.29 プライベートチケットの表示

WARNING

プライベートチケットを作成するには「チケットのプライベート設定」または「自分が追加したチケットのプライベート設定」権限が必要です。これらの権限は通常は「管理者」ロールにのみ割り当てられています。管理者以外のロールで操作できるようにするにはシステム管理者に権限の割り当てを依頼してください。権限の割り当ての確認や変更は「管理」→「ロールと権限」→「権限レポート」で行えます。

16.8 コメント単位でのアクセス制御（プライベートコメント）

プライベートチケットはチケット全体が無関係のメンバーから見えなくなりますが、特定のコメントだけを関係者限定にすることができる**プライベートコメント**という機能もあります。プライベートコメントは**プライベートコメントの閲覧**権限を持つメンバーのみが見ることができます。

NOTE　プライベートチケットとプライベートコメントは閲覧できるメンバーの範囲が異なります。

利用用途としては、顧客とチケットを使ってやりとりを行っているときに、顧客に見せたくない社内用のメモなどを残すなどが考えられます。

プライベートコメントを追加するには、コメントの追加または編集の際に**プライベートコメント**チェックボックスをONにしてください。

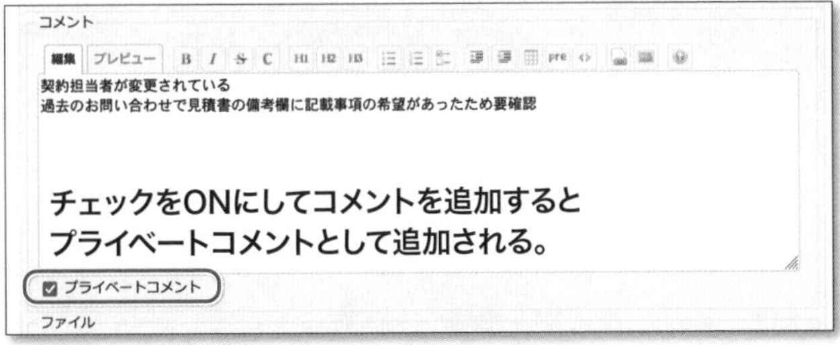

▲ **図16.30** プライベートコメントの追加

プライベートコメントはチケットの履歴欄の中で左側に赤い線が入った状態で表示されます。

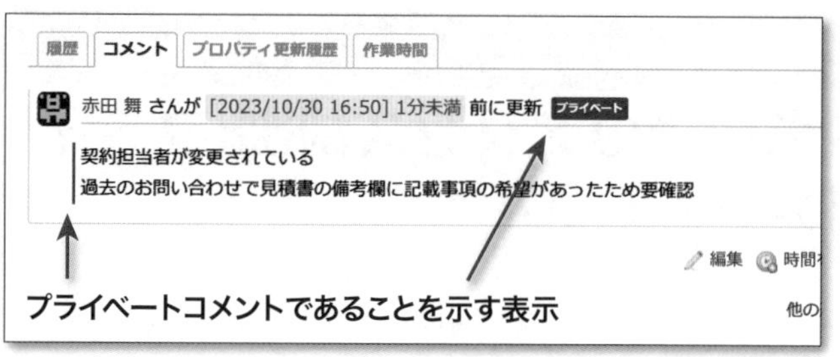

図16.31 プライベートコメントの表示例

> **WARNING**
> プライベートコメントを追加するには「コメントのプライベート設定」権限が必要です。この権限は通常は「管理者」ロールと「開発者」ロールに割り当てられています。ほかのロールで操作できるようにするにはシステム管理者に権限の割り当てを依頼してください。権限の割り当ての確認や変更は「管理」→「ロールと権限」→「権限レポート」で行えます。

16.9 フィールド単位でのアクセス制御

チケットの特定のフィールドの閲覧制限を設定すると、チケット内の特定のフィールドのみ閲覧できないように制限できます。標準フィールドは全ロールに表示されますが、カスタムフィールドはロールごとに表示するかどうかを設定できます。

■利用シーンの例

- 顧客番号をチケットに付与して検索できるようにしたいが、取引先に内部情報である顧客番号が見えてほしくない

この方式を利用した運用体制は図16.32のようなイメージです。

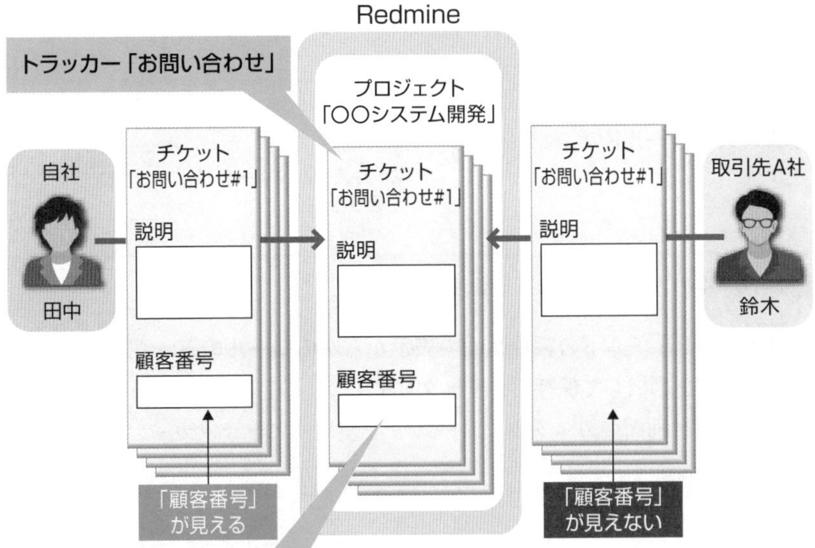

図16.32「フィールド単位でのアクセス制御」イメージ図

この方式を利用した場合の表示例を図16.33に示します。

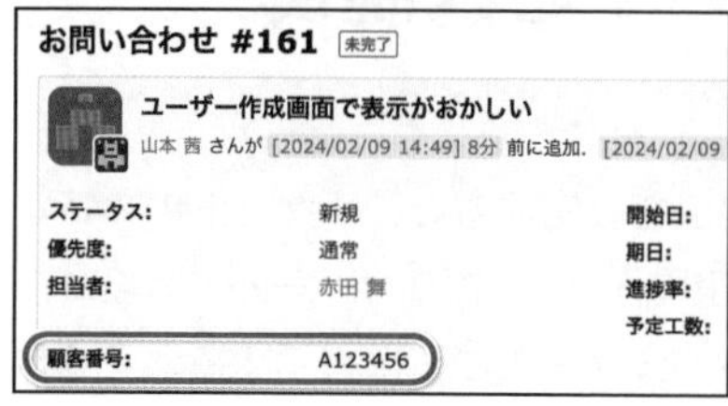

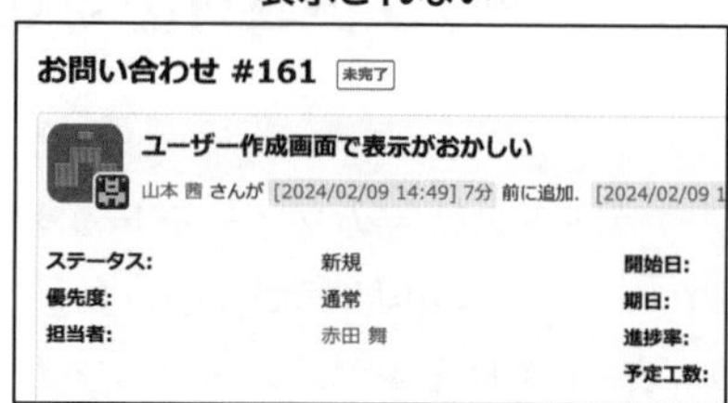

図16.33「フィールド単位でのアクセス制御」を利用した場合の表示例

画面左上のトップメニュー内の**管理**→**カスタムフィールド**→カスタムフィールドの名称をクリックして、カスタムフィールドの編集画面を表示します。

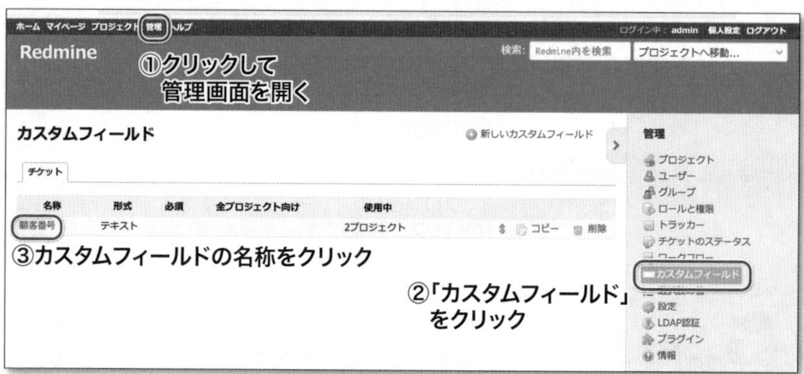

図16.34 カスタムフィールド一覧画面

カスタムフィールドの編集画面の**表示**から**次のロールのみ:**を選択し、表示するロールを選択して**保存**をクリックします。

また、同じ画面でカスタムフィールドを使用するトラッカー、プロジェクトを設定できます。

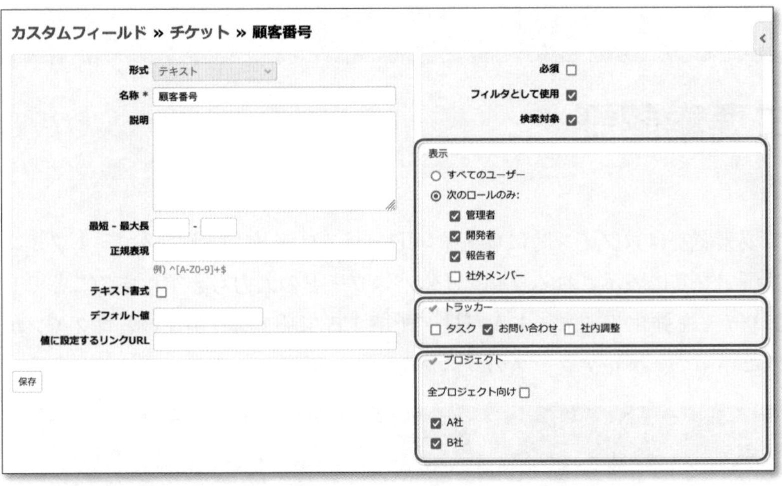

図16.35 表示するロール、使用するトラッカー、プロジェクトを選択

表16.7 カスタムフィールドを表示するユーザーの範囲、使用するトラッカー、プロジェクトの設定

設定項目	説明
表示	「すべてのユーザー」は全ユーザーに表示されます。 「次のロールのみ:」は選択したロールのみに表示されます。
トラッカー	このカスタムフィールドを使用するトラッカーを選択します。選択したトラッカーのみで使用できます。
プロジェクト	「全プロジェクト向け」を選択するとすべてのプロジェクトで使用できます。個別にプロジェクトを選択すると、選択したプロジェクトのみで使用できます。

16.10 二要素認証

二要素認証はログイン時にログインID・パスワードに加えてスマートフォンの認証アプリに表示されるワンタイムパスワードの入力も必須にすることでセキュリティを強化します。本人だけが所持する認証アプリがないとログインができないので、不正アクセスのリスクを大幅に低減させることができます。

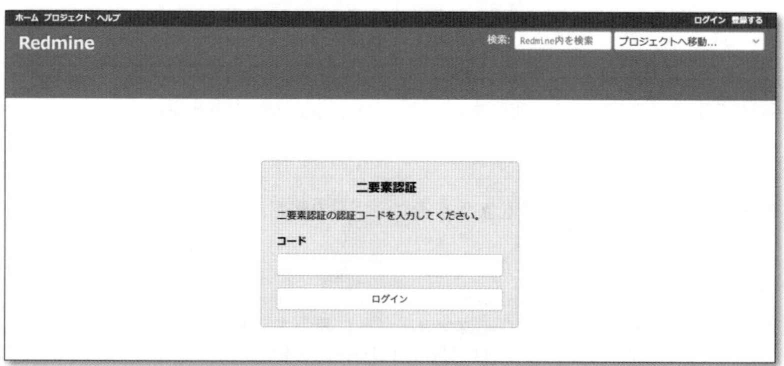

△ **図16.36** 二要素認証を有効化した場合のログイン画面

16.10.1 二要素認証の有効化・ログイン

スマートフォンなどのデバイスにTOTP(時刻同期式ワンタイムパスワード)に対応した認証アプリをインストールしてください。

表16.8はTOTP対応のアプリの一例です。

▽ **表16.8** TOTP対応認証アプリの例

スマートフォン	PC
・FreeOTP+ (Androidのみ) ・Google認証システム ・Microsoft Authenticator ・Twilio Authy	・Authenticator (Chromeブラウザ用エクステンション) ・Step Two (macOS) ・WinAuth (Windows) ・WinOTP Authenticator (Windows)

Redmineにログイン後、画面右上の**個人設定**をクリックし、**二要素認証を有効にする**をクリックします。パスワードの入力を求められることがあるので、その場合はパスワードを入力します。

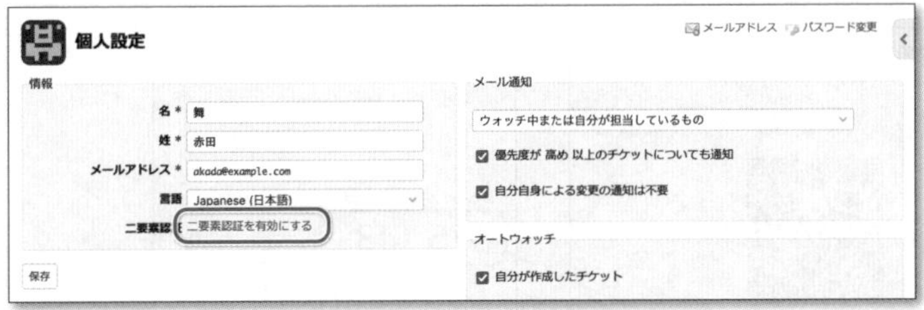

図16.37「個人設定」画面

二要素認証の有効化画面にQRコードが表示されます。

図16.38「二要素認証の有効化」画面

スマートフォンなどのデバイスにインストールした認証アプリを開いて、QRコードをスキャンします。

図16.39 認証アプリを開いてQRコードをスキャン

認証アプリにワンタイムパスワードが表示されます。**二要素認証の有効化**画面の**コード**にワンタイムパスワードを入力して**有効にする**をクリックします。

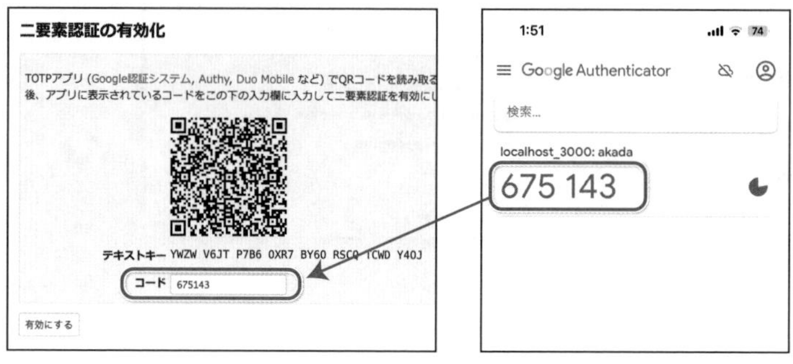

図16.40「コード」欄にワンタイムパスワードを入力して有効化

二要素認証が有効になりました。 と表示されます。これで二要素認証の有効化の完了です。

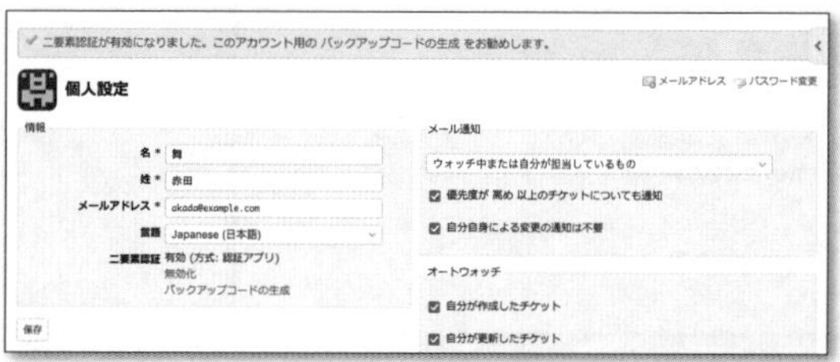

図16.41 二要素認証有効化完了のメッセージを確認

> **WARNING**
> 二要素認証の有効化はユーザー自身のみ行えます。システム管理者であっても自分以外のユーザーの設定は行えません。

スマートフォンの故障・紛失など認証アプリが使えなくなりワンタイムパスワードが生成できなくなったときに備えて、バックアップコードを生成しましょう。バックアップコードは非常時にワンタイムパスワードの代わりに使用できます。

二要素認証の欄の**バックアップコードの生成**をクリックします。

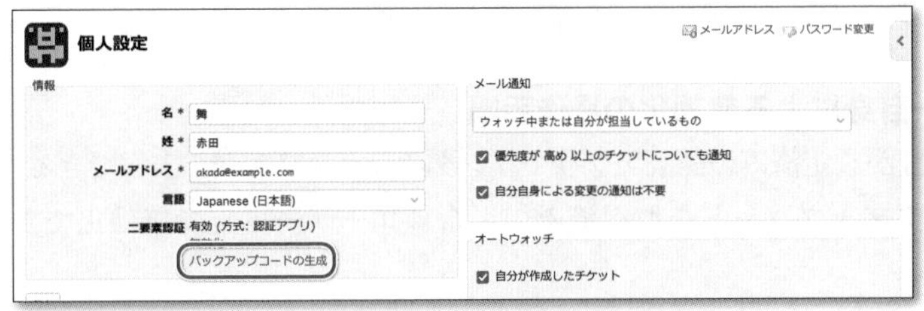

図16.42「バックアップコードの生成」をクリック

バックアップコードが表示されます。生成したバックアップコードは、スクリーンショットを撮るか、印刷して安全な場所に保管してください。

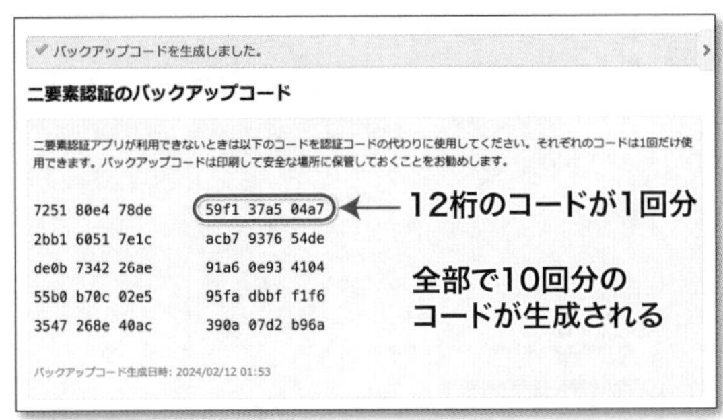

図16.43 スクリーンショットを撮るか印刷して安全な場所に保管

WARNING

各バックアップコードが使用できるのは1回のみです。

WARNING

バックアップコード生成済みの状態で再度生成を行なった場合、前回生成したバックアップコードは全て無効になります。

16.10.2 二要素認証の再設定(無効化)

以下のようなときは二要素認証を再設定しましょう。

- スマートフォンの機種変更などにより認証アプリが利用できなくなった
- 利用する認証アプリを変更したい

二要素認証の再設定は無効化→有効化という手順で行います。

▶ユーザー自身による無効化の操作手順

二要素認証が設定済みの認証アプリでワンタイムパスワードを表示できる、またはバックアップコードを取得済みの場合はユーザー自身で無効化できます。

ログイン画面でIDとパスワードを入力して**ログイン**をクリックし、ワンタイムパスワードまたはバックアップコードを入力してログインします。

個人設定画面の二要素認証の項目で**無効化**をクリックします。パスワードの入力を求められることがあるので、その場合はログインパスワードを入力します。

ワンタイムパスワードまたはバックアップコードを入力し**無効化**をクリックします。

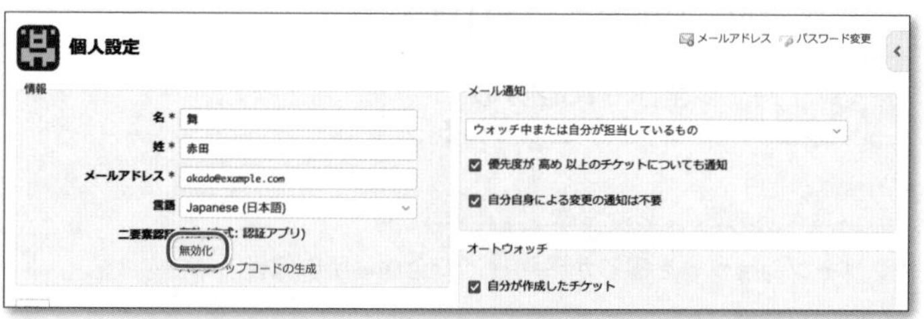

図16.44 個人設定画面で二要素認証を無効化

無効にできたら、16.10.1と同じ手順で有効化します。

▶システム管理者による無効化の操作手順

バックアップコードが分からない、すでに認証アプリが利用できないときは、ユーザー自身で再設定する方法はありません。システム管理者による操作で無効化した後でユーザー自身で有効化できます。

管理→ユーザー→二要素認証を無効にしたいユーザーのログインIDをクリックし、**二要素認証**の項目で**無効化**をクリックします。

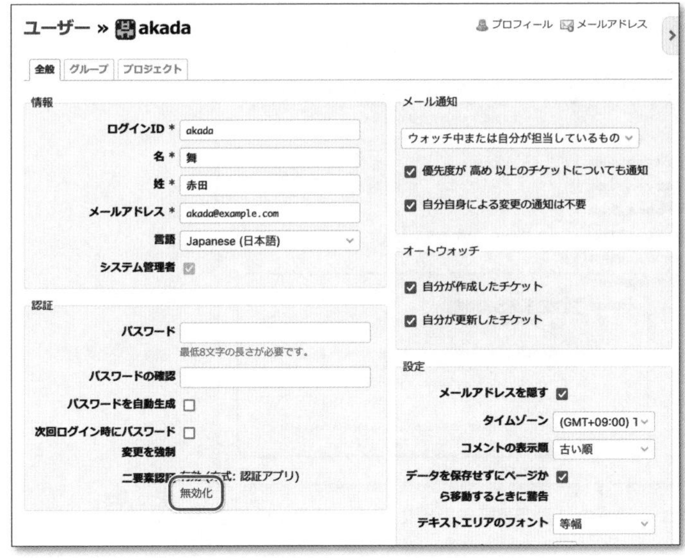

図16.45 ユーザーの管理画面で二要素認証を無効化

無効できたら、16.10.1と同じ手順で有効化します。

16.10.3 二要素認証を必須にする

すべてのユーザーに対する二要素認証を使用するかどうかの設定はデフォルトでは任意ですが、すべてのユーザーが二要素認証を使用するよう強制することができます。

▶すべてのユーザーについての設定

管理→設定→認証→タブ→二要素認証で行います。

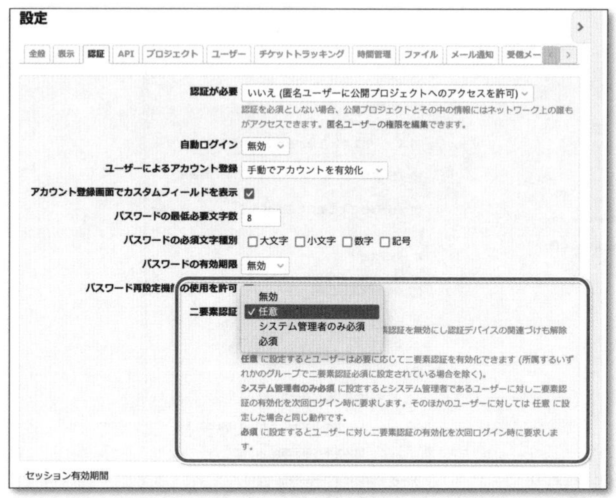

▲ **図16.46** 全ユーザーの二要素認証を必須にするかどうかの設定

▼ **表16.9** 二要素認証の選択肢と説明

選択肢	説明
無効	すべてのユーザーの二要素認証を無効にし認証アプリの関連づけも解除します。
任意	デフォルトの設定です。二要素認証を使用するかどうかはユーザーごとに設定できます。(所属するいずれかのグループで「二要素認証必須」に設定されている場合を除く)
システム管理者のみ必須	システム管理者権限を持つユーザーのみが二要素認証の使用を強制されます。そのほかのユーザーは「任意」と同じです。
必須	すべてのユーザーに二要素認証の使用を強制します。ユーザーは二要素認証の設定を行うまでログインできなくなります(APIキーを使用したAPIアクセスを除く)。

▶ グループごとの設定

グループごとに二要素認証を必須にする設定ができます。例えば、重要な権限を持つグループには二要素認証を必須にする使い方があります。

管理→グループ→グループ名をクリックし、**全般**タブの**二要素認証必須**をONにして**保存**をクリックします。

図16.47「二要素認証必須」をONにして「保存」

16.11 ログインパスワードの安全性を高める設定(パスワードの最低必要文字数・必須文字種別)

パスワードの最低必要文字数・**パスワードの必須文字種別**の設定は**管理**→**設定**→**認証**→タブで行います。

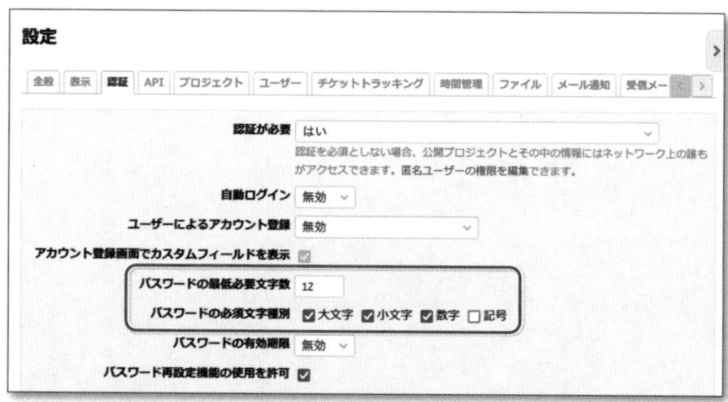

▲ **図16.48** ログインパスワードの設定要件を決める

▼ **表16.10** ログインパスワードの設定要件

設定項目	説明
パスワードの最低必要文字数	指定した文字数より短いパスワードが使われるのを防げます。デフォルトは8文字です。8文字に設定した場合、7文字以下のパスワードは設定できません。
パスワードの必須文字種別	以下の4種類の文字種別のいずれか、またはすべてをパスワードに含むことを必須にすることで複雑なパスワードを設定してもらうよう強制できます。 ・大文字(A-Z) ・小文字(a-z) ・数字(0-9) ・記号(#!?@%$など)

設定を変更しても、設定変更前のパスワードでログインできます。設定した通りのパスワードが強制されるのは、設定変更後にユーザーがパスワードを変更したとき、新しくユーザーを作成してパスワードを設定したときです。

16.12 IPアドレスフィルター（接続元IPアドレスによるアクセス制限）

接続元IPアドレスによるアクセス制限ができるプラグイン「IPアドレスフィルター」を使用すると、指定したIPアドレスからのみアクセスできるよう制限できます。アクセス許可IPアドレスが指定されていない場合はどこからでもアクセスできます。

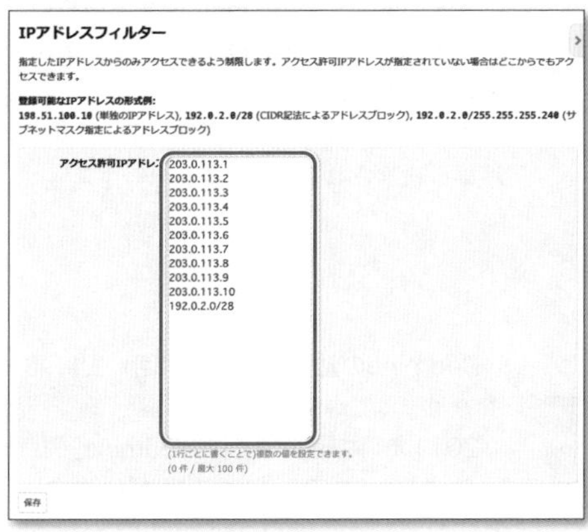

図16.49「IPアドレスフィルター」プラグイン利用中の画面

▶IPアドレスフィルター

https://github.com/redmica/redmine_ip_filter

16 アクセス制御とセキュリティ

Column

日本のRedmineユーザーコミュニティ

Redmineの利用者が集まって、情報交換やイベント開催を行っているコミュニティがあります。Redmineをさらに活用するために、メーリングリストや勉強会への参加をしてみてはいかがでしょうか。

▶Redmine Users(Japanese)メーリングリスト

https://groups.google.com/group/redmine-users-ja

Redmineの利用について日本語での情報交換が行われているGoogleグループ(メーリングリスト)です。利用上の疑問点などの解決、Redmineに関する取り組みの告知などに活用できます。過去の投稿の検索もできます。

Redmineが世に出た翌年の2007年4月から運営されています。

▶redmine.tokyo

https://redmine.tokyo/

Redmineの勉強会を年に数回、主に東京で開催しています。

2011年に「shinagawa.redmine」というコミュニティ名で活動が始まり、2014年に「redmine.tokyo」にコミュニティ名が変更されました。コミュニティの公式サイトはRedmineで作られています。

▶Redmine Japan

https://redmine-japan.org/

日本最大級のRedmine関連のカンファレンスイベントです。

初回は2020年にオンラインで開催され、2023年には初めて東京の会場でオフライン開催されました。

Chapter 17

リファレンス

Redmineの各画面の操作や入力項目、チケットやWikiを記述するときに使えるマークアップ(CommonMark MarkdownとTextile)などを解説します。

操作手順を確認したいときや、画面内の入力項目や設定項目の意味を調べたいときにご活用ください。

17.1 Redmineの画面各部の名称

Redmineの画面内のメニュー等の名称を図17.1および表17.1に示します。

△ **図17.1** Redmineの画面各部の名称

▽ **表17.1** Redmineの画面各部の名称

番号と名称	説明
①トップメニュー	個別のプロジェクトや表示中の画面に依存しない、Redmine全体に関係するメニューです。
②アカウントメニュー	現在ログイン中のアカウントの設定変更やパスワード変更を行う「個人設定」や「ログアウト」など、現在ログイン中のユーザーに関係する項目が表示されるメニューです。
③クイックサーチ	チケットやWikiページなどRedmine上の情報を検索するための検索ボックスです。
④プロジェクトセレクタ	プロジェクトの選択を行います。
⑤プロジェクトメニュー	プロジェクトセレクタで選択したプロジェクトに関係するメニューです。
⑥コンテキストリンク	現在表示中の画面に関連した操作が表示されます。
⑦サイドバー	現在表示中の画面に関連した操作・情報が表示されます。

17.2 トップメニュー内の機能

トップメニューには、個別のプロジェクトや表示中の画面に依存しない、Redmine全体に関係する機能へのリンクが表示されています。

図17.2 トップメニュー

17.2.1 ホーム

ログイン直後に表示される画面です。

左側にウェルカムメッセージ、右側に最新ニュースが表示されます。

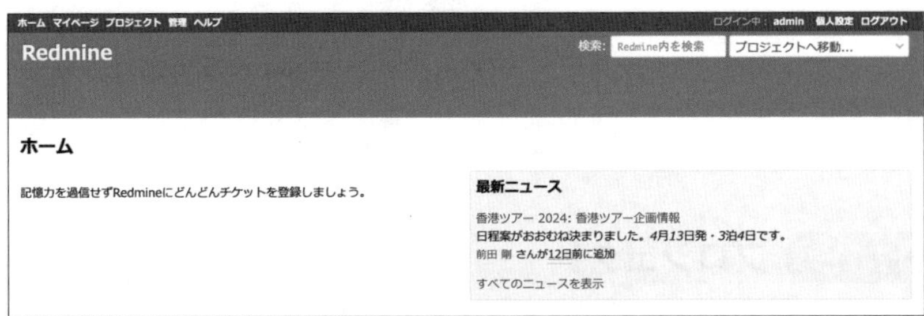

図17.3 「ホーム」画面

表17.2 「ホーム」画面に表示される情報

ウェルカムメッセージ	「管理」→「設定」→「全般」の「ウェルカムメッセージ」で入力した内容が表示されます。 Redmineの運用方針や使い方など利用者全員に周知したいことを表示しておくことができます。
最新ニュース	参加している全プロジェクトの最新ニュースが表示されます。

17.2.2 マイページ

自分に関係する情報を表示させることができる画面で、表示される情報の種類と位置はユーザーが自分好みにカスタマイズできます。

デフォルトでは**担当しているチケット**、**報告したチケット**が表示されます。Redmineにログインしたらこの画面で自分の手持ち作業の一覧、自分が作成したチケットの進捗状況などを確認するよう習慣づけるとよいでしょう。

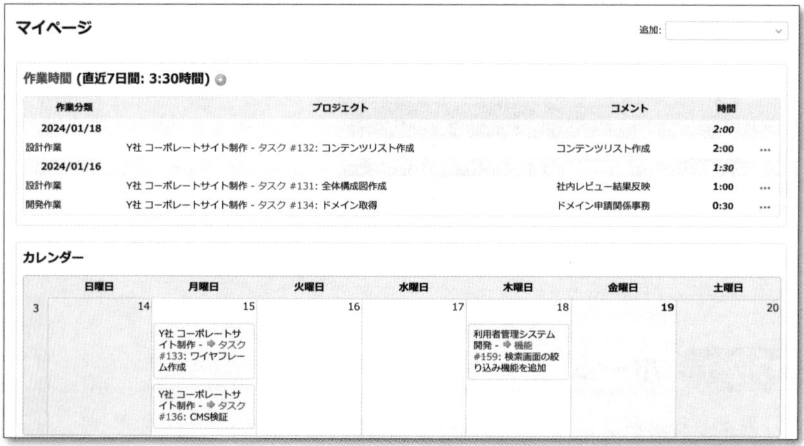

▲ **図17.4**　マイページの「作業時間」と「カレンダー」

> **NOTE**
> マイページの使い方の詳細は8.1節「マイページで自分に関係する情報を把握する」で解説しています。

17.2.3 プロジェクト

自分がアクセスできるプロジェクトが一覧表示されます。ボードまたはリストの表示形式から選択できます。表示形式のデフォルトは**管理**→**設定**→**プロジェクト**の**プロジェクトの一覧で表示する項目**で設定できます。

自分がメンバーとなっているプロジェクト（マイプロジェクト）やブックマークしたプロジェクトにはアイコンが表示されます。マイプロジェクトの人型アイコンが表示されていないものは公開プロジェクトなどメンバーではないもののアクセス可能なプロジェクトです。

図17.5 「プロジェクト」画面（ボード）

図17.6 「プロジェクト」画面（リスト）

表17.3 「プロジェクト」画面に表示されるプロジェクト

	システム管理者	一般ユーザー
メンバーとなっているプロジェクト	○	○
メンバーとなっていない公開プロジェクト	○	○
メンバーとなっていない非公開プロジェクト	○	×

17 リファレンス

17.2.4 管理

システム管理者であるユーザーでログインしている時のみ表示されます。Redmine全体の設定、プロジェクトやユーザーの管理などを行うための**管理**メニューが利用できます。

管理で設定できる内容の詳細は17.5節を参照してください。

17.2.5 ヘルプ

オフィシャルサイト上のマニュアル「Redmine Guide」(https://www.redmine.org/guide/)という英語のWebページへのリンクです。

このリンク先は、非公式の日本語情報サイト「Redmine.JP」上の「Redmine Guide日本語訳」に変更することができます。ヘルプのリンク先を「Redmine Guide日本語訳」に変更する手順は、次のURLを参考にしてください。

▶ヘルプを日本語化したい

https://redmine.jp/faq/general/change-help-url-to-gude-ja/

17.3 個人設定

ログイン中のユーザーの氏名、メールアドレス、言語、メール通知の対象、パスワードの変更などが行えます。

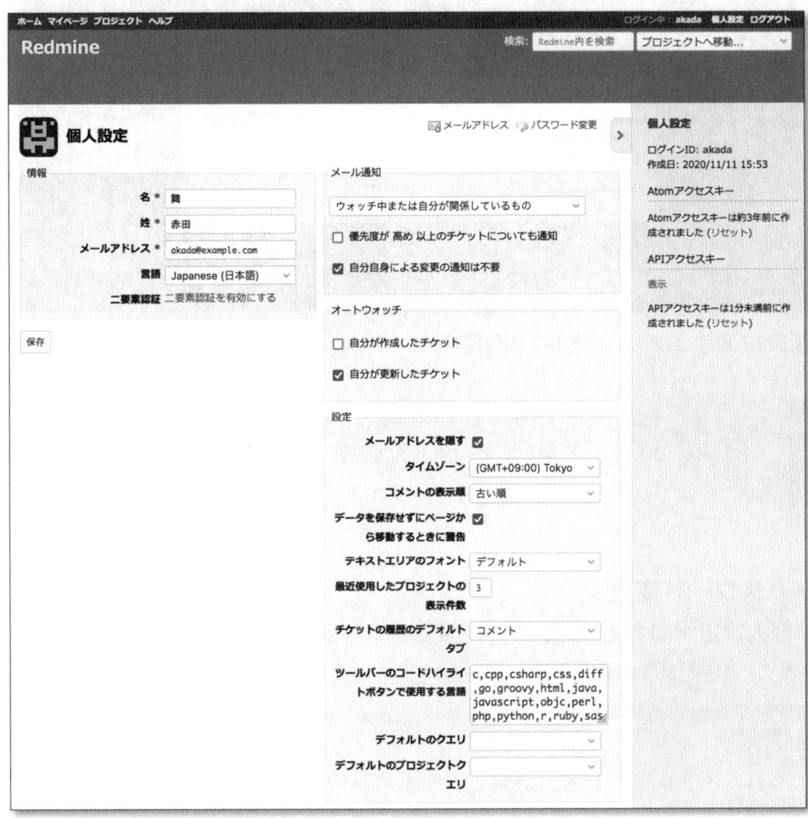

図17.7「個人設定」画面

▶メールアドレス

個人設定画面右上の**メールアドレス**をクリックすると、自分のアカウントの追加メールアドレスの追加や削除が行えます。

追加メールアドレスは自分のアカウントに複数のメールアドレスを設定する機能です。チケットの更新などRedmineからのメール通知を複数のアドレスで受け取ることができます。

図17.8 追加メールアドレスの管理画面

> **NOTE**
> 追加できるメールアドレスの上限は、「管理」→「設定」→「ユーザー」の「追加メールアドレス数の上限」で設定します。0を設定するとメールアドレスの追加を禁止できます。

▶パスワード変更

個人設定画面右上の**パスワード変更**をクリックすると、自分のパスワードを変更するための画面が表示されます。

▶情報

氏名、メールアドレス、言語、二要素認証の設定を変更します。

表17.4 個人設定「情報」の入力項目

名称	説明
名	ユーザーの氏名のうち名を入力します。
姓	ユーザーの氏名のうち姓を入力します。
メールアドレス	ユーザーのメールアドレスを入力します。このメールアドレス宛にチケットの追加・更新などの通知が送信されます。
言語	Redmineの画面表示で使われる言語を指定します。各々のユーザーが任意の言語を指定できます。「(auto)」を選択すると使用しているWebブラウザの言語設定にあわせて自動的に適切な言語が選択されます。
二要素認証	二要素認証の有効化・無効化ができます。有効の場合はバックアップコードの生成が行えます。

メール通知

Redmineからどの種類のメール通知を受け取るのか指定できます。デフォルトでは**ウォッチ中または自分が担当しているもの**です。プロジェクト全体の動きを把握するためにより多くの通知を受け取りたいときや、その反対にRedmineから送信されるメールの量を減らしたいときに設定を変更します。

表17.5 個人設定「メール通知」の選択肢

選択肢	説明
参加しているプロジェクトのすべての通知	参加している全プロジェクトについて、チケットの追加や更新、ニュースの追加などの通知がメールで送信されます。
選択したプロジェクトのすべての通知...	選択したプロジェクトのみについて、チケットの追加や更新、ニュースの追加などの通知がメールで送信されます。ただし、選択していないプロジェクトでも、「ウォッチ中または自分が関係しているもの」に該当する通知は送信されます。
ウォッチ中または自分が関係しているもの	次の事柄が通知されます。 ・自分が追加したチケットが更新された ・自分が担当するチケットが更新された ・チケットの更新により自分が担当者に設定された ・自分がウォッチしているチケットが更新された

ウォッチ中または自分が担当しているもの	デフォルト設定です。「ウォッチ中または自分が関係しているもの」から「自分が追加したチケットが更新された」を除いたもので、以下の事柄が通知されます。 ・自分が担当するチケットが更新された ・チケットの更新により自分が担当者に設定された ・自分がウォッチしているチケットが更新された
ウォッチ中または自分が作成したもの	以下の事柄が通知されます。 ・自分が追加したチケットが更新された ・自分がウォッチしているチケットが更新された
通知しない	メール通知を行わないようにします。

NOTE ニュースに関する通知は、メール通知の設定内容とは無関係に常にプロジェクトの全メンバーに通知されます。

▼ **表17.6** 個人設定「メール通知」のその他の設定項目

名称	説明
優先度が〜以上のチケットについても通知	ONにすると、通知対象外のチケット更新であっても、優先度がデフォルトより高く設定されていれば通知がメールで送信されます。
自分自身による変更の通知は不要	ONにすると、自分がRedmineを操作したことにより発生した通知についてはメールを送りません。例えば、自分がチケットを追加したり更新したりしたことの通知は自分宛にはメール送信されません。

▶オートウォッチ

自動的にウォッチするか設定を行います。

▼ **表17.7** 個人設定「オートウォッチ」の設定項目

選択肢	説明
自分が作成したチケット	ONにすると、自分が作成したチケットは自動的にウォッチします。
自分が更新したチケット	ONにすると、自分が更新したチケットは自動的にウォッチします。

▶設定

アカウントに関するその他の設定を行います。

表17.8 個人設定「設定」の設定項目

名称	説明
メールアドレスを隠す	ユーザーのプロフィール画面でメールアドレスを表示するかどうか指定します。 Redmineをインターネットに公開した状態で使用する際にアドレスが収集されるのを防ぎたいときや、他のユーザーにメールアドレスを知られたくないときはONにします。
タイムゾーン	どのタイムゾーンで時刻を表示するのか設定します。Redmineの画面上の時刻表示は設定されたタイムゾーンにあわせて変更されます。ユーザー毎に任意のタイムゾーンを指定できます。
コメントの表示順	チケットの履歴欄の表示順です。デフォルトでは古い順に上から表示しますが、「新しい順」に設定すると逆順になり、最新のコメントが常に一番上に表示されるようになります。 ブラウザの画面をスクロールせずに最新のコメントを確認できるようにしたい場合などに便利です。
データを保存せずにページから移動するときに警告	チケットの更新など画面で入力を行っている途中にリンクのクリックやブラウザの戻るボタンで別画面に遷移しようとしたときに警告を表示します。デフォルトではONです。
テキストエリアのフォント	チケットの説明やコメントなどの入力欄を、プロポーショナルフォントと等幅フォントのいずれで表示するのか設定します。 ソースコードを入力したり、CommonMark MarkdownやTextileで表を入力することが多い場合は等幅フォントを使うと桁がそろって見やすくなります(図17.9参照)。
最近使用したプロジェクトの表示件数	プロジェクトセレクタの「最近使用したもの」に表示される最近アクセスしたプロジェクトの数を設定します。
チケットの履歴のデフォルトタブ	チケットの履歴に表示するデフォルトのタブを設定します。
ツールバーのコードハイライトボタンで使用する言語	Redmineのツールバーのコードハイライトボタン(17.6.10参照)で表示する言語を設定します。自分がよく使う言語だけを表示しておけば入力が簡単になります。
デフォルトのクエリ	チケット一覧画面でデフォルトで表示するカスタムクエリを設定します。
デフォルトのプロジェクトクエリ	プロジェクト一覧画面でデフォルトで表示するカスタムクエリを設定します。

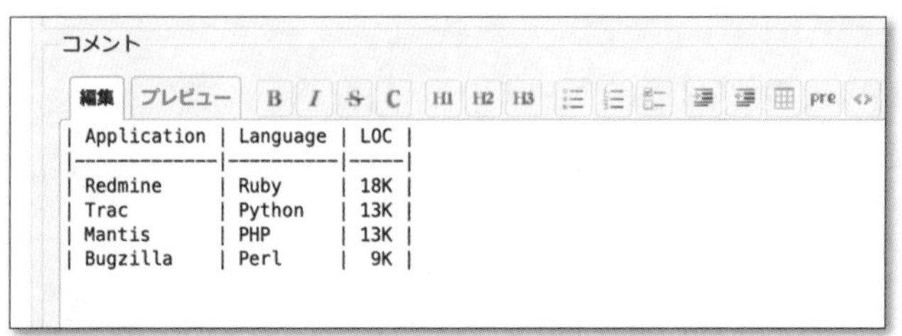

図17.9 テキストエリアのフォントで等幅フォントを指定した際の表示例

Atomアクセスキー

Redmineのいくつかの情報はAtomフィードとして出力されています。AtomフィードのURLには認証無しでアクセスできますが、第三者がURLにアクセスして情報が漏洩するのを防ぐためにユーザーごとに固有の類推しにくいキーがURLに含まれています。このキーをAtomアクセスキーと呼びます。

個人設定画面のサイドバーではAtomアクセスキーをリセットできます。リセットするとAtomアクセスキーが新しく作り直され、フィールドURLも変更されます。

NOTE Atomフィードについての詳細は15.3節「Atomフィード」を参照してください。

APIアクセスキー

APIアクセスキーは、外部のシステムからRedmine上の情報を操作できるREST APIを利用する際のユーザー認証に使われます。この情報は**管理→設定→API**画面で**RESTによるWebサービスを有効にする**をONにしているときのみ表示されます。

個人設定画面のサイドバーではAPIアクセスキーに対して次の操作ができます。

- 「表示」リンクをクリックすると現在のAPIアクセスキーが表示されます。
- 「リセット」リンクをクリックすると現在のAPIアクセスキーが破棄され、新しいAPIアクセスキーが作成されます。セキュリティ確保のため定期的にAPIアクセスキーを変更したいときや他人にAPIアクセスキーが漏洩したときなどに使用します。

NOTE REST APIについての詳細は15.1節「REST API」を参照してください。

17.4 プロジェクトの設定

プロジェクトを開いた状態でプロジェクトメニューの**設定**をクリックすると、そのプロジェクトに関する設定を行う画面が表示されます。この画面は**設定**内の各タブのうちのいずれか1つ以上の管理権限があるユーザーにのみ表示されます。

17.4.1 プロジェクト

プロジェクト名、説明などプロジェクトに関する基本的な情報の設定を行います。

図17.10 「設定」→「プロジェクト」タブ

▼ **表17.9** 「設定」→「プロジェクト」タブの表示項目

名称	説明
名称	プロジェクトの名前です。ここで設定した名前がプロジェクトセレクタや各画面の左上などに表示されます。
説明	プロジェクトについての簡単な説明です。「概要」画面、「プロジェクト」画面などで表示されます。
識別子	URLの一部などに使用されるプロジェクト識別子が表示されます。識別子は新たにプロジェクトを作成するときのみ指定可能です。後で変更することはできません。
ホームページ	プロジェクトに関連するWebサイトがあればURLを入力します。「概要」画面で表示されます。
公開	チェックボックスをONにすると公開プロジェクトになります。公開プロジェクトは、メンバーとして追加されていないユーザーもプロジェクトの情報を閲覧できます。 「管理」→「設定」→「認証」画面で「認証が必要」を「いいえ(匿名ユーザーに公開プロジェクトへのアクセスを許可)」にしている場合は、ログインしていない状態でもプロジェクトを閲覧できます。
親プロジェクト名	作成済みのプロジェクトのサブプロジェクトとして新しく作成する場合に選択します。
メンバーを継承	親プロジェクトのメンバーを子プロジェクトで継承できる設定です。ONにすると親プロジェクトのメンバーがこのプロジェクトにもアクセスできるようになります。
モジュール	プロジェクトで使用する機能を選択します。デフォルトでは「管理」→「設定」画面内「プロジェクト」タブ(17.5.16)の「新規プロジェクトにおいてデフォルトで有効になるモジュール」でONに設定されている機能がONになっています。利用予定のない機能をOFFにして利用者の混乱を防いだり、運用方針上使ってほしくない機能を隠したりできます。 プラグインによってはこの画面に新たなモジュールを追加するものもあります。そのようなプラグインは、プラグインの機能を利用するかどうかをプロジェクトごとにこの画面で設定できます。

17.4.2 メンバー

プロジェクトのメンバーとなっているユーザーおよびグループ、そしてそのロールを表示します。メンバーの追加や削除はこの画面から行います。

非公開プロジェクトにおいては、Redmine上のユーザーのうち、プロジェクトのメンバーとして追加されているユーザーがそのプロジェクトにアクセスできます(**非メンバー**ロールと**匿名ユーザー**ロールの権限設定によっては例外あり)。

＋ 概要 活動 ロードマップ チケット カレンダー ニュース Wiki 設定

設定

プロジェクト メンバー チケットトラッキング バージョン チケットのカテゴリ フォーラム

新しいメンバー　管理

ユーザー / グループ	ロール		
前田 剛	管理者, スタッフ	編集	削除
坂本 想	管理者, スタッフ	編集	削除
岩石 睦	管理者, スタッフ	編集	削除
吉岡 隆行	スタッフ	編集	削除
杠 朋美	スタッフ	編集	削除
石倉 淳一	スタッフ	編集	削除

▲ **図17.11**「設定」→「メンバー」タブ

▶メンバーの追加

画面左上の**新しいメンバー**をクリックするとメンバーを追加するためのダイアログが表示されます。メンバーに追加したいユーザーまたはグループを選択し、次にそのユーザーまたはグループをプロジェクトにどのロールで参加させるのか選択して**追加**ボタンをクリックしてください。

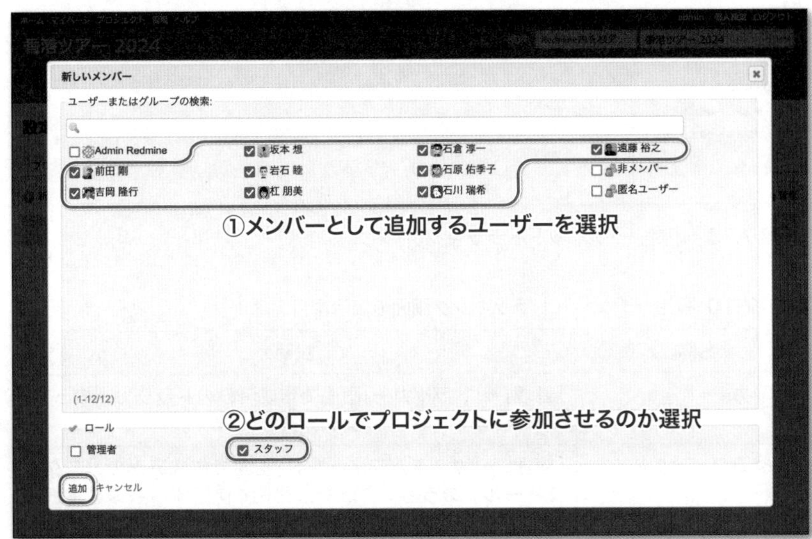

▲ **図17.12** メンバーの追加

NOTE　メンバーの追加方法の詳細は6.8節「プロジェクトへのメンバーの追加」で解説しています。

17 リファレンス

> **NOTE**
> プロジェクトにはユーザーだけでなくグループもメンバーとして追加することができます。グループは複数のユーザーを組織や役職などでまとめるために使われます。グループ単位でメンバーを追加することで、多数のユーザーをまとめてメンバーにできます。
> グループをメンバーに追加することの考え方やメリットは6.9節「グループを利用したメンバー管理」で解説しています。

17.4.3 チケットトラッキング

プロジェクトで使用するトラッカー、カスタムフィールドなどの設定を行います。

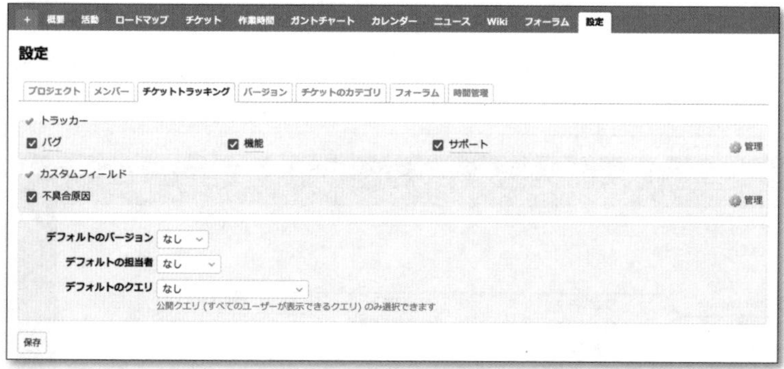

図17.13 「設定」→「チケットトラッキング」タブ

表17.10 設定→チケットトラッキング画面の表示項目

名称	説明
トラッカー	「管理」→「トラッカー」画面で作成済みのトラッカーのうち、プロジェクトで使用するものを選択します。
カスタムフィールド	「管理」→「カスタムフィールド」画面で作成済みのカスタムフィールドのうち、プロジェクトで使用するものを選択します。 この項目は作成済みのカスタムフィールドがある場合のみ表示されます。
デフォルトのバージョン	チケットを作成するときにデフォルトで選択されるバージョンを設定します。
デフォルトの担当者	チケットを作成するときにデフォルトで選択される担当者を設定します。デフォルトの担当者を設定しておくと、担当者を選択せずにチケットを作成したときに自動で担当者が割り当てられます。

デフォルトのクエリ	チケット一覧画面でデフォルトで適用するカスタムクエリを設定します。詳細は9.2.3「デフォルトクエリ」を参照してください。

17.4.4 バージョン

ロードマップ画面などで一覧表示されるバージョンの新規作成、編集、削除を行います。

図17.14 「設定」→「バージョン」タブ

> **NOTE** バージョンの使い方の詳細は11.4節「ロードマップ画面によるマイルストーンごとのタスクと進捗の把握」で解説しています。

▶バージョンの作成・編集

新たにバージョンを作成するには画面左上の**新しいバージョン**をクリックしてください。既存のバージョンを編集するには、編集したいバージョンの右側に表示されている**編集**をクリックしてください。バージョンの作成・編集を行うための画面が表示されます。

図17.15 バージョンの編集画面

▼ **表17.11** バージョンの作成・編集画面の入力項目

名称	説明
名称	バージョンの名称です。「ロードマップ」画面などに表示されます。
説明	このバージョンに対する説明です。「ロードマップ」画面などに表示されます。
ステータス（編集画面のみ）	バージョンの状態を「進行中」「ロック中」「終了」から選択します。バージョンの状態についての詳細は表17.12を参照してください。
Wikiページ	バージョンについての説明を記述したWikiページの名称です。「ロードマップ」画面にここで指定したWikiページの内容も一緒に表示されます。「説明」で書ききれない詳細情報を記載するのに使います。
期日	このバージョンがリリースされるべき期日です。バージョンに関連づけられた全チケットはこの日までに完了すべきです。
共有	親プロジェクトやサブプロジェクトでこのバージョンを共有するかどうか選択します。バージョンの共有単位についての詳細は表17.13と図17.16を参照してください。
デフォルトのバージョン（作成画面のみ）	チケットを作成するときにデフォルトで選択したい場合はONに設定します。

▼ **表17.12** バージョンの状態

状態	説明
進行中	チケットを割り当てることができます。
ロック中	チケットを新たにバージョンに割り当てることができません。
終了	チケットを割り当てることができず、さらにロードマップ画面にも表示されなくなります。

▼ **表17.13** バージョンの共有単位

共有単位	説明
共有しない	このプロジェクトだけでバージョンを使用します。
サブプロジェクト単位	このプロジェクトと子孫プロジェクトとの間で共有します。
プロジェクト階層単位	「サブプロジェクト単位」の範囲に加えて、親プロジェクトなど上位階層のプロジェクトも共有範囲とします。
プロジェクトツリー単位	最上位の親プロジェクトとそのすべての子孫プロジェクトを共有範囲とします。
すべてのプロジェクト	すべてのプロジェクトでバージョンを使用します。

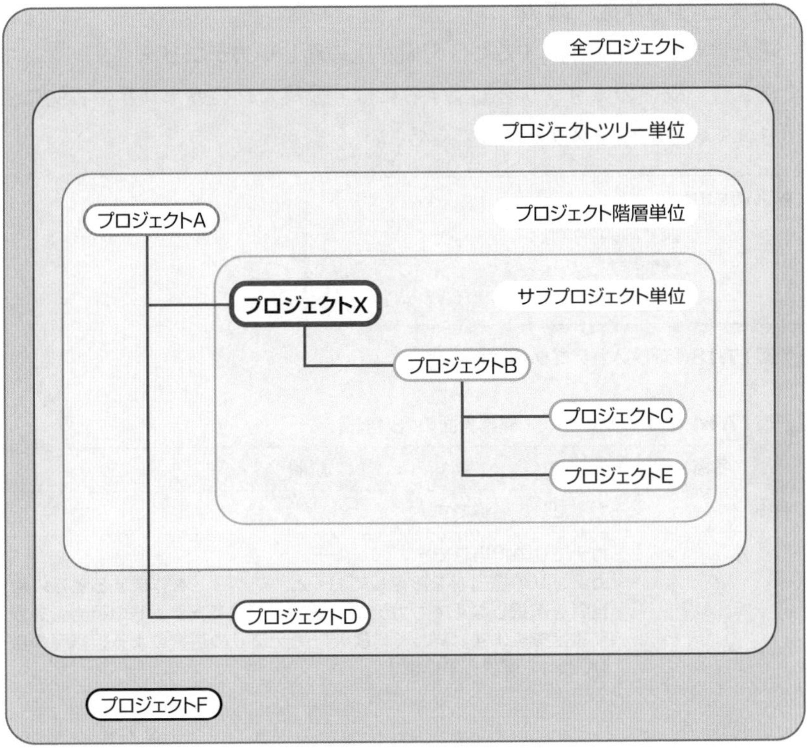

全プロジェクト
プロジェクトツリー単位
プロジェクト階層単位
サブプロジェクト単位
プロジェクトA
プロジェクトX
プロジェクトB
プロジェクトC
プロジェクトE
プロジェクトD
プロジェクトF

図17.16 バージョンの共有範囲（現在のプロジェクトが「プロジェクトX」の場合）

17.4.5 チケットのカテゴリ

チケットを分類するためのカテゴリの新規作成、編集、削除を行います。

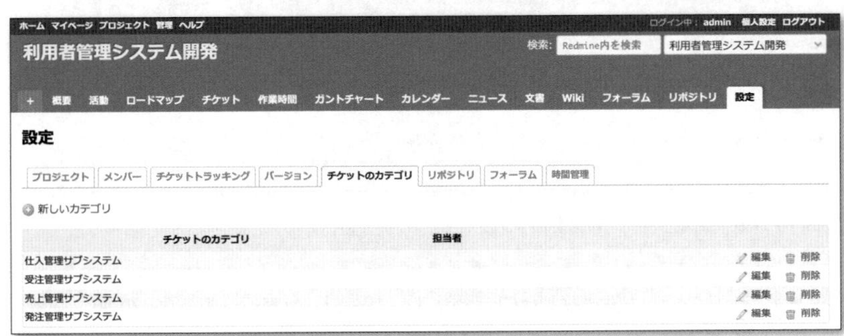

図17.17 「設定」→「チケットのカテゴリ」タブ

▶カテゴリの作成・編集

新たにカテゴリを作成するには画面左上の**新しいカテゴリ**をクリックしてください。既存のカテゴリを編集するには、編集したいカテゴリの右側に表示されている**編集**をクリックしてください。

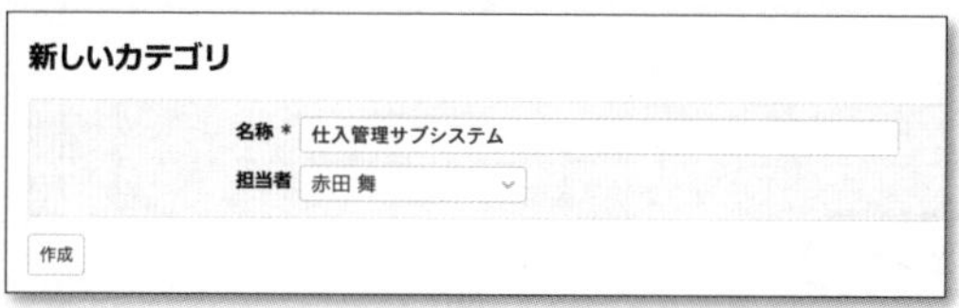

図17.18「新しいカテゴリ」画面

表17.14 カテゴリの作成・編集画面の入力項目

名称	説明
名称	カテゴリの名称です。
担当者	カテゴリの担当者です。 カテゴリの担当者を設定しておくと、チケットを作成するときに担当者を選択しなくてもカテゴリを選ぶだけでチケットの担当者を自動設定できます。詳しくは8.4.1「カテゴリの選択による担当者の自動設定」で解説しています。

17.4.6 リポジトリ

GitやSubversionなどのバージョン管理システムとの連係設定を行うための画面です。リポジトリの設定を行うと、チケットとリポジトリ上のリビジョンとの関連づけやリポジトリブラウザの利用ができるようになります。

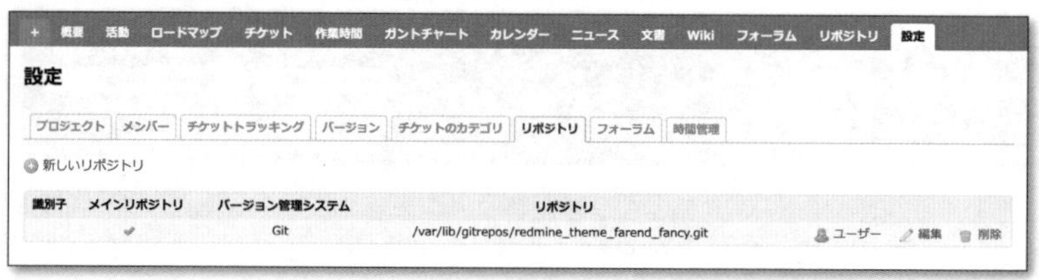

図17.19「設定」→「リポジトリ」タブ

> **NOTE**
> リポジトリの設定方法の詳細はChapter 14「バージョン管理システムとの連係」を参照してください。

17.4.7 フォーラム

フォーラムの新規作成、編集、削除を行うための画面です。

NOTE フォーラムの利用・設定の詳細は12.5節「フォーラム」を参照してください。

17.4.8 作業分類(時間管理)

このプロジェクトで使用する作業分類を設定できます。作業時間を入力するときの**作業分類**の選択肢には、**管理→選択肢の値**画面内の**作業分類(時間管理)**に登録されている値のうち、ここで**有効**に設定されているものが表示されます。

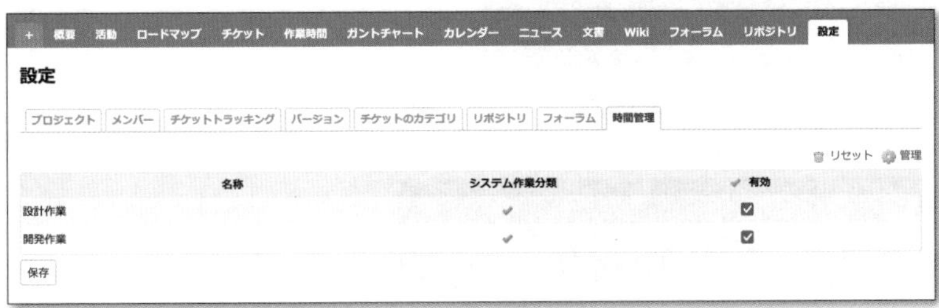

図17.20 作業分類(時間管理)

NOTE 作業時間の詳細は11.6節「工数管理」を参照してください。

17.5 管理機能

プロジェクトやユーザーの作成、全般的な設定など、Redmine全体に関わる管理を行います。

Redmineのシステム管理者権限を持っているユーザー(デフォルトではadmin)のみがトップメニューの**管理**からアクセスできます。

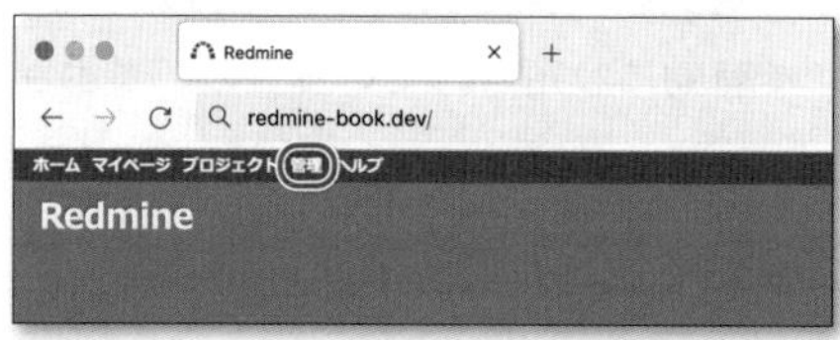

図17.21 トップメニューの「管理」

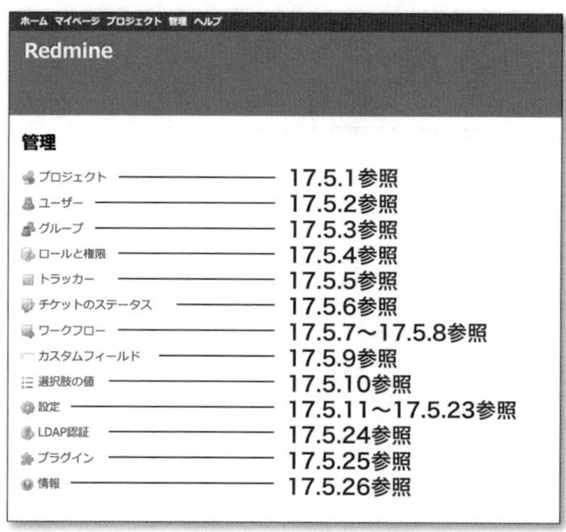

図17.22「管理」画面

17.5.1 プロジェクト

新しいプロジェクトの作成や、既存プロジェクトの設定変更・削除などを行います。

▶プロジェクト一覧

管理画面で**プロジェクト**をクリックするとプロジェクトの一覧が表示されます。プロジェクトに関する操作はこの画面を起点に行います。

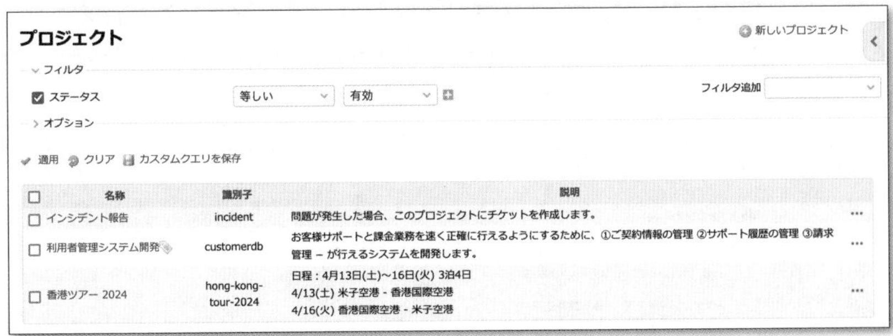

△ **図17.23** プロジェクト一覧画面

表示されるプロジェクトの一覧は**フィルタ**により絞り込まれていて、デフォルトでは**ステータス**フィルタで「有効」が適用されています。このフィルタの動作は表17.15のとおりです。

▼ **表17.15** プロジェクト一覧画面の「ステータス」フィルタの動作

ステータス	説明
有効	現在利用可能なプロジェクトが表示されます。プロジェクト一覧画面を開いた直後は「有効」が選択されています。
終了	「終了」状態のプロジェクトが表示されます。この状態のプロジェクトは、情報の参照はできますが更新を行うことはできません。
アーカイブ	「アーカイブ」状態のプロジェクトが表示されます。この状態のプロジェクトは、プロジェクトセレクタなどほかの画面には一切表示されず情報の参照・更新を行うこともできません。
削除処理待ち	削除処理中のプロジェクトが表示されます。サブプロジェクトがある親プロジェクトなどは削除に時間がかかることがあります。削除処理が完了したら、削除を実行したユーザーに通知メールが送信されます。

NOTE プロジェクトを「終了」状態にするには、「プロジェクトの終了/再開」権限を持つユーザーでログインしてプロジェクトの「概要」画面右上「…」→の「終了」をクリックしてください。

新しいプロジェクトの作成

画面右上の**新しいプロジェクト**をクリックすると、新たなプロジェクトを作成するための画面が表示されます。

新しいプロジェクト画面ではプロジェクトの設定の一部のみが行えます。メンバーの追加、リポジトリの設定などはプロジェクトの編集画面で行ってください。

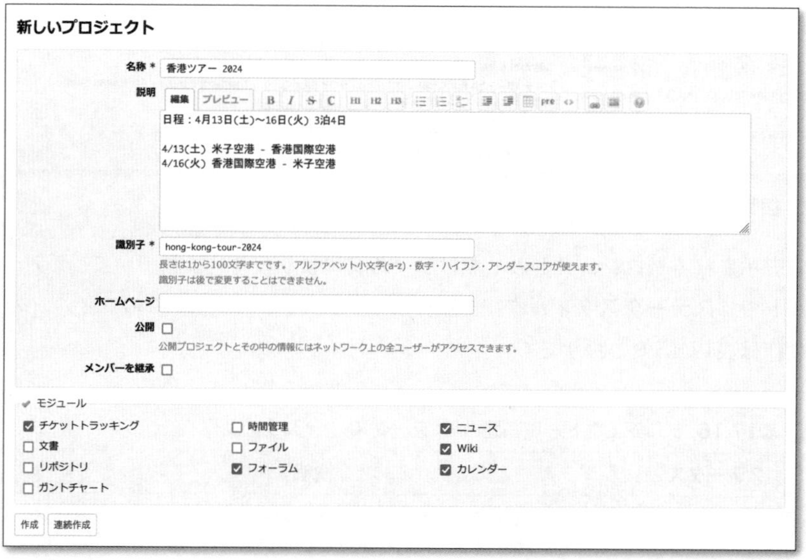

図17.24 「新しいプロジェクト」画面

表17.16 「新しいプロジェクト」画面の入力項目

名称	説明
名称	プロジェクトの名前です。プロジェクトセレクタなどの表示に使われます。
説明	プロジェクトについての簡単な説明です。プロジェクトの「概要」画面などで表示されます。

識別子	全てのプロジェクトの中で一意なプロジェクト識別子です。URLの一部などに使われます。プロジェクト作成後は識別子を変更することはできません。
ホームページ	プロジェクトに関連するWebサイトのURLを入力します。「概要」画面で表示されます。
公開	チェックボックスをONにすると公開プロジェクトになります。公開プロジェクトは、プロジェクトのメンバーではないユーザーも情報を閲覧できます。 この項目のデフォルト値はONですが、「管理」→「設定」→「プロジェクト」画面で「デフォルトで新しいプロジェクトは公開にする」をOFFにすることで、デフォルト値をOFFにすることができます。
親プロジェクト名	プロジェクトを既存のプロジェクトの子プロジェクトとして作成するとき、親とするプロジェクトを選択します。
メンバーを継承	ONにすると、親プロジェクトのメンバーはこのプロジェクトにメンバーとして追加されていなくても親プロジェクトにおけるロールでアクセスできます。
モジュール	プロジェクトで使用する機能を選択します。当面利用する予定がない機能は利用者の混乱を防ぐためOFFにしておくことをおすすめします。

NOTE プロジェクトの作成手順の詳細は6.7節「プロジェクトの作成」で解説しています。

▶プロジェクトの編集

プロジェクト一覧画面でプロジェクト名をクリックして、プロジェクトメニューの一番右にある**設定**をクリックすると、プロジェクトの名前の変更や設定変更が行える編集画面が表示されます。ここではプロジェクトに関するすべての設定が行えます。

NOTE プロジェクトの編集画面の詳細は17.4節「プロジェクトの設定」で解説しています。

▶プロジェクトのアーカイブ

プロジェクト一覧画面で「…」→**アーカイブ**をクリックすると、全ユーザーからそのプロジェクトが見えなくなります。更新することも、参照することもなくなったけれどデータは残しておきたいプロジェクトを保管するために使用します。

アーカイブしたプロジェクトを元の状態に戻すには、プロジェクト一覧画面の**フィルタ**内の**ステータス**で**アーカイブ**を選択して**適用**をクリックしてアーカイブ状態のプロジェクトを表示させてから「…」→**アーカイブ解除**をクリックします。

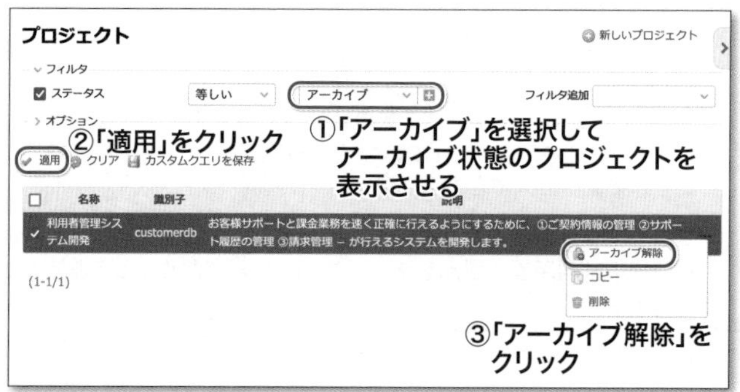

△ **図17.25** プロジェクトのアーカイブ解除

> **NOTE** アーカイブと似たような機能にプロジェクトの「終了」がありますが、「終了」は読み取り専用にするだけで引き続きプロジェクトの参照は可能である点が異なります。

> **NOTE** プロジェクトの「終了」「アーカイブ」の詳細は、6.10節「プロジェクトの終了とアーカイブ」で解説しています。

▶プロジェクトのコピー

プロジェクト一覧画面で「…」→**コピー**をクリックすると、既存のプロジェクトを雛形として新しいプロジェクトを作成することができます。新規のプロジェクトを作成する際に、必ず使用する定型的なチケットやバージョンをあらかじめ作成した雛形プロジェクトをコピーするようにすれば、新しいプロジェクトを立ち上げる時の作業を省力化できます。

▶プロジェクトの削除

プロジェクト一覧画面で「…」→**削除**をクリックするとプロジェクトとプロジェクト内の全データが削除されます。プロジェクトを削除すると元に戻すことはできません。

17.5.2 ユーザー

新しいユーザーの作成や、既存ユーザーの設定変更・ロックなどを行います。

▶ユーザー一覧画面

管理画面で**ユーザー**をクリックするとユーザー一覧画面が表示されます。

△ **図17.26** ユーザー一覧画面

表示されるユーザーの一覧は「フィルタ」により絞り込まれていて、デフォルトでは**ステータス**フィルタで「有効」が適用されています。このフィルタの動作は表17.17のとおりです。

▽ **表17.17** ユーザー一覧画面の「ステータス」フィルタの動作

ステータス	説明
有効	現在ログイン可能なユーザー(ステータスが「登録」または「ロック中」でないもの)が表示されます。ユーザー一覧画面を開いた直後は「有効」が選択されています。
登録	ユーザーによるアカウント登録(「管理」→「設定」→「認証」)を許可している場合に、登録の申請が行われたものの管理者による有効化がまだ行われていないアカウントが表示されます。
ロック中	ロックされているアカウントが表示されます。

▶新しいユーザーの作成

画面右上の**新しいユーザー**をクリックすると、新たなユーザーを作成するための画面が表示されます。

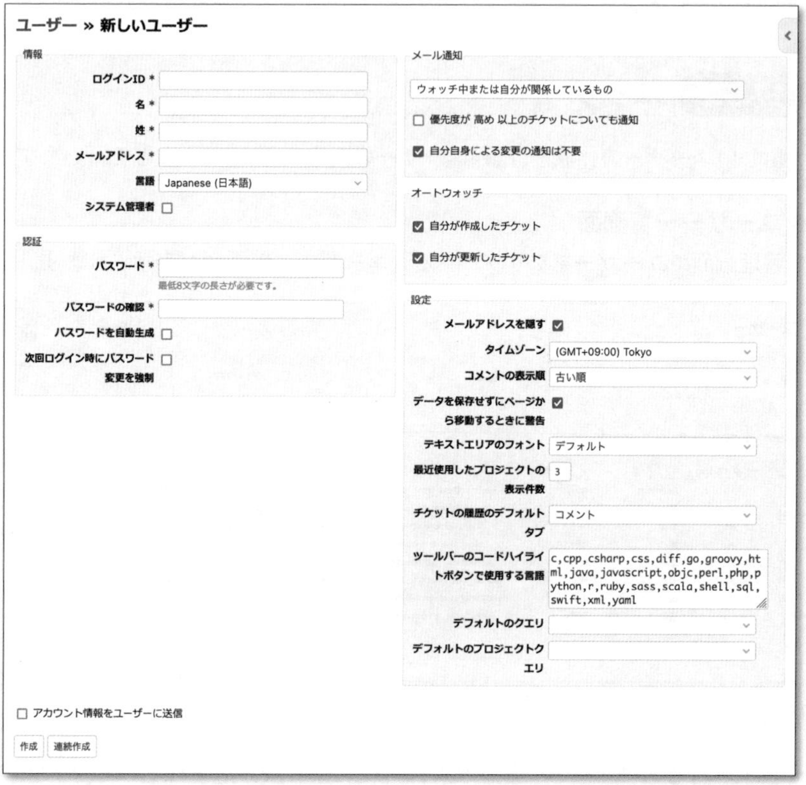

ユーザー » 新しいユーザー

情報
ログインID *
名 *
姓 *
メールアドレス *
言語 Japanese (日本語)
システム管理者

認証
パスワード *
最低8文字の長さが必要です。
パスワードの確認 *
パスワードを自動生成
次回ログイン時にパスワード変更を強制

メール通知
ウォッチ中または自分が関係しているもの
優先度が 高め 以上のチケットについても通知
自分自身による変更の通知は不要

オートウォッチ
自分が作成したチケット
自分が更新したチケット

設定
メールアドレスを隠す
タイムゾーン (GMT+09:00) Tokyo
コメントの表示順 古い順
データを保存せずにページから移動するときに警告
テキストエリアのフォント デフォルト
最近使用したプロジェクトの表示件数 3
チケットの履歴のデフォルトタブ コメント
ツールバーのコードハイライトボタンで使用する言語 c,cpp,csharp,css,diff,go,groovy,html,java,javascript,objc,perl,php,python,r,ruby,sass,scala,shell,sql,swift,xml,yaml
デフォルトのクエリ
デフォルトのプロジェクトクエリ

アカウント情報をユーザーに送信
作成　連続作成

▲ **図17.27**「新しいユーザー」画面

NOTE　新しいユーザーの作成手順と「新しいユーザー」画面の詳細は6.2節「ユーザーの作成」で解説しています。

▶ユーザーの編集

ユーザー一覧画面でログインID列の情報をクリックすると、ユーザーの情報の変更やプロジェクトのメンバーとして追加するなどの操作を行う画面に移動します。この画面には**全般**、**グループ**、**プロジェクト**の3つのタブがあります。

全般タブではユーザーのログインID、氏名、メールアドレス、パスワードなどユーザーの新規作成時に入力した情報の編集が行えます。

図17.28 ユーザーの編集画面（「全般」タブ）

グループタブではユーザーが所属するグループの追加や変更ができます。

ユーザー » akada

プロフィール　メールアドレス　ロック　削除

全般　グループ　プロジェクト

☑ ECサイト開発チーム　☐ インフラチーム

すべてにチェックをつける | すべてのチェックを外す

保存

図17.29 ユーザーの編集画面（「グループ」タブ）

プロジェクトタブではユーザーがメンバーとして参加するプロジェクトの追加や変更ができます。

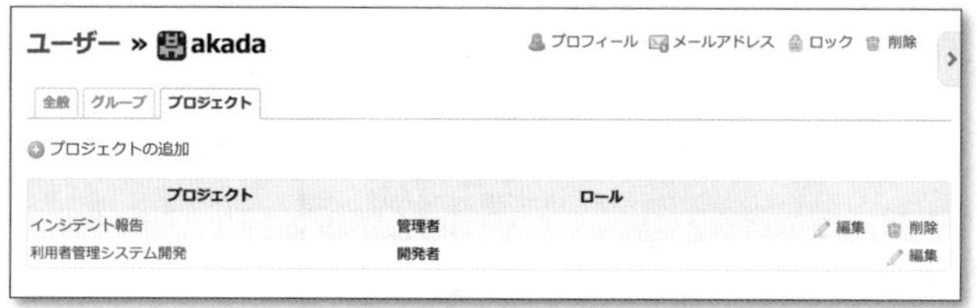

図17.30 ユーザーの編集画面(「プロジェクト」タブ)

ユーザーのロック

ユーザー一覧画面で「…」→**ロック**を行うと、そのユーザーはRedmineにログインできなくなります。また、プロジェクトのメンバー一覧にも表示されなくなります。

異動や退職などでそのユーザーをRedmineにアクセスさせないようにするには、**削除**ではなく**ロック**を使用します。

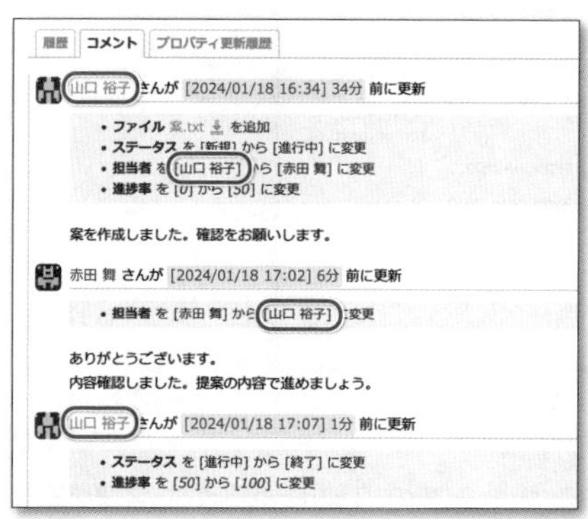

図17.31 ロックされたユーザーの名前はグレーで表示される

ユーザーの削除

ユーザー一覧画面で「…」→**削除**を行うと、ユーザーが削除されます。ユーザーを削除すると元に戻すことはできません。

WARNING

ユーザーを削除すると、それまでそのユーザーが作成・更新した情報は作成者・更新者が「匿名ユーザー」になってしまい、誰が作成・更新したのか分からなくなってしまいます。
特別な理由がない限り削除ではなくロックを行うことをお勧めします。

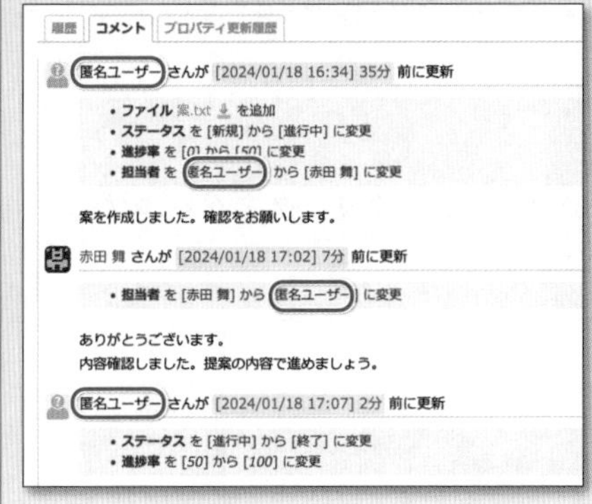

17.5.3 グループ

グループの作成、グループへのユーザーの追加などを行います。

グループとは複数のユーザーをまとめて扱うためのものです。グループを利用することで、多数のユーザーをグループ単位でまとめてプロジェクトのメンバーとしたり、チケットの担当者をグループに割り当てたりできます。

グループを構成するユーザーを変更するとそのグループを参照しているプロジェクトのメンバーもあわせて変更されるので、特に多数のプロジェクトを利用している場合などに人事異動などへの対応が容易になります。

グループ 新しいグループ

フィルタ
グループ: [ ] 適用 クリア

グループ	ユーザー	
ECサイト開発チーム	4	削除
インフラチーム	0	削除
匿名ユーザー		
非メンバー		

図17.32 グループ一覧画面

NOTE

グループによるメンバー管理の詳細は6.9節「グループを利用したメンバー管理」で解説しています。

17 リファレンス

NOTE

「匿名ユーザー」と「非メンバー」はRedmineの組み込みグループです。「匿名ユーザー」はログインしていないユーザーを、「非メンバー」はログインしているがメンバーには追加されていないユーザーを表します。公開プロジェクトにおいてこれらのグループをメンバーとすることで、非メンバーや匿名ユーザーがプロジェクトにアクセスするときにどのロールでアクセスさせるのか制御できます。

▶新しいグループの作成

グループ一覧画面の右上の**新しいグループ**をクリックすると、新たなグループを作成するための画面が表示されます。

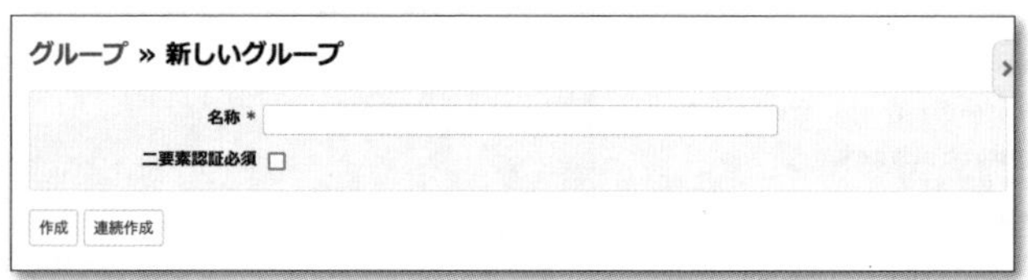

図17.33「新しいグループ」画面

▶グループの編集

グループ一覧画面でグループ名をクリックすると、グループの名称の変更、グループへのユーザーの追加、グループをプロジェクトに参加させるなどの設定を行う画面に移動します。この画面には**全般**、**ユーザー**、**プロジェクト**の3つのタブがあります。

全般タブではグループの名称の変更、二要素認証の必須の設定が行えます。

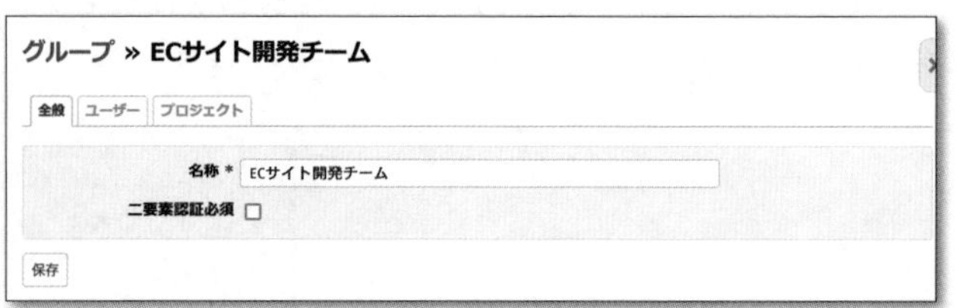

図17.34 グループの編集画面(「全般」タブ)

ユーザータブでは、グループを構成するユーザーの一覧表示、追加・削除が行えます。

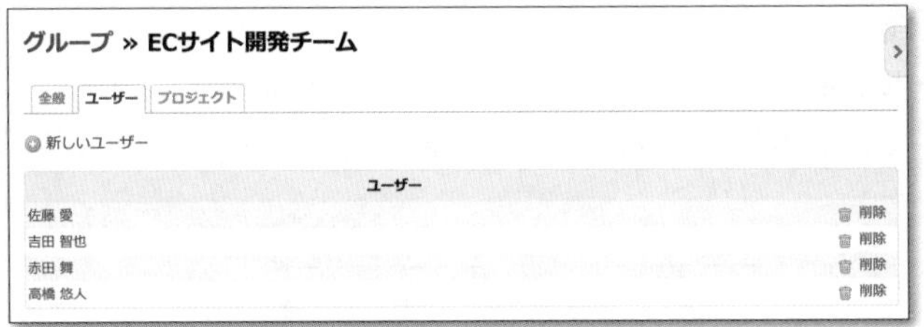

図17.35 グループの編集画面(「ユーザー」タブ)

プロジェクトタブでは、そのグループがメンバーとなっているプロジェクトの一覧表示、追加・削除・ロールの変更ができます。

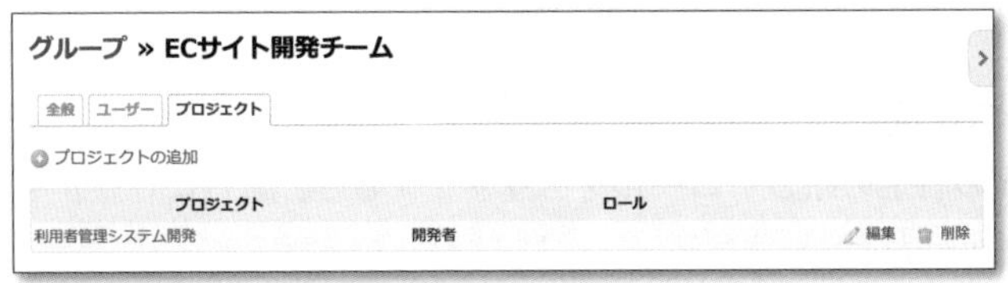

図17.36 グループの編集画面(「プロジェクト」タブ)

▶グループの削除

グループ一覧画面で**削除**をクリックするとグループが削除されます。グループを削除すると元に戻すことはできません。

17.5.4 ロールと権限

新しいロールの作成や、既存ロールの設定変更・割り当て権限変更、削除を行います。

ロール(role)とはそのまま訳すと役割という意味で、Redmineにおいてはメンバーがプロジェクトでどのような操作を許可するのか定義するものです。1つのロールではRedmine上の70個以上の権限の有無がまとめて定義されています。ユーザーをプロジェクトのメンバーとして追加するときは、必ず1つ以上のロールを指定します。

NOTE ロールについての詳細は6.5節「ロールの設定」で解説しています。

▶ロール一覧画面

管理画面で**ロールと権限**をクリックするとロール一覧画面が表示されます。この画面ではロールの新規作成、既存ロールの編集、削除、並べ替えが行えます。

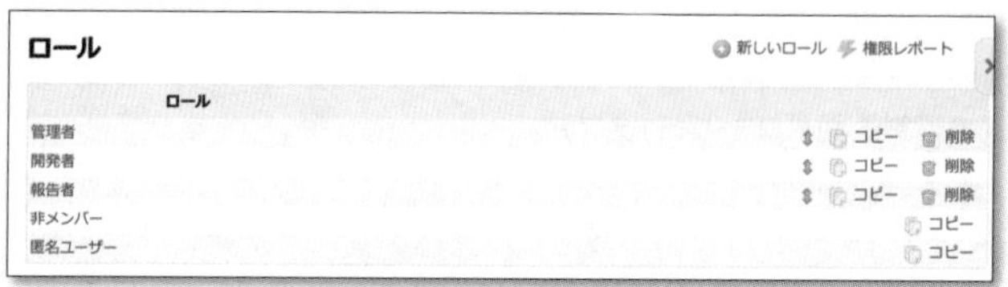

図17.37 ロール一覧画面

▶新しいロールの作成

ロール一覧画面の右上の**新しいロール**をクリックすると、新たなロールを作成するための画面が表示されます。

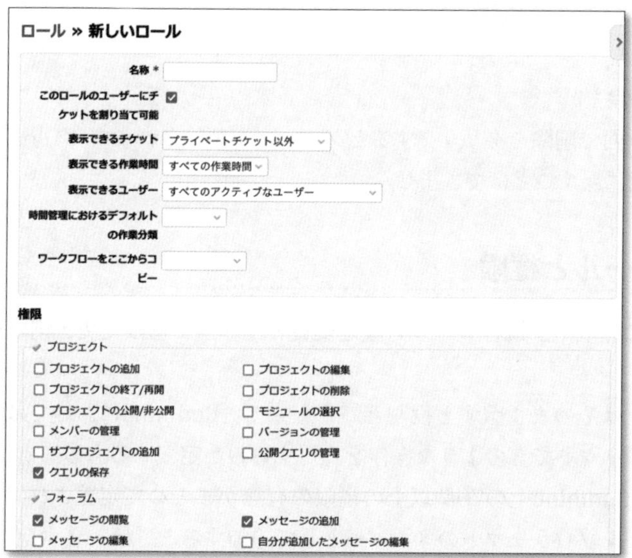

図17.38「新しいロール」画面

表17.18「新しいロール」画面の入力項目

名称	説明
名称	ロールの名称です。
このロールにチケットを割り当て可能	OFFにすると、このロールのメンバーはチケットの担当者にできなくなります。プロジェクトの情報を参照するだけで実際の作業を行わない人をこのロールにしておくとチケットの作成・更新時の担当者の候補に余計なユーザーが表示されず、操作性が向上します。
表示できるチケット	プロジェクト内で閲覧できるチケットの範囲を設定します。 設定できる範囲の詳細は表17.19を参照してください。
表示できる作業時間	プロジェクトの「時間管理」画面で閲覧できる作業時間の範囲を設定します。 設定できる範囲の詳細は表17.20を参照してください。
表示できるユーザー	メンバーにユーザーの存在を見せる範囲を指定します。 設定できる範囲の詳細は表17.21と表17.22に続くNOTEを参照してください。
メンバーの管理	メンバーに割り当てできるロールの範囲を設定します。 設定できる範囲の詳細は表17.22を参照してください。
時間管理におけるデフォルトの作業分類	このロールの時間管理の作業分類のデフォルト値を設定します。「なし」にするとRedmine全体のデフォルト値(「管理」→「選択肢の値」→「作業分類 (時間管理)」)が表示され、Redmine全体でデフォルトを設定していない場合は未選択となります。
ワークフローをここからコピー	ロールの作成と同時に、そのロールに対するワークフローを別のロールのワークフローからコピーして作成できます。 ワークフローとはプロジェクトのメンバーがチケットのステータスをどのように変更できるか定義したもので、ロールとトラッカーの組み合わせ毎に存在します。トラッカーやステータスが多いとワークフローの定義にはかなり手間がかかりますが、既存のロールからワークフローをコピーした上で必要な変更を加えるようにすれば手間を減らせます。
権限	このロールにどの権限を割り当てるのかチェックボックスをONにして選択します。
チケットトラッキング	トラッカーごとにチケットの操作のどの権限を割り当てるのかチェックボックスをONにして選択します。

▼ 表17.19 プロジェクト内で閲覧できるチケットの範囲

範囲	説明
すべてのチケット	他のユーザーが作成したプライベートチケットを含め、プロジェクト内のすべてのチケットを閲覧できます。「管理者」ロールはこの設定です。
プライベートチケット以外	他のユーザーが作成したプライベートチケットは閲覧できませんが、それ以外のプロジェクト内のすべてのチケットを閲覧できます。デフォルトはこの設定です。
作成者か担当者であるチケット	自分が作成したか、自分が担当者であるチケットしか表示されません。閲覧できるチケットが極めて限定された状態です。

▼ 表17.20 プロジェクトの「時間管理」画面で閲覧できる作業時間の範囲

範囲	説明
すべての作業時間	プロジェクトで登録されたすべての作業時間の記録を閲覧できます。デフォルトはこの設定です。
自分の作業時間	自分が登録した作業時間のみ閲覧できます。ほかのメンバーの作業時間の記録が見えるとチケット番号やコメントから実施している作業が推測できますが、それが好ましくないときに使用します。

▼ 表17.21 メンバーにユーザーの存在を見せる範囲

範囲	説明
すべてのアクティブなユーザー	Redmineに登録されているユーザーの情報を閲覧できます。デフォルトはこの設定です。
見ることができるプロジェクトのメンバー	自分が参照できるプロジェクトのメンバーのみ閲覧できます。

▼ 表17.22 メンバーに割り当てできるロールの範囲

範囲	説明
すべてのロール	メンバーにロールを割り当てるときにすべてのロールを選択できます。
次のロールのみ	選択したロールのみをメンバーに割り当てできます。

NOTE

Redmineにログイン済みのユーザーは任意のユーザーのプロフィール画面(http://ホスト名/users/番号/)にアクセスでき、氏名やメンバーとなっているプロジェクトなどの情報を見ることができます。これを防ぎたい場合はRedmine上のすべてのロールで「表示できるユーザー」を「見ることができるプロジェクトのメンバー」に変更してください。

▶ロールの編集

ロール一覧画面でロール名をクリックするとロールの名前の変更や権限割当を行う画面が表示されます。

NOTE

ロールに対する権限の割り当ては後述の「権限レポート」でも行えます。権限レポートでは複数のロールに対して一括で権限の変更ができます。

▶ロールの削除

ロール一覧画面で「削除」をクリックするとロールが削除されます。ロールを削除すると元に戻すことはできません。

▶権限レポートの表示

ロール一覧画面の右上にある**権限レポート**をクリックすると、すべての権限とすべてのロールの組み合わせを示す表「権限レポート」が表示されます。この画面で権限の変更も行うことができます。

権限の変更はこの画面でもロールの編集画面でも行えますが、**権限レポート**では他のロールでの権限の割り当て状況を参照しながら設定変更したり複数のロールの権限をまとめて変更したりできます。

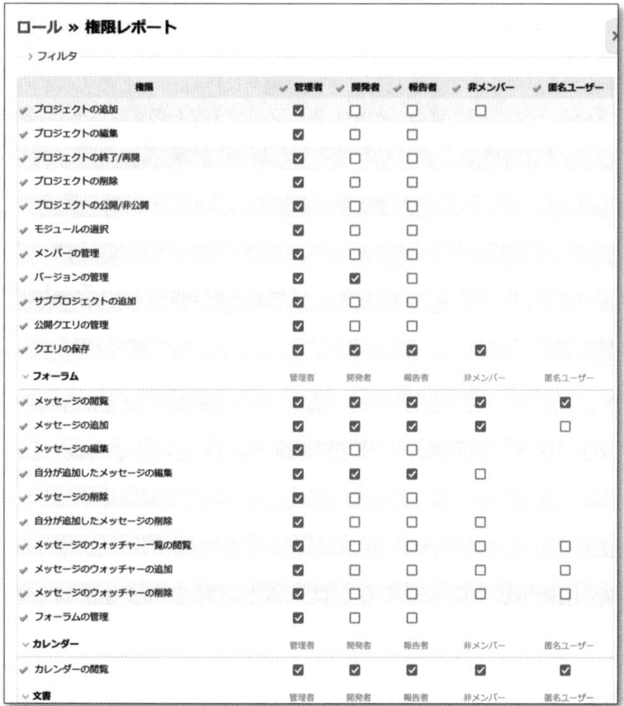

ロール » 権限レポート

› フィルタ

権限	管理者	開発者	報告者	非メンバー	匿名ユーザー
プロジェクトの追加	☑	☐	☐	☐	
プロジェクトの編集	☑	☐	☐		
プロジェクトの終了/再開	☑	☐	☐		
プロジェクトの削除	☑	☐	☐		
プロジェクトの公開/非公開	☑	☐	☐		
モジュールの選択	☑	☐	☐		
メンバーの管理	☑	☐	☐		
バージョンの管理	☑	☑	☐		
サブプロジェクトの追加	☑	☐	☐		
公開クエリの管理	☑	☐	☐		
クエリの保存	☑	☑	☑	☑	
フォーラム	管理者	開発者	報告者	非メンバー	匿名ユーザー
メッセージの閲覧	☑	☑	☑	☑	☑
メッセージの追加	☑	☑	☑	☑	☐
メッセージの編集	☑	☐	☐		
自分が追加したメッセージの編集	☑	☑	☑	☐	
メッセージの削除	☑	☐	☐		
自分が追加したメッセージの削除	☑	☐	☐	☐	
メッセージのウォッチャー一覧の閲覧	☑	☐	☐	☐	☐
メッセージのウォッチャーの追加	☑	☐	☐	☐	☐
メッセージのウォッチャーの削除	☑	☐	☐	☐	☐
フォーラムの管理	☑	☐	☐		
カレンダー	管理者	開発者	報告者	非メンバー	匿名ユーザー
カレンダーの閲覧	☑	☑	☑	☑	☑
文書	管理者	開発者	報告者	非メンバー	匿名ユーザー

▲ **図17.39** 権限レポート

17.5.5 トラッカー

トラッカーはチケットの種別を定義するものです。さらに、次の3つの役割も持っています。

- 使用する標準フィールド・カスタムフィールドの種類の定義
- ワークフローの定義
- フィールドの権限の定義

NOTE トラッカーの3つの役割の詳細は6.4.1「トラッカーの役割」で解説しています。

NOTE デフォルトで定義されているトラッカー「バグ」「機能」「サポート」の意味は6.4節「トラッカー(チケットの種別)の設定」で解説しています。

トラッカー一覧画面

管理画面で**トラッカー**をクリックするとトラッカー一覧画面に移動します。トラッカーの新規作成、既存トラッカーの編集、削除が行えます。

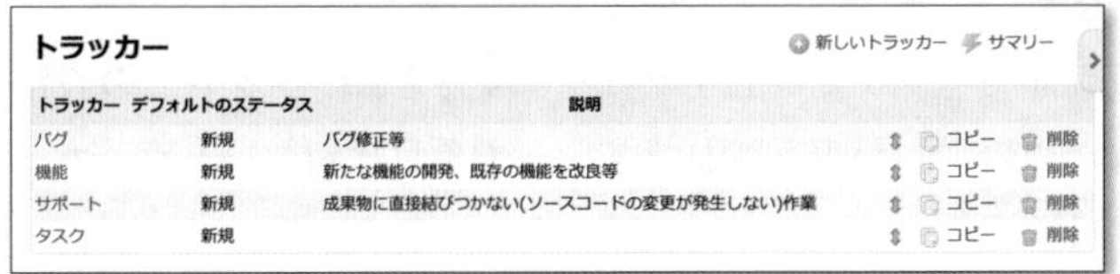

図17.40 トラッカー一覧画面

新しいトラッカーの作成

トラッカー一覧画面で右上の**新しいトラッカー**をクリックすると、**新しいトラッカー**画面に移動します。

> **WARNING**
>
> 新たにトラッカーを作成したら、そのトラッカーに対するワークフローの定義も必要です。ワークフローの定義を行わないと、そのトラッカーのチケットはステータスをデフォルトの値から変更できません。
> ワークフローをトラッカーに対して定義するには、トラッカーを作成するときに「ワークフローをここからコピー」で既存のトラッカーのワークフローをコピーするか、「ワークフロー」画面で設定します。
> ワークフローについての詳細は6.6節「ワークフローの設定」で解説しています。

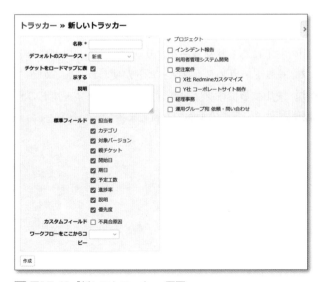

トラッカー » 新しいトラッカー
名称 *
デフォルトのステータス * 新規
チケットをロードマップに表示する
説明
標準フィールド 担当者 カテゴリ 対象バージョン 親チケット 開始日 期日 予定工数 進捗率 説明 優先度
カスタムフィールド 不具合原因
ワークフローをここからコピー
作成
プロジェクト
インシデント報告
利用者管理システム開発
受注案件
X社 Redmineカスタマイズ
Y社 コーポレートサイト制作
経理事務
運用グループ宛 依頼・問い合わせ

図17.41「新しいトラッカー」画面

NOTE 「新しいトラッカー」画面の詳細は6.4.2「トラッカーの作成」で解説しています。

▶トラッカーの編集

トラッカー一覧画面でトラッカー名をクリックすると、トラッカーの設定内容の編集を行うための画面が表示されます。入力項目は新しいトラッカーの作成画面とほぼ同じです。

▶トラッカーのコピー

トラッカー一覧画面で**コピー**をクリックすると、そのトラッカーの設定内容が入力された**新しいトラッカー**画面が表示されます。すでに作成済みのトラッカーの設定を参考にしながら作成するのに便利です。

▶トラッカーの削除

トラッカー一覧画面で**削除**をクリックするとそのトラッカーを削除できます。

WARNING そのトラッカーのチケットが存在しているとトラッカーを削除できません。トラッカーを削除する前にそのチケットのトラッカーを別のものに変更し、そのトラッカーを使っているチケットが存在しない状態にしてください。

▶サマリーの表示

トラッカー一覧画面の右下にある**サマリー**をクリックすると、すべてのトラッカーでどの標準フィールド・カスタムフィールドが使われているのかを示す表が表示されます。使用する標準フィールドとカスタムフィールドの設定は、トラッカーの編集画面に加えこの画面でも行えます。

トラッカー » サマリー

	バグ	機能	サポート	タスク
標準フィールド				
担当者	☑	☑	☑	☑
カテゴリ	☑	☑	☑	☐
対象バージョン	☑	☑	☑	☐
親チケット	☑	☑	☑	☐
開始日	☑	☑	☑	☐
期日	☑	☑	☑	☐
予定工数	☑	☑	☑	☐
進捗率	☑	☑	☑	☐
説明	☑	☑	☑	☐
優先度	☑	☑	☑	☐
カスタムフィールド				
不具合原因	☑	☐	☐	☐

保存

図17.42 トラッカーの「サマリー」

17.5.6 チケットのステータス

チケットには現在の状況を端的に表すためのフィールド**ステータス**があります。プロジェクトのメンバーは作業の進捗に応じてステータスを変更します。

デフォルトでは**新規**、**進行中**、**解決**、**フィードバック**、**終了**、**却下**の6個のステータスが定義されています。

> **NOTE** デフォルトで定義されているステータスの詳細は6.3.1「デフォルトのステータス」で解説しています。

ステータスはチームの業務フローにあわせて追加・変更できます。また、ワークフローの設定(**管理→ワークフロー**)により、あるステータスからどのステータスに変更できるのか制限できます。たとえば、ステータス**新規**のチケットは**進行中**か**却下**のどちらかにしか変更できないよう制限したり、ステータス**解決**のチケットを**終了**にできるのを管理者ロールのメンバーに限定したりといった設定が可能です。

▶ステータス一覧画面

管理画面で**チケットのステータス**をクリックするとステータス一覧画面に移動します。この画面ではステータスの新規作成、既存ステータスの編集、削除、並べ替えが行えます。

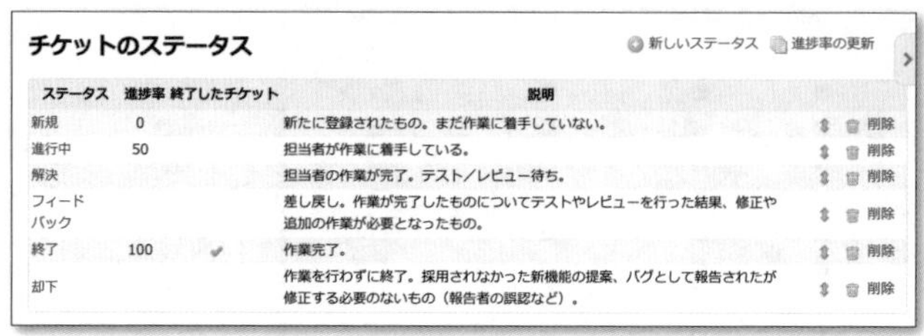

図17.43 ステータス一覧画面

▶新しいステータスの作成

ステータス一覧画面の右上の**新しいステータス**をクリックすると、新たなステータスを作成するための画面が表示されます。

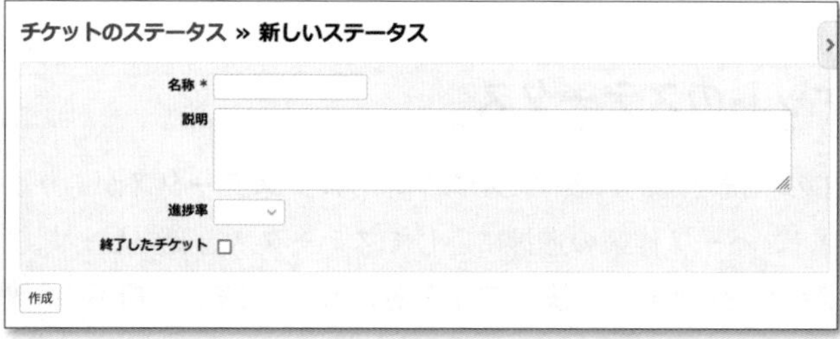

図17.44「新しいステータス」画面

表17.23「新しいステータス」画面の入力項目

名称	説明
名称	ステータスの名称です。
説明	チケットがどのような状態のときにどのステータスに変更するのか入力します。チケット作成画面、編集画面で表示されます。
進捗率	各ステータスの進捗率を設定します。「管理」→「設定」→「チケットトラッキング」の「進捗率の算出方法」を「チケットのステータスに連動」に設定している場合のみ表示されます。詳細は8.10節「チケットの進捗率をステータスに応じて自動更新する」で解説しています。
終了したチケット	ONにすると、このステータスは作業が終了した状態を表すものとして扱われ、チケットの一覧を表示する画面で「完了」に分類されたり、「ロードマップ」画面で「完了」として集計されたりします。 デフォルトでは「終了」と「却下」の2つのステータスが「終了したチケット」に設定されています。

▶ステータスの編集

ステータス一覧画面でステータス名をクリックすると、ステータスの編集を行うための画面が表示されます。入力項目は**新しいステータス**画面と同じです。

> **WARNING**
> ステータスは作成しただけでは利用できません。チケットの「ステータス」欄で使用できるようにするにはワークフローの設定が必要です。ワークフローの設定方法の詳細は6.6節「ワークフローの設定」で解説しています。

17.5.7 ワークフロー》ステータスの遷移タブ

ワークフローは、プロジェクトのメンバーがチケットのステータスをどのように遷移させることができるのかを定義したものです。全メンバーで一律ではなく、ロールとトラッカーの組み合わせごとに細かく定義できます。

> **NOTE**
> ワークフローの詳細は6.6節「ワークフローの設定」で解説しています。

▶ワークフロー画面

管理画面で**ワークフロー**をクリックすると、指定したロールとトラッカーの組み合わせに対するワークフローが編集できる**ステータスの遷移**タブが表示されます。

▲ 図17.45「ワークフロー」画面

▼表17.24「ワークフロー」画面の入力項目

名称	説明
ロール・トラッカー	どのロールとトラッカーの組み合わせに対するワークフローを編集するのか指定します。
このトラッカーで使用中のステータスのみ表示	ONの場合、選択したトラッカーで使われていないステータス(どのロールとの組み合わせのワークフローでもチェックボックスがONになっていないステータス)は表示しません。 新しく作成したステータスを表示するには、このチェックボックスをOFFにしてから「編集」をクリックしてください。

▶ワークフローの編集

「ワークフロー」画面でロールとトラッカーの組み合わせを選択して**編集**ボタンをクリックすると、あるステータスからどのステータスに遷移できるかの組み合わせをチェックボックスで表現した表が表示されます。

NOTE ワークフローの編集方法の詳細は6.6.2「ワークフローのカスタマイズ」で解説しています。

17.5.8 ワークフロー》フィールドに対する権限タブ

ワークフロー画面の**フィールドに対する権限**タブでは、トラッカー・ロール・ステータスごとに担当者や期日などの標準フィールドやカスタムフィールドを必須入力にしたり読み取り専用にしたりできます。チームにおけるRedmineの運用にあわせて特定の項目の入力を強制したり、変更を禁止したりできます。

例えば、次のような運用が実現できます。

- ステータスが「新規」「却下」以外のチケットは担当者の入力を必須とし、作業中のチケットの担当者の設定忘れを防止
- チケットの開始日や期日を管理者ロール以外のメンバーに対して読み取り専用として、メンバーが勝手に変更するのを禁止
- チケットの優先度を管理者ロール以外のユーザーに対して読み取り専用として、メンバーが勝手に変更するのを禁止

ワークフロー

コピー サマリー

ステータスの遷移 | フィールドに対する権限

ワークフローを編集するロールとトラッカーを選んでください:

ロール: 開発者 トラッカー: バグ 編集 ☑ このトラッカーで使用中のステータスのみ表示

	チケットのステータス					
	新規	進行中	解決	フィードバック	終了	却下
∨ 標準フィールド						
プロジェクト *						
トラッカー *						
題名 *						
プライベート *						
担当者		必須	必須	必須		
カテゴリ						
対象バージョン						
親チケット						
開始日						
期日						
予定工数						
進捗率						
説明						
優先度 *	読み取り専用	読み取り専用	読み取り専用	読み取り専用	読み取り専用	読み取り専用
∨ カスタムフィールド						
不具合原因						

図17.46 フィールドに対する権限の設定例

NOTE 「フィールドに対する権限」の設定例は8.6節「フィールドに対する権限で必須入力・読み取り専用の設定をする」で解説しています。

17.5.9 カスタムフィールド

カスタムフィールドを使うと、チケットに標準では用意されていない新たな入力項目を追加したり、作業時間、プロジェクト、ユーザーなどに対して独自の属性を持たせたりすることができます。たとえば次のような使い方ができます。

- Redmineを顧客からの問い合わせを管理するために使用しているケースで、チケットに対して顧客コード、氏名、電話番号を格納するためのテキスト型カスタムフィールドを追加。
- ユーザーに対して、社員番号を格納するためのテキスト型カスタムフィールドを追加。

> **NOTE** カスタムフィールドの詳細は8.8節「カスタムフィールドで独自の情報をチケットに追加」で解説しています。

▶カスタムフィールド一覧画面

管理画面で**カスタムフィールド**をクリックすると、カスタムフィールドの一覧画面が表示されます。カスタムフィールドの新規作成、編集、削除、並び順の変更が行えます。

一覧画面はカスタムフィールドの種類毎にタブで分類されています。

図17.47 カスタムフィールド一覧画面

▶新しいカスタムフィールドの作成

画面右上の**新しいカスタムフィールド**をクリックしてください。カスタムフィールドを追加するオブジェクトを選択する画面が表示されます。追加対象のオブジェクトを選択して**次 》**をクリックしてください。選択したオブジェクトに応じたカスタムフィールドの作成画面が表示されます。

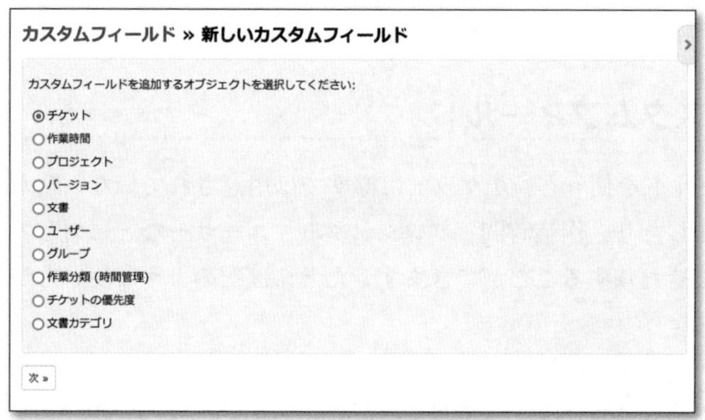

図17.48 カスタムフィールドを作成するオブジェクトの選択

作成画面は選択したオブジェクトにより異なります。図17.49は最も使用頻度が高いと思われるチケットのカスタムフィールドの作成画面です。

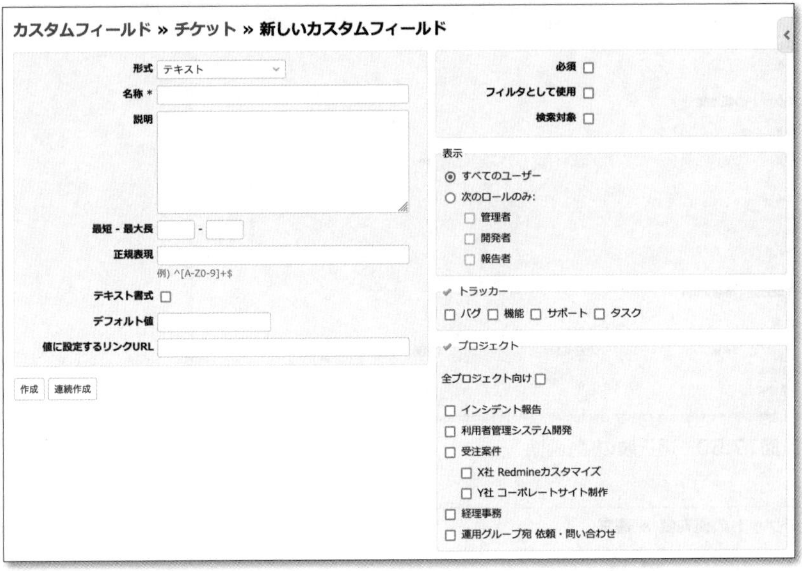

図17.49「新しいカスタムフィールド」画面(チケット)

NOTE

カスタムフィールドの作成手順の詳細は8.8.2「カスタムフィールドの作成」で解説しています。作成画面の入力項目の詳細は表8.5「チケットのカスタムフィールドの主な入力項目」、入力項目「形式」で指定できる項目の詳細は表8.6「指定可能な入力形式」を参照してください。

17.5.10 選択肢の値

Redmineの各機能で表示されるドロップダウンリストボックスのうち、**文書カテゴリ**、**チケットの優先度**、**作業分類 (時間管理)**の値の一覧と並び順が定義されています。値の追加、名称変更、並べ替えが行えます。

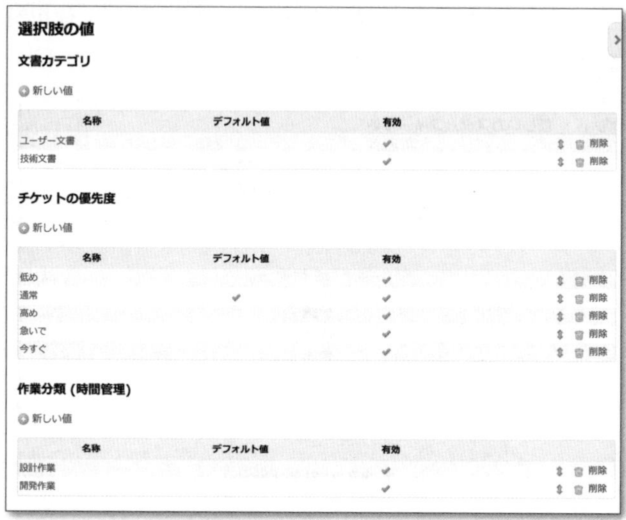

図17.50「選択肢の値」画面

図17.51「選択肢の値」の編集画面

表17.25 選択肢の値の入力項目

名称	説明
名称	画面に表示される名称です。
有効	OFFにすると選択肢に表示されなくなります。値を削除することなく一時的に選択肢に表示させないようにできます。
デフォルト値	選択肢を表示させたとき、この設定がONの値がデフォルトで選択された状態となります。

17.5.11 設定

Redmineのシステム全体にかかわる設定を行います。

管理画面で**設定**をクリックすると**設定**画面に移動します。**設定**画面には次の12個のタブがあります。

- 全般(17.5.12)
- 表示(17.5.13)
- 認証(17.5.14)
- API(17.5.15)
- プロジェクト(17.5.16)
- ユーザー(17.5.17)
- チケットトラッキング(17.5.18)
- 時間管理(17.5.19)
- ファイル(17.5.20)
- メール通知(17.5.21)
- 受信メール(17.5.22)
- リポジトリ(17.5.23)

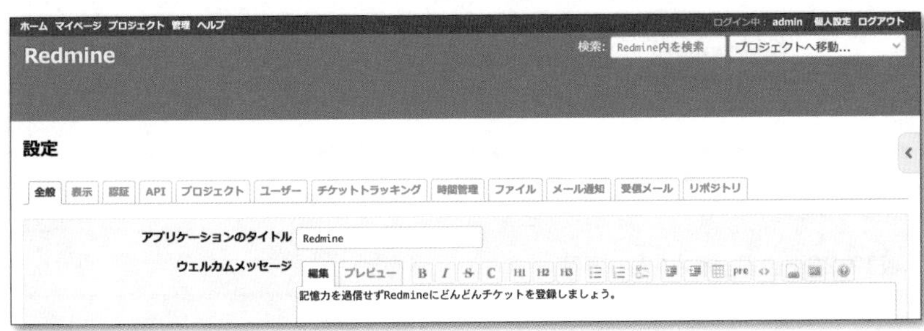

図17.52「設定」画面の12個のタブ

17.5.12 設定 》全般タブ

Redmineのシステム全般に関する設定を行います。

図17.53「全般」タブ

表17.26「全般」タブの入力項目

名称	説明
アプリケーションのタイトル	ログイン画面や「ホーム」、「マイページ」、「プロジェクト」などの画面のヘッダ部分に表示されるタイトルです。デフォルトは「Redmine」です。
ウェルカムメッセージ	ホーム画面の左側に表示されるウェルカムメッセージの内容を設定します。
ページごとの表示件数	チケット一覧やリビジョン一覧など大量の表示を行う画面で1ページに表示する最大件数を設定します。カンマ区切りで複数の値を設定するとユーザーが最大件数を切り替えることができるようになります。例えば50,100,200と設定した場合、デフォルトは1ページあたり50件表示を行い、100件または200件表示に切り替えることもできます。
ページごとの検索結果表示件数	検索結果を表示する画面で1ページに最大何件の検索結果を表示するか設定します。

プロジェクトの活動ページに表示する日数	「活動」画面で1ページに何日分の情報を表示するか設定します。
ホスト名とパス	Redmineが動作しているサーバのホスト名を指定します。メール通知の本文中のリンクURLを生成するのに使われます。デフォルトのままではリンクが正しく生成されませんので必ず設定してください。 テキストフィールドの下にRedmineが推測した値が例として表示されています。ほとんどの場合、この値をそのまま転記すれば正しい設定を行うことができます。
プロトコル	「HTTP」または「HTTPS」を選択します。ホスト名と同じく、メール通知でリンクURLを生成するのに使われます。
テキスト書式	チケットの説明やコメント、Wikiで太字やリンクなどの修飾を行うのに使用する記法を選択します。「なし」、「Textile」、「CommonMark Markdown」から選べます。デフォルトは「CommonMark Markdown」です。 Markdown系の書式の選択肢として「CommonMark Markdown」のほかに「Markdown」も表示されますが、特別な理由がなければ「Markdown」は選択しないでください。「Markdown」はRedmineの旧バージョンとの互換性のための選択肢であり将来のバージョンでは「CommonMark Markdown」に一本化される予定です。
テキスト書式の変換結果をキャッシュ	CommonMark MarkdownやTextileからHTMLへの変換結果をキャッシュして画面生成を高速化します（2KB以上のHTMLが対象）。
Wiki履歴を圧縮する	「なし」または「Gzip」を選択します。デフォルトは「なし」です。Gzipを選択するとWikiの履歴がGzipで圧縮された状態でデータベースに格納されるためディスク領域が節約できます。
Atomフィードの最大出力件数	Atomフィードで出力する項目数の上限です。デフォルト値は15です。 フィードリーダーが行うフィードの定期取得の間にここで設定された以上の件数の情報が発生すると、RSSリーダー上で情報が欠落することがあります。チケットの更新等が多い環境では値を大きくすることを検討してください。

17.5.13 設定 》表示タブ

Redmineのユーザーインターフェイスに関する設定を行います。

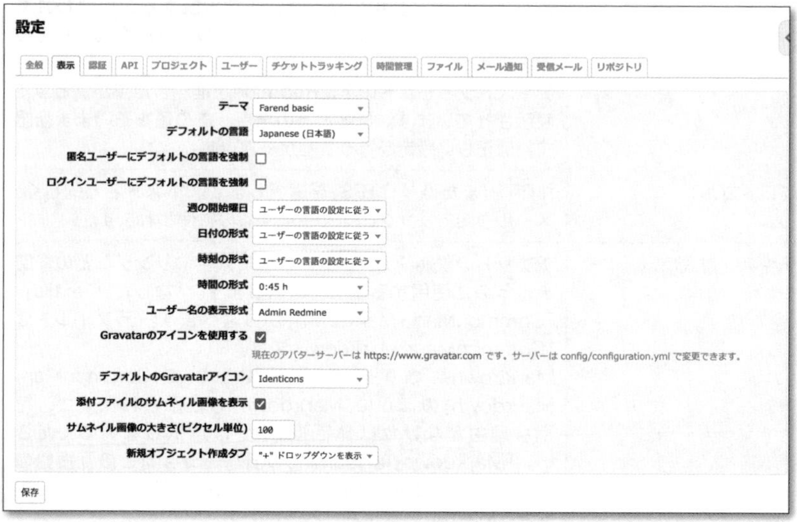

図17.54「表示」タブ

表17.27 表示タブの入力項目

名称	説明
テーマ	画面の配色・フォントなどを定義したテーマを切り替えることができます。あらかじめ組み込まれている「デフォルト」「Alternate」「Classic」のほか、インターネットで入手したテーマを利用することもできます。 テーマの入手やインストールについては5.7節「テーマの切り替えによる見やすさの改善」で解説しています。
デフォルトの言語	新しいユーザーを作成した際の初期設定値とする言語を選択します。
匿名ユーザーにデフォルトの言語を強制	ログインしていないユーザーがアクセスしてきたとき、ブラウザの言語設定を無視して常に「デフォルトの言語」で設定された言語で表示します。
ログインユーザーにデフォルトの言語を強制	ユーザーの「個人設定」で設定されている言語を無視して常に「デフォルトの言語」で設定された言語で表示します。
週の開始曜日	カレンダーを表示する際に何曜日を開始とするか選択します。デフォルトは「ユーザーの言語の設定に従う」で、ユーザーが「個人設定」で「日本語」を選択している場合は日曜日始まりになります。

日付の形式	日付の形式を選択します。デフォルトは「ユーザーの言語の設定に従う」で、ユーザーが「個人設定」で「日本語」を選択している場合は「YYYY/MM/DD」形式です。
時刻の形式	時刻の形式を選択します。デフォルトは「ユーザーの言語の設定に従う」で、ユーザーが「個人設定」で「日本語」を選択している場合は「99:99」形式(24時間表示)です。
時間の形式	時間(予定工数、作業時間など)を小数、「HH:MM」のどちらの形式で表示するか選択できます。
ユーザー名の表示形式	姓と名をどのように表示するのか選択します。デフォルトは欧米式の「名 姓」ですが、「姓」、「名」、「姓 名」、「名,姓」という形式も選択できます。
Gravatarのアイコンを使用する	Gravatarとは、ユーザーが登録しているアイコンを様々なwebサイトで利用するためのWebサービスです。この機能を有効にすると、チケットの画面や活動画面などにユーザー名とともにユーザーがGravatarに登録しているアイコンが表示されます。チケットの作成者・更新者を視覚的に識別できて便利です。
デフォルトのGravatarアイコン	「Gravatarのアイコンを使用する」がONのとき、Gravatarにアイコンを登録していないユーザーに表示するアイコンを選択します。各選択肢に対応するアイコン例を表17.28にまとめます。
添付ファイルのサムネイル画像を表示	チケットなどに画像ファイルが添付されている場合、添付ファイルの一覧の下にサムネイル画像を表示します。
サムネイル画像の大きさ(ピクセル単位)	「添付ファイルのサムネイル画像を表示」がONのとき、表示するサムネイル画像の大きさを指定します。
新規オブジェクト作成タブ	「"新しいチケット"タブを表示」を選択すると、チケットやWikiページなど各種オブジェクトを作成できるプロジェクトメニューの「+」メニューを表示せずにRedmine 3.2までで使われていた「新しいチケット」タブを表示させることができます。

表17.28 Gravatarにアイコンを登録していないユーザーに表示するアイコン

選択肢	アイコン例	選択肢	アイコン例
Identicons		Retro	
Monster ids		Robohash	
Mystery man		Wavatars	

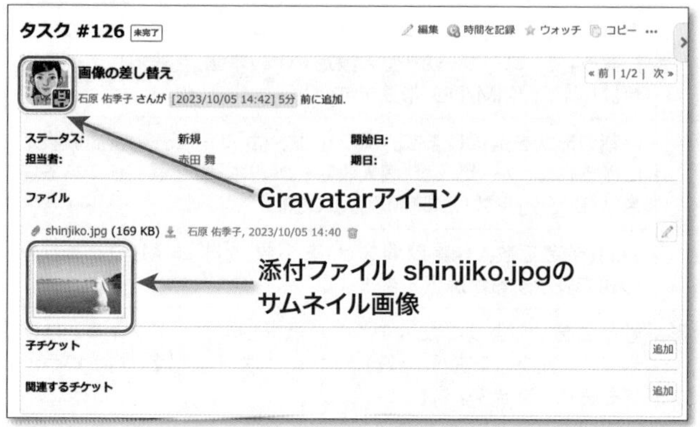

図17.55 Gravatarアイコンと添付ファイルのサムネイル画像の例

WARNING

「Gravatarのアイコンを使用する」をONにしてユーザーのアイコンを表示するためには次の条件を満たす必要があります。

- ユーザーが自分のアイコンとメールアドレスをGravatar（https://ja.gravatar.com/）に登録していること
- Redmineにアクセスしている端末からインターネットにアクセスできること

17.5.14 設定 》認証タブ

認証に関係する設定を行います。

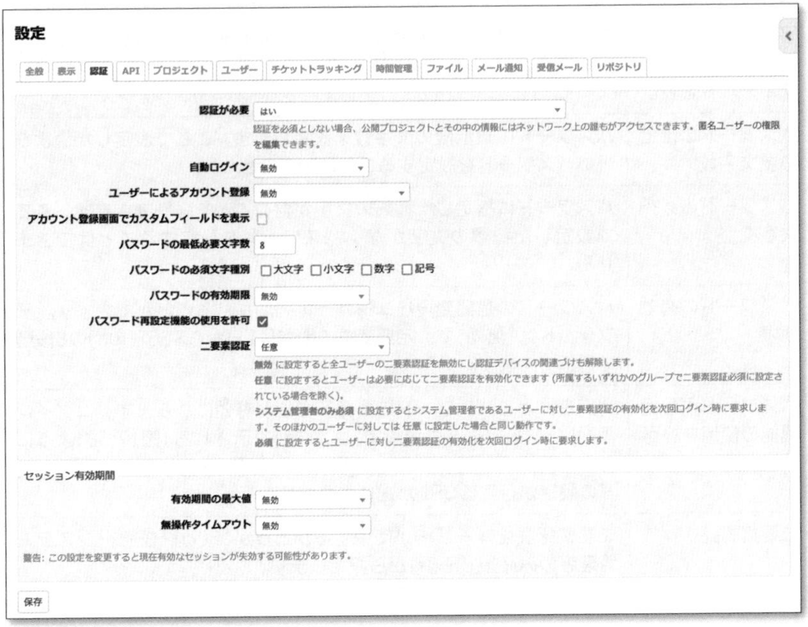

図17.56「認証」タブ

表17.29「認証」タブの入力項目

名称	説明
認証が必要	「はい」にすると、Redmine上の情報にアクセスするためには必ず認証が必要となります。「いいえ(匿名ユーザーに公開プロジェクトへのアクセスを許可)」の状態だと認証なしでもRedmineの情報にアクセスできます。 認証なしでアクセスしているユーザーには「匿名ユーザー」ロールで定義された権限が適用され、デフォルトでは公開プロジェクトの情報を参照できます。 デフォルトは「いいえ」ですが、Redmineで公開サイトを運用したいなど特別な理由がある場合以外は「はい」にしてください。
自動ログイン	デフォルトは「無効」ですが、「1日」「7日」「30日」「365日」などを選ぶと、その期間はブラウザを閉じてもログインしたままの状態となります(セッションが維持されます)。

ユーザーによるアカウント登録	利用者自身の操作によるユーザー登録の可否を設定します。「無効」以外に設定するとRedmineの画面右上に登録申請を行うための「登録する」リンクが表示されます(図17.57)。 詳細は表17.30を参照してください。
アカウント登録画面でカスタムフィールドを表示	ユーザーの登録画面でカスタムフィールドを表示するかどうかを設定します。
パスワードの最低必要文字数	パスワードの最低限の文字数を設定します。ここで設定した値より短いパスワードを設定することはできません。
パスワードの必須文字種別	パスワードに指定した種類の文字が含むことを強制できます。ここで設定した種類の文字がないパスワードを設定することはできません。
パスワードの有効期限	パスワードの定期変更をユーザーに強制させることができます。デフォルトは「無効」で、定期変更の間隔は7日から365日の間の6段階で選択できます。
パスワード再設定機能の使用を許可	利用者によるパスワードの再発行機能が有効になります。ログイン画面に「パスワードの再設定」リンクが表示される(図17.58)ようになり、再設定を要求すると登録メールアドレス宛に新しいパスワードの設定が行えるURLが送信されます。
二要素認証	二要素認証をユーザーが使用するかどうか「無効」「任意」「システム管理者のみ必須」「必須」から設定します。

図17.57 画面右上に表示される登録申請のための「登録する」リンク

NOTE 認証に関する設定の詳細はChapter 16「アクセス制御とセキュリティ」で解説しています。

▼ **表17.30** 「ユーザーによるアカウント登録」の選択肢

無効	利用者自身によるユーザー登録は行えません。
メールでアカウントを有効化	利用者が登録申請を行った後、申告されたメールアドレス宛にアカウントを有効にするためのURLの記載されたメールが送信されます。利用者がそのURLにアクセスするとユーザーアカウントが有効になります。
手動でアカウントを有効化	利用者が登録申請を行うと管理者による承認待ち状態となり、Redmineのシステム管理者権限をもつ全ユーザーに承認待ちのユーザーがいる旨のメールが送信されます。 システム管理者は「管理」→「ユーザー」画面のフィルタで「登録」を選択して登録待ちのユーザーを表示して、「有効にする」をクリックしてそのユーザーを有効にします。
自動でアカウントを有効化	利用者が登録操作を行うと即時Redmineにアクセスできるようになります。

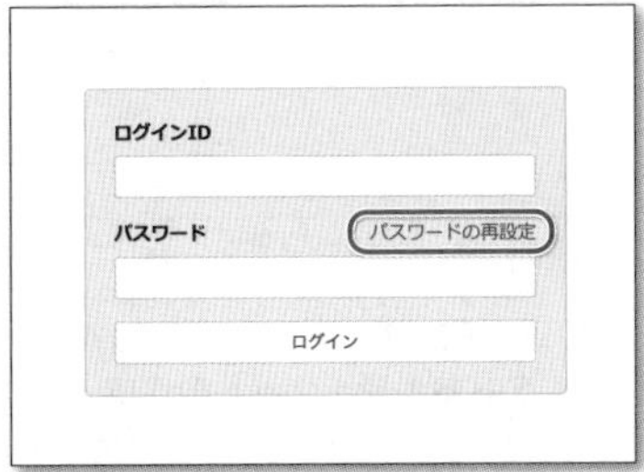

▲ **図17.58** ログイン画面に表示された「パスワードの再設定」リンク

▼ **表17.31** 認証タブ内「セッション有効期間」の入力項目

名称	説明
有効期間の最大値	セッションが有効な期間を指定します。
無操作タイムアウト	一定期間操作が行われなかったときに自動的にセッションを無効にする設定を行います。

17.5.15 設定 》APIタブ

APIに関係する設定を行います。

> NOTE
> RedmineのデータにREST APIの詳細は15.1節「REST API」で解説しています。

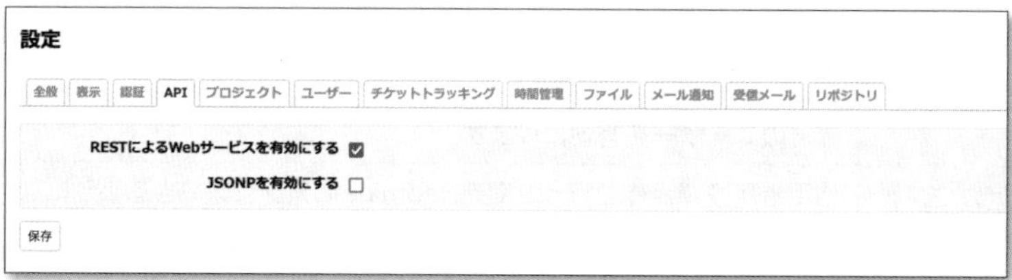

図17.59「API」タブ

表17.32 APIタブの入力項目

名称	説明
RESTによるWebサービスを有効にする	REST APIを有効にします。REST APIにより、外部のアプリケーションからRedmineのプロジェクトおよびチケットの作成・読み取り・更新・削除が行えるようになります。REST API経由でRedmineと連係するアプリケーションを使用したり開発したりする場合はこの項目を有効にしてください。

JSONPを有効にする	REST APIをJSONで利用しているとき、クロスドメインでの通信を実現するためのJSONPを有効にします。
	JSONPでのレスポンスを得るには次のようにパラメータcallbackでコールバック関数名を指定してください。
	`GET /issues.json?callback=foo`
	`=> foo({"issues":...})`

17.5.16 設定 》プロジェクトタブ

新たに作成するプロジェクトに関する設定を行います。

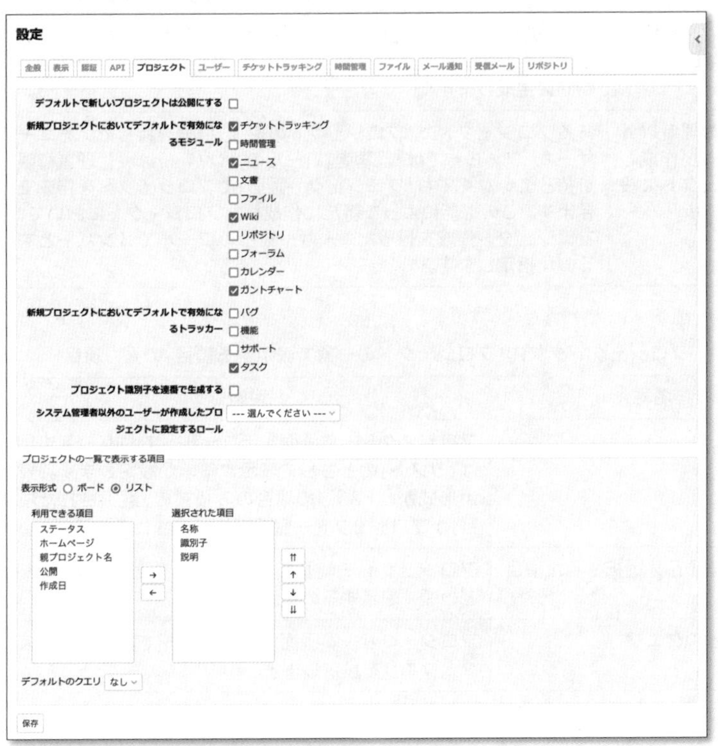

図17.60「プロジェクト」タブ

表17.33 プロジェクトタブの入力項目

名称	説明
デフォルトで新しいプロジェクトは公開にする	新しいプロジェクトを作成したとき、ONの場合は公開プロジェクトとして作成されます。デフォルト値はONです。公開プロジェクトにはRedmine上のすべてのユーザーがアクセスできます。さらに、「管理」→「設定」→「認証」で「認証が必要」を「いいえ」にしている場合は、未認証ユーザーもアクセスできます。
新規プロジェクトにおいてデフォルトで有効になるモジュール	新しいプロジェクトを作成したとき、ここでチェックボックスがONになっているモジュールのみが有効に設定された状態となります。利用頻度が低いモジュールをOFFにしておけば、プロジェクトを作成する毎にわざわざOFFにする必要がなくなります。

新規プロジェクトにおいてデフォルトで有効になるトラッカー	新しいプロジェクトを作成したとき、ここでチェックボックスがONになっているトラッカーのみが有効に設定された状態となります。利用頻度が低いトラッカーをOFFにしておけば、プロジェクトを作成する毎にわざわざOFFにする必要がなくなります。
プロジェクト識別子を連番で生成する	ONの場合、新しいプロジェクトを作成する際にプロジェクトの識別子を直近に作成したプロジェクトの識別子＋数値の形式で自動的に生成します。
システム管理者以外のユーザーが作成したプロジェクトに設定するロール	あるプロジェクトで「プロジェクトの追加」権限を持っているユーザー（デフォルトでは「管理者」ロールのメンバー）は、管理者権限を持っていなくても「プロジェクト画面」でプロジェクトを作成できます。この機能によって新たに作成したプロジェクトにおいて、プロジェクト作成を行ったユーザーをどのロールでメンバーとするのか指定します。

▼ **表17.34** プロジェクトタブ内「プロジェクトの一覧で表示する項目」の入力項目

名称	説明
表示形式	プロジェクト一覧画面をデフォルトで「ボード」または「リスト」のどちらで表示するのか設定します。表示形式が「リスト」の場合のみ後述の「選択された項目」がプロジェクト一覧画面に表示されます。
利用できる項目／選択された項目	プロジェクト一覧画面でどの項目を表示するのか、どの順で表示するのか設定します。
デフォルトのクエリ	プロジェクト一覧画面でデフォルトで表示するカスタムクエリを設定します。

17.5.17 設定 》ユーザータブ

ユーザーに関する設定を行います。

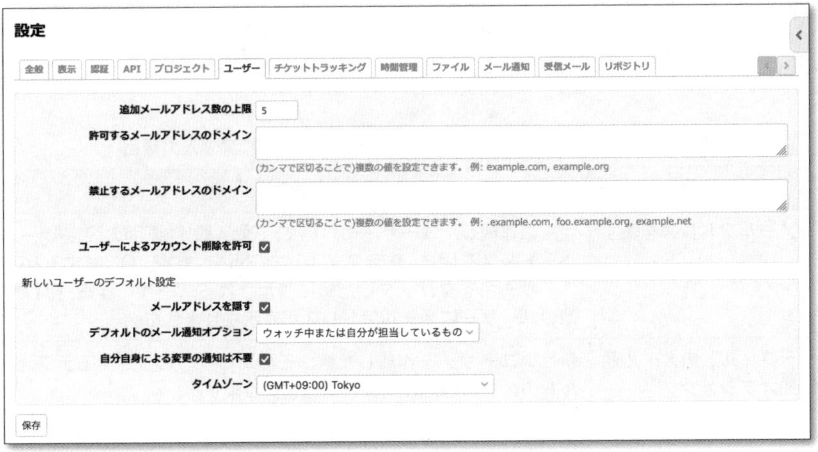

図17.61 「ユーザー」タブ

表17.35 ユーザータブの入力項目

名称	説明
追加メールアドレス数の上限	ユーザーが「個人設定」画面で登録できる追加のメールアドレスの数を設定します。 0を設定すると追加メールアドレスを禁止できます。
許可するメールアドレスのドメイン	ユーザーのメールアドレスの許可するドメインを設定します。入力したドメインのメールアドレス以外は設定できません。個人用のメールアドレスの設定を禁止して組織外への情報漏洩を防ぐのに役立ちます。
禁止するメールアドレスのドメイン	ユーザーのメールアドレスの禁止するドメインを設定します。入力したドメインのメールアドレス以外を設定できます。
ユーザーによるアカウント削除を許可	ONにすると「個人設定」画面のサイドバーに「自分のアカウントを削除」リンクが表示されるようになり、ユーザーは自分自身の操作で自分のアカウントを削除できるようになります。

NOTE 「許可するメールアドレスのドメイン」と「禁止するメールアドレスのドメイン」では設定したドメインのサブドメインも許可/禁止の対象になります。

NOTE

「許可するメールアドレスのドメイン」と「禁止するメールアドレスのドメイン」の両方が指定されている場合、登録可能なメールアドレスはそのドメインが「許可する…」に含まれ、かつ「禁止する…」に含まれないものです。
例えば、「許可する…」に「example.org」を設定し「許可しない…」に「.example.org」を設定した場合、メールアドレス「user@example.org」は登録可能ですが「user@foo.example.org」は登録できません。

表17.36 ユーザータブ内「新しいユーザーのデフォルト設定」の入力項目

名称	説明
メールアドレスを隠す	新たに作成したユーザーについて、「個人設定」画面の設定「メールアドレスを隠す」をデフォルトでONにします。ONにすると、ユーザー名をクリックした時に表示されるユーザー詳細画面で他のユーザーにメールアドレスが表示されません。
デフォルトのメール通知オプション	新しいユーザーを作成した際、そのユーザーに設定するデフォルトのメール通知オプションを選択します。 各通知オプションの意味は17.3節「個人設定」で解説しています。
自分自身による変更の通知は不要	ONにすると、ユーザー作成時にデフォルトで自分自身が行った操作についての通知メールを送らないよう設定します。
タイムゾーン	ユーザー作成時のデフォルトのタイムゾーンの設定です。

17.5.18 設定 》チケットトラッキングタブ

チケット関係の機能に関する設定を行います。

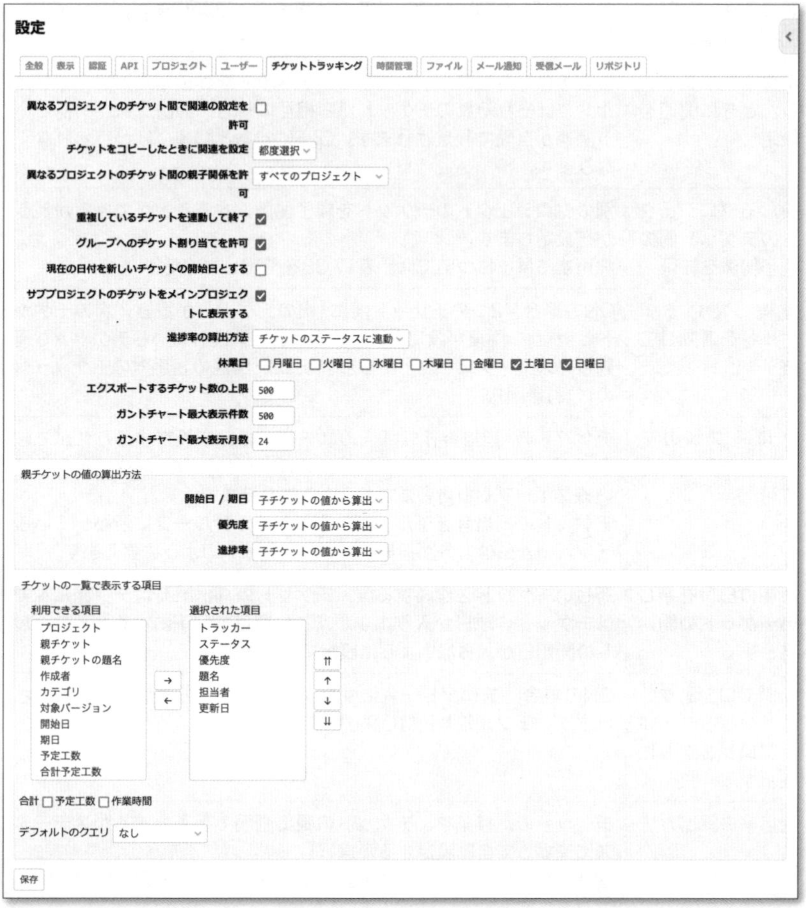

図17.62「チケットトラッキング」タブ

▼ **表17.37** チケットトラッキングタブの入力項目

名称	説明
異なるプロジェクトのチケット間で関連の設定を許可	ONにすると、チケットの「関連するチケット」欄で他のプロジェクトのチケットを関連づけることができるようになります。デフォルト値はOFFです。
チケットをコピーしたときに関連を設定	あるチケットをコピーして新しいチケットを作成したとき、デフォルトではそれぞれのチケットから相互に「コピー元」「コピー先」という関連が自動で設定されます。OFFにすると関連づけが行われなくなります。
異なるプロジェクトのチケット間の親子関係を許可	別のプロジェクトのチケットを親子関係にすることができるかどうかを設定します。 許可する単位については、表17.38を参照してください。
重複しているチケットを連動して終了	ONの場合、2つのチケット間に「次のチケットが重複／次のチケットと重複」の関連が設定されているとき、重複しているチケットも連動してステータスを終了にします(8.2.2「関連の相手方のチケットへの影響」参照)。
グループへのチケット割り当てを許可	チケットの「担当者」には1人のユーザーのみを設定することができますが、この設定をONにするとプロジェクトのメンバーとなっているグループも担当者にできるようになります。 チケットの担当者をグループにするとそのグループに所属しているメンバーからは自分が担当しているチケットのように見えます。
現在の日付を新しいチケットの開始日とする	新しいチケットを作成する際、チケットの「開始日」はデフォルトではチケット作成日が入りますが、この項目をOFFにするとデフォルトの開始日が入らないように設定できます。
サブプロジェクトのチケットをメインプロジェクトに表示する	ONの場合、チケット一覧にサブプロジェクトのチケットも表示されます。デフォルト値はONです。
進捗率の算出方法	チケットの進捗率を、チケットの編集画面で手入力するかステータスに連動して自動設定するか選択します。 進捗率の算出方法についての詳細は、表17.39を参照してください。
休業日	土曜日・日曜日など、業務を行わない曜日を設定します。休業日の設定は表17.40の箇所に影響します。
エクスポートするチケット数の上限	CSVおよびPDF形式でチケットをエクスポートする際のチケット数の上限です。デフォルトは500件です。
ガントチャート最大表示件数	ガントチャートに表示する項目数の上限です。
ガントチャート最大表示月数	ガントチャートに表示する月数の上限です。

▼ **表17.38** チケット間の親子関係を許可する単位

共有単位	説明
無効	同一プロジェクトのチケット同士のみ親子関係にできます。
すべてのプロジェクト	どのプロジェクトのチケット同士でも親子関係にできます。
プロジェクトツリー単位	最上位の親プロジェクトとそのすべての子孫プロジェクトのチケット間で許可します。
プロジェクト階層単位	親プロジェクトなど上位階層のプロジェクトと子孫プロジェクトのチケット間で許可します。
サブプロジェクト単位	サブプロジェクトのチケットとの間で許可します。

▼ **表17.39** 進捗率の算出方法

算出方法	説明
チケットのフィールドを使用	チケットの編集画面で手入力します。デフォルトはこの設定です。
チケットのステータスに連動	現在のステータスに連動してあらかじめステータスごとに設定された進捗率が自動設定されます。この設定を選択中はステータスの手入力は行えません。

▼ **表17.40** 休業日の設定が影響する箇所

影響する箇所	説明
ガントチャート	休業日と設定された曜日が灰色で表示されます。
カレンダー	休業日と設定された曜日が灰色で表示されます。
後続するチケットの開始日・期日の再計算	先行-後続の関係にあるチケットがあるとき、先行するチケットの期日を変更すると後続するチケットの開始日・期日も自動的に再計算されます。このとき、再計算後の開始日・期日が休業日だった場合、自動的に翌営業日にずらされます。

親チケットの値の算出方法の枠内の設定は、チケットが親子の関係になっているときに親チケットの各項目の値を子チケットの値から算出するのか親チケットで手入力するのか選択します。デフォルトはどの項目も**子チケットの値から算出**で、子チケットを持つチケットはこれらの値を手入力することができません。**子チケットから独立**を選択すると、子チケットとは無関係に親チケットで値を手入力します。

▼ 表17.41 「チケットトラッキング」タブ内「親チケットの値の算出方法」の入力項目

名称	説明
開始日 / 期日	「子チケットの値から算出」が選択されている場合、開始日はすべての子チケットの中で最も早いもの、期日はすべての子チケットの中で最も遅いものが親チケットの値となります。
優先度	「子チケットの値から算出」が選択されている場合、すべての子チケットの優先度の中で最も高いものが親チケットの値となります。
進捗率	「子チケットの値から算出」が選択されている場合、すべての子チケットの進捗率を予定工数で重み付けした加重平均となります。

▼ 表17.42 「チケットトラッキング」タブ内「チケットの一覧で表示する項目」の入力項目

名称	説明
利用できる項目／選択された項目	チケット一覧画面でどの項目を表示するのか、どの順で表示するのか設定します。
合計	チケット一覧画面のフィルタの条件に合致する全チケットの予定工数と作業時間の合計を、チケット一覧の表の右肩に表示します(図17.63)。なお、ここで設定していない場合でも、チケット一覧の「オプション」内で都度設定することもできます。
デフォルトのクエリ	チケット一覧画面でデフォルトで表示するカスタムクエリをRedmine全体で設定します。

▲ 図17.63 チケット一覧の表の右肩に表示された全チケットの予定工数と作業時間の合計

NOTE チケット一覧画面での予定工数と作業時間の合計表示の詳細は、11.6.3「予定工数と実績工数の比較」で解説しています。

17.5.19 設定 》時間管理タブ

時間管理に関する全般的な設定を行います。

図17.64「時間管理」タブ

表17.43 時間管理タブの入力項目

名称	説明
作業時間の必須入力フィールド	作業時間の入力時にチケット番号、コメント欄を必須入力にするか設定します。
1日・1人あたりの作業時間の上限	ユーザーの1日あたりの合計作業時間の上限を設定します。例えば8にすれば、1人のユーザーに対して1日に合計8時間を超える作業時間を追加できなくなります。
作業時間に0時間の入力を許可	作業時間に0時間の入力を許可するか設定します。
未来日付の作業時間の入力を許可	OFFにすると、未来の日付で作業時間を入力できなくなります。

▼ **表17.44** 時間管理タブ内「作業時間の一覧で表示する項目」の入力項目

名称	説明
利用できる項目／選択された項目	作業時間一覧画面でどの項目を表示するのか、どの順で表示するのか設定します。
合計	作業時間一覧画面のフィルタの条件に合致する作業時間の合計を、作業時間一覧の表の右肩に表示します。なお、ここで設定していない場合でも、作業時間一覧の「オプション」内で都度設定することもできます。

17.5.20 設定 》ファイルタブ

ファイルに関係する設定を行います。

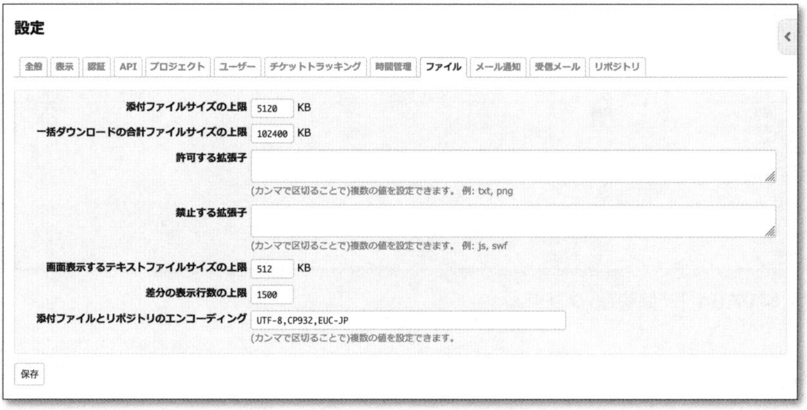

▲ **図17.65**「ファイル」タブ

▼ **表17.45**「ファイル」タブの入力項目

名称	説明
添付ファイルサイズの上限	チケットやWikiページにファイルを添付する際のファイルサイズの上限です。
一括ダウンロードの合計ファイルサイズの上限	チケットなどに添付しているファイルを一括ダウンロードする場合の合計ファイルサイズの上限です。
許可する拡張子	指定した拡張子のファイルのみ添付を許可します。
禁止する拡張子	指定した拡張子のファイルは添付を禁止します。
画面表示するテキストファイルサイズの上限	これより大きな添付ファイルはRedmineの画面内で内容を表示しません。

差分の表示行数の上限	リポジトリ画面等でファイルの差分を表示する際の行数の上限です。
添付ファイルとリポジトリのエンコーディング	リポジトリのソースコードやテキスト形式の添付ファイルの文字エンコーディングを指定します。カンマで区切って複数のエンコーディングを指定すると、指定されたエンコーディングからの自動変換が行われます。 日本語環境でRedmineを使用する場合は文字化け回避のために必ず設定してください。詳細は5.4節「日本語での利用に最適化する設定」で解説しています。

NOTE

「許可する拡張子」と「禁止する拡張子」の両方が指定されている場合、添付可能なファイルはその拡張子が「許可する…」に含まれ、かつ「禁止する…」に含まれないものです。

Column

チケットの添付ファイルを一括ダウンロードする

チケットやWikiに添付されている複数のファイルは、まとめてダウンロードできます。ダウンロードするにはファイルの項目にあるアイコンをクリックします。

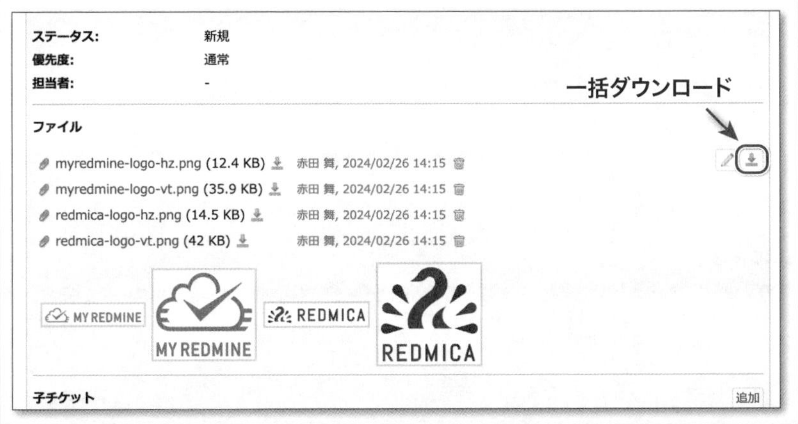

17 リファレンス

17.5.21 設定 》メール通知タブ

メール通知の動作に関する全般的な設定を行います。

> **WARNING**
> メール通知の機能を利用するには、この画面での設定だけでなく、config/configuration.ymlで送信に使うメールサーバなどの設定が必要です。詳細は17.7節「configuration.ymlの設定項目」を参照してください。

図17.66「メール通知」タブ

▼ **表17.46** 「設定」→「メール通知」の入力項目

名称	説明
送信元メールアドレス	Redmineから送信されるメールのFromアドレスです。 メールによるチケット登録の設定を行っている場合、チケット登録用のメールアドレスを設定すると、Redmineからのメールに返信することでチケットの更新が行えるようになります。
プレインテキスト形式(HTMLなし)	ONの場合、メールをHTML形式ではなくプレインテキスト形式で送信します。プロジェクトメンバーがHTMLメールに対応していないメーラーを使っている時などに設定します。
通知メールの題名にステータス変更の情報を挿入	通知メール件名に挿入される「(新規)」「(進行中)」などのステータス変更情報を表示するか設定します。
メール通知の送信対象とする操作を選択してください。	どのような操作が行われたときにメールを送信するのか設定します。デフォルトではチケットが追加・更新されたときに送信されます。
メールのヘッダ・フッタ	Redmineから送信されるメールのヘッダ部・フッタ部に固定的に挿入する内容を指定します。

NOTE

画面右下の「テストメールを送信」をクリックすると自分宛にテストメールが送信されます。Redmineとメールサーバとの通信に問題があればこの画面にエラーが表示されるので、config/configuration.ymlでのメール関係の設定に問題がないか確認してください。

17.5.22 設定 》受信メールタブ

メールによるチケットの登録・更新に関する設定を行います。

WARNING

メールによるチケットの登録・更新を行うには、この画面での設定だけでなく、MTAまたはIMAPサーバと連係するための設定が必要です。
詳細は15.2節「メールによるチケット登録」で解説しています。

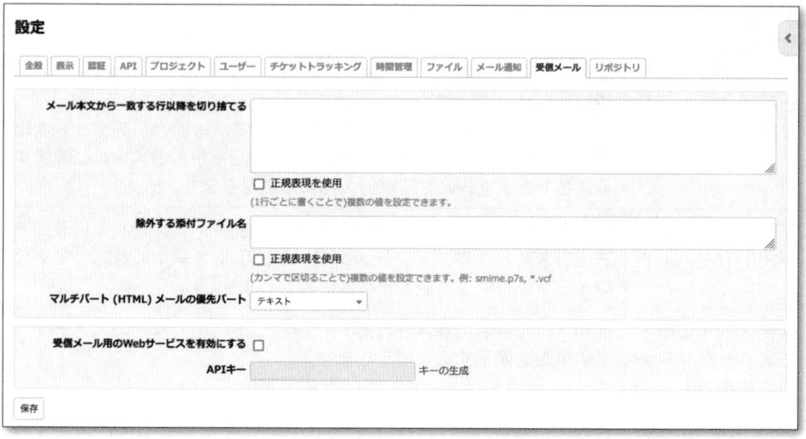

図17.67「受信メール」タブ

表17.47 「設定」→「受信メール」の入力項目

名称	説明
メール本文から一致する行以降を切り捨てる	メールの署名部分など不要な情報を除外してチケットが作成されるよう、メール本文の特定の行以降の内容を無視するよう設定します。
除外する添付ファイル名	ファイル名が特定のパターンに一致する添付ファイルはチケットの添付ファイルとして登録せずに無視します。 電子署名ファイル(`smime.p7s`)などを除外するよう設定して、余計なファイルがチケットに添付されるのを防ぎます。
マルチパート (HTML) メールの優先パート	受信したメールがマルチパート形式でありテキストパートとHTMLパートが存在する場合に、どちらのパートをチケットに登録するデータとして解析するのか指定します。 テキストパートにダミーまたは空のコンテンツしかないHTMLメールを受信することがあるときはHTMLに切り替えてください。
受信メール用のWebサービスを有効にする	メールによるチケットの登録・更新を有効にします。
APIキー	メールによるチケットの登録・更新のための設定を行う際の連係用APIキーを設定します。

17.5.23 設定 》リポジトリタブ

GitやSubversionなど、バージョン管理システムとの連係に関する全般的な設定を行います。

NOTE　プロジェクトをバージョン管理システムと連係させる方法はChapter 14「バージョン管理システムとの連係」で解説しています。

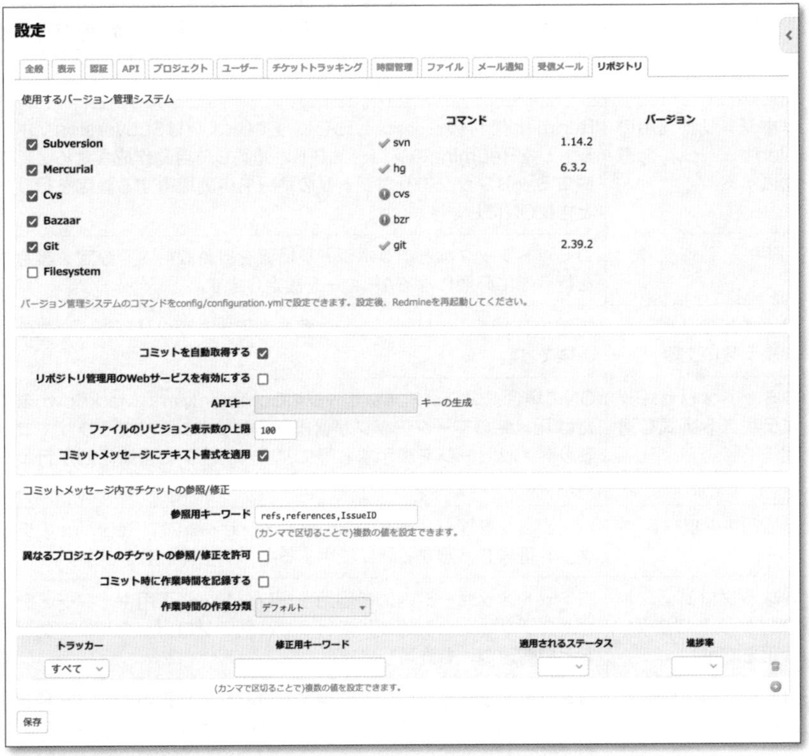

設定

全般 | 表示 | 認証 | API | プロジェクト | ユーザー | チケットトラッキング | 時間管理 | ファイル | メール通知 | 受信メール | リポジトリ

使用するバージョン管理システム

	コマンド	バージョン
☑ Subversion	svn	1.14.2
☑ Mercurial	hg	6.3.2
☑ Cvs	cvs	
☑ Bazaar	bzr	
☑ Git	git	2.39.2
☐ Filesystem		

バージョン管理システムのコマンドをconfig/configuration.ymlで設定できます。設定後、Redmineを再起動してください。

コミットを自動取得する ☑
リポジトリ管理用のWebサービスを有効にする ☐
APIキー　キーの生成
ファイルのリビジョン表示数の上限 100
コミットメッセージにテキスト書式を適用 ☑

コミットメッセージ内でチケットの参照/修正
参照用キーワード refs,references,IssueID
(カンマで区切ることで)複数の値を設定できます。
異なるプロジェクトのチケットの参照/修正を許可 ☐
コミット時に作業時間を記録する ☐
作業時間の作業分類 デフォルト

トラッカー	修正用キーワード	適用されるステータス	進捗率
すべて			

(カンマで区切ることで)複数の値を設定できます。

保存

図17.68「リポジトリ」タブ

▼ **表17.48** リポジトリタブの入力項目

名称	説明
使用するバージョン管理システム	プロジェクトで連係設定をする可能性のあるバージョン管理システムをすべて選択してください。ここで選択したバージョン管理システムがプロジェクトの「設定」→「リポジトリ」画面の選択肢に表示されます。
コミットを自動取得する	リポジトリからコミットの情報を取得する方法を指定します。ONの場合、「リポジトリ」画面を開いたタイミングで情報を自動取得します。 14.5.1「リポジトリの情報を定期的に取得する」または14.5.2「リポジトリの情報をコミットと同時に自動的に取得する」の設定を行っている場合はOFFにしてください。「リポジトリ」画面を開くのにかかる時間を短縮できます。
リポジトリ管理用のWebサービスを有効にする	Redmine添付の`reposman.rb`を使ってGitまたはSubversionリポジトリをRedmineのプロジェクトと連動して自動作成させるときやコミットフックでリポジトリの情報を自動取得する設定を行うときにONにします。
APIキー	コミットフックなどでリポジトリ情報を自動取得する設定を設定を行う際に必要になるAPIキーを設定します。
ファイルのリビジョン表示数の上限	特定のファイルのリビジョン一覧を表示する際のリビジョン数の上限です。
コミットメッセージにテキスト書式を適用	ONの場合、コミットメッセージにCommonMark MarkdownまたはTextileのマークアップが含まれるとリポジトリブラウザでコミットメッセージを表示する際にマークアップによる修飾が行われます。
参照用キーワード	バージョン管理システムのコミットメッセージ内でRedmineのチケット番号を参照する際に使用するキーワードを指定します。
異なるプロジェクトのチケットの参照/修正を許可	コミットメッセージ内に参照用キーワード・修正用キーワードを含めてチケットと関連づけを行う際、別のプロジェクトのチケットとの関連づけも許可します。
コミット時に作業時間を記録する	コミットメッセージ内に参照用キーワード・修正用キーワードとともに作業時間を記録することで、そのチケットに作業時間を記録することを許可します。
作業時間の作業分類	コミットメッセージで作業時間を記録する際、どの作業分類で記録するのか指定します。
修正用キーワード	バージョン管理システムのコミットメッセージ内でRedmineのチケット番号を指定してチケットの状態を変更させる際に使用するキーワード、そしてキーワードが使われた際にどのようにチケットの状態を変化させるのかを指定します。同じ修正用キーワードでもトラッカーごとに動作を変えることもできます。 オプション設定の意味は表17.49を参照してください。

▼ 表17.49 「修正用キーワード」のオプション設定

設定項目	説明
トラッカー	どのトラッカーに対して修正用キーワードを適用するのか選択します。
適用されるステータス	修正用キーワードが指定されたときにチケットのステータスをどう変化させるのか指定します。
進捗率	修正用キーワードが指定されたときに進捗率を何%にセットするのかを指定します。

17.5.24 LDAP認証

Redmineのユーザーを認証する際、LDAPサーバを参照するよう設定できます。LDAPについては本書では扱いません。オフィシャルサイトのドキュメント（https://www.redmine.org/projects/redmine/wiki/RedmineLDAP）を参照してください。

17.5.25 プラグイン

インストールされているプラグインが一覧表示されます。プラグインによっては**設定**というリンクが表示され、この画面から設定画面にアクセスできるものもあります。

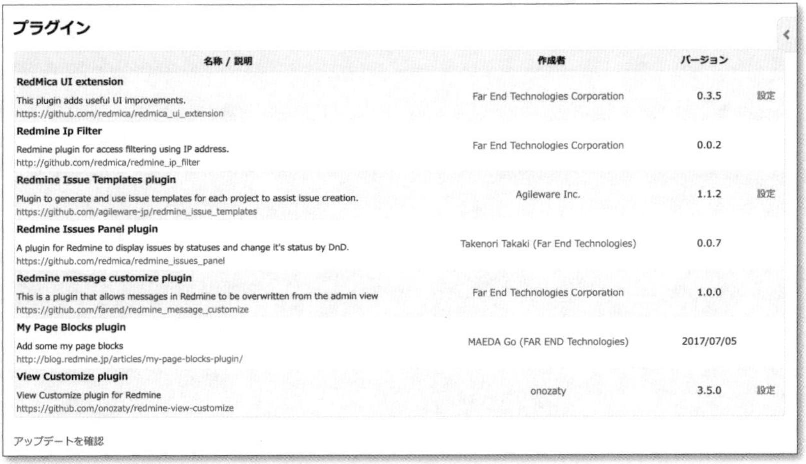

プラグイン

名称 / 説明	作成者	バージョン	
RedMica UI extension This plugin adds useful UI improvements. https://github.com/redmica/redmica_ui_extension	Far End Technologies Corporation	0.3.5	設定
Redmine Ip Filter Redmine plugin for access filtering using IP address. http://github.com/redmica/redmine_ip_filter	Far End Technologies Corporation	0.0.2	
Redmine Issue Templates plugin Plugin to generate and use issue templates for each project to assist issue creation. https://github.com/agileware-jp/redmine_issue_templates	Agileware Inc.	1.1.2	設定
Redmine Issues Panel plugin A plugin for Redmine to display issues by statuses and change it's status by DnD. https://github.com/redmica/redmine_issues_panel	Takenori Takaki (Far End Technologies)	0.0.7	
Redmine message customize plugin This is a plugin that allows messages in Redmine to be overwritten from the admin view https://github.com/farend/redmine_message_customize	Far End Technologies Corporation	1.0.0	
My Page Blocks plugin Add some my page blocks http://blog.redmine.jp/articles/my-page-blocks-plugin/	MAEDA Go (FAR END Technologies)	2017/07/05	
View Customize plugin View Customize plugin for Redmine https://github.com/onozaty/redmine-view-customize	onozaty	3.5.0	設定

アップデートを確認

▲ 図17.69 プラグイン画面

17.5.26 情報

重要な設定の状態、Redmineのバージョン、Rubyのバージョン、使用中のデータベースなどの情報が表示されます。

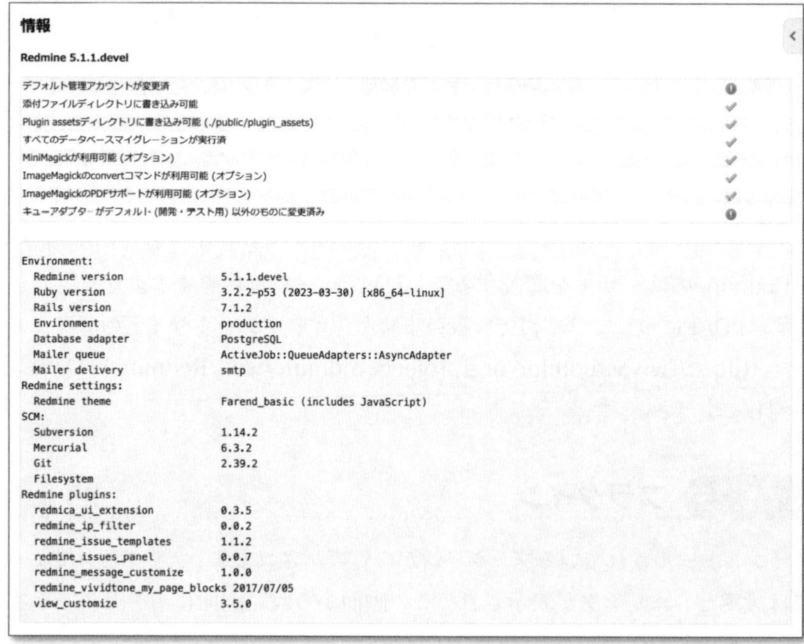

図17.70 情報画面

17.6 チケットとWikiのマークアップ

Wikiやチケットの説明などテキストが入力できる箇所の多くで専用の書式による文字の修飾、表組み、Redmine上のオブジェクトへのリンクの記述などができます。書式の記述にはCommonMark MarkdownかTextileが利用でき、どちらを使うのかはRedmine全体の設定(**管理→設定→全般**)で指定します。

CommonMark MarkdownとTextileはいずれもコンテンツを記述するための汎用的なマークアップ言語です。Redmineではチケット、リポジトリ内のソースコード、添付ファイルへのリンクなど独自の拡張が加えられています。Redmine 5.0以前はTextileがデフォルトでしたが、2023年にリリースされたRedmine 5.1からはCommonMark Markdownがデフォルトになりました。

▶CommonMark Markdownの記述例

```
[Redmine](https://www.redmine.org/) はwebベースの **プロジェクト管理ソフトウェア** です。
フランスの *Jean-Philippe Lang* 氏が開発しました。
```

▶Textileの記述例

```
"Redmine":https://www.redmine.org/ はwebベースの *プロジェクト管理ソフトウェア* です。
フランスの _Jean-Philippe Lang_ 氏が開発しました。
```

Redmine はwebベースの **プロジェクト管理ソフトウェア** です。
フランスの *Jean-Philippe Lang* 氏が開発しました。

△ **図17.71** 画面表示例

CommonMark MarkdownとTextileは直接手入力する以外にツールバーによる入力支援が利用できます。

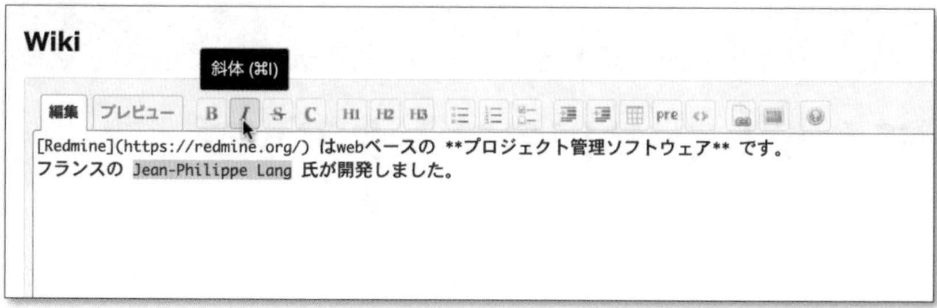

図17.72 ツールバーによる入力支援

Column

CommonMark MarkdownとTextile、どちらを選ぶべき?

Redmineはテキストの書式としてCommonMark MarkdownとTextileが選択できますが、この設定はアプリケーション全体で共通であり、1つのRedmine内で併用はできません。後から設定を変更するとそれまでに作成したチケットやWikiページは表示が崩れてしまうので、本格運用前にどちらを使うのかよく考えて決定しなければなりません。

Textileのメリットは古いRedmineとの互換性です。長年Redmineのテキスト書式のデフォルトとして使われてきました。2014年リリースのRedmine 2.5でMarkdownがサポートされるまではTextileのみが利用できたことや2022年リリースのRedmine 5.0まではTextileがデフォルトであったことから、Redmine利用者はTextileに慣れている方が多いかと思います。

一方CommonMark Markdownは多くのアプリケーションやサービスで採用されていて今やデファクトスタンダードといえます。Redmine 5.1からデフォルトのテキスト書式に採用されました。CommonMark Markdownはより高機能なMarkdownフォーマッターで、CSSによるスタイル指定ができないというTextileに対するMarkdownの弱点も克服されました。

古いRedmineとの互換性を確保したいといった特別な理由がない限りCommonMark Markdownを選ぶべきでしょう。

17.6.1 文字の修飾

表示例	CommonMark Markdown	Textile
斜体	`*斜体*`	`_斜体_`
太字	`**太字**`	`*太字*`
~~取消線~~	`~~取消線~~`	`-取消線-`
下線	(該当機能なし)	`+下線+`
`puts "hello, world."` ※	`` `puts "hello, world."` ``	`@puts "hello, world."@`

※インラインコード(行の途中にコードを挿入)

17.6.2 見出し

表示例	CommonMark Markdown	Textile
レベル1見出し	# レベル1見出し	h1. レベル1見出し
レベル2見出し	## レベル2見出し	h2. レベル2見出し
レベル3見出し	### レベル3見出し	h3. レベル3見出し
レベル4見出し	#### レベル4見出し	h4. レベル4見出し
レベル5見出し	##### レベル5見出し	h5. レベル5見出し
レベル6見出し	###### レベル6見出し	h6. レベル6見出し

17.6.3 リスト

表示例	CommonMark Markdown	Textile

• 項目1
○ 項目1.1
○ 項目1.2
■ 項目1.2.1
■ 項目1.2.2
• 項目2
• 項目3
	* 項目1
	  * 項目1.1
	  * 項目1.2
	    * 項目1.2.1
	    * 項目1.2.2
	* 項目2
	* 項目3
		* 項目1
		** 項目1.1
		** 項目1.2
		*** 項目1.2.1
		*** 項目1.2.2
		* 項目2
		* 項目3

1. 項目1
1. 項目1.1
2. 項目1.2
1. 項目1.2.1
2. 項目1.2.2
2. 項目2
3. 項目3
	1. 項目1
	  1. 項目1.1
	  2. 項目1.2
	    1. 項目1.2.1
	    2. 項目1.2.2
	2. 項目2
	3. 項目3
		# 項目1
		## 項目1.1
		## 項目1.2
		### 項目1.2.1
		### 項目1.2.2
		# 項目2
		# 項目3

17.6.4 画像

添付されている画像を表示することができます(同じチケット・Wikiページに添付されているものに限る)。

表示例	CommonMark Markdown	Textile
	`![](train.jpg)`	`!train.jpg!`

17.6.5 区切り線

表示領域の幅いっぱいの横線が表示されます。長い文章の区切りをわかりやすくすることができます。

表示例	記述（CommonMark Markdown / Textile共通）
――――――――	---

17.6.6 引用

表示例	記述（CommonMark Markdown / Textile共通）
赤田 舞 さんは #note-2 で書きました: *Redmine*の本は何がよいでしょう。 教えてください。 私は「入門Redmine」という本を読みました。	赤田 舞 さんは書きました: > Redmineの本は何がよいでしょう。 > 教えてください。 私は「入門Redmine」という本を読みました。

17.6.7 テーブル

Wikiツールバーのテーブル挿入ボタンで列数×行数を選択して記法を簡単に挿入できます。また、テーブルのヘッダをクリックすると、その列の値を基準に行をソートできます。

表示例

ソフトウェア名	初リリース
Redmine	2006
Trac	2004
Mantis	2000
Bugzilla	1998

CommonMark Markdown

```
|ソフトウェア名|初リリース|
|-------------|----------|
|Redmine      |2006      |
|Trac         |2004      |
|Mantis       |2000      |
|Bugzilla     |1998      |
```

Textile

```
|_. ソフトウェア名 |_. 初リリース|
|Redmine          |2006         |
|Trac             |2004         |
|Mantis           |2000         |
|Bugzilla         |1998         |
```

表示例

左揃え	中央揃え	右揃え
Redmine	Ruby	18K
Trac	Python	13K
Mantis	PHP	13K
Bugzilla	Perl	9K

CommonMark Markdown

```
|左揃え        |中央揃え |右揃え  |
|:-------------|:-------:|-------:|
|Redmine       |Ruby     |18K     |
|Trac          |Python   |13K     |
|Mantis        |PHP      |13K     |
|Bugzilla      |Perl     |9K      |
```

Textile

```
|_<. 左揃え   |_=. 中央揃え |_>. 右揃え |
|<. Redmine  |=. Ruby     |>. 18K    |
|<. Trac     |=. Python   |>. 13K    |
|<. Mantis   |=. PHP      |>. 13K    |
|<. Bugzilla |=. Perl     |>. 9K     |
```

表示例

<table>
<tr><td>行1列1</td><td>行1列2</td><td>行1列3</td></tr>
<tr><td colspan="2">セル結合(横2個)</td><td>行2列3</td></tr>
<tr><td colspan="3">セル結合(横3個)</td></tr>
</table>

CommonMark Markdown

```
<table>
  <tr><td>行1列1</td><td>行1列2</td><td>行1列3</td></tr>
  <tr><td colspan="2">セル結合(横2個)</td><td>行2列3</td></tr>
  <tr><td colspan="3">セル結合(横3個)</td></tr>
</table>
```

Textile

```
| 行1列1 | 行1列2 | 行1列3 |
|\2. セル結合(横2個) | 行2列3 |
|\3. セル結合(横3個) |
```

表示例

行1列1	セル結合(縦2個)
行2列1	
行3列1	行3列2

CommonMark Markdown

```
<table>
  <tr><td>行1列1</td><td rowspan="2">セル結合(縦2個)</td></tr>
  <tr><td>行2列1</td></tr>
  <tr><td>行3列1</td><td>行3列2</td></tr>
</table>
```

Textile

```
| 行1列1 |/2. セル結合(縦2個) |
| 行2列1 |
| 行3列1 | 行3列2 |
```

17.6.8 リンク

一般のURLのほか、チケット、リポジトリ、WikiなどRedmineのオブジェクトへのリンクが記述できます。

▶外部URLへのリンク

表示例	CommonMark Markdown	Textile
https://redmine.jp/	https://redmine.jp/	https://redmine.jp/
Redmine	[Redmine](https://redmine.jp/)	"Redmine":https://redmine.jp/

▶チケットへのリンク

記述(CommonMark Markdown / Textile共通)	説明
#123	指定した番号のチケットへのリンクとして表示されます。終了したチケットへのリンクは取り消し線付きで表示されます。
##123	指定した番号のチケットへのリンクとしてトラッカー名と題名も表示されます。

17
リファレンス

▶コメントへのリンク

記述(CommonMark Markdown / Textile共通)	説明
#note-5	同じチケット内の指定した番号のコメントへのリンクとして表示されます。
#123#note-5	ほかのチケットの指定した番号のコメントへのリンクとして表示されます。

▶添付ファイルへのリンク

記述(CommonMark Markdown / Textile共通)	説明
attachment:foo.zip	添付ファイルfoo.zipへのリンク。リンク元と同じオブジェクト(チケット、Wikiなど)に添付されたファイルに対してのみリンクできます。

▶Wikiページへのリンク

記述(CommonMark Markdown / Textile共通)	説明
[[Foo]]	WikiページFooへのリンク。
[[Foo|インストール手順]]	WikiページFooへのリンクを「インストール手順」というテキストで表示。
[[Foo#はじめに]]	WikiページFoo内の見出し「はじめに」へリンク。
[[fooprj:Foo]]	識別子がfooprjのプロジェクト内のWikiページFooへリンク。
[[fooprj:]]	識別子がfooprjのプロジェクトのWikiのメインページへリンク。

▶ リポジトリへのリンク

記述(CommonMark Markdown / Textile共通)	説明
commit:d266ed0a	メインリポジトリの特定リビジョンへのリンク(Git、Mercurialなどリビジョン番号がハッシュ値のもの)。
r2008	メインリポジトリの特定リビジョンへのリンク(Subversionなどリビジョン番号が整数値のもの)。
source:foo/bar.js	リポジトリ内の特定ファイルへのリンク。この例ではfoo/bar.jsというファイルへのリンクとなります。
source:foo/bar.js@52c26769	リポジトリ内の特定ファイルの特定リビジョンへのリンク。この例ではfoo/bar.jsのリビジョン52c26769へのリンクとなります。
source:foo/bar.js#L120	リポジトリ内の特定ファイルの特定行へのリンク。この例ではfoo/bar.jsの120行目へのリンクとなります。
source:foo/bar.js@52c26769#L120	リポジトリ内の特定ファイルの特定リビジョン・行へのリンク。この例ではfoo/bar.jsのリビジョン52c26769の120行目へのリンクとなります。
export:foo/bar.js	リポジトリ内の特定ファイルのダウンロードリンク。クリックするとPCへのダウンロードが始まります。
foorepo|commit:d266ed0a fooprj:commit:d266ed0a fooprj:foorepo|commit:d266ed0a	foorepo|のようにリポジトリ識別子を指定することでメインリポジトリ以外のリポジトリへのリンクを作成したり、fooprjのようにプロジェクト識別子を指定したりすることで他のプロジェクトのリポジトリへのリンクを作成できます。

▶ バージョンへのリンク

記述(CommonMark Markdown / Textile共通)	説明
version:3.3.0	3.3.0という名称のバージョンへのリンク。
version:"Feature release"	Feature releaseという名称のバージョンへのリンク。
version#175	指定したid番号のバージョンへのリンク。バージョンのid番号はバージョンを表示させたときのURLで確認できます。例えば次のようなURLだった場合、末尾の175がid番号です。 https://www.redmine.org/versions/175

17 リファレンス

▶文書へのリンク

記述(CommonMark Markdown / Textile共通)	説明
document:議事録20240323	議事録20240323という名称の文書へのリンク。
document:"Financial statement"	Financial statementという名称の文書へのリンク。文書名にスペースが含まれる場合はダブルクォーテーションで囲んでください。
document#110	指定したid番号の文書へのリンク。文書のid番号は文書を表示させたときのURLで確認できます。例えば次のようなURLだった場合、末尾の110がid番号です。 https://redmine.example.com/documents/110

▶フォーラムへのリンク

記述(CommonMark Markdown / Textile共通)	説明
forum:Development	Developmentという名称のフォーラムへのリンク。
forum:"Open discussion"	Open discussionという名称のフォーラムへのリンク。フォーラム名にスペースが含まれる場合はダブルクォーテーションで囲んでください。
forum#1	指定したid番号のフォーラムへのリンク。フォーラムのid番号はフォーラムを表示させたときのURLで確認できます。例えば次のようなURLだった場合、末尾の1がid番号です。 https://www.redmine.org/projects/redmine/boards/1
message#69257	指定したid番号のメッセージへのリンク。メッセージのid番号はメッセージを表示させたときのURLで確認できます。例えば次のようなURLだった場合、末尾の69257がid番号です。 https://www.redmine.org/boards/1/topics/69257

▶プロジェクトへのリンク

記述(CommonMark Markdown / Textile共通)	説明
`project:demo`	名称または識別子がdemoであるプロジェクトへのリンク。
`project:"Foo Project"`	Foo Projectという名称のプロジェクトへのリンク。プロジェクト名にスペースが含まれる場合はダブルクォーテーションで囲んでください。
`project#1`	指定したid番号のプロジェクトへのリンク。

NOTE

テキストをRedmineのリンクとして解釈させたくない場合は感嘆符!を前に付けてください。例えば次のようにすると、id番号1のプロジェクトへのリンクとはならずにproject#1というテキストが表示されます。

```
!project#1
```

17.6.9 マクロ

マクロは他のテキストを折り畳んだり別のWikiページを挿入したりなどの特殊な機能を提供します。Redmineに組み込まれているもののほか、プラグインを使って追加することもできます。

記述(CommonMark Markdown / Textile共通)	説明
`{{macro_list}}`	利用できるマクロの一覧を表示します。
`{{child_pages}}` `{{child_pages(depth=2)}}`	呼び出し元のWikiページの子ページを一覧表示します。depthにより何階層まで表示するのか指定することもできます。
`{{include(Wikiページ名)}}`	指定したWikiページの内容を挿入します。

`{{collapse(長いテキスト)`
直接書くには
とてもとても
長いテキスト
例えばログなど
`}}`
	テキストを折り畳んだ状態で表示します。クリックで展開され内容を参照できます。ログなど直接記載すると長くてチケットやWikiページの全体が把握しにくくなるときに便利です。
	▶ 長いテキスト

17 リファレンス

{{thumbnail(image.png)}} {{thumbnail(image.png, size=200)}}	添付された画像ファイルのサムネイルを表示します。sizeを指定することでサムネイル画像の大きさを指定することもできます(指定しない場合は「管理」→「設定」→「表示」の「サムネイル画像の大きさ(ピクセル単位)」で設定されている値が使われます)。
{{toc}}	テキスト内で使われている見出しをもとに作成された目次を挿入します。

17.6.10 コードハイライト

チケットやWikiにソースコードを貼り付けるときは、コードハイライト機能を使うと予約語や文字列を強調表示され読みやすくなります。

```
package main

import "fmt"

func main() {
  fmt.Print("Hello, World!\n")
}
```

図17.73 コードハイライトの例(Go言語)

CommonMark Markdownの場合は対象コードを```で囲み、最初の```に続いてコードの形式を指定します。Textileの場合は対象コードを<pre>要素と<code>要素で囲み、<code>のclass属性でコードの形式を指定します。

CommonMark Markdown	Textile

`` go
package main
 	
import "fmt"
 	
func main() {
  fmt.Print("Hello, World!\n")
}
``
	<pre><code class="go">
	package main
	
	import "fmt"
	
	func main() {
	        fmt.Print("Hello, World!\n")
	}
	</code></pre>

NOTE

ハイライトのための記述はツールバーを使って挿入することもできます。またツールバーの内容は「個人設定」の「ツールバーのコードハイライトボタンで使用する言語」でカスタマイズできます。

ハイライトは200以上の言語に対応しています。主なものを次の表に示します。

コードの形式	CommonMark MarkdownまたはTextileでの指定で使用する値
C	c　h
C++	cpp　cplusplus
CSS	css
diff	diff　patch
Go	go
HTML	html　xhtml
Java	java
JavaScript	java_script　ecmascript　ecma_script　javascript　js
JSON	json
PHP	php
Python	python
Ruby	ruby　irb
SQL	sql
XML	xml
yaml	yaml　yml

NOTE

表に複数の値が記載されているものは、いずれの値を使っても同じ効果が得られます。

以下はRedmine 5.1のコードハイライトが対応している全言語の一覧です。

abap, actionscript, ada, apache, apex, apiblueprint, applescript, armasm, augeas, awk, batchfile, bbcbasic, bibtex, biml, bpf, brainfuck, brightscript, bsl, c, ceylon, cfscript, cisco_ios, clean, clojure, cmake, cmhg, codeowners, coffeescript, common_lisp, conf, console, coq, cpp, crystal, csharp, css, csvs, cuda, cypher, cython, d, dafny, dart, datastudio, diff, digdag, docker, dot, ecl, eex, eiffel, elixir, elm, email, epp, erb, erlang, escape, factor, fluent, fortran, freefem, fsharp, gdscript, ghc-cmm, ghc-core, gherkin, glsl, go, gradle, graphql, groovy, hack, haml, handlebars, haskell, haxe, hcl, hlsl, hocon, hql, html, http, hylang, idlang, idris, igorpro, ini, io, irb, isabelle, isbl, j, janet, java, javascript, jinja, jsl, json, json-doc, jsonnet, jsp, jsx, julia, kotlin, lasso, lean, liquid, literate_coffeescript, literate_haskell, livescript, llvm, lua, lustre, lutin, m68k, magik, make, markdown, mason, mathematica, matlab, meson, minizinc, moonscript, mosel, msgtrans, mxml, nasm, nesasm, nginx, nial, nim, nix, objective_c, objective_cpp, ocaml, ocl, openedge, opentype_feature_file, pascal, perl, php, plaintext, plist, plsql, postscript, powershell, praat, prolog, prometheus, properties, protobuf, puppet, python, q, qml, r, racket, reasonml, rego, rescript, rml, robot_framework, ruby, rust, sas, sass, scala, scheme, scss, sed, shell, sieve, slice, slim, smalltalk, smarty, sml, sparql, sqf, sql, ssh, stan, stata, supercollider, svelte, swift, systemd, syzlang, syzprog, tap, tcl, terraform, tex, toml, tsx, ttcn3, tulip, turtle, twig, typescript, vala, vb, vcl, velocity, verilog, vhdl, viml, vue, wollok, xml, xojo, xpath, xquery, yaml, yang, zig

17.6.11 スタイル(CSS)の指定

CommonMark MarkdownとTextileではCSSプロパティを指定することで文字の色や大きさを変えたり、テーブルのセルや枠線に色をつけるなど、よりわかりやすい表現ができます。

CSSプロパティによる修飾を行うには、CommonMark Markdownではstyle属性を指定したHTMLタグを使用し、TextileではCSSプロパティを指定するための特別な記述を使用します。

▶文字の修飾

表示例	
文字を **大きく太く緑** で表示。	
CommonMark Markdown	**Textile**
文字を <span style="font-size: 2em; font-weight: bold; color: green;">大きく太く緑</span> で表示。	文字を %{font-size: 2em; font-weight: bold; color: green;}大きく太く緑% で表示。

NOTE Textileで文字を%で囲むことはHTMLでは<span>で囲むことに相当します。

▶段落を枠線で囲む

表示例	
行く川のながれは絶えずして、しかも本の水にあらず。よどみに浮ぶうたかたは、かつ消えかつ結びて久しくとゞまることなし。	
CommonMark Markdown	**Textile**
`<p style="border: solid 1px #000; padding: 0.5em;">行く川のながれは絶えずして、しかも本の水にあらず。よどみに浮ぶうたかたは、かつ消えかつ結びて久しくとゞまることなし。</p>`	`p{border: solid 1px #000; padding: 0.5em;}. 行く川のながれは絶えずして、しかも本の水にあらず。よどみに浮ぶうたかたは、かつ消えかつ結びて久しくとゞまることなし。`

▶テーブル全体の幅と列の幅を指定

表示例	
列1	列2
CommonMark Markdown	**Textile**

`<table width="100%">`
` <tr><td width="30%" align="center">列1</td><td width="70%" align="center">列2</td></tr>`
`</table>`
	`table{width: 100%}.`
	`|={width: 30%}. 列1 |={width: 70%}. 列2 |`

NOTE
- Textileの例ではセル内のセンタリングの指定(=)とCSSプロパティの指定を同時に行っています。
- テーブル全体のスタイルを指定したいときは通常のテーブルの記述の直前の行で`table{property1: value1; property2: value2}.`のように記述します。

▶画像の幅をピクセル単位で指定して表示

CommonMark Markdown	Textile
`<img src="shinjiko.png" width="512">`	`!{width: 512px}.shinjiko.jpg!`

17.7 configuration.ymlの設定項目

Redmineの設定のうち、システム環境などに関する一部の設定は、**管理**画面ではなくconfiguration.ymlというRedmineサーバ上の設定ファイルを書き換えることで変更します。ここではconfiguration.ymlで行える主な設定を解説します。

configuration.ymlはRedmineのインストールディレクトリ以下のconfigディレクトリに置かれています。新しく作成するときは同じディレクトリ内にあるconfig/configuration.yml.exampleというサンプルファイルをコピーするのが簡単です。

configuration.ymlの設定項目の詳細は、次のURLを参考にしてください。

▶ configuration.ymlの設定項目

https://redmine.jp/config/configuration_yml/

Chapter 18

逆引きリファレンス

やりたいことから解決策を探せる、逆引きリファレンスを収録しています。

18.1 Redmineの管理

やりたいこと	参照先
インストール直後に使えるユーザー／パスワードを知りたい	5.1
日本語で使うのに適した設定にする	5.4
日本語表示に適したテーマをインストールする（farend basic / farend fancy）	5.7.1
添付ファイルのサイズの上限を引き上げる	5.8.1
添付できるファイルの種類を拡張子で制限する	17.5.20
使用中のRedmineのバージョンを確認する	17.5.26
インストールされているプラグインの一覧を確認する	17.5.25
アクセス制御の設定を行う	5.3、16
操作権限の管理を行う	13.3

18.2 ユーザーインターフェイス

やりたいこと	参照先
画面各部の呼び方を知りたい	17.1
テーマを変更する	5.7.3
プロジェクトメニューから使用しない機能を隠す	13.4
ユーザーインターフェイスの言語を切り替える	17.3
タイムゾーンを切り替える	17.3
名前と名字が逆に表示されるのを正しく表示されるようにする	5.4.1
チケットのコメントを新しいものから順に表示する	17.3

ショートカットキーを利用する	13.1
ユーザーインターフェイスを拡張するプラグインをインストールする(UI Extension)	13.5.2

18.3 プロジェクト

やりたいこと	参照先
プロジェクトを作成する	6.7
プロジェクトをコピーする	17.5.1
プロジェクトのメンバーを追加する	6.8
プロジェクトを削除する	17.5.1
プロジェクトを読み取り専用にする(終了)	6.10.1
プロジェクトを非表示にする(アーカイブ)	6.10.2
プロジェクト全体の作業状況を確認する(活動)	7.7.1、11.1
全プロジェクトの活動を表示する	11.1.2
全プロジェクトのチケットを一覧表示する	7.5
プロジェクトで利用できるトラッカーを変更する	17.4.3、17.5.5
プロジェクトで利用できるカスタムフィールドを変更する	8.8.2、17.4.3、17.5.9
プロジェクトメニューに表示されるタブを減らす	13.4、17.4.1
プロジェクト一覧をCSVファイルとしてエクスポートする	15.4.1

18.4 ユーザーの管理と認証

やりたいこと	参照先
ユーザーを作成する	6.2
CSVファイルからユーザーを一括登録する	15.4.3
ユーザーの一覧をCSVファイルとしてエクスポートする	15.4.1
ユーザーが自分のアカウント登録を行えるようにする	17.5.14
ユーザーに設定できるメールアドレスのドメインを制限する	17.5.17
ユーザーをロックする	17.5.2
ユーザーを削除する	17.5.2
ユーザーにRedmineの管理をする権限を与える（システム管理者）	6.2、17.5.2
ユーザーにプロジェクトを管理する権限を与える（管理者ロール）	6.8、17.4.2
デフォルトで登録されているロールの意味を知る	6.5.1
ロールをカスタマイズする	6.5.2
パスワードの最低文字数・必須文字種別を設定する	16.11、17.5.14
パスワードを変更する	5.1、17.3
二要素認証を使用する	16.10
ユーザーをグループにまとめて管理する	6.9
セッションのタイムアウトを設定する	17.5.14
IPアドレスによるアクセス制限をする	16.12

18.5 チケット

やりたいこと	参照先
チケットを作成・更新する	7.4、7.6
チケットの項目を必須入力にする	8.6
不要な項目を非表示にする	8.7
複数のチケットをまとめて更新したい(一括更新)	7.9.3、7.9.4
チケットにデフォルトの担当者を設定する	17.4.3
チケットを複数のメンバーに割り当てる(グループへの割り当て)	8.9
プライベートチケットを利用する	16.7
トラッカーとは別の切り口でチケットの分類をする	7.8、8.4
進捗率をステータスに連動させる	8.10
カスタムフィールドを追加する	8.8
作業分類の一覧をカスタマイズする	17.5.10、17.4.8
優先度の一覧をカスタマイズする	17.5.10
メールでチケットを作成する	15.2
チケットの添付ファイルのサイズの上限を引き上げる	5.8.1
新しいチケットの開始日を空にする	17.5.18
500件を超えるチケットをCSVファイルにエクスポートできるよう上限を引き上げる	17.5.18
CSVファイルからチケットを一括登録する	15.4.2
API経由でチケットを操作する	15.1

18.5.1 チケットの一覧

やりたいこと	参照先
全プロジェクトのチケットを一覧表示する	7.5
チケットの一覧で表示する項目を変更する	17.5.18
チケット一覧で表示する項目のデフォルトの並び順を変更する	17.5.18
チケット一覧にデフォルトで特定のカスタムクエリを適用する	9.2.3
チケット一覧で表示する件数を変更する	17.5.12
条件を指定してチケットを絞り込んで表示する(フィルタ)	9.1
テキスト形式のフィルタで複数キーワードでAND検索する	9.3.4
フィルタで複数キーワードを指定してOR検索する	9.3.5
カスタムフィールドの値を検索できるようにする	8.8.2
カスタムフィールドをチケット一覧のフィルタの条件として利用できるようにする	8.8.2
フィルタの設定を保存する(カスタムクエリ)	9.2

18.5.2 チケットの関連づけ

やりたいこと	参照先
複数のチケットを関連づけて管理する	8.2
異なるプロジェクト間でのチケットの関連づけができるようにする	17.5.18
チケットを親子の関係にする	8.3

18.5.3 トラッカー・ステータス・ワークフロー

やりたいこと	参照先
デフォルトで登録されているトラッカーの意味を知る	6.4
トラッカーをカスタマイズする	6.4.2
デフォルトで登録されているステータスの意味を知る	6.3.1
ステータスをカスタマイズする	6.3.3
ステータスの変更を制限する(ワークフロー)	6.6、8.5、17.5.7

18.6 ガントチャート

やりたいこと	参照先
イナズマ線を表示する	11.2.1
ガントチャートに日付を表示する	11.2.1

18.7 ロードマップ

やりたいこと	参照先
ロードマップタブを表示する	11.4

18.8 Wiki

やりたいこと	参照先
新しいページを追加する	12.2.2
Wiki全体をPDFとして出力する	12.2.7
索引を表示する	12.2.6
ページ内の目次を表示する	17.6.9
Wikiの添付ファイルのサイズの上限を引き上げる	5.8.1
Wikiのサイドバーを編集する	12.2.8

18.9 時間管理

やりたいこと	参照先
時間を分単位で入力する	11.6.1
作業時間の入力時にチケット番号・コメントを必須入力にする	17.5.19
予定工数と作業時間を比較する	11.6.3
デフォルトの作業分類を設定する	17.5.10
ロールごとに時間管理の作業分類のデフォルト値を設定する	17.5.4
CSVファイルから作業時間を一括登録する	15.4.2
作業時間の一覧をCSVファイルとしてエクスポートする	15.4.1

18.10 チケットとWikiの書式

やりたいこと	参照先
太字・取り消し線などの文字の修飾を行う	17.6.1
テーブル(表)を使う	17.6.7
Redmine内の情報にリンクする	17.6.8
添付ファイルの画像をインライン表示する	7.6.5、12.2.4、17.6.4
ソースコードを見やすく表示する(コードハイライト)	17.6.10
文字サイズ・色などを指定する(CSS)	17.6.11
ツールバーのコードハイライトボタンで表示する言語を変更する	17.3

18.11
リポジトリ

やりたいこと	参照先
バージョン管理システムとの連係設定	14.4
チケットとリビジョンを相互に参照できるようにする	14.2
リポジトリへのコミットと同時にチケットのステータスや進捗率を自動的に更新する	14.2.3、17.5.23
リポジトリへのコミットと同時に作業時間を記録する	14.2.4、17.5.23
リポジトリ画面を開くのにかかる時間を短縮する	14.5.1、14.5.2

18.12
メール

やりたいこと	参照先
メール通知の設定が正しいかテストする	17.5.21
メール内のチケットへのリンクのURLを正しく設定する	5.5.1
期限間近のチケットをメールで通知させる（リマインダ）	10.6
自分に直接関係ないチケットの更新もメールで通知されるようにする（ウォッチ）	10.3、17.3
更新時にユーザーを指定してメールで通知する（メンション）	10.4
メールの量を減らす	10.5
メールでチケットを作成する	15.2
メールのヘッダ・フッタを設定する	17.5.21
優先度が高いチケットのメール通知を受け取る	10.2.2

18.13

Atomフィード

やりたいこと	参照先
Redmineで利用可能なAtomフィードの一覧を知る	15.3.1
AtomフィードのURLを確認する	15.3.1
Atomフィードに出力される項目数を引き上げる	17.5.12

18.14

その他

やりたいこと	参照先
スマートフォン・タブレット端末から利用する	13.2
Gravatarアイコンを使用する	5.6、17.5.13

索引

W

あ行

か行

さ行

た行

な行

は行

ま行

や行

ら行

わ行

入門Redmine 第6版

発行日　2024年　3月29日　　　第1版第1刷

著　者　石原　佑季子
監修者　前田　剛

発行者　斉藤　和邦
発行所　株式会社　秀和システム
〒135-0016
東京都江東区東陽2-4-2　新宮ビル2F
Tel 03-6264-3105（販売）Fax 03-6264-3094
印刷所　三松堂株式会社

ISBN978-4-7980-7154-1 C3055